重有色金属冶金工厂技术培训教材

丛书主编　　彭容秋

ZINC METALLURGY

锌冶金

中国有色金属学会重有色金属冶金学术委员会组织编写

中南大学出版社

图书在版编目(CIP)数据

锌冶金/彭容秋主编 · —长沙:中南大学出版社,2005.11
ISBN 978 - 7 - 81105 - 141 - 9

Ⅰ.锌… Ⅱ.彭… Ⅲ.炼锌 Ⅳ.TF813

中国版本图书馆 CIP 数据核字(2005)第 136760 号

锌 冶 金

彭容秋　主编

中国有色金属学会重有色金属冶金学术委员会组织编写

□责任编辑　李宗柏
□责任印制　易建国
□出版发行　中南大学出版社
　　　　　　社址:长沙市麓山南路　　　　邮编:410083
　　　　　　发行科电话:0731-88876770　　传真:0731-88710482
□印　　装　长沙市宏发印刷有限公司

□开　　本　787×1092　1/16　□印张 16.25　□字数 396 千字
□版　　次　2005 年 11 月第 1 版　□2015 年 1 月第 3 次印刷
□书　　号　ISBN 978 - 7 - 81105 - 141 - 9
□定　　价　34.00 元

《重有色金属冶金工厂技术培训丛书》参编单位

中国有色工程设计研究总院

南昌有色金属设计研究院

中南大学

东北大学

昆明理工大学

江铜集团贵溪冶炼厂

大冶有色金属公司

云南铜业股份有限公司

金川集团有限公司

安徽铜都铜业股份有限公司金昌冶炼厂

深圳市中金岭南有色金属股份有限公司韶关冶炼厂

河南豫光金铅集团有限责任公司

云南驰宏锌锗股份有限公司

云南锡业集团有限责任公司

白银有色金属公司

祥云县飞龙实业有限责任公司

吉林吉恩镍业股份有限公司

水口山有色金属集团公司

烟台鹏晖铜业有限公司

柳州华锡集团有限责任公司

山西华铜铜业有限公司

葫芦岛有色金属集团有限公司

奥托昆普技术公司

营口青花集团有限公司

锦州长城耐火材料有限公司

中国·宣达实业集团有限公司

扬州市中兴硫酸设备厂

昆明市嘉和泵业有限公司

宜兴市宙斯泵业有限公司

《重有色金属冶金工厂技术培训丛书》编委会

参加《锌冶金》分册编审人员

内容提要

    本书根据我国目前锌冶金生产为湿法炼锌与火法炼锌两种工艺并存的现状，叙述了硫化锌精矿焙烧 - 浸出 - 净化 - 电积锌和锌铅硫化精矿烧结焙烧 - ISP 鼓风炉熔炼 - 粗锌精馏精炼等过程的基本原理、生产设备和工艺技术条件与操作。此外，对竖罐炼锌和电热法炼锌也有专章介绍。在有关湿法炼锌的章节中，针对我国氧化锌矿和氧化锌二次物料资源丰富的特点，对这类物料的湿法处理也作了较详细的介绍。

    本书内容丰富，编写简明，可供锌冶金工厂职工作技术培训教材用，也可供锌冶金生产管理和科技人员参考。

序

进入 21 世纪，我国有色金属工业继续持续稳定地发展，十种有色金属年产量超过 1000 万吨，其中铜、镍、铅、锌、锡、锑等重有色金属的产量占一半以上，稳居世界第一，重有色金属冶炼企业在不断对现有工艺进行技术改造、挖潜增效、节能降耗、强化管理的同时，广泛采用闪速熔炼及顶吹、底吹、侧吹类的熔池熔炼，热酸浸出，深度净化，L－SX－EW 湿法炼铜，永久阴极电解等新工艺、新技术、新设备逐渐取代能耗高、污染大、效益差的落后工艺，有色金属工业面貌焕然一新。

我国有色金属工业的发展，竞争与机遇并存。我们应清醒地看到，我国的人均有色金属量占有率仍然很低，除了资源严重短缺外，在核心技术创新方面，在管理模式、管理水平、经营理念、总体装备水平、劳动生产力、自动化程度、资源有效利用、职工素质等多方面与世界有色金属强国相比，还存在很大的差距。我们必须百尺竿头，继续奋斗，不断增强我国有色金属工业的国际竞争能力。

国家综合实力的竞争归根结底是人才的竞争，发展有色金属工业迫切需要提高企业职工的整体素质。近年来，我国有关方面相继启动了"国家高技能人才培训工程"，目的在于培养千百万具有一定专业理论知识、动手能力强、技术娴熟的技能型人才。为满足工厂职工教育和培训的需要，中国有色金属学会重有色金属冶金学术委员会组织一批教授、专家和资深技术人员编写了《重有色金属冶金工厂技术培训丛书》，经过近一年的努力，现在终于可将这套丛书奉献给广大读者了。为了编好这套丛书，全国各重有色金属冶炼工厂都竭尽全力给予了极大的支持，在此，我代表中国有色金属学会重有色金属冶金学术委员会向为编写这套丛书作出辛勤劳动的教授、专家及广大企业领导及工程技术人员致以衷心的感谢！我们相信，这套丛书的出版发行，必将为我国重有色金属冶炼企业技术工人综合素质的提高，促进我国重有色金属工业的发展起着重要的作用，并为增强我国国民经济综合实力作出重要贡献。

中国有色金属学会重金属冶金学术委员会主任委员
中国有色工程设计研究总院院长

2004 年 12 月

编者的话

　　近年来我国锌冶金生产发展很快，其产量稳居世界第一，炼锌工厂遍及全国大部分省（区）。为了适应锌冶金技术发展的形势，满足广大技术工人读者的要求，中国有色金属学会重有色金属冶金学术委员会特组织编写了这一技术培训教材。

　　本书共9章，主要内容来自炼锌工厂的生产实践，反映了湿法炼锌与火法炼锌两种工艺并重的我国锌冶金技术的发展现状，其中湿法生产的内容有焙烧、浸出、净化、电解等4章，火法生产的内容有ISP鼓风炉炼锌、粗锌精馏精炼、竖罐炼锌和电热法炼锌等，也分4章叙述，并对这些冶金过程的基本原理、生产设备和工艺技术条件作了详细的介绍。锌精矿流态化焙烧是湿法炼锌和蒸馏法炼锌在冶炼前所必须进行的原料准备作业，尽管后续工艺不同，但焙烧过程原理、设备和主要技术条件是基本相同的，本书将其放在同一章中叙述，希望读者根据各自生产岗位的性质和生产经验去体会，举一反三，灵活运用。浸出是湿法生产流程中的重要环节，不同的浸出方法体现了不同湿法炼锌厂的生产特点。根据我国锌资源多样化的实际情况，本书分别介绍了焙烧矿、氧化矿和氧化锌二次物料的浸出工艺，还介绍了锌精矿氧压浸出技术。火法炼锌以ISP法为主要内容，对我国目前还有一些工厂应用的竖罐炼锌和电炉炼锌也辟专章作了介绍。

　　本书在阐述有关冶金过程的基本原理时，运用了 M－S－O 系化学位图和电势－pH图等热力学概念，对工人读者有一定难度，希望工厂培训部门根据教学要求安排一些课堂教学和专题讲座，加以指导。

　　在本书的编写过程中，得到了有关工厂领导、技术人员的大力支持，在此深表谢意。由于参编人员水平有限，书中内容会有一些缺点或错误，欢迎读者批评指正，竭诚感激。

编者

2005 年 6 月

目 录

1 锌冶金的一般知识 ………………………………………………… (1)

1.1 锌的性质和用途 ………………………………………………… (1)

1.2 锌的矿物资源和炼锌原料 ……………………………………… (2)

1.3 锌的生产方法 …………………………………………………… (4)

   1.3.1 火法炼锌 …………………………………………………… (4)

   1.3.2 湿法炼锌 …………………………………………………… (5)

2 硫化锌精矿的流态化焙烧 ……………………………………… (8)

2.1 硫化锌精矿流态化焙烧的基本原理 …………………………… (8)

   2.1.1 硫化锌精矿焙烧的目的与要求 ………………………… (8)

   2.1.2 焙烧的固体流态化技术 ………………………………… (9)

   2.1.3 硫化锌精矿焙烧的主要反应 …………………………… (11)

   2.1.4 硫化锌精矿伴生矿物在焙烧中的行为 ……………… (13)

   2.1.5 硫化锌精矿焙烧的技术条件 …………………………… (16)

2.2 硫化锌精矿流态化焙烧的工艺组成 …………………………… (17)

   2.2.1 炉料准备及加料系统 …………………………………… (17)

   2.2.2 流态化炉本体系统 ……………………………………… (19)

   2.2.3 烟气冷却及收尘系统 …………………………………… (19)

   2.2.4 排料系统 …………………………………………………… (20)

2.3 流态化焙烧炉及附属设备 ……………………………………… (20)

   2.3.1 流态化焙烧炉 …………………………………………… (20)

   2.3.2 气体分布板及风箱 ……………………………………… (22)

   2.3.3 流态化床层排热装置 …………………………………… (22)

   2.3.4 排料口 ……………………………………………………… (23)

   2.3.5 烟气出口 …………………………………………………… (23)

   2.3.6 炉体及炉顶 ……………………………………………… (23)

2.4 流态化焙烧炉的正常操作及事故处理 ………………………… (23)

   2.4.1 流态化焙烧炉的开炉与停炉 …………………………… (23)

   2.4.2 流态化焙烧炉的正常操作 ……………………………… (24)

   2.4.3 流态化焙烧的生产故障及处理 ………………………… (25)

2.5 锌精矿流态化焙烧的操作技术条件及技术经济指标 ………… (27)

　　2.5.1　操作技术条件的控制 ……………………………………… (27)

　　2.5.2　焙烧产物 ………………………………………………… (29)

　　2.5.3　技术经济指标 …………………………………………… (30)

　　2.5.4　焙烧过程的热平衡与热能利用 ………………………… (32)

3　湿法炼锌的浸出过程 ……………………………………………… (33)

　3.1　锌焙烧矿的浸出目的与浸出工艺流程 …………………… (33)

　　3.1.1　锌焙烧矿浸出的目的 …………………………………… (33)

　　3.1.2　焙烧矿浸出的工艺流程 ………………………………… (33)

　3.2　锌焙烧矿在浸出中发生的主要化学变化 ………………… (35)

　　3.2.1　金属氧化物的溶解与沉淀反应 ………………………… (35)

　　3.2.2　$Zn-H_2O$ 系及 $M-H_2O$ 系电势 – pH 图的应用 …… (36)

　　3.2.3　影响浸出反应速度的因素 ……………………………… (38)

　　3.2.4　常规法浸出的一般操作及技术条件的控制 …………… (39)

　3.3　铁酸锌的溶解与中性浸出过程的沉铁反应 ……………… (43)

　　3.3.1　铁酸锌的溶解 …………………………………………… (43)

　　3.3.2　中性浸出过程的沉铁反应 ……………………………… (45)

　3.4　从含铁高的浸出液中沉铁 ………………………………… (46)

　　3.4.1　黄钾铁矾法 ……………………………………………… (47)

　　3.4.2　针铁矿法 ………………………………………………… (52)

　　3.4.3　赤铁矿法 ………………………………………………… (53)

　3.5　氧化锌粉及含锌烟尘的浸出 ……………………………… (56)

　　3.5.1　氧化锌粉及含锌烟尘的来源与化学成分 ……………… (56)

　　3.5.2　氧化锌粉浸出前的预处理 ……………………………… (57)

　　3.5.3　氧化锌粉的浸出 ………………………………………… (59)

　3.6　氧化锌矿的直接浸出 ……………………………………… (61)

　　3.6.1　氧化锌矿原料的特性 …………………………………… (61)

　　3.6.2　氧化锌矿直接酸浸过程中胶体的形成与控制 ………… (62)

　　3.6.3　高硅氧化锌矿的处理方法 ……………………………… (63)

　　3.6.4　我国高硅氧化锌矿直接酸浸的生产实践 ……………… (64)

　3.7　硫化锌精矿的氧压浸出 …………………………………… (67)

　3.8　锌浸出生产用的主要设备 ………………………………… (69)

　　3.8.1　常用浸出设备 …………………………………………… (69)

　　3.8.2　液固分离设备 …………………………………………… (70)

　3.9　锌浸出渣及其处理 ………………………………………… (74)

　　3.9.1　锌浸出渣的组成及处理方法 …………………………… (74)

　　3.9.2　回转窑烟化法处理浸出渣 ……………………………… (75)

　　3.9.3　矮鼓风炉处理湿法炼锌浸出渣 ………………………… (77)

　　3.9.4　锌浸出渣送铅熔炼处理 ………………………………… (78)

4 硫酸锌浸出液的净化 ··· (80)

4.1 浸出液成分及其净化方法 ·· (80)

4.2 锌粉置换除铜、镉 ··· (82)

4.2.1 置换法除铜、镉的基本反应 ·································· (82)

4.2.2 置换过程的影响因素 ·· (82)

4.2.3 镉复溶及其避免镉复溶的措施 ······························ (84)

4.2.4 置换法除铜、镉的主要技术条件控制 ······················ (84)

4.3 锌粉置换除钴镍 ··· (85)

4.3.1 砷盐净化法 ··· (86)

4.3.2 锑盐净化法及合金锌粉法 ···································· (87)

4.4 有机试剂法除钴、镍 ·· (90)

4.4.1 黄药除钴法 ··· (91)

4.4.2 β-萘酚除钴法 ··· (93)

4.5 除去氟氯及其他杂质的净化方法 ······································ (94)

4.5.1 除 氯 ··· (95)

4.5.2 除 氟 ··· (95)

4.5.3 除钙、镁 ··· (95)

4.6 净化过程的主要设备 ·· (96)

4.6.1 流态化净化槽 ··· (96)

4.6.2 机械搅拌槽 ··· (97)

4.6.3 尼龙管式过滤器 ··· (98)

4.6.4 厢式压滤机 ··· (99)

4.6.5 板框压滤机 ··· (99)

4.6.6 净化过程的加热设备 ·· (100)

4.7 净化过程的技术经济指标 ·· (100)

5 硫酸锌溶液的电解沉积 ··· (103)

5.1 锌电解液成分及锌电积生产过程 ······································ (103)

5.1.1 锌电解液 ··· (103)

5.1.2 锌电积生产过程 ··· (104)

5.2 锌电积过程的理论基础 ·· (105)

5.2.1 阴极反应 ··· (106)

5.2.2 阳极反应 ··· (106)

5.2.3 电解液中的杂质在电积过程中的行为 ······················ (107)

5.3 锌电解车间的主要生产设备及布置 ···································· (109)

5.3.1 电解槽 ··· (109)

5.3.2 阳 极 ··· (110)

5.3.3 阴 极 ··· (110)

5.3.4 电解液冷却设备 ··· (111)

　　5.3.5　电解槽布置及电路连接 ……………………………………………（112）

　5.4　锌电解的正常操作 ……………………………………………………（112）

　　5.4.1　装出槽及槽上操作 …………………………………………………（112）

　　5.4.2　剥　锌 ………………………………………………………………（114）

　　5.4.3　电解液的循环和冷却 ………………………………………………（114）

　　5.4.4　酸雾的产生与电解车间的通风 ……………………………………（114）

　　5.4.5　锌电积过程的故障及处理 …………………………………………（114）

　5.5　锌电解生产的主要技术条件与指标分析 ……………………………（115）

　　5.5.1　电锌质量 ……………………………………………………………（115）

　　5.5.2　电流密度与电流效率 ………………………………………………（116）

　　5.5.3　槽电压与电能消耗 …………………………………………………（117）

　5.6　阴极锌熔铸 ……………………………………………………………（119）

　　5.6.1　感应电炉的构造 ……………………………………………………（119）

　　5.6.2　阴极锌熔铸的生产过程 ……………………………………………（123）

　　5.6.3　感应电炉熔铸锌的生产技术条件及其控制 ………………………（124）

　　5.6.4　锌合金的配制 ………………………………………………………（127）

6　鼓风炉炼锌 ……………………………………………………………………（132）

　6.1　概　述 …………………………………………………………………（132）

　6.2　铅锌硫化精矿的烧结焙烧 ……………………………………………（134）

　　6.2.1　铅锌硫化精矿化学成分及其烧结焙烧的目的 ……………………（134）

　　6.2.2　铅锌硫化精矿在烧结焙烧过程中发生的物理化学变化 …………（136）

　　6.2.3　铅锌混合精矿烧结焙烧的生产实践 ………………………………（141）

　6.3　鼓风炉熔炼（ISP法） …………………………………………………（155）

　　6.3.1　鼓风炉炼锌生产工艺流程的叙述 …………………………………（155）

　　6.3.2　鼓风炉炼锌炉内发生的物理化学变化 ……………………………（159）

　　6.3.3　锌蒸气的冷凝 ………………………………………………………（165）

　　6.3.4　炼锌鼓风炉及主要附属设备的结构 ………………………………（167）

　　6.3.5　鼓风炉炼锌的正常操作及故障处理 ………………………………（173）

　　6.3.6　鼓风炉炼锌的主要技术条件及其控制 ……………………………（187）

　　6.3.7　炼锌鼓风炉的产物 …………………………………………………（189）

7　竖罐炼锌 ………………………………………………………………………（192）

　7.1　竖罐炼锌的基本原理 …………………………………………………（192）

　　7.1.1　概　述 ………………………………………………………………（192）

　　7.1.2　氧化锌还原反应和还原条件 ………………………………………（192）

　　7.1.3　锌焙烧矿中其他组分在蒸馏过程中的行为 ………………………（193）

　7.2　竖罐炼锌的工艺流程 …………………………………………………（194）

　　7.2.1　团矿的制备 …………………………………………………………（194）

　　7.2.2　团矿焦结 ……………………………………………………………（196）

　　　7.2.3　蒸馏与冷凝 ……………………………………………………（197）

　7.3　竖罐蒸馏炉 …………………………………………………………（198）

　　　7.3.1　竖　罐 …………………………………………………………（198）

　　　7.3.2　燃烧室和换热室 …………………………………………………（200）

　7.4　锌蒸气的冷凝 ………………………………………………………（200）

　　　7.4.1　冷凝器 ……………………………………………………………（200）

　　　7.4.2　影响冷凝效率的因素 ……………………………………………（202）

　　　7.4.3　冷凝操作的要点 …………………………………………………（202）

　7.5　竖罐炼锌的主要操作及其技术条件控制 …………………………（203）

　　　7.5.1　加料与排料操作 …………………………………………………（203）

　　　7.5.2　下延部送风 ………………………………………………………（204）

　　　7.5.3　罐内压力控制 ……………………………………………………（204）

　　　7.5.4　锌蒸气的冷凝与出锌 ……………………………………………（204）

　　　7.5.5　开炉升温与停炉 …………………………………………………（204）

　　　7.5.6　炉瘤的形成与处理方法 …………………………………………（205）

　　　7.5.7　罐体损坏与热补 …………………………………………………（205）

　　　7.5.8　罐壁积铁 …………………………………………………………（206）

　　　7.5.9　冷凝系统的积灰和清扫 …………………………………………（207）

　　　7.5.10　冷凝系统的压力控制 …………………………………………（207）

　　　7.5.11　蒸馏炉的热工调整 ……………………………………………（207）

　　　7.5.12　主要技术经济指标 ……………………………………………（207）

8　电热法炼锌和电炉生产合金锌粉 ………………………………………（208）

　8.1　电阻炉炼锌 …………………………………………………………（208）

　8.2　矿热电炉炼锌 ………………………………………………………（211）

　8.3　电炉生产合金锌粉 …………………………………………………（213）

　　　8.3.1　关于电炉生产锌粉的概述 ………………………………………（213）

　　　8.3.2　电炉锌粉生产的工艺流程 ………………………………………（214）

　　　8.3.3　对原料和主要辅助材料的质量要求 ……………………………（215）

　　　8.3.4　电炉生产合金锌粉的主要技术经济指标 ………………………（216）

9　粗锌精馏精炼 ……………………………………………………………（217）

　9.1　粗锌精馏的目的 ……………………………………………………（217）

　　　9.1.1　概　述 ……………………………………………………………（217）

　　　9.1.2　粗锌精馏的目的 …………………………………………………（218）

　9.2　精馏精炼的基本原理 ………………………………………………（218）

　　　9.2.1　锌及其他金属的蒸气压与温度的关系 …………………………（218）

　　　9.2.2　利用 Zn – Cd，Zn – Pb 二元系相图分析粗锌精馏精炼过程 …（220）

　　　9.2.3　粗锌熔析精炼原理 ………………………………………………（222）

　9.3　精馏塔的构造 ………………………………………………………（222）

9.3.1　塔本体 ……………………………………………………（223）

9.3.2　燃烧室和换热室 …………………………………………（228）

9.3.3　冷凝器 ……………………………………………………（229）

9.3.4　熔化炉 ……………………………………………………（230）

9.3.5　加料器 ……………………………………………………（230）

9.3.6　下延部 ……………………………………………………（231）

9.3.7　熔析炉 ……………………………………………………（231）

9.3.8　纯锌槽 ……………………………………………………（232）

9.4　锌精馏的正常操作和技术条件控制 ……………………………（232）

9.4.1　精馏工艺过程 ……………………………………………（232）

9.4.2　锌精馏的正常操作及技术条件控制 ……………………（234）

9.4.3　精馏炉的开炉和停炉操作 ………………………………（240）

1　锌冶金的一般知识

1.1　锌的性质和用途

锌是一种银白色金属，断面具有金属光泽，在室温下呈脆性，但在 $100\sim150℃$ 下其延展性良好。

锌属于重金属，原子序数为 30，原子量为 65.4，20℃ 时的密度为 $7.13g/cm^3$，熔点 419.6℃。由于锌熔点低，液态流动性好，在压力浇铸时能充满模内很精细的地方，所以它常作为精密铸件的原料。

液态金属锌的沸点比较低，为 907℃。液态锌的蒸气压随温度升高而迅速增加。在不同温度下锌的蒸气压如下：

温度/℃	419.6	500	700	907	950
蒸气压/Pa	19.5	169	7982	101325	156347

在火法炼锌中，氧化锌用碳还原的反应必须在 1000℃ 以上的温度进行，冶炼生成挥发的锌蒸气只有通过冷凝才能得到金属锌。

锌在 420℃ 时开始与硫发生反应，而与氧反应在 225℃ 时便开始了。锌对氧的亲和力比较大，硫化锌在空气中加热氧化生成稳定的氧化锌。氧化锌既能在高温下被碳还原，又能很好地溶解于稀硫酸溶液中，因此硫化锌的氧化焙烧对于火法炼锌和湿法炼锌都是重要的冶炼前预处理过程。

锌是比较活泼的重金属，室温下在干燥的空气中不起变化，但在潮湿而含有 CO_2 的大气中，锌的表面会逐渐氧化生成灰白色致密的碱式碳酸锌 $[ZnCO_3\cdot3Zn(OH)_2]$ 薄膜层，阻止锌继续氧化。更为重要的是锌的电位较铁负，通过电化作用锌能代替铁被腐蚀，所以锌被大量用于镀覆钢铁材料以防腐蚀。随着汽车工业和建筑业对镀锌钢材的需求不断增长，镀锌材料已经成为锌的一项主要消费。

锌是负电性金属，标准电位为 $-0.76V$；又由于锌价廉易得，在化学电源中锌是应用最多的一种负极材料，如锌－二氧化锰干电池、锌－空气电池、锌－银蓄电池等。

锌能和多种金属形成合金，其中最主要的是锌与铜形成的黄铜，广泛应用于机械制造业；锌与铝、镁、铜等组成的压铸合金，可用于制造各种精密铸件。

锌是现代生活中必不可少的金属。表 1－1 总结了锌的不同性能及其应用。2002 年世界主要产锌国家的锌锭产量为 961.2×10^4t；主要锌消费国的消费量为 921.2×10^4t。表 1－2 列出了西方主要锌消费国的消费构成。

表 1 - 1　锌的性能及其应用

性　能	最初使用	最终使用
属负电性金属；抗腐蚀性能良好，保护钢材免受腐蚀	热镀锌、电镀锌，喷镀锌，锌粉涂层，粉镀锌	建筑物，电力/能源，家具，农用机械、汽车和交通工具
熔点较低，熔体流动性好，易于压铸成型	压铸和重力铸造	汽车，家用设备，机械器件，玩具、工具等
系合金元素，易于其他金属形成不同性能的多种合金	黄铜(铜－锌合金)，铝合金，镁合金	建筑物，汽车，各种机械装置的零部件，电子元件等
成型性和抗腐蚀性好	轧制锌	建筑物
电化学性能	电池：锌－二氧化锰电池，锌－空气电池，锌－银蓄电池	汽车/交通运输工具，计算机，医用设备，家用电器
形成多种化合物	氧化锌，硬脂肪酸锌	橡胶，轮胎，颜料，陶瓷釉料，静电复印纸
	硫化锌	颜料，荧光材料
	硫酸锌	食品工业，动物饲料，木材，肥料，制革，医药，纸浆，电镀
	氧化锌	医药，染料，焊料，化妆品

表 1 - 2　1998 年发达国家锌消费构成(％)

消费形式	法国	德国	意大利	英国	日本	美国	澳大利亚
镀　锌	45.3	29.7	22.7	45.9	62.3	54.6	78.3
压铸合金	9.8	6.7	16.0	20.6	9.0	18.4	6.4
黄铜、青铜	10.9	27.0	52.2	16.2	14.5	13.8	7.3
轧制锌材	23.8	27.7	3.0	1.4	1.4	0	0.5
锌氧化物	8.0	8.6	5.8	9.0	10.2	0	6.3
其他	1.7	0.3	0.3	6.9	2.6	13.2	1.2

我国 2002 年的锌产量为 $210 \times 10^4 t$，居世界首位；消费量为 $165 \times 10^4 t$。我国是世界上锌锭出口的主要国家之一。

1.2　锌的矿物资源和炼锌原料

锌在自然界多以硫化物状态存在，主要矿物是闪锌矿(ZnS)，但这种硫化矿的形成过程中有 FeS 固溶体，称为铁闪锌矿($nZnS \cdot mFeS$)。含铁高的闪锌矿会使提取冶金过程复杂化。硫化矿床的地表部位还常有一部分被氧化的氧化矿，如菱锌矿($ZnCO_3$)、硅锌矿(Zn_2SiO_4)、异极矿($H_2Zn_2SiO_5$)等。

锌资源的特点是铅锌共生。世界上极少发现单独的铅矿和锌矿。闪锌矿与方铅矿(PbS)

在天然矿床中常常紧密共生。

据 1998 年美国地调局统计，世界已查明的锌资源量约为 $19 \times 10^8 t$，世界锌储量为 $1.9 \times 10^8 t$，储量基础为 $4.4 \times 10^8 t$，如表 1 - 3 所列。

表 1 - 3   1998 年世界锌储量和储量基础($\times 10^4 t$)

国　家	储　量	储量基础	国　家	储　量	储量基础
澳大利亚	3600	9000	秘　鲁	700	1200
中　国	3300	8000	墨西哥	600	800
美　国	2500	8000	其他国家	7200	13000
加拿大	1400	3900	世界总计	19000	44000

我国是铅锌资源较丰富的国家之一，已探明的铅锌储量 1.1 亿 t，约占目前全世界已探明的铅锌储量的四分之一，居世界首位，其中铅储量 3300 万 t，锌储量 8400 万 t，铅锌平均品位 4%，锌铅比 2.4∶1。

我国的铅锌资源分布广泛，遍及全国各省(区)，相对集中在南岭、川滇、滇西(兰坪)、秦岭及狼山 - 阿尔泰等五大地区。目前已探明的储量主要集中在云南、广东、内蒙古、江西、湖南和甘肃等六省(区)。各大区储量见表 1 - 4。

表 1 - 4   中国铅锌资源各大区分布比例(%)

全　国	中　南	西　南	西　北	华　北	华　东	东　北
100	27.8	22.7	15.3	16.1	14	4.1

我国铅锌资源的特点是多金属硫化物共生矿床多，矿石类型复杂，较难分选，成分复杂，但伴生矿综合利用价值高。我国的铅锌矿是镉、铟、银等金属的主要矿源，也是硫、铋、锗、铊、碲等元素和金属的重要来源。

铅锌矿的开采分露天开采和地下开采两种。由于金属品位不高，铅锌共生，并含有大量脉石和其他杂质金属，矿石需先经过选矿。通常采用浮选法优先选出锌精矿，副产铅精矿和硫精矿。我国某些大型铅锌矿产出的锌精矿成分实例如表 1 - 5 所示。

表 1 - 5   锌精矿成分实例(%)

精矿来源	Zn	Pb	S	Fe	Cu	Cd	As	Sb	SiO_2	Ag(g/t)
湖南某矿山	44.83	0.98	32.43	15.60	0.64	0.20	<0.20	0.001	1.32	80
黑龙江某矿山	51.34	0.88	32.53	11.48	0.12	0.02	0.04	0.02	0.50	85
广东某矿山	51.92	1.40	32.69	7.03	0.20	0.14	<0.20	0.01	3.88	180
甘肃某矿山	55.00	1.09	30.35	4.40	0.04	0.12	0.01	0.011	3.05	33

硫化锌精矿是生产锌的主要原料，成分一般为：锌 45% ~ 60%，铁 5% ~ 15%，硫的含量变化不大，为 30% ~ 33%。可见，锌精矿的主要组分为 Zn，Fe 和 S，三者共占总重的 90% 左

右。从经济价值来考虑处理锌精矿的目的，首先应该回收锌和硫，因为两者加起来占精矿总量的80%左右。从冶炼过程和回收率来考虑，铁是最主要的杂质金属，采用的冶炼工艺流程要有利于原料中的锌铁分离，相近的化学性质决定了它们在冶金过程中的行为相似，应使铁全部进入熔炼渣或湿法冶金浸出后的铁渣中，且渣量要少，分离性能要好，从而减少随渣带走的金属损失。

硫化锌精矿的粒度细小，95%以上小于40μm，堆密度为1.7～2g/cm³。在选用精矿氧化焙烧脱硫设备时，应当充分利用精矿粒度小、表面积大、活性高、硫化物本身也是一种"燃料"的特点，使硫化锌能迅速氧化生成氧化锌，又能充分利用精矿的自身的能量。可见，工业生产上普遍采用流态化焙烧处理锌精矿是合理的。

1.3　锌的生产方法

现代冶金锌的生产方法分为火法和湿法两大类。

1.3.1　火法炼锌

火法炼锌首先将锌精矿进行氧化焙烧或烧结焙烧，使精矿中的ZnS变为ZnO，以便为碳质还原剂所还原。由于锌的沸点较低，在高于其沸点温度下还原出来的锌将呈蒸气状态从炉料中挥发出来，这样，锌便与炉料中其他组分分离。锌蒸气随炉气一道进入冷凝器，在冷凝器内冷凝成液体锌。与锌一道呈蒸气状态进入气相的还有其他易挥发的杂质金属，如镉和铅，这些元素会影响锌的纯度，须将冷凝所得的粗锌进行精炼。火法炼锌的精炼方法是利用锌和杂质金属的沸点不同，采用蒸馏的方法来提纯的，称为锌精馏。将精馏锌浇铸成锭，得到纯度在99.99%以上的精锌。火法炼锌的一般原则工艺流程如图1-1。

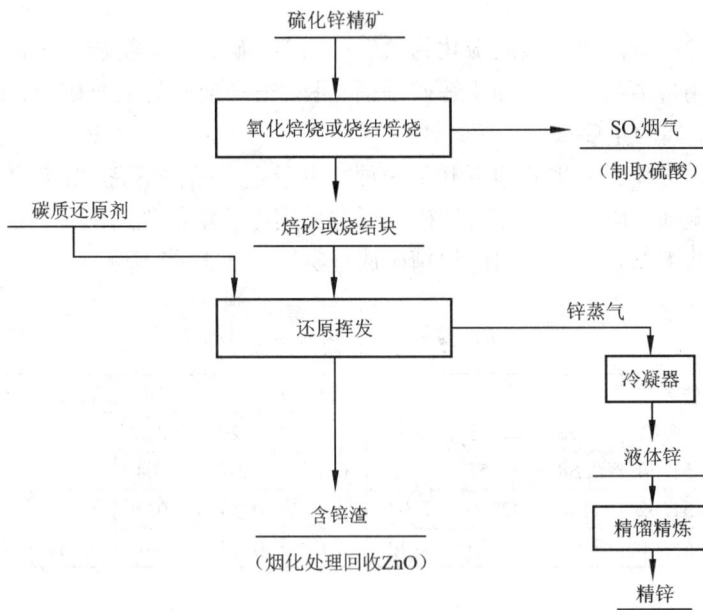

图1-1　火法炼锌原则流程

火法炼锌有平罐蒸馏法、竖罐蒸馏法、电热蒸馏法和铅锌鼓风炉法等四种。平罐炼锌在20世纪前是惟一的炼锌方法，是一种简单而又落后的炼锌方法，由于能耗高，生产率低，目前已基本淘汰。竖罐炼锌和电热法炼锌于20世纪初用于工业生产，在生产能力和连续化操作等方面比平罐优越得多，缺点是煤耗或电耗大，且消耗一定量的耐火材料。目前竖罐炼锌国内还有工厂采用，而电热法主要适用于一些电力较充足的地区，目前多为小厂采用。

（1）鼓风炉炼锌

鼓风炉炼锌（简称ISP法）于1950年开始在英国投入工业生产。该工艺主要由铅锌精矿烧结焙烧、烧结块还原熔炼、锌蒸气冷凝和粗锌精炼四个过程组成。鼓风炉炼锌的优点是在一座炉内同时生产锌和铅，从而不需要用费用高昂的泡沫浮选法来分选那些由于细颗粒浸染所形成的硫化锌和硫化铅的复合矿。ISP法炼锌的原料可以是各种等级的锌精矿、铅精矿或锌铅混合精矿，还能处理各种含锌氧化物，如炼钢厂在处理含锌（镀锌）的钢铁消费品（如小汽车）时大量产出的含锌烟尘。

我国第一座大型工业化炼锌鼓风炉于1975年在韶关冶炼厂建成投产，加上在1996年投入运转的第二座炉，目前锌铅年产量已超过20×10^4t。

（2）竖罐炼锌

在高于锌沸点的温度下，于竖井式蒸馏罐内，用碳作还原剂还原氧化锌（硫化锌精矿氧化焙烧产出的焙砂）的球团，反应产生的锌蒸气经冷凝成液体金属锌。我国葫芦岛锌厂是中国最早的竖罐炼锌厂，经几十年的改进实现了连续性作业，单罐受热面积由最初的40m²增大到100m²，大大提高了热能的利用率，单炉日产量达到22.5t，炉体寿命超过22个月，锌回收率达到95%~96%。不足之处是能耗较大，劳动条件较差。

（3）电炉炼锌

20世纪30年代国外出现了电炉炼锌技术。到80年代，我国开始采用电炉炼锌工艺，至今已有几十个小型火法炼锌厂应用，但其生产规模都很小，一般年产锌量为500~2500t。

电炉炼锌是以电能为热源，在焦炭或煤等还原剂存在条件下，直接加热炉料使其中的氧化锌还原成锌蒸气，然后经冷凝成金属锌。该工艺可以处理高铜高铁锌矿，但要求含S量小于1%，对于含S高的碳酸盐锌矿需要预脱硫处理。

1.3.2　湿法炼锌

湿法炼锌（又称电解法炼锌）最早于1916年投入工业生产，由于它具有生产规模大、能耗较低、劳动条件较好、易于实现机械化和自动化等优点而得到迅速发展。自20世纪80年代以来，世界锌产量的80%~85%以上是由湿法炼锌生产的。

湿法炼锌处理硫化锌精矿一般要预先进行焙烧，使ZnS变成易于被稀硫酸溶解的ZnO。在浸出过程中，与氧化锌一道溶解进入溶液的还有杂质金属，ZnSO₄浸出液中的这些杂质将严重影响下一步的电积过程，因此必须将这种溶液进行净化。净化过程得到的含杂质金属的滤渣送去回收有价金属（镉、钴、铜等），净化后的ZnSO₄溶液经电解沉积后，阴极析出锌最终熔化铸锭，即产出电锌。

在湿法炼锌中，焙烧、浸出、浸出液净化和电解是生产上的主要工艺过程，其中浸出又是整个湿法流程中的最重要环节，湿法炼锌厂的主要技术经济指标在很大程度上取决于所选择的浸出工艺及操作条件。

锌焙砂是硫化锌精矿流态化焙烧的产物，也是浸出过程的主要原料，用于焙砂浸出的稀硫酸是来自锌电解沉积车间的废电解液。根据浸出作业所控制的最终溶液酸度，锌焙砂浸出分为中性浸出、酸性浸出和高温高酸浸出（又称热酸浸出）。为了提高锌的浸出率和整个生产流程的锌回收率以及其他经济技术指标，酸性浸出和热酸浸出带来的生产问题集中在锌铁分离过程中，因而湿法炼锌方法又分为常规浸出法、热酸浸出黄钾铁矾法、热酸浸出针铁矿法、热酸浸出赤铁矿法。在 20 世纪 80 年代，还发展了取消锌精矿焙烧工艺的硫化锌精矿氧压浸出法。湿法炼锌是炼锌技术的发展方向，它将朝改善对环境的影响、提高金属回收率和综合利用水平、降低能耗、实现设备大型化、机械化和自动化的方向进一步发展。

湿法炼锌可供选择的原则工艺流程如图 1 - 2。

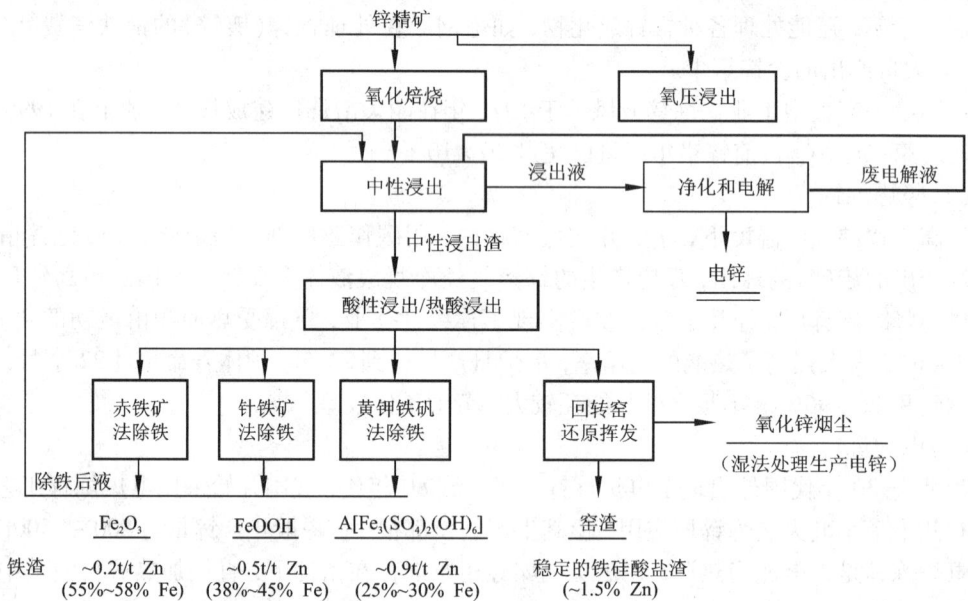

图 1 - 2　湿法炼锌可供选择的工艺流程概况

(1)常规浸出法

锌焙砂常规浸出的主要目的是尽可能使锌溶解进入溶液，并以中和水解法除去铁、砷、锑、锗等有害杂质，经液固分离后，溶液送往净化，得到合格的中性硫酸锌溶液，然后送去电解得到高纯度电锌。株洲冶炼厂就是在 20 世纪 60 年代采用常规法连续浸出流程设计并投产的我国第一个现代化大型湿法炼锌厂，最初设计能力为年产电锌 10×10^4 t，经过 30 多年的发展，现在生产能力已接近 30×10^4 t/a。

常规浸出法尽管经中性浸出和酸性浸出两段浸出过程，但采用的浸出条件（温度和浸出终点酸度）不足以使锌焙砂中呈铁酸锌形态存在的锌溶解，常规浸出法产出的锌浸出渣含锌在 20% 左右，一般采用回转窑烟化法回收其中的锌。这种火法处理锌浸出渣的传统法所产出的窑渣，在自然环境中处于较稳定状态，可溶性的盐类和其他化合物少，便于堆存，从环保角度看，有其优点，且 In, Ge 等稀散元素富集在烟尘中，有利于综合回收。但由于回转窑挥发处理浸出渣工艺系高温火法过程，存在燃料、还原剂和耐火材料消耗大的缺点，从 20 世纪

70 年代以来，便相继出现了热酸浸出黄钾铁矾法、热酸浸出针铁矿法和热酸浸出赤铁矿法来处理锌浸出渣。

（2）热酸浸出黄钾铁矾法

热酸浸出黄钾铁矾法是 1968 年开始应用于工业生产的。我国于 1985 年首先在柳州市有色冶炼总厂应用于生产，1992 年西北铅锌冶炼厂采用该法生产电锌，其设计规模为年产电锌 10×10^4 t。

热酸浸出黄钾铁矾法沉铁的浸出工艺包括 5 个过程，即中性浸出、热酸浸出、预中和、铁矾沉淀和铁矾渣的酸洗，比常规浸出法增加了热酸浸出、沉矾和铁矾渣酸洗等过程，可使锌的浸出率提高到 97%。

该法沉铁的特点是，既能在高温高酸条件下浸出中性浸出渣中的铁酸锌，又能使浸出的铁以铁矾晶体形态从溶液中沉淀分离出来。但渣量大，渣含铁仅 30% 左右，难以利用，堆存时其中可溶重金属会污染环境。此法还有待研究完善。

（3）热酸浸出针铁矿法

热酸浸出针铁矿法是 1970 年在比利时开始应用于生产的。其浸出和沉铁包括中性浸出、热酸浸出、超热酸浸出、Fe^{3+} 还原、预中和、针铁矿沉铁等六个过程，可使锌的浸出率提高到 97% 以上。我国温州冶炼厂于 1985 年开始采用该方法生产电锌。

针铁矿法的沉铁过程采用空气或氧作氧化剂，将二价铁离子逐步氧化为三价，然后以针铁矿（FeOOH）形态沉淀下来。溶液中的砷、锑、氟大部分可随铁渣沉淀而除去。该法的铁渣率低于黄钾铁矾法，渣含铁较高，便于利用。

（4）热酸浸出赤铁矿法

热酸浸出赤铁矿法是 1972 年在日本开始应用于工业生产的。该法首先是将锌浸出渣在高压釜中进行还原浸出，使三价铁离子还原成二价，然后将这种含二价铁离子的热酸浸出液送往沉铁高压釜中，通入氧气，将铁离子氧化成赤铁矿形态沉淀除去。

赤铁矿法沉铁渣量小，渣含铁达 60% 左右，可作为炼铁原料使用，但该工艺需要昂贵的高压釜设备，建设投资大，世界上仅有日本和德国共有两家炼锌厂采用。

（5）硫化锌精矿氧压浸出工艺

硫化锌精矿氧压浸出新工艺于 1981 年在加拿大开始投入工业生产，因而取消了锌精矿的焙烧作业，真正实现了全湿法炼锌流程。

硫化锌精矿氧压浸出工艺的特点是锌精矿不用焙烧，在一定压力和温度条件下，直接酸浸可获得硫酸锌溶液和元素硫。因而无需建设配套的焙烧车间和制酸厂，该工艺浸出效率高，适应性好，与其他炼锌方法相比，在环保和经济方面都有很强的竞争能力。尤其是对成品硫酸外运交通困难的地区，氧压浸出工艺以生产元素硫为产品，便于贮存和运输。

锌精矿氧压浸出工艺需要高压设备，建设费用较高，目前国外有四家工厂采用。

撰稿人：张训鹏

审稿人：王建铭　贺家齐　郭天立

2　硫化锌精矿的流态化焙烧

2.1　硫化锌精矿流态化焙烧的基本原理

2.1.1　硫化锌精矿焙烧的目的与要求

从硫化锌精矿中提取锌，除在近几年国外有几家工厂采用直接氧压浸出工艺外，传统的炼锌工艺不论火法还是湿法流程，第一道工序均须将硫化锌精矿在高温且有氧存在的条件下进行流态化焙烧。焙烧的实质就是在氧化气氛中加热锌精矿，使其发生物理化学变化，改变其成分以适应下一步冶金过程的要求。

锌精矿焙烧的目的是：

(1)将精矿中的ZnS尽量氧化变成ZnO，同时，也使精矿中的铅、镉、砷和锑等杂质氧化变成易挥发的化合物或直接挥发而从精矿中分离。

(2)使精矿中的硫氧化变成SO_2，产出有足够浓度的二氧化硫烟气，以便制取硫酸。

湿法炼锌要求把ZnS转变成ZnO，因为除非在氧压浸出的特殊条件下，一般稀硫酸溶液浸出液是不能溶解ZnS的。尽管湿法生产始终是在H_2SO_4 – $ZnSO_4$水溶液体系中进行，但对硫化锌精矿的焙烧仍然是需要氧化焙烧，而不是硫酸化焙烧。因为严格说来，湿法炼锌并不需要消耗成品硫酸，ZnO在浸出过程所消耗的H_2SO_4（其浸出反应为$ZnO + H_2SO_4 \Longrightarrow ZnSO_4 + H_2O$）会在随后的$ZnSO_4$水溶液电积锌时等量地得到再生（电积过程总反应为$ZnSO_4 + H_2O \xrightarrow{\text{直流电作用}} Zn + 1/2O_2 + H_2SO_4$），即浸出所需的酸全由废电解液提供，否则会造成整个湿法系统酸不平衡。但在实际生产中，溶液中的硫酸由于挥发会有损失，或原料中因含有能形成不溶硫酸盐的金属组分（如铅、钙等）也会消耗酸（损失于浸出渣中），要补偿这部分酸，由于锌焙烧烟尘中普遍含有较高的硫酸盐（3% ~6% $S_{SO_4^{2-}}$）就可以满足需要了，因此湿法炼锌工厂一般都采用较高的焙烧温度（900~1000℃）进行全氧化焙烧，以强化焙烧过程，提高脱硫率。

此外，湿法炼锌还要求焙烧过程尽可能减少铁酸锌和硅酸锌的生成量，并要求获得细小颗粒的焙烧产品。

火法炼锌要求在焙烧时尽可能使硫化物全部转变为氧化物，尽可能完全脱硫，即死焙烧。这是因为火法冶炼是在强还原性气氛中使氧化锌被一氧化碳还原成金属锌，在现有工艺条件下硫化锌是不能被还原成金属锌的。按质量计，一份硫要结合两份锌，则焙烧矿中残硫越高，锌入渣损失越大。死焙烧产出的焙烧矿含硫一般少于1.0%。火法炼锌也不希望焙烧矿含硫酸锌，虽然它在后续还原过程高温条件下会发生热分解生成可被碳还原的ZnO，但同时释出的SO_2也会被碳还原形成元素硫，硫蒸气与锌蒸气结合，既导致金属损失，又易造成炉结和生成蓝粉的危害。因此，火法炼锌厂常将硫酸盐含量高的烟尘送往湿法生产锌，或将其进行二次焙烧再脱硫，以实现死烧。此外，火法炼锌要求在焙烧过程中，能将锌精矿中的易挥发的砷、锑、铅、镉等杂质以挥发性的硫化物或氧化物形态除去，以便还原蒸馏时得到较高质量的锌锭；由于在焙烧烟尘中富集了镉、铅，因此烟尘可作为提取镉、铅的原料。

鼓风炉炼铅锌所采用的烧结焙烧除要具备上述一般焙烧过程的要求外，还要求获得具有足够强度和多孔的烧结块。

无论是火法炼锌还是湿法炼锌，尽管锌精矿焙烧的后续工艺有多种多样，对焙烧过程的要求也不尽相同，但近年来的发展趋势是，尽可能提高焙烧温度，强化生产过程，加速硫化锌氧化反应速度，降低焙砂残硫量，提高焙烧矿的质量。为满足上述工艺要求，流态化焙烧炉是理想的焙烧设备。

2.1.2 焙烧的固体流态化技术

硫化锌精矿的焙烧曾采用过反射炉、多膛炉、复式炉(多膛炉与反射炉的结合)、飘悬焙烧炉，目前则主要采用流态化焙烧炉。流态化焙烧是一种强化焙烧过程的新方法。锌精矿的流态化焙烧是固体流态化技术在炼锌工业中的具体应用。流态化焙烧炉具有热容量大且热场分布均匀、炉内各处温差小、反应速度快、焙烧强度高、操作简单、固－气之间传热传质效率高等特点，因而焙烧过程被大大强化。流态化技术最早于1944年首先用于硫铁矿的焙烧，以后在有色金属工业中推广，从上世纪50年代起迅速在炼锌厂中得到推广和应用，成为当前生产中的主要焙烧设备。

流态化焙烧的理论基础是固体流态化。当气体通过固体料层的速度不同时，可将料层变化分为三种状态：即固定床、膨胀床及流态化床。如果在玻璃管内盛装固体粒子物料，管底具有孔眼，由管底孔眼向上料层喷吹风时，随着气流速度的变化，管内固体粒子呈现图2－1所示的不同状态。根据实验数据，把气流的直线速度和气体通过床层的压力降都取对数值，以纵坐标表示压力降对数值，以横坐标表示直线速度对数值，则可得图2－2曲线 ABCDE。曲线 AB 段表示固定床，这时固体粒子不发生运动，粒子间的接触不分开，料层总体也不发生变化，上升气体仅从粒子间空隙通过，如图2－1(1)所示。由图2－2可知，每一个直线速度有一个相应的压力降，压力降随着直线速度加大而增大。此压力降产生的原因是由于气体与固体之间存在的摩擦力以及气体通过的路线曲折变化，时而膨胀，时而收缩，造成能量损失所致。当继续增大直线速度到 B 点时，床层的压力降等于单位床层面积上物料的有效重量，于是粒子开始移动，部分点接触发生破坏又重新建立，料层开始膨胀使体积增大。B 点是使固体粒子开始移动的最小速度，此速度称作临界速度。此时床层呈不稳定状态，如同水接近于沸腾时期。气体直线速度过 B 点后再继续增大时，压力降的上升变得较为平稳，到 C 点压力降达最大值，此时料层上部的粒子开始彼此分离，离开料面呈悬浮状态，料层的体积增大5%~10%。再继续增大气体的直线速度时，由于粒子彼此逐渐分离，空隙增加，阻力减小，因而压力降开始减小。到 D 点时全部粒子完全分离，粒子完全呈悬浮状态，如图2－1(3)所示，D 点时固体粒子完全呈悬浮状态即流态化。这时的料层称作流态化床。过 D 点再增大直线速度，压力降就保持一定值，不再随气体的直线速度而改变。气体的直线速度继续增大至 E 点后，则可以使浓相完全变为稀相，如图2－1中的(4)，即把固体粒子全部吹走。使固体粒子完全被气体带走的直线速度称作为最大速度。从上述分析可知：图2－1(1)和图2－2中的

AB 段为固定床;图 2 -1(2)和图 2 -2 中 *BCD* 段为膨胀床;图 2 -1(3)和图 2 -2 中 *DE* 段为流态化床。

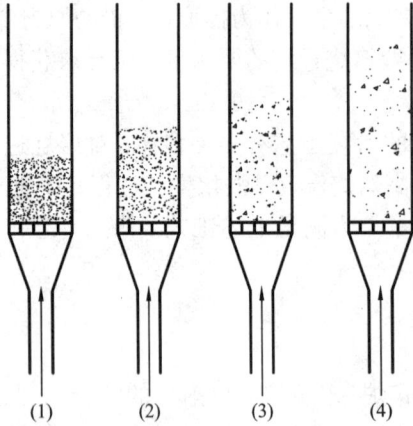

图 2 - 1　吹风速度对炉料层状态影响　　　　**图 2 - 2　直线速度与床层压力降的关系图**
(1)固定床;(2)膨胀床;(3)流态化床;(4)炉料被吹走

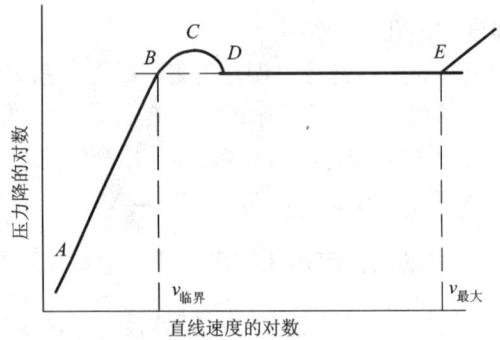

　　流态化床的压力降等于床层单位面积上物料的有效质量,即床层单位面积质量减去浮力。压力降的大小可以判断流态化焙烧过程中料层所处的状态,因此可通过测定压力降来控制流态化层状态。

　　形成流态化层的另一重要条件是鼓风量,即直线速度。当固定床高度不变时,粒径增大,流态化层的临界直线速度也增大(亦即临界鼓风量也增大),而流态化床的压力降不变。不同粒度的临界鼓风量相差很大,这是由于在同样高度时,粒度大空隙度就大,阻力就小,为达到同样的压力降颗粒料层的风量就要大得多。粒度对压力降影响不大是因为在同一高度时流态化床压力降只与流态化床的密度有关,而流态化床的密度又决定于固体粒子的密度与空隙度,由于粒度对空隙度影响不大,故粒度对压力降无大的影响。这就说明流态化床鼓风量与固体粒子的粒度有很大关系。

　　控制鼓风量对流态化焙烧实际操作极为重要,它不仅保证流态化床的稳定性,而且对炉气中的 SO_2 浓度、流态化床温度、炉焙烧强度也有直接影响。

　　流态化床的临界速度就是流态化点速度,也就是开始流态化时的气流临界直线速度。流态化床的临界速度与固体粒子直径的平方成正比,并与固体的性质、气体的性质有关,但与流态化床的高度无关,因此在同一流态化床内不能同时存在粒径相差很大的颗粒。大颗粒的临界速度大,小颗粒的临界速度小。当颗粒相差很大时,大颗粒还未流态化,小颗粒就已达到最大速度而被吹跑。所以流态化焙烧的物料粒度应保持均匀一致。

　　最大速度可以认为是粒子在气流中的自由沉降速度。流态化床的临界速度到最大速度有很大的范围(图 2 -2 的 *DE* 段)。实际操作中的流态化焙烧直线速度介于临界速度与最大速度之间。这个直线速度只是对精矿中多数粒子而言。为强化焙烧过程,提高生产率,一般要求有较大的直线速度,但增加直线速度相应地会增加稀相中烟尘的生成量。因此要选择适当的直线速度。浮选锌精矿流态化焙烧一般采用的直线速度为 0.35 ~ 0.75m/s(热条件下)。如果按照此条件计算鼓风量,则在冷条件下就不能保证开炉时冷流态化的需要。所以,一般工厂选择炉子的供风能力都比生产实际需要量大30%以上。

流态化床与液体一样具有一定的粘度。粘度是流态化床的重要特性之一,它可以说明床内流态化的程度。根据实验结果,流态化床的有效粘度与气流速度、固体粒子直径、固体粒子密度及粒度分布状况有关。

流态化床的热传递可分为三种形式,即固体与气体间、流态化床内各部分之间、流态化床与管壁或换热器之间的热传递。传热方式主要是对流。由于流态化床内固体与气体之间接触多,有效传热面积大,故总的传热效率比固定床大。由于流态化床内固体颗粒快速循环以及气流使床层激烈搅动,因而流态化床内各部分的温度几乎一致,就是在大量放热反应的焙烧过程中,床层内各部分的温度仍能保持均匀一致,这对焙烧过程是非常有利的条件。在生产实践中可以控制床层内温度差在±10K波动。正是由于流态化层内有各种良好的热传导,故可以在流态化层内任何一点进行冷却(如喷水)而使整个流态化床得到冷却,以降低流态化床的温度。在生产实践中流态化焙烧炉常设有水套或汽化冷却管以降低流态化层的温度。在焙烧炉开炉预热操作中,可充分利用流态化床良好的传热效率,先使炉料开始流态化起来再预热,其速度快得多,且温度也均匀得多。在铺炉料中加入适量的锌精矿或在预热过程中向流态化焙烧炉内适量加入粉煤或锯末,当其在流态化床内燃烧后流态化层温度便会迅速而均匀地上升,使开炉操作更快更顺利地进行。

2.1.3 硫化锌精矿焙烧的主要反应

硫化锌精矿流态化焙烧过程,实质上是在高温下借助空气中的氧进行的硫化物的氧化过程。焙烧产物的组成主要取决于温度和炉气成分,通过控制温度和炉气成分这两个因素就可以控制焙烧产物的组成,获得所希望的产物。参与焙烧化学反应的主要元素是锌、硫和氧,当处理含铁较高的精矿时,铁也是参与反应的主要元素。

硫化锌精矿中的锌主要以闪锌矿ZnS的形态存在,在流态化床焙烧中主要发生的化学反应有:

(1)硫化锌氧化生成氧化锌

$$2ZnS + 3O_2 = 2ZnO + 2SO_2 \tag{1}$$

(2)硫酸锌和三氧化硫的生成

$$ZnS + 2O_2 = ZnSO_4 \tag{2}$$

$$2SO_2 + O_2 = 2SO_3 \tag{3}$$

对ZnS而言,反应式(1)进行的趋势取决于温度和气相组成。但是在实际的焙烧温度下(1123~1373K),反应式(1)只会向右进行,是不可逆的,并且反应时放出大量的热量。反应式(2)、(3)是可逆的放热反应,低温有利于反应向右进行。硫酸锌的生成反应是复杂的,最终的反应可能是:

$$ZnO + SO_2 + \frac{1}{2}O_2 = ZnSO_4 \tag{4}$$

但是许多研究者指出,反应还会生成一定组成的碱式硫酸锌,用热重分析与X射线分析法进行了检测,已确定碱式硫酸锌的组成为$ZnO \cdot 2ZnSO_4$。

在Zn-S-O系中,已知的凝聚相有Zn,ZnO,ZnS,ZnSO_4,$ZnO \cdot 2ZnSO_4$。该体系的化学势图及所需的化学反应的平衡常数列于表2-1中。根据所列的化学平衡的热力学数据,

作出以 $\lg p_{SO_2} - \lg p_{O_2}$ 表示的等温（1100K 即 827℃）化学势图，如图 2－3 所示。

图 2－3 表明，1100K 时，在 Zn－S－O 系平衡状态图中，硫酸锌的稳定区范围较窄，很容易分解。硫酸锌分解反应不能错误地写成：

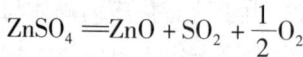

$$ZnSO_4 = ZnO + SO_2 + \frac{1}{2}O_2$$

由图 2－3 可知，$ZnSO_4$ 的分解要经过一个中间产物，即碱式硫酸盐，要在 ZnO 与 $ZnSO_4$ 之间形成稳定的平衡是不可能的，它一定按表 2－1 中的反应式（2）和反应式（4）分两段分解。因而，如果控制焙烧条件，在产物中只保留少量硫酸盐时，就应该得到碱式硫酸盐而不是正硫酸盐。例如控制焙烧条件，使烟气成分含 O_2 4% 和 SO_2 10% 时（图 2－3 中 A 点）就是这样。如果烟气中 SO_2 的浓度降低到 B 点，即烟气中含有 O_2 4% 和 SO_2 4% 时，则焙烧产物中的锌应该完全以 ZnO 形式存在。

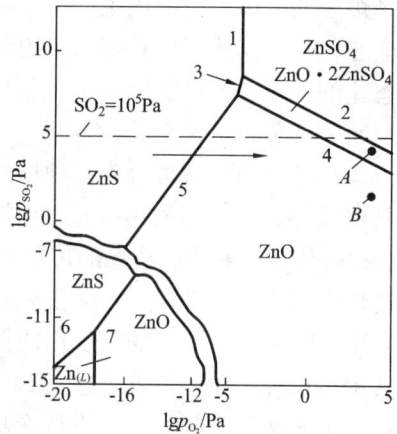

图 2－3　Zn－S－O 系 1100K 的 $\lg p_{SO_2} - \lg p_{O_2}$ 等温化学势图

点 A ＝ 焙烧气体含 O_2 4%，SO_2 10%
点 B ＝ 焙烧气体含 O_2 4%，SO_2 4%

表 2－1　Zn－S－O 系中各反应的平衡常数（$\lg K_p$）

反　　　　应	K_P	各温度下的 $\lg K_P$（$p_{总} = 10^2 \text{kPa}$）				
		900K	1000K	1100K	1200K	1300K
（1）$ZnS + 2O_2 = ZnSO_4$	$p_{O_2}^{-2}$	26.9	22.2	18.6	15.7	13.2
（2）$3ZnSO_4 = ZnO \cdot 2ZnSO_4 + SO_2 + \frac{1}{1}O_2$	$p_{SO_2} \cdot p_{O_2}^{1/2}$	－4.0	－2.1	－0.9	0.2	1.0
（3）$3ZnS + \frac{11}{2}O_2 = ZnO \cdot 2ZnSO_4 + SO_2$	$p_{SO_2} \cdot p_{O_2}^{-\frac{11}{2}}$	75.8	64.4	55.0	47.2	40.1
（4）$\frac{1}{2}(ZnO \cdot 2ZnSO_4) = \frac{3}{2}ZnO + SO_2 + \frac{1}{2}O_2$	$p_{SO_2} \cdot p_{O_2}^{1/2}$	－5.3	－3.4	－1.9	－0.6	0.4
（5）$ZnS + \frac{3}{2}O_2 = ZnO + SO_2$	$p_{SO_2} \cdot p_{O_2}^{-3/2}$	21.8	19.2	17.1	15.3	13.8
（6）$Zn_{(气液)} + SO_2 = ZnS + O_2$	$p_{O_2} \cdot p_{SO_2}^{-1} \cdot p_{Zn}^{-1}$	－6.9	－6.3	－5.9	－5.6	－5.3
（7）$2Zn_{(气液)} + O_2 = 2ZnO$	$p_{O_2}^{-1} \cdot p_{Zn}^{-1}$	29.8	25.7	22.4	19.4	16.3

因为炉膛下部流态化床层的 SO_2 浓度低于炉子上部空间及其后面收尘系统中的 SO_2 浓度，而温度却相反，前者温度高，后者温度低，在此条件下形成的焙烧产物（焙砂）中的硫酸盐含量少。从图 2－3 还可看出，降低气相 O_2 的浓度也能达到不产生硫酸锌的目的。应该指出，用降低 p_{SO_2}，p_{O_2} 的方法来保证获得含 ZnO 高的焙烧产物，是生产中不能采用的，因为这样会降低焙烧设备和硫酸生产设备的能力。因此，在生产实践中要获得 ZnO 含量高的焙烧产物的主要措施是提高温度。

温度升高时，反应式（2）和反应式（4）的 $\lg K_p$ 值增大（见表 2 - 1），图 2 - 3 中的线 2 和线 4 相应向上移动，硫酸锌稳定区缩小。在 1200K 以上高温时，锌的硫酸盐会全部分解，要想使 ZnS 完全转化为 ZnO，焙烧的温度需要控制在 1273K 以上。火法炼锌厂氧化焙烧温度控制在 1343 ~ 1473K 就是这个理由。现在，许多湿法炼锌厂也将焙烧的温度从 1123K 左右提高到 1223K 以上，个别已达到 1473K，以保证硫酸锌的彻底分解。因此在锌精矿的流态化焙烧中，精矿中的 ZnS 都会被氧化为 ZnO，焙砂中的 $ZnSO_4$ 是很少的，只有在低温从高 SO_2 浓度的烟气中收下来的烟尘中才含有少量 $ZnSO_4$。

硫化锌精矿中的铁主要以黄铁矿（FeS_2）形态存在，FeS_2 在高温下可以发生离解反应：

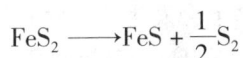

$$FeS_2 \longrightarrow FeS + \frac{1}{2}S_2$$

在焙烧炉内有 O_2 存在时，FeS_2 离解反应产生的 FeS 和 S_2 会被氧化为 FeO 和 SO_2，FeO 又会进一步氧化为高价铁的氧化物 Fe_3O_4 和大量的 Fe_2O_3。

在焙烧温度下，ZnO 与 FeS_2 氧化产生的 Fe_2O_3 接触后便会发生反应生成铁酸锌：

$$mZnO + nFe_2O_3 \longrightarrow mZnO \cdot nFe_2O_3$$

$mZnO \cdot nFe_2O_3$ 在常规的湿法炼锌过程中不溶于稀硫酸浸出液，从而降低了锌的浸出率。所以湿法炼锌厂要求焙烧过程尽可能少产生铁酸锌。但当处理高铁（Fe 含量 >8%）锌精矿时，由于精矿中很多铁是以铁闪锌矿（$mZnS \cdot nFeS$）的形态存在，这种紧密结合的铁锌矿物在焙烧时很难避免铁酸锌的生成。因此，在常规的湿法炼锌厂，不希望处理含铁很高并且铁以铁闪锌矿形态存在的锌精矿。直到上世纪 70 年代，热酸浸出工艺的成功采用这个问题才得到基本解决。因为在热酸浸出条件下可以溶解铁酸锌，并且可以用黄钾铁矾法等从溶液中将大量溶解的铁沉淀下来。

当焙烧过程中 ZnO 与精矿中的脉石成分石英（SiO_2）接触时，它们会发生反应生成硅酸锌：

$$xZnO + ySiO_2 \longrightarrow xZnO \cdot ySiO_2$$

焙砂在浸出过程中，游离的 SiO_2 不溶于稀硫酸溶液，当它形成上述硅酸盐之后就会溶解，故硅酸锌的生成不会影响锌的浸出率。但它的溶解会形成硅胶，溶液中胶体的存在会影响矿浆的澄清过滤。所以一般的湿法炼锌厂也不希望处理高硅的锌精矿。

从上述焙烧时锌的化学反应可知，湿法炼锌厂希望精矿中的 ZnS 完全氧化为 ZnO，少生成硫酸锌、铁酸锌与硅酸锌。生产上的主要措施是高温焙烧（如在 1273K 焙烧），这样可使硫酸锌完全分解，铁酸锌部分分解，但硅酸锌很难分解从而限制了焙烧温度的提高，因为硅酸盐的熔点低，如 $PbO \cdot SiO$ 的熔点只有 1023K 左右。所以为了满足一般湿法炼锌厂的要求，往往限制入炉精矿中的铁、硅、铅等的含量。对火法炼锌厂而言，硅酸锌和铁酸锌都是容易被还原的，因此，火法炼锌厂可以处理高铁高硅的锌精矿。

2.1.4 硫化锌精矿伴生矿物在焙烧中的行为

硫化锌精矿中除了有上述的闪锌矿与黄铁矿之外，还伴生有许多其他矿物，如方铅矿（PbS）、黄铜矿（$CuFeS_2$）、辉镉矿（CdS）、辰砂（HgS）、毒砂（FeAsS）、雄黄（As_2S_3）、辉锑矿（Sb_2S_3）以及脉石矿物如方解石（$CaCO_3$）、石英（SiO_2）和少量贵金属元素 Ag 和稀有元素 In、Ge、Tl、Ga 等。这些化合物在焙烧过程中的行为如下：

（1）黄铜矿 $CuFeS_2$ 在高温条件下与黄铁矿一样会发生分解反应：

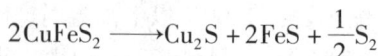

$$2CuFeS_2 \longrightarrow Cu_2S + 2FeS + \frac{1}{2}S_2$$

分解产物 Cu_2S，FeS，S_2 在焙烧时的高温氧化气氛中会进一步被氧化，FeS 氧化后的最终产物是 Fe_2O_3，留在焙砂中。Cu_2S 被氧化生成 Cu_2O 和 $CuSO_4$，而 $CuSO_4$ 在实际的焙烧温度和气氛下是不稳定的，故在焙烧产物中铜主要以 Cu_2O 形态存在，只有很少量的 Cu_2O 与 Fe_2O_3 反应生成铁酸铜 $Cu_2O \cdot Fe_2O_3$。黄铜矿、黄铁矿类的高价硫化物分解释放出硫蒸气（元素硫熔点392K，沸点717.6K），并被迅速氧化生成 SO_2，进入烟气。

（2）方铅矿 PbS 在氧化焙烧条件下会发生如下氧化反应：

$$2PbS + 3O_2 = 2PbO + 2SO_2$$

$$PbS + 2O_2 = PbSO_4$$

生成的 PbO，$PbSO_4$ 与未反应的 PbS 会发生一系列反应，可能生成金属铅或碱式硫酸铅（$PbSO_4 \cdot nPbO$），金属铅可进一步被气流中的 O_2 氧化为 PbO，故锌精矿焙烧产物是不会以金属铅存在的。铅的硫酸盐包括各种配比的碱式硫酸铅，其比上述铁与锌的硫酸盐更为稳定。随着焙烧温度的升高，硫酸铅的稳定性下降，分解也愈完全。所以在高温氧化焙烧条件下，精矿中的 PbS 几乎完全被氧化为 PbO，只有少量的碱式硫酸铅残留在焙砂中。

在生产实践中，采用流态化焙烧的工厂都严格控制锌精矿中铅的含量，因为当精矿中同时有 SiO_2 存在时，在焙烧过程中会与氧化生成的 PbO 形成低熔点的硅酸盐，如 $xPbO \cdot ySiO_2$，熔点为 1023～1053K，这类低熔点硅酸铅将精矿颗粒包裹起来，使氧化反应不易进行，影响脱铅、脱硫的效果，严重时还会粘结空气分布板上，妨碍固体物料的正常流态化。由于闪锌矿与方铅矿在矿物原料中紧密共生，因此浮选所得的硫化锌精矿中不可避免地总含有少量铅（生产上一般控制在 Pb ＜2%）。在锌精矿焙烧脱铅时，利用 PbS 及其氧化生成的 PbO 在焙烧温度下蒸气压的差异，如在1050℃下 $p_{PbS} = 800Pa$，$p_{PbO} = 240Pa$，即因为它们的沸点不同，PbS 沸点为 1554K，PbO 为 1745K，故控制较高的焙烧温度和较小的氧（空气）/料（精矿）比值（即空气过剩系数 α 值）有利于焙烧脱铅。基于同样的原理，在有利于脱铅的同时也有利于脱镉。

（3）辉镉矿 镉没有单独的矿床，常伴生在铅锌矿中，矿中锌镉含量比约为 100∶0.3。在焙烧过程中如何富集镉以便进一步回收是锌冶金工作者非常重视的问题。在氧化焙烧的条件下 CdS 会发生氧化反应得到 CdO：

$$2CdS + 3O_2 = 2CdO + 2SO_2$$

镉的硫化物与氧化物在焙烧温度下均具有相当大的蒸气压，如1273K时，CdO 的蒸气压为5.98Pa，CdS 的为 1200Pa，CdS 较 CdO 易挥发。在1223K进行流态化焙烧时，镉有 50% 挥发进入烟尘。

在任何温度下，CdS 的化学稳定性都比 CdO 小，较易分解产生镉蒸气而进入气相，然后被气流中的 O_2 氧化为 CdO 而随烟气进入收尘系统。

根据镉的这些特性，火法炼锌厂在提高焙烧温度（1373K）以及减少过剩空气量（过剩空气系数小于1.1）的情况下，进行流态化焙烧时，可使锌精矿的镉挥发 90%～95%，并使其富集在电收尘的烟尘中，再从烟尘中提取镉。

（4）辰砂 锌精矿常伴有辰砂（HgS）。辰砂易挥发，在常压下不熔化而升华，升华点为853K。在焙烧条件下，HgS 易从精矿中挥发出来，随后也可能被氧化为 HgO。不管是挥发出来的 HgS，还是被氧化生成的 HgO，都是很不稳定的化合物，在焙烧温度下都会分解产生汞蒸气，被烟气带进收尘系统，一直进入制酸系统，使产出的硫酸被汞污染。为了提高汞的回收率和减少汞对硫酸的污染，应在烟气温度降到 773K 以前即进行汞的回收。

（5）砷、锑硫化物

毒砂（FeAsS）在焙烧高温下会发生分解反应：

$$FeAsS \longrightarrow FeS + As$$

元素砷易挥发进入气相，然后与气流中的 O_2 发生氧化反应：

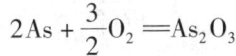

$$2As + \frac{3}{2}O_2 = As_2O_3$$

雄黄（As_2S_3）和辉锑矿（Sb_2S_3）在氧化焙烧条件下会发生氧化反应：

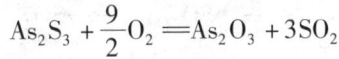

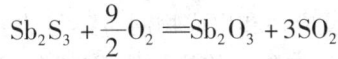

$$As_2S_3 + \frac{9}{2}O_2 = As_2O_3 + 3SO_2$$

$$Sb_2S_3 + \frac{9}{2}O_2 = Sb_2O_3 + 3SO_2$$

As_2O_3 与 Sb_2O_3 都是容易挥发的砷、锑氧化物，挥发出来后随烟气一道进入收尘系统，富集在烟尘中，给烟尘的处理带来一些困难。

炉料中氧化生成的 As_2O_3 与 Sb_2O_3 在氧化气氛下可进一步氧化为高价砷锑氧化物：

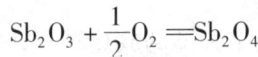

$$As_2O_3 + O_2 = As_2O_5$$

$$Sb_2O_3 + O_2 = Sb_2O_5$$

$$Sb_2O_3 + \frac{1}{2}O_2 = Sb_2O_4$$

这些高价砷、锑氧化物都是不易挥发的，在料层中还能与 MO 反应生成各种金属砷酸盐（$MO \cdot As_2O_5$）与锑酸盐（$MO \cdot Sb_2O_5$）而残留在焙烧产品中。

如果要使砷、锑大部分挥发进入烟尘，应创造一种高温与弱氧化气氛的焙烧条件，尽量避免高价氧化物的生成。因为高温条件可促使高价氧化物分解，但 Sb_2O_4 的分解必须在 1273K 以上才具有实际意义。

（6）脉石矿物　锌精矿中常见的脉石矿物有石英 SiO_2 与方解石 $CaCO_3$，在焙烧条件下，$CaCO_3$ 首先是发生分解反应：

$$CaCO_3 = CaO + CO_2$$

CaO 能与金属硫化物（ZnS、PbS 等）发生互相转换反应：

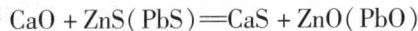

$$CaO + ZnS(PbS) = CaS + ZnO(PbO)$$

CaO 还能与烟气中的 SO_3 反应生成 $CaSO_4$，而 $CaSO_4$ 在焙烧温度下，很难完全分解。所以这些反应的发生不利于焙烧脱硫，故希望 $CaCO_3$ 完全分解，最终以游离的 CaO 形态留在焙砂中。

精矿中游离的 SiO_2 在高温下易与焙砂中的 MO（PbO，ZnO，FeO，CaO 等）发生反应形成硅酸盐 $MO \cdot SiO_2$。游离的 SiO_2 并不溶解于稀硫酸，当它形成硅酸盐后便会溶解，溶解后在一定温度与 pH 条件下会形成硅胶，致使矿浆的澄清与过滤发生困难。所以对湿法炼锌而言，希望处理含 SiO_2 低的锌精矿，而火法炼锌厂对锌精矿含硅的要求则不那么严格，主要是根据焙烧炉的温度来限制铅含量，同时控制 SiO_2 含量，因为它们以一定比例生成的硅酸铅熔点很低，若生成量很多，就有可能使流态化床熔结，达不到正常流态化的要求。

2.1.5 硫化锌精矿焙烧的技术条件

从上述焙烧反应的分析可知，硫化锌精矿中的 ZnS，在焙烧高温和氧化气氛条件下，最终主要以 ZnO 的形态留在焙烧产物中，其总的氧化反应可表示为：

$$ZnS + \frac{3}{2}O_2 = ZnO + SO_2 \qquad \Delta G^{\ominus} = -451870 + 75.3T$$

反应过程机理可用下式表示：

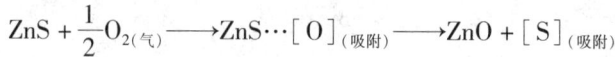

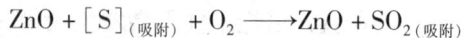

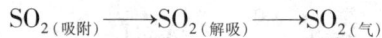

$$ZnS + \frac{1}{2}O_{2(气)} \longrightarrow ZnS\cdots[O]_{(吸附)} \longrightarrow ZnO + [S]_{(吸附)}$$

$$ZnO + [S]_{(吸附)} + O_2 \longrightarrow ZnO + SO_{2(吸附)}$$

$$SO_{2(吸附)} \longrightarrow SO_{2(解吸)} \longrightarrow SO_{2(气)}$$

从这一反应过程机理可以看出如下特点：

(1)这个反应是气相与固相反应物和生成物同时参与的多相反应，它包括有从外界气流向精矿颗粒反应界面和从反应界面向外的传热与传质过程，必须掌握界面反应的各个阶段的反应速度，才能明了反应的总速度。

(2)决定焙烧反应速度的最慢过程，在低温下(对锌精矿来说是 927K 以下)是界面上发生的化学反应速度，而在高温下便是焙烧反应的 O_2 通过反应物层的扩散过程。因为参与焙烧反应的 O_2 分子要比生成的 SO_2 分子数多，因此气流中 O_2 向精矿颗粒反应界面上的扩散是更为重要。

(3)硫化锌精矿的焙烧反应是一个强烈的放热过程，故固体颗粒内部的反应界面与粒子表面有一个较大的温度梯度，伴有热传递发生。由于 ZnO 的热传导性差，加之产生的 ZnO 层厚度又不均匀，通过 ZnO 层的热传递速度也就不均匀，导致粒子反应界面上进行的反应也就产生很大差异。

硫化锌焙烧的这些特点表明，不管焙烧反应是受化学反应过程限制，还是受扩散过程限制，对于工业生产来说，影响反应速度的因素概括起来有温度、气流特性、反应物与生成物的特性，现分述如下。

①温度 随着温度的升高，氧化过程的总速度加快。硫化锌氧化为氧化锌的过程，由于受化学反应的限制阶段转变为受扩散限制的阶段，其温度波动在 923 ~ 1073K 之间。在生产实践中，焙烧温度一般控制在 1123 ~ 137K，都已超过转变温度，也就是说温度对反应速度的影响已不是决定性因素。但是继续升高温度仍然有利于提高反应速度，如 0.92mm 的硫化锌粒子在 1173K 下的氧化速度比 1073K 下快 5 倍。温度升高，硫化锌的蒸气压增加，硫化锌蒸发后以气态参与反应，故氧化反应速度就会增加。

因此，氧化焙烧过程应在最大允许的温度下进行，但温度升高也受精矿的熔结性限制，温度过高会发生烧结现象，严重时会造成流化床结死而被迫停炉。适宜的温度由焙烧制度、物料特性及冶炼设备等确定。

②气流特性 锌精矿在温度 1123 ~ 1373K 焙烧条件下反应，氧的扩散成为整个反应的最慢阶段。增大气流速度，气流紊流度增加，有利于气体的扩散。因此，一般炼锌厂流态化炉已将流态化层的气流速度由 0.4 ~ 0.6m/s 提高到 0.7 ~ 0.8m/s，甚至更高。对含铅较高、熔点较低的锌精矿，采用更大的气流速度，例如 1m/s 以上，就有更大的意义，它是保证炉料不

熔结、维持正常进行流态化过程的先决条件。但应该指出，用增大风量来提高气流速度，会降低烟气中的 SO_2 浓度，易引起操作温度波动，同时烟尘率增加，加重烟气收尘和净化系统负担，所以在增大气流速度的同时必须很好地强化收尘措施。

炼锌厂一般采用空气焙烧，空气中 O_2 的体积含量仅占 21%，随着反应的进行，氧的含量会更低，于是 O_2 从空气中扩散到固体表面上的量也会减少。所以，提高气流中氧的浓度即所谓的富氧空气，有利于 O_2 向硫化锌颗粒表面扩散，加速氧化反应。采用富氧空气焙烧是强化流态化焙烧的措施之一。国外某铅锌厂采用 27% O_2 的富氧空气进行流态化焙烧，炉子焙烧强度提高了 40% ~50%，烟气中 SO_2 浓度从 8% ~9% 提高到 12% ~13%。

③精矿的物理化学性质 精矿在空气中的氧化开始是在颗粒表面进行的。当精矿粒度较小时，会有更多的气固接触面，单位面积内发生反应的硫化锌就会增加。但随着反应的进行，粒子表面形成一层坚硬的氧化锌壳，于是气流中的氧分子须穿过氧化锌层才能到达反应界面，增加了氧气的扩散阻力，从而减慢了硫化锌粒子中心部分的氧化速度，所以粒度较小的精矿有利于扩散过程，保证硫化锌氧化得更完全。

如果精矿含杂质较多，这些杂质元素不仅减小了硫化锌粒子氧化的接触面，也增大了氧的内扩散路程，所以不利于反应进行。尤其是那些低熔点杂质如硫化铅氧化后的氧化铅，其熔点为 1156K，当它与 SiO_2 结合时还会生成熔点更低（1023K）的硅酸铅（$PbO \cdot SiO_2$），它们不仅阻碍氧与硫化锌的接触，而且会把精矿颗粒粘结起来，严重时造成炉结。对于含铁的硫化物，当铁含量增加到 10% 时，反应速度会降低。一般炼锌厂对进入流态化焙烧的锌精矿规定了其中的铁、铅和二氧化硅的含量。

从以上分析可知，提高温度、增大气流速度与氧的浓度、提高精矿的磨细程度等，都有利于加速氧化反应，提高设备生产率。

2.2 硫化锌精矿流态化焙烧的工艺组成

流态化焙烧工艺流程要根据具体条件及要求而定，焙烧性质、原料、地理位置等因素不同其选择的流程也不尽相同。图 2-4 为葫芦岛锌厂锌精矿流态化焙烧设备连接流程图。

流态化焙烧工艺流程一般可分为四部分，即炉料准备及加料系统、炉本体系统、烟气及收尘系统和排料系统。

2.2.1 炉料准备及加料系统

炉料准备及加料系统主要为流态化焙烧炉提供合格的炉料，以保证流态化焙烧炉的稳定性、连续性。根据精矿种类和加料方式的不同，其工艺流程也有所不同。加料方式可分为干式和湿式两种。但湿式加料缺点较多，国内没有工厂采用。

干式加料是将矿仓内储存的精矿经配料后用皮带运输机运至干燥窑或送至破碎机处理。当精矿含水分为 6% ~9% 时，对焙烧炉操作没有影响，此时精矿不必干燥。当精矿水分过高或冬季精矿须解冻时可送到干燥窑进行干燥。圆筒干燥窑是一种最简单的机械干燥设备，窑身由钢板做成，窑内不衬耐火砖。直径一般为 1.5 ~2.5m，长 10 ~12m，窑身有 3° ~6° 倾斜角，窑的内面设有纵向刮料板，起扬料与卸料作用。干燥窑内热气流和精矿流的相对运动方向可分为顺流和逆流两种方式。干燥窑加热燃料可用煤气、重油和粉煤等。干燥窑的生产率

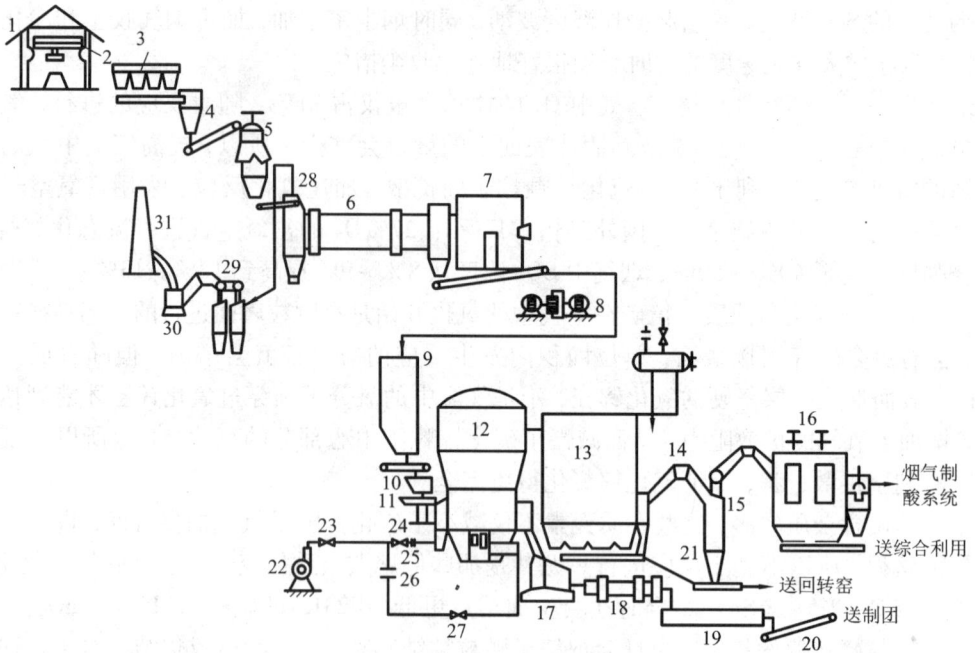

图2-4　流态化焙烧设备连接图

1—矿仓；2—抓斗起重机；3—矿斗；4—带式运输机；5—磅秤斗；6—干燥窑；7—燃烧室；8—鼠笼式破碎机和筛子；9—储矿斗；10—圆盘矿斗；11—圆盘给料机；12—流态化焙烧炉；13—余热锅炉；14—人字烟气管道；15—旋风收尘器；16—电收尘器；17—焙砂流态化冷却箱；18—焙砂冷却筒；19—螺旋运输机；20—带式运输机；21—绞笼；22—鼓风机；23—风斗总闸门；24—前室风斗闸门；25、26—风斗流量计；27—大风斗闸门；28—干燥室抽风罩；29—旋风收尘器；30—排风机；31—烟囱

由很多因素而定，与精矿中的水分、粒度、窑内的容积、窑转数、倾斜度、窑内气体温度、气体速度等有关。常以干燥强度表示干燥窑的干燥能力，干燥强度就是单位时间、单位干燥窑容积所能汽化除去的水分量，通常用 $kg/(m^3 \cdot h)$ 表示。生产实践中干燥窑的干燥强度一般在 $40 \sim 80kg/(m^3 \cdot h)$。水分合乎要求的精矿要全部通过破碎机使粘结物料破碎，同时也对精矿起到疏松作用。经过破碎机的精矿，再通过振动筛，筛下物送至焙烧炉储矿斗中，筛上物返回再破碎。在锌精矿入炉之前，一般都有计量秤计量。在生产实践中常采用控制加料皮带的料层厚度或运行速度来控制入炉的加料量，从而稳定流态化焙烧炉的温度。

　　干式加料法往炉内加入精矿的设备一般采用圆盘给料机和皮带给料机，根据加料点不同可分为管点式（或前室）和抛料机散式加料两种。管点式加料在没有前室时用插入炉内的溜板或溜管加料，这种加料方式结构简单，但因料室流动性差，易堵塞溜管，下料不均匀，炉温度波动大。有前室的流态化焙烧炉采用前室加料，这对防止加料口堵塞以及事故处理有一定的好处，同时对精矿粒度及杂质含量等要求可适当放宽。但结构比较复杂，进料较集中，易使前室堆积。抛料机散式加料是依靠皮带的高速运转（速度 $15 \sim 24m/s$），使炉料均匀散布于炉内，使炉膛气流速度及成分比较均匀，特别适合于大型流态化焙烧炉。但抛料机对炉负压要求严格，必须保证负压操作以防烧坏抛料机皮带，同时抛料机高速运转易磨损，使用寿命短。

2.2.2　流态化炉本体系统

流态化炉是流态化焙烧的主体设备。流态化焙烧炉按床断面形状可分为圆形(或椭圆形)、矩形。圆形断面的炉子,炉体结构强度较大,材料较省,散热较小,空气分布较均匀,因此得到广泛应用。当炉床面积较小而又要求物料进出口间有较大距离的时候,可采用矩形或椭圆形断面。流态化焙烧炉按炉膛形状又可分为扩大型(鲁奇型)和直筒型(道尔型)两种。为提高操作气流速度,减小烟尘率和延长烟尘在炉膛内的停留时间以保证烟尘质量,目前新建焙烧炉多采用扩大型(鲁奇型)炉。

流态化焙烧炉炉体主要由炉底、炉墙(包括流态化层和炉膛空间等部分炉墙)、炉顶、加料口(包括前室)、水套、烟气出口、排料口等部分组成。炉底也叫炉床,由钢制多孔底板和风帽组成。风帽周围由耐火混凝土固定。流态化层和炉膛两处空间要满足炉料完成物理化学反应所需时间,确保得到满足工艺需要的焙烧矿。水套的作用是带走流态化层的余热,增加处理能力。炉气出口设在炉顶或侧面,烟气从此进入冷却器或余热锅炉。排料口设在炉下部,高度即为流态化层的高度,焙烧矿由此排出。锌精矿由加料口加入,带有前室的流态化焙烧炉,前室即作为加料口;不设前室的流态化焙烧炉在炉身下部开口,利用伸入炉内的斜板或斜管将料加入炉内;采用抛料机加料的流态化焙烧炉则直接由开口加入炉内。流态化焙烧炉炉本体结构将在下节详细叙述。

2.2.3　烟气冷却及收尘系统

烟气从流态化焙烧炉排出时,温度一般在 1123~1353K 之间(视焙烧温度而定),须冷却至适当的温度以便于收尘。常见的烟气冷却方式分直接冷却与间接冷却两类。直接冷却主要采用直接向烟气喷水冷却。因水的汽化热很大,所以冷却效率较高,但这样既增加了烟气体积又增加了烟气的含水量,制酸系统要有相应的设备,且热量无法回收,故很少使用。间接冷却主要采用以下四种:

(1)表面冷却器(或外淋水)　设备简单、投资较少,可根据生产和气候情况调节水量并控制温度。但设备寿命短,热量未利用,冷却效率低,一般规模小的工厂采用。

(2)水套冷却器　同表面冷却器相比投资较少,设备制作简单,冷却效率高,缺点是耗水量很大,热量利用率低,易腐蚀。

(3)汽化冷却器　可生产低压蒸汽回收热量,投资较少,冷却效率高,但仍存在烟气腐蚀,寿命较短等不足。

(4)余热锅炉　可生产中高压蒸汽,热利用率高,耐腐蚀,设备使用寿命长,但投资较大,设备制作和管理要求严格。由于余热锅炉可产生大量蒸汽用于生产或专供发电,具有烟气腐蚀性小、设备使用寿命长等优点,故是目前最理想的冷却方式。

流态化焙烧炉的烟尘率是很大的,按我国工厂的生产实践,在较低温度下焙烧时是 40%~60%,烟气出口含尘(标)在 200~300g/m³;在较高温度下焙烧时是 18%~25%、烟气出口含尘(标)在 80~150g/m³。而国外一些焙烧工厂烟尘率甚至高达 70%~80%,这主要与炉内气流速度有关。如此高的烟气含尘率,收尘就显得更为重要。上述各种冷却器除具有冷却烟气作用外还有一定的收尘作用,依靠重力自然收尘。一般在余热锅炉中收下的矿尘约占总量的 30%~60%。为进一步除去烟尘,传统的收尘配置是采用一到两级旋风除尘器,后接电收尘器。

2.2.4　排料系统

流态化焙烧炉生产的焙砂从流态化层溢流口自动排出，可采用湿法和干法两种输送方式输送。湿法输送方式是出炉热焙砂直接落入冲矿溜槽，被稀硫酸浸出液带至浸出槽，锅炉尘、旋风收尘器烟尘等汇集一起用螺旋输送机也输入冲矿溜槽，以矿浆形态送往浸出系统；电收尘器收集的烟尘可用吸送式气力输送装置送往浆化槽，然后用泵将矿浆送往浸出系统。湿法输送焙砂简化了设备，利用了焙砂的显热，但焙砂和浸出间无缓冲余地，也无法计量焙砂数量。此法一般与连续浸出联用。干法输送方式是出炉热焙砂先经冷却圆筒冷却，再借助提升和运输设备送往贮矿仓；收尘器收集的烟尘用气力输送装置或皮带送至贮仓。流态化焙烧炉因没有备用炉，采用干法输送焙砂时应建立大容积的贮仓，其容量应能保证贮存 12 ~ 15天的焙烧矿量。粒度较粗的焙砂不利于湿法浸出，因此，流态化焙烧炉产出的焙砂，冷却后须经干磨后再送往贮仓。

焙砂冷却设备不论是流态化冷却器还是冷却圆筒，冷却介质主要是水或空气。空气冷却效率低，一般常用水冷却。流态化冷却器是一种带水套的冷却设备，内部鼓入空气使焙砂呈流态化状态。水套用水冷却可产出热水或低压蒸汽，一般建有独立的闭路循环冷却系统。近几年多采用冷却圆筒或仅将流态化冷却器作为一级冷却设备。冷却圆筒有外淋式、浸没式和列管式三种。外淋式和浸没式均在筒外部用水冷却，存在着冷却效率低、现场水蒸气量大、设备氧化腐蚀严重、水利用率低等不足。列管式圆筒冷却器筒体为水冷夹套，内部有冷却水管，冷却水的进出由设在筒体尾部的进出水装置控制。进出水装置独立于筒体外，与筒体之间采用耐高温高压软管相连，连接方式为柔性连接。列管式冷却器属高效冷却设备，当冷却水使用软化水时可作为余热锅炉用水。

2.3　流态化焙烧炉及附属设备

2.3.1　流态化焙烧炉

现代采用的锌精矿流态化焙烧炉主要有两种类型：①带前室的直筒形炉（图 2 - 5）；②鲁奇扩大型炉（图 2 - 6）。新建工厂推广应用的大多是后一种类型的焙烧炉。

2.3.1.1　床面积($F_{床}$)

床面积按每日需要焙烧的干精矿量依据同类工厂先进的焙烧强度选取。计算式为：

$$F_{床} = A/a \qquad\qquad (2-8)$$

式中　$F_{床}$——床面积，m^2；

A——每日焙烧的干精矿量，t/d；

a——炉子焙烧强度，$t/(m^2 \cdot d)$。

目前国内使用的流态化焙烧炉的最大流态化床面积已达 $109m^2$。炉床面积在 18 ~ 45m^2的炉子大部分设有前室，前室面积通常为炉床面积的 5% ~ 10%。$109m^2$ 的焙烧炉因面积大、炉料流动均匀不必设置前室。

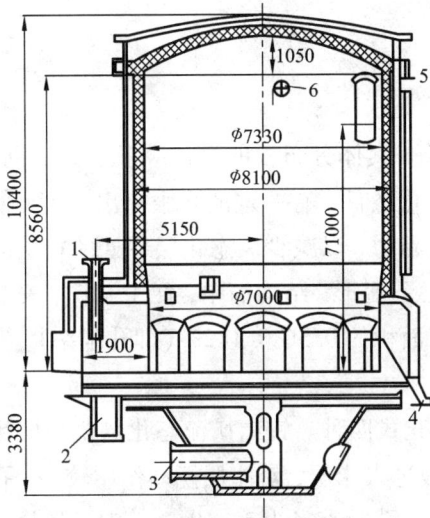

图 2-5　带前室的直筒形流态化焙烧炉示意图

1—加料孔；2—前室进风口；3—炉底进风口；

4—排料口；5—排烟口；6—开炉用排烟口

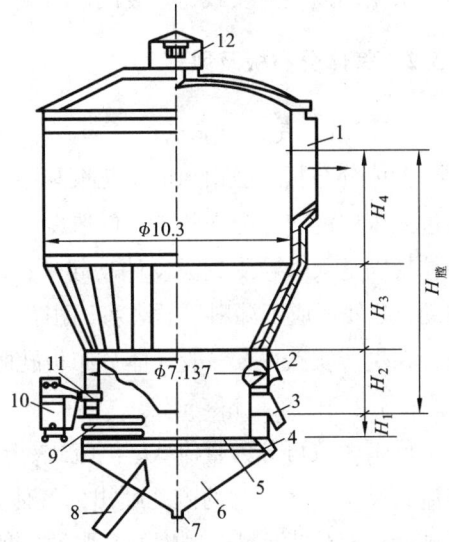

图 2-6　扩大型(鲁奇)流态化焙烧炉结构示意图

1—排气道；2—烧油嘴；3—焙砂溢流口；4—底卸料口；

5—空气分布板；6—风箱；7—风箱排放口；8—进风管；

9—冷却管；10—高速皮带；11—加料孔；12—安全罩

H_1—流态化层高度；H_2—下直段高度；H_3—扩散段高度；

H_4—上直段高度；$H_腔$—炉膛有效高度

对圆形炉，炉床直径 $D_床$ 按下式计算：

$$D_床 = 1.13\sqrt{F_床 - F_前室} = 1.13\sqrt{F_床} \qquad (2-9)$$

式中　$F_前室$——流态化焙烧炉加料前室面积，m^2；

　　　$F_床$——流态化焙烧炉炉床面积，m^2；

　　　$D_床$——炉床直径，m。

矩形炉，长与宽之比国内一般为 (2~3):1，根据生产要求确定。

2.3.1.2　流态化床层高度(排料口高度 $H_层$)

流态化床层高度近似地等于气体分布板至溢流口下沿的高度。一般它是由炉内停留时间、流态化床的稳定性和冷却器的安装条件等因素确定。国内流态化焙烧炉的流态化床高度一般为 0.8~1.5m。通常在确定流态化床层高度时，主要考虑流态化床层应该具有一定的热稳定性与流态化均匀性，一般按生产实践经验选定流态化床层高度。

2.3.1.3　炉膛面积($F_腔$)及炉膛有效高度($H_腔$)

炉膛面积($F_腔$)一般根据生产实践确定。国内外流态化焙烧炉扩大形炉膛面积与床面积之比多在 1.2~1.9 之间，也有的高达 2.2~4.6。

根据生产实践扩大型炉炉腹角 θ 一般为 10°~30°。

炉膛有效高度($H_腔$)是指流态化层浓相界面(对溢流排料的炉子即溢流口下沿平面)以上的空间高度，对于侧面排烟的炉子指溢流口下沿至排烟口中心线的高度。炉膛有效高度必须同时满足烟尘焙烧的质量和烟尘率的要求。

根据国内生产实践，一般设计时烟气在炉内的停留时间取 14~27s。

2.3.2　气体分布板及风箱

2.3.2.1　气体分布板

气体分布板一般由风帽、花板和耐火衬垫构成。气体分布板的设计应考虑到下列条件：使进入床层的气体分布均匀，创造良好的初始流态化条件，有一定的孔眼喷出速度，使物料颗粒特别是大颗粒受到激发湍动起来；具有一定的阻力，以减少流态化层各处的料层阻力的波动；此外还应不漏料、不堵塞、耐摩擦、耐腐蚀、不变形；结构简单，便于制作、安装和检修。在生产实践中，一般气体分布板孔眼面积为床面积的 0.5%~1.2%（即孔眼率）。

2.3.2.2　风　帽

风帽大致可分为直流式、侧流式、密孔式和填充式四种。锌精矿流态化焙烧炉广泛应用侧流式风帽。从风帽的侧孔喷出的气体紧贴分布板进入床层，对床层搅动作用较好，孔眼不易被堵塞，不易漏料。风帽的孔眼数一般为 4，6，8；孔眼直径为 3~10mm。对于焙烧容易粘堵的物料，如含铅的锌精矿，孔眼直径可取 6~10mm。风帽的材料现多为耐热铸铁。根据流态化层温度选用低铬铸铁，中硅球墨铸铁、高铬铸铁等。

风帽的排列密度一般为 35~100 个/m^2，风帽中心距 100~180mm，视风帽排列密度和排列方式而定。在可能的条件下，加大风帽排列密度，有助于改善初始流态化条件。风帽排列方式有同心圆排列、等边三角形排列及正方形排列等。

2.3.2.3　风　箱

风箱的作用在于尽量使分布板下气流的动压转变为静压，使压力分布均匀，避免气流直冲分布板。因此，风箱应有足够的容积。风箱的结构形式有圆锥式、圆柱式、锥台式及柱锥式。

对于大型炉宜采用中心圆柱预分布器，中心圆柱同时起着支撑气体分布板的作用。圆柱的开孔率大小可在投产前视冷试情况进行调整。

2.3.3　流态化床层排热装置

流态化焙烧炉排热方式有直接排热和间接排热。直接排热是向炉内喷水，优点是调节炉温灵敏、操作方便；缺点是余热未得到利用，大量的水蒸气进入烟气中给收尘及制酸系统造成很大的困难。因此，此法目前已很少采用，只作为紧急降温的临时措施。间接排热应用较为普遍。间接排热是使流态化床层内余热通过冷却元件传给冷却介质达到降温目的。可采用汽化冷却及循环水冷却两种方式，一般采用前者。

常用的冷却元件有箱式和管式水套。箱式水套箱体不宜太厚，一般为 80~120mm，采用 8~12mm 厚钢板制作。管式水套的结构形状种类很多，常用的有弯管式水套和套管式水套。管式水套插入流态化床层中，其位置宜在流态化层中部。一般采用强制循环汽化冷却。此外，也可在箱式水套的内壁上，焊接数根伸入流态化层的弯管，形成箱管结合式水套。

2.3.4 排料口

（1）外溢流排料口

流态化焙烧炉一般采用外溢流排料，物料经由溢流口直接排出炉外。排料口溜矿面可采用耐火混凝土捣制而成，其坡度应大于60°。外溢流排料处应设置清理口。

（2）底流排料口

当入炉物料中含有粗颗粒，或在焙烧过程中生成粗颗粒，一般不能从溢流口顺利排出，应采用底流排料口排料，其排料量由调节阀控制。

2.3.5 烟气出口

烟气出口的方式有侧面及炉顶中央两种。

（1）侧面烟气出口

烟气出口设在炉膛侧面，炉顶不承受负荷，不易损坏，检修方便，但炉膛空间利用不充分。采用侧面排烟更有利于清理易粘结性烟尘。排烟口下部倾斜面宜斜向炉外，以免粘结的烟尘块落入炉内堵塞风帽孔眼。

（2）炉顶中央烟气出口

排烟口设在炉顶，炉内气流分布均匀，可充分利用炉膛空间容积，适用于露天布置，但炉子结构复杂，炉顶承受有负荷，检修不方便，一般在中小炉使用。烟气出口与锅炉之间目前多采用软连接。

2.3.6 炉体及炉顶

流态化焙烧炉一般采用耐火粘土砖砌筑。炉体的耐火砖厚230mm，保温砖厚115mm，在保温砖与炉壳钢板中填充20～50mm厚的绝热材料。炉拱顶有球形拱顶和锥形拱顶两种，拱顶砖厚常为230，250或300mm，视炉膛直径而定。耐火砖拱顶上部铺设绝热材料，绝热材料常用矿渣棉、硅藻土、蛭石及膨胀珍珠岩等。

炉体及炉顶也可采用耐火混凝土捣制。耐火混凝土捣制的炉体和炉顶对维护及升温要求较高，但由于捣制的整体性较好，炉体寿命较长，施工周期短，因此已在中小型炉子上得到应用。

2.4 流态化焙烧炉的正常操作及事故处理

2.4.1 流态化焙烧炉的开炉与停炉

（1）烘 炉

流态化焙烧炉炉底用耐火混凝土构筑，炉墙及炉顶用耐火砖砌筑。为了烘干砌体中的水分，延长炉体使用寿命，新炉或炉体大修后的炉都需要进行烘炉。烘炉方法有：在炉底下铺上铁板投入木柴燃烧烘炉，在水套口砌筑燃煤火炉引热气进入炉内烘炉，燃烧煤气或重油（柴油）烘炉，燃烧木柴与喷重油（柴油）相结合烘炉等。可根据各地区的具体情况采取不同的烘炉方法。新建炉的烘炉一般与锅炉的煮炉一起进行。烘炉前应制定升温曲线及升温计划，升温速度一般控制在 283 ~ 303K/h 之间，切忌升温过急。葫芦岛锌厂高温氧化焙烧炉新炉烘炉与煮炉升温曲线如图 2 - 7 所示。

（2）开　炉

流化态焙烧炉开炉一般经过测试阻力、铺料冷试、升温与加料等阶段。测试阻力是检查流态化层的气体分布情况。铺料冷试方法是将单独的焙砂或焙砂矿掺入不超过 20% 的锌精矿组成的炉料铺入炉内，料层厚度为 400 ~ 600mm（流态化层高度 1000mm 左右时）。铺好炉料后鼓风冷试 20 ~ 30min，使整个料层达

图 2 - 7　流态化焙烧炉烘炉与煮炉升温曲线

到均匀平整，如发现有局部不流态化的区域，应查找原因并妥善处理好后再鼓风冷试，直至全部流态化且停风后料层表面平整为止。冷试后开始点火升温。所用燃料可根据各地条件采用木柴、木炭、锯木屑、煤气、柴油和重油等。现以柴油为例叙述开炉过程。铺料冷试后，在炉内架设少量的木材作为柴油的引燃物，点燃木材，架好喷油枪并控制适宜的流量向炉内喷柴油，当炉内达到一定温度时，再鼓小风保证炉料层呈微流态化，随着温度的升高逐渐调整风量，升温过程中可适量加入粉煤以加速流态化层温度的上升，当温度升高到 1123 ~ 1173K 时开始加料，并调整鼓风量到正常指标，开炉工作即告结束。采用其他燃料方法也与上述方法类似。开炉时间随所用燃料、开炉方式、炉面积等的不同而异，一般为 4 ~ 20h。

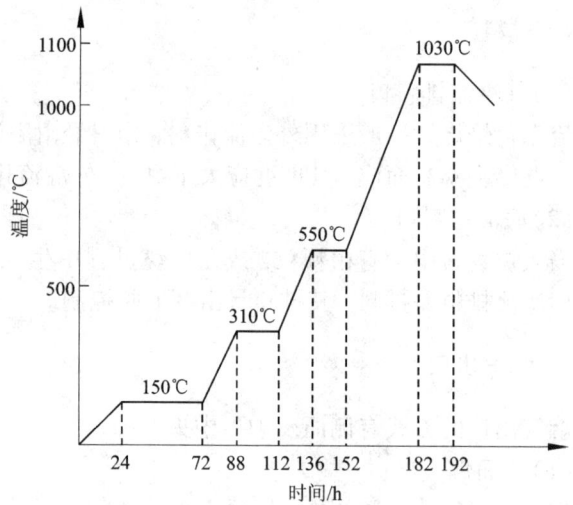

（3）停　炉

停炉分计划停炉和临时停炉（俗称焖炉）。按照生产计划停产检修时即是计划停炉。计划停炉比较简单，当接到停炉指令后，先停止加料，继续鼓风使流态化层冷却，待炉料完全冷却下来后停止鼓风。然后打开炉门进行清理。停止加料后，炉气中 SO_2 的浓度迅速下降，当浓度降至 5% 以下时可封闭制酸系统，炉气应引入尾气处理系统。

临时停炉是因为炉内有局部结块或沉积现象，或者系统处理其他一些事故需临时停电停风，暂时停炉几分钟到十几小时，然后继续恢复正常生产。在停炉之前，先停止向炉内加料，继续鼓风，流态化层温度降至 1073K 左右，才停止送风，这样可以避免料层发生粘结。停风时间在 16h 以内，恢复鼓风仍可使料层流态化并继续生产。

2.4.2　流态化焙烧炉的正常操作

流态化焙烧炉的正常操作应遵循以下原则：定风、定温、调整料量。在正常操作情况下，为了保证焙烧炉温度稳定，除了均匀加料外，还必须随时掌握原料、风量和炉温的变化情况，以便及时调整加料量，按照加料量的多少可分为正常加料、增加料量和减少料量三种情况，但增料减料要适当。

（1）正常加料

当原料、风量、炉底压力无变化、炉温稳定、二氧化硫浓度稳定时，应均匀加料，不增不减。

（2）增料或减料

当原料含硫量降低、水分增大、风量增大、炉底压力降低、炉温下降、炉顶二氧化硫浓度降低时，要适当增料；相反则减料。

流态化焙烧炉一般按照定温、定风、调整加料量的原则操作，但实际操作中可灵活掌握操作原则，随操作条件的变化采取不同的方法，以保证流态化层温度的稳定。当炉内温度、压力发生变化时，可能出现的现象及调整处理方法列于表 2-2。

表 2-2　当炉子温度、压力发生变化时出现的现象分析及调整方法

变化的参数	原因	现　　　象	调整方法
温度	料量增多	炉底压力上升，温度上升，排料速度加快，烟尘量增大，溢流焙砂含硫量高	适当减料或增风
	料量减少	炉底压力下降，温度降低，排料速度减慢，烟尘量减少	适当增料或缩风
	风量波动	料量不变，风量大温度低，风量小温度高	调整风量
	原料变化	料量不变，含硫高、水分低，温度高；含硫低、水分高，温度低	调整料量或原料硫品位
炉底压力	料量波动	料多压力升高，料少压力降低	增料或减料
	风量波动	料量不变，风量大先升后降，风量小先降后升	调整风量
	原料变化	原料粒度大、密度大，压力升高；粒度小，密度小，压力降低	无需调整
	溢流口堵	压力逐渐升高，排料减少	处理溢流口

2.4.3　流态化焙烧的生产故障及处理

流态化焙烧炉在生产正常时是稳定的，工艺操作也不复杂。但是如果对焙烧过程的操作技术条件控制不严，工艺管理不善，就有发生各种事故的危险。流态化焙烧炉的事故主要有加料口堵塞、炉料烧结、床层沉积、突然停电、冷却设备漏水等。

（1）加料口堵塞

造成加料口（前室）堵塞的原因主要有：

①炉料水分过高（H_2O 含量 >12%），以泥饼状进入炉内，易使炉料沉积于底部，引起加料口堵塞。有前室时炉料水分在前室蒸发，使前室流态化层带出的烟尘增多，前室上空死角又大，极易形成前室结瘤，最后扩展到整个前室。

②由于备料系统管理不严，致使炉料中夹带有铁器、砖块等杂物，造成加料口沉积。

③炉料中有大量粗颗粒，使流态化层活动不佳，逐渐形成床层沉积。

④有前室的焙烧炉前室鼓风量过小，流态化不好，也会造成堵塞。

为防止加料口堵塞应在备料系统严格控制锌精矿的水分、粒度和其他杂物。对于有前室的炉还要注意前室风量不能过小。一旦发现堵塞可及时用高压风进行处理或焖炉处理前室，即按照临时停炉操作方法先停炉，然后打开前室，清理堵塞物后再送风开炉。

（2）床层沉积

造成沉积的原因有：

①炉料中粗颗粒过多，实践指出，少量的 10~20mm 的物料，在流态化层剧烈搅动的条件下，可以随其他物料一齐排出。但是粗颗粒过多，就意味着物料平均粒径增大，在直线速度不变的情况下，床层的流态化状况就会恶化，部分大颗粒沉降堆积于炉底，逐渐形成床层沉积。

②由于炉料中低熔点杂质较多，高温时部分炉料产生熔结而沉降，沉积于流态化层底部，造成床层压力降上升。

③风帽堵塞过多，这可以由压力降逐渐升高的现象来判断，当压力降较正常情况上涨3000Pa 以上时，风帽孔堵塞达到通风截面积的 50%~70% 时，就会引起床层局部不流态化，造成沉积。

出现床层沉积的关键因素是操作风速小于炉内平均粒径所需的速度范围，使大颗粒逐渐沉积而形成。当发生床层沉积时，可采用高压风管或用喷水枪向流态化层内喷风喷水等方法处理，严重时须停炉处理。

（3）炉料烧结

产生烧结的原因是当焙烧温度过高甚至接近精矿的熔点时，当操作稍有不慎，就可能发生烧结现象。烧结现象产生后，并不是整个床层全部烧结。此时鼓入的风全部从尚未烧结而松散的部分通过，形成气流短路，从而不形成流态化层，故阻力减小，压力下降。当产生沉积层烧结后，堵塞面积有时达全部炉底面积的三分之二以上，这时空气从烧结层裂缝通过，阻力增大，压力降显著上涨。当发生局部烧结时亦可采用钎子扎、高压风管或喷水枪处理，如处理不通时，则须焖炉将局部烧结块清理出来后继续开炉。当流态化层出现大面积烧结时，必须停炉清理。

（4）突然停电

当发生突然停电、停风，应立即停止给料，关闭送风开关。如有备用电源应立即启用。来电后开大风检查流态化床运行情况，当发现流态化层流态化不好，炉内出现局部结疤等情况时，应立即处理，经检查正常后，按开炉程序开炉。

（5）冷却设备漏水

冷却设备长期运行后因磨损或腐蚀等原因可能漏水。冷却设备包括水套、余热锅炉、冷却器、气动方箱、冷渣机等。

①水套漏水时有如下现象：在正常操作情况下，炉温突然下降或缓慢下降，采取增加料量等提温措施后仍然提温困难；炉内正压大；风箱底部潮湿等；经检查发现水套漏水后，可焖炉停止水套供水，废除水套后继续开炉。等到停炉检修时再更换新水套。

②余热锅炉及冷却器漏水时有如下现象：当系统负压不变，烟气系统正压大，风量、温度无变化时，发现除尘器有冒泡现象，余热锅炉、冷却器消耗水量大，立即检查除灰斗，如有潮湿矿即是漏水。确认漏水后，可焖炉处理。查找漏水部位，找检修人员处理好后，按开炉程序开炉。

③气动方箱及冷渣机漏水有如下现象：压力上涨，出口排料困难有潮气，床层压力逐渐升高，给水压力下降经检查漏水后，可焖炉处理或者插上插板在事故溜放矿处理。查找漏水部位，找检修人员焊补好后，按开炉程序开炉。

2.5 锌精矿流态化焙烧的操作技术条件及技术经济指标

2.5.1 操作技术条件的控制

为保证流态化焙烧炉的正常操作,应选择适宜的操作技术条件,其控制参数主要有鼓风量、温度、压力等。

(1)鼓风量与过剩空气系数

流态化床单位面积的鼓风量表征了流态化层空间的直线速度,它不仅影响流态化层的稳定性,而且影响流态化焙烧炉的温度和烟气中 SO_2 的浓度。在通常情况下,炉料的粒度越细,则需要的鼓风量和直线速度就越低,在炉子下部空间焙烧的细料就越多,烟气温度和烟尘率以及烟气二氧化硫浓度也越高。理论鼓风量可以按照精矿中硫化物氧化反应来计算。锌精矿焙烧系一氧化过程,可认为硫化物都转变为相应的氧化物。但是由于焙烧过程本身特点以及后续工艺的要求,氧化过程也会生成少部分硫酸盐。因此,鼓风量则须根据各厂的具体情况来决定。实际生产中,为了加速反应的进行,提高设备的生产率,鼓风量一般都比理论鼓风量大。过剩空气系数为 1.1 ~ 1.3(一般火法炼锌取下限值而湿法炼锌取上限值)。这样的风量足以使气流速度处于临界直线速度以上,维持流态化状态。选用鼓风机的额定风量比实际需要风量大 30% 以上。一般情况下,鼓风量对于一定的加料量是固定不变的,称之为风料比。对有前室的炉,鼓风量分为炉本床和前室两部分,可以在它们的进风管道上分别安装流量计测得。由于前室下料量大,炉料须迅速扩散,故按单位炉床面积计算,前室风量通常比炉本床风量约大 5%。火法炼锌厂采用较高的焙烧温度,过剩空气系数对铅、镉、硫脱除率有很大影响,见表 2 - 3。

表 2 - 3 焙烧过程的过剩空气系数对脱硫和除铅、镉的影响

(液态化床温度为 1363K)

项 目	过剩空气系数				
	1.02	1.06	1.09	1.14	1.20
脱铅率/%	94.8	92.3	88	78	58
脱镉率/%	98.5	98.2	97.9	97.0	93.5
脱硫率/%	94.6	95.9	96	≥96	≥96

空气直线速度是流态化焙烧过程的重要指标。当过剩空气系数在一定范围内,焙烧炉的生产能力与直线速度呈正比例。流态化焙烧的空气直线速度,一般是根据生产实践确定。目前,锌精矿焙烧的直线速度一般为 0.4 ~ 0.7m/s。直线速度也可通过计算求得,一般根据入炉锌精矿的干筛分析数据,求得其平均粒径,然后计算临界流态化速度和带出速度。直线速度一般大于全部正常颗粒的流态化临界速度,小于物料中某一级颗粒的带出速度,也可按流态化临界速度和流态化指数的经验数据来确定。流态化指数($K_{流化} = \omega_{直线}/\omega_{临界}$)代表流态化强度(在 10 ~ 30 之间)。在生产实践中直线速度一般为计算得出的带出速度的 15% ~ 45%。提高直线速度(即增加单位炉面积鼓风量)是提高焙烧炉床能率的一项措施,国外大部分炼锌

厂的流态化焙烧炉一般控制直线速度为 1m/s，甚至更高，焙烧强度可达 $7 \sim 9t/(m^2 \cdot d)$。但烟尘率相应增加(最高可达 70%)，增大了后部收尘系统的负担。

(2)温　度

流态化层温度是通过调整加料量、鼓风量以及二者之间比例来控制的。在鼓风量固定的情况下流态化层温度主要决定于加料的均匀性。在正常操作下炉内流态化层的温度都是比较稳定的。有时由于精矿含硫品位、加料量和鼓风量的波动会使炉内流态化层温度波动。有前室的炉子前室温度波动较大，这是由于前室下料的不均匀性所致。在正常情况下，前室温度有 $10 \sim 20℃$ 的波动。

当鼓风量及其他条件一定时，焙烧温度对焙烧产物的质量影响很大，表 2-4 所示为某锌厂焙烧温度对焙烧矿质量的影响。表中数据说明，提高焙烧温度，有利于脱硫，但可溶硅会增加，可溶铁和可溶锌则降低。各冶炼厂采用的焙烧温度一般为 $850 \sim 950℃(1123 \sim 1223K)$。

表 2-4　焙烧温度对焙烧矿质量的影响

温　度/℃	830~850	850~870	870~890	1000~1020
可溶锌/%	93.8	95	91.75	91.57
可溶铁/%	4.58	4.56	3.21	3.20
可溶硅/%	1.10	1.52	2.33	2.70
含硫/%	3.11	2.88	2.19	1.94

近年来许多工厂采用高温焙烧，最高温度可达 1150℃。新建湿法炼锌厂大都采用鲁奇式流态化焙烧炉，焙烧温度大多为 $910 \sim 980℃$。提高焙烧温度有利于提高脱硫率，并使可溶锌率提高 2%~3%，同时床能率也有提高。

传统的火法炼锌厂(如竖罐炼锌)是采用高温焙烧，要求在获得最大生产能力的同时，一次获得火法炼锌所需质量(铅、镉、硫含量低)的焙砂，并最大限度地减少烟尘率。欲达到这一要求，可采取高温($1080 \sim 1100℃$)和低过剩空气系数($\alpha < 1.1$)进行操作。焙烧温度与铅、镉、硫脱除率关系如表 2-5 所示。

表 2-5　焙烧温度对焙砂脱硫和除铅、镉的影响
(过剩空气系数 1.2)

项　目	流态化床层温度/℃					
	950	1000	1050	1070	1100	1150
脱铅率/%	15	29	39	55	75	90
脱镉率/%	11.0	22.0	71.4	85.7	92.7	97.8
脱硫率/%	92.0	92.7	93.2	93.5	96.3	96.4

由表 2-5 可知，温度越高，铅、镉、硫脱除率越高，因此实际控制流态化床温度是在接近锌精矿烧结温度下操作。

(3)炉底压力

炉底压力是空气分布板阻力和流态化床压力降的总和。炉底压力一般为 $9 \sim 15kPa$。有

前室时，前室压力较炉本床压力约高 $0.5 \sim 1kPa$。炉底压力反映了流态化层的正常运行状态，随着开动时间的不断延续，压力降一般总是日趋上升的。当压力降上升到一定数值（17kPa以上）后就应停炉检修。

2.5.2　焙烧产物

流态化焙烧炉的焙烧产物主要是焙烧矿（包括焙砂及烟尘）和烟气。

（1）焙烧矿

焙烧产物中的溢流焙砂和烟尘总称为焙烧矿，可全部作为湿法炼锌浸出的物料。葫芦岛锌厂产出焙烧矿（焙砂 + 烟尘）的质量标准（%）如下：

$Zn \geqslant 50$，$Zn_水 2 \sim 5$，$Zn_可 \geqslant 46$，$Fe_可 \leqslant 6.5$，$SiO_{2可} \leqslant 2.5$，$S_全 3 \sim 4.5$，$S_S < 1.5$，$Sb \leqslant 0.025$，$As < 0.4$。所得产物的化学成分实例如表 2 – 6。

表 2 – 6　焙烧产物的化学成分（%）实例

物料名称	Zn	Zn_可	S_全	S_SO₄²⁻	Pb	Cd	Fe	SiO₂	SiO₂可	As
溢流焙砂	54.05	50.5	1.71	0.98	0.97	0.23	8.51	5.69	3.96	0.028
冷却器尘	55.14	51.4	4.06	3.41	0.55	0.19	7.82	2.92	1.25	0.25
旋涡尘	55.06	51.74	4.56	3.88	0.58	0.22	7.64	2.53	1.10	0.03
电　尘	53.35	50.1	7.14	6.64	1.23	0.35	6.74	2.10	0.75	0.10

由于湿法炼锌系统硫酸平衡的需要，焙烧矿（尤其是烟尘）中的可溶硫（$S_{SO_4^{2-}} = S_全 - S_S$）可补偿生产过程中硫酸的损失。但对于热酸浸出工艺，为了提高外加硫酸量的能力，希望尽可能减少焙烧矿中的可溶硫量。因此，浸出工艺不同，对焙烧矿可溶硫的要求是有差异的，但相同的是，要求不溶硫（S_S，即金属硫化物的硫）含量尽可能低，这也就意味着可溶锌（$Zn_可$，指能被硫酸水溶液溶解的锌，即包括氧化锌和硫酸锌两种形态的锌）含量高，锌的浸出率高。

对于火法炼锌，不仅要求焙砂含硫低，而且应尽可能降低影响锌蒸馏和精馏精炼过程及产品质量的有害杂质（如铅、镉）。葫芦岛锌厂竖罐炼锌要求溢流焙砂的质量标准（%）是：$Zn > 55$，$Pb < 1$，$Cd < 0.05$，$S < 0.6$。焙烧产物化学成分（%）实例如表 2 – 7。

表 2 – 7　竖罐炼锌工厂流态化焙烧产物化学成分（%）实例

产　　物	Zn	Pb	S	Cd
溢流焙砂	59.08	0.61	0.72	0.08
烟尘（旋涡尘 + 冷却器尘）	48.76	2.96	5.05	1.14
电收尘器电尘	32.05	19.77	9.35	6.76

（2）烟气

烟气除含有烟尘外，主要成分为 SO_2，N_2，O_2，H_2O，CO_2 等。表 2 – 8 为一般焙烧炉烟气出口成分实例。烟气 SO_2 浓度主要受过剩空气系数、温度、加料量等影响。生产实践中，过剩空气系数、温度及加料量变化不大，所以烟气出口的 SO_2 浓度也较稳定。一般焙烧烟气的 SO_2 浓度为 $8.5\% \sim 10\%$，烟气出口含尘（标）为 $200 \sim 300g/m^3$。表 2 – 9 为竖罐炼锌工厂的高温焙烧烟气量及烟气成分。

表 2 - 8   一般焙烧炉烟气出口成分(%)

厂别	SO_2	O_2	CO_2	N_2	H_2O
1	8.5 ~ 9	4.74	0.57	78.4	6.62
2	8.5	<5	0.4	83.0	

表 2 - 9   高温焙烧烟气量及成分

炉床面积 /m^2	烟气量(标) /$(m^3 \cdot h^{-1})$	烟气含尘 /$(g \cdot m^{-3})$	烟气温度 /℃	烟气成分(%)				
				SO_2	O_2	CO_2	N_2	SO_3
45	23200	110 ~ 150	1000 ~ 1080	11.03	2.0	0.72	76.26	0.23
26.5	13800	100 ~ 150	1000 ~ 1080	10.5	5.4	2.2	81.7	0.1
35	18000	100 ~ 150	1000 ~ 1080	11.48	1.52	0.84	78.27	0.12

2.5.3   技术经济指标

(1)焙烧炉床能率(又称焙烧强度)

焙烧炉床能率是指单位炉床面积每昼夜处理的干精矿量,一般为 $5.5 ~ 7.0t/(m^2 \cdot d)$,采用高温焙烧时为 $6.5 ~ 8.0t/(m^2 \cdot d)$。

(2)锌精矿焙烧脱硫率

焙烧脱硫率是指精矿在焙烧过程中氧化脱除进入烟气的硫量与精矿中硫量的比例百分数,一般为 86% ~ 95%,温度升高脱硫率也有所升高。如葫芦岛锌厂高温焙烧的实际脱硫率为 95% ~ 98%。

(3)焙砂产出率及烟尘率

焙砂产出率和烟尘率分别为 30% ~ 55% 和 40% ~ 60%(占处理量)。葫芦岛锌厂的高温焙烧溢流焙砂产出率(直产率)一般为 64% ~ 68%,最高达 70%;烟尘率为 16% ~ 25%;焙烧矿烧成率(焙烧产物总量与加入干精矿量之比率)为 85% ~ 90%。

(4)锌的回收率

流态化焙烧过程中锌的损失主要是电收尘器出口烟气带出烟尘和飞扬损失。正常生产时,当收尘设备完善、操作指标正常时,锌回收率 >99.5%。

(5)焙烧矿的可溶锌率

可溶锌率是湿法炼锌中焙烧工序的一项重要的生产指标,焙烧矿中可溶于稀硫酸的锌量与总锌量的比值称为可溶锌率。可溶锌率一般为 90% ~ 95%。

(6)炉子开动周期

流态化焙烧炉在开动一定时间后因大颗粒沉积、风帽堵塞或损坏等原因须定期清理。一般开动周期为 5 ~ 10 个月,最长可连续开动 1 年。采用高温焙烧时因操作温度接近炉料熔点,炉内易粘结,故开动周期略短,一般为 3 ~ 8 个月。

葫芦岛锌厂高温(1100℃)焙烧及低温(850℃)焙烧的技术经济指标某年平均数据见表 2 - 10。国内几个工厂的锌精矿流态化焙烧炉的主要结构及技术经济指标列于表 2 - 11 中。

表 2-10　葫芦岛锌厂不同焙烧温度的操作制度下的主要技术经济指标

焙烧制度	焙烧炉床能率 /(t·m⁻²·d⁻¹)	脱硫率 /%	焙砂产出率/%	烟尘率 /%	锌回收率 /%	可溶锌率 /%	炉开动周期/d
高温焙烧（1000℃）	7.62	94.44	66.67	17.86	99.51		288
低温焙烧（850℃）	5.82	87.94			98.03	93.69	302

表 2-11　国内几个工厂的流态化焙烧炉主要结构及技术经济指标

项　　目		单位	株洲冶炼厂	西北铅锌冶炼厂	葫芦岛锌厂
炼锌方法			常规法湿法炼锌	热酸浸出-铁矾法湿法炼锌	竖罐蒸馏法火法炼锌[①]
炉　型			圆、直筒型	圆、扩大型	圆、扩大型	圆、扩大型
炉床面积	总面积	m²	42	109	109	45
	其中前室面积	m²	2			3.6
本床直径		m	7.1	11.78	11.78	7.27
流态化层高度		m	1	1	1~1.2	1
炉膛总高		m	9.913	12.3	12.3	13.6
炉膛面积与床面积之比				1.92:1	1.92:1	1.94:1
炉膛容积与床面积之比			9.2:1	19:1	19:1	
溢流口尺寸（宽×高）		mm	600×730			1000×850
气体分布板孔眼率		%	1.1			1.04
孔眼喷出速度		m/s	11~12			13~15
风帽数目	总数	个	1554	10900	10900	2329
	前室	个	83			187
水套面积		m²	17.5			19.75
流态化层温度		℃	840~860	880~920	950	1080~1100
烟气出口温度		℃	900~950	960~1000	950~1000	1000~1050
操作气流速度		m/s	0.45~0.5	0.5~0.7	0.5~0.7	0.6~0.7
焙烧炉床能率（焙烧强度）		t/(m²·d)	5~5.1	6~8	5~8	7~8
炉膛气流速度		m/s	0.47~0.52			0.3~0.4
烟气在炉膛停留时间		s	13.5~15			28
烟尘率		%	45~50	60	60	18~24
烟气量		m³/t料	2070		1825	1780
鼓风量	本床	m³/t料	1808		1775	1700
	前室	m³/t料	219			
鼓风压力	本床	kPa	12.5~15.5		17~20	10~14
	前室	kPa	13.5~16.5			11~15
鼓风机出口压力		kPa	22		26	20~23

①该厂另有湿法炼锌（常规法）生产系统。

2.5.3 焙烧过程的热平衡与热能利用

硫化锌精矿含硫 30% 左右,在氧化焙烧过程中可放出大量的热能。焙烧 1kg 硫化锌精矿可放出 4200 ~ 4800kJ 的热能。不仅能够维持高温焙烧的自热进行,还含有大量的剩余热,可以用来生产高压蒸汽,除供生产用外,还可以用来发电。锌精矿流态化熔烧的热平衡实例如表 2 - 12 所示。

表 2 - 12 锌精矿流态化焙烧的热平衡实例(以 100kg 精矿计)

热收入项目	kJ	%	热支出项目	kJ	%
精矿带入热	803	0.17	焙砂与烟尘带走热	61864	13.2
放热反应产生热	463148	98.81	烟气带走热	221540	47.3
空气带入热	4765	1.02	水分蒸发吸热	27066	5.76
			炉子的热损失	19771	4.2
			小计	330241	
共计	468716	100.00	热收入减热支出	138475	29.54
			共计	468716	100.00

从热平衡表可以看出,锌精矿本身具有大量热能,假如维持一定温度进行焙烧,不降低炉子的生产率,炉子的热收入将超过热支出约 30%,不采取相应措施排除这部分热量,炉内温度将要超过正常操作温度。排除余热的措施已在"烟气冷却及收尘系统"一节述及,可参考 2.2.3 节。

表 2 - 12 还表明,烟气带走的热几乎占锌精矿焙烧放出热量的 50%,因此炼锌厂的流态化焙烧炉大都附设余热锅炉,利用烟气余热生产高压蒸汽。如果将流态化床层处的余热与出炉烟气的显热综合利用,焙烧 1t 锌精矿,通过余热锅炉可生产压力为 $3 \times 10^6 \sim 6 \times 10^6$ Pa 的高压蒸汽约 1t。湿法炼锌厂生产 1t 锌约消耗 1t 蒸汽,多余的可用于发电。火法炼锌厂则可完全用于发电。

撰稿人:赵 永,朱洪文,张训鹏
审稿人:潘恒礼,刘华文,彭容秋

3　湿法炼锌的浸出过程

3.1　锌焙烧矿的浸出目的与浸出工艺流程

3.1.1　锌焙烧矿浸出的目的

湿法炼锌浸出过程，是以稀硫酸溶液（主要是锌电解过程产生的废电解液）作溶剂，将含锌原料中的有价金属溶解进入溶液的过程。其原料中除锌外，一般还含有铁、铜、镉、钴、镍、砷、锑及稀有金属等元素。在浸出过程中，除锌进入溶液外，金属杂质也不同程度地溶解而随锌一起进入溶液。这些杂质会对锌电积过程产生不良影响，因此在送电积以前必须把有害杂质尽可能除去。在浸出过程中应尽量利用水解沉淀方法将部分杂质（如铁、砷、锑等）除去，以减轻溶液净化的负担。

浸出过程的目的是将原料中的锌尽可能完全溶解进入溶液中，并在浸出终了阶段采取措施，除去部分铁、硅、砷、锑、锗等有害杂质，同时得到沉降速度快、过滤性能好、易于液固分离的浸出矿浆。

浸出使用的锌原料主要有硫化锌精矿（如在氧压浸出时）或硫化锌精矿经过焙烧产出的焙烧矿、氧化锌粉与含锌烟尘以及氧化锌矿等。其中焙烧矿是湿法炼锌浸出过程的主要原料，它是由 ZnO 和其他金属氧化物、脉石等组成的细颗粒物料。焙烧矿的化学成分和物相组成对浸出过程所产生溶液的质量及金属回收率均有很大影响。

3.1.2　焙烧矿浸出的工艺流程

浸出过程在整个湿法炼锌的生产过程中起着重要的作用。生产实践表明，湿法炼锌的各项技术经济指标，在很大程度上决定于浸出所选择的工艺流程和操作过程中所控制的技术条件。因此，对浸出工艺流程的选择非常重要。

为了达到上述目的，大多数湿法炼锌厂都采用连续多段浸出流程，即第一段为中性浸出，第二段为酸性或热酸浸出。通常将锌焙烧矿采用第一段中性浸出、第二段酸性浸出、酸浸渣用火法处理的工艺流程称为常规浸出流程，其典型工艺原则流程见图 3 – 1。

常规浸出流程是将锌焙烧矿与废电解液混合经湿法球磨之后，加入中性浸出槽中，控制浸出过程终点溶液的 pH 值为 5.0 ~ 5.2。在此阶段，焙烧矿中的 ZnO 只有一部分溶解，甚至有的工厂中性浸出阶段锌的浸出率只有20%左右。此时有大量过剩的锌焙砂存在，以保证浸出过程迅速达到终点。这样，即使那些在酸性浸出过程中溶解了的杂质（主要是 Fe、As、Sb）也将发生中和沉淀反应，不至于进入溶液中。因此中性浸出的目的，除了使部分锌溶解外，另一个重要目的是保证锌与其他杂质很好地分离。

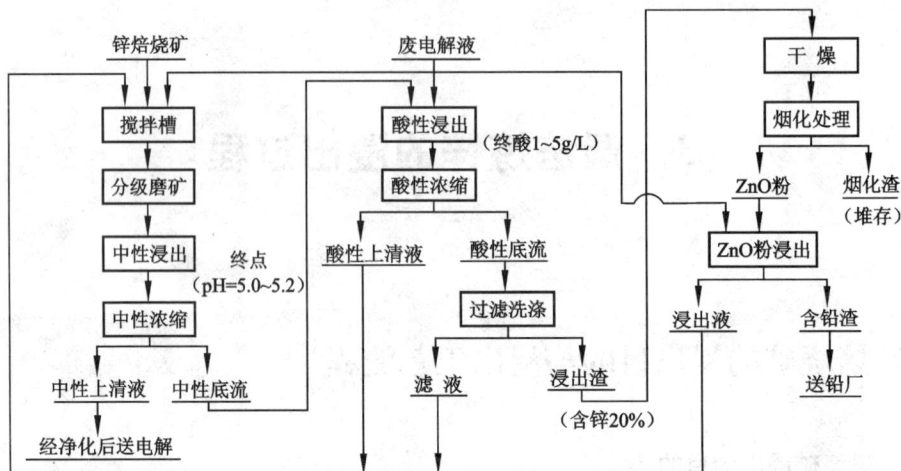

图 3-1　湿法炼锌常规浸出流程

由于在中性浸出过程中加入了大量过剩的焙砂矿，许多锌没有溶解而进入渣中，故中性浸出的浓缩底流还必须再进行酸性浸出。酸性浸出的目的是尽量保证焙砂中的锌更完全地溶解，同时也要避免大量杂质溶解。所以终点酸度一般控制在 1～5g/L。

虽然经过了上述两次浸出过程，所得的浸出渣含锌仍有 20% 左右。这是由于锌焙砂中有部分锌以铁酸锌($ZnFe_2O_4$)的形态存在，且即使焙砂中残硫小于或等于 1%，也还有少量的锌以 ZnS 形态存在。这些形态的锌在上述两次浸出条件下是不溶解的，与其他不溶解的杂质一道进入渣中。这种含锌高的浸出渣不能废弃，一般用火法冶金将锌还原挥发出来与其他组分分离，然后将收集到的粗 ZnO 粉进一步用湿法处理。

由于常规浸出流程复杂，且生产率低，回收率低，生产成本高，随着 20 世纪 60 年代后期各种除铁方法的研制成功，锌焙烧矿热酸浸出法在 20 世纪 70 年代后得到广泛应用。现代广泛采用的热酸浸出流程见图 3-2。

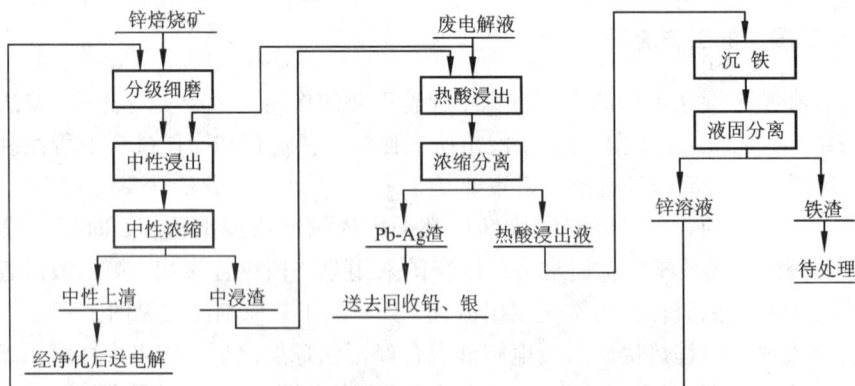

图 3-2　现代广泛采用的热酸浸出流程

热酸浸出工艺流程是在常规浸出的基础上，用高温(>90℃)高酸(浸出终点残酸一般大于 30g/L)浸出代替了其中的酸性浸出，以湿法沉铁过程代替浸出渣的火法烟化处理。热酸浸出的高温高酸条件,可将常规浸出流程中未被溶解进入浸出渣中的铁酸锌和 ZnS 等溶解,从而提高了锌的浸出率,浸出渣量也大大减少,使焙烧矿中的铅和贵金属在渣中的富集程度得到了提高,有利于这些金属下一步的回收。

3.2　锌焙烧矿在浸出中发生的主要化学变化

锌焙烧矿中的锌主要以 ZnO 的形态存在,其次为结合状态的铁酸盐与硅酸盐,焙烧矿中的其他金属亦然。所以锌焙烧矿在稀硫酸溶液中的浸出反应,主要是金属氧化物 MO 与 H_2SO_4 的反应,反应后产生的 MSO_4 盐大都溶于水溶液中,只有少数不溶或微溶于水溶液中。当浸出液中酸的浓度(pH 值)发生变化时,进入溶液中的金属离子 M^{n+} 会在不同程度上形成某种不溶的化合物如 $M(OH)_2$ 沉淀下来。MO 在浸出过程中是溶入溶液中,还是以不溶的 MSO_4 或 $M(OH)_2$ 沉淀下来,取决于浸出过程中技术条件的控制。

3.2.1　金属氧化物的溶解与沉淀反应

氧化物溶解于酸溶液的一般反应为:

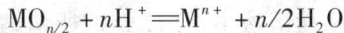

$$MO_{n/2} + nH^+ \rightleftharpoons M^{n+} + n/2H_2O$$

当溶解反应达平衡时,溶液中的金属离子活度 $a_{M^{n+}}$(可视为金属离子的有效浓度)与上述反应的平衡常数 K 及溶液 pH 值的关系为:

$$\lg a_{M^{n+}} = \lg K - n\text{pH}$$

平衡常数 K 值,可由 25℃下的 $\Delta G^{\ominus}$ 值计算得到,从而可作出 25℃时的 $\lg a_{M^{n+}}$ 与 pH 的关系图(图 3-3)。

由图 3-3 可知,要使 ZnO 完全溶解,得到 $a_{Zn^{2+}} = 1$ 的溶液,必须控制浸出液的 pH 值在 5.5 以下。一些难溶的氧化物,如 Al_2O_3 在酸浸时仅少量溶解进入溶液,大部分不溶而进入渣中;Fe_2O_3 在中浸时不溶,在酸浸时部分溶解入液,进入溶液中的铁主要以低价铁存在,在一般酸浸条件下,锌焙烧矿中的铁有 10% ~ 20% 进入溶液中;CuO 在中浸时不溶,在酸浸时部分溶解,锌焙烧矿中铜约有 60% 转入溶液中,其余一半则遗留在残渣中;砷、锑氧化物,因具有两性化合物的性质,可以亚砷酸及亚砷酸盐、砷酸的形态进入溶液。

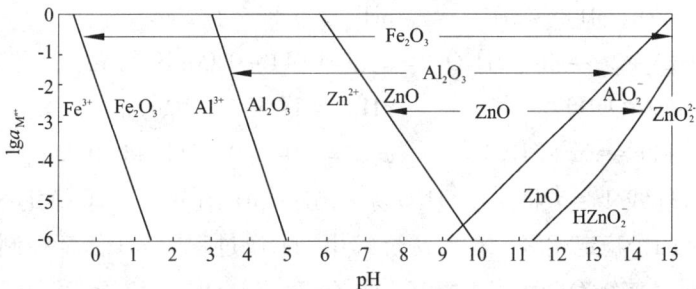

图 3-3　浸出液中 $\lg a_{M^{n+}}$ 与溶液 pH 的关系(25℃)

镍、钴、镉等氧化物易溶于酸,以金属硫酸盐进入溶液,而铅与钙的硫酸盐是难溶于水的,在室温下其溶度积分别为 2.3×10^{-8} 和 2.3×10^{-4},溶解度分别为 0.042g/L 和 2.0g/L,

所以可以认为在浸出时铅完全进入渣中，钙只有少量进入溶液。但是这类反应消耗了硫酸，故原料含钙高时采用硫酸溶液进行湿法冶金是不适宜的，应先进行预处理，脱除钙。如果原料含铅高，采用硫酸作溶剂，只能从溶解了锌、铜等金属之后的浸出渣中提取铅。

镁的硫酸盐在水溶液中有较大的溶解度，表 3 – 1 示出了 $MgSO_4$ 和 $CaSO_4$ 在不同温度下的溶解度。

表 3 – 1　$MgSO_4$ 和 $CaSO_4$ 在不同温度下的溶解度(在 100g 饱和溶液中的克数)

名称	298K	303K	313K	323K	333K
$MgSO_4$	26. 65	29. 0	31. 0	33. 4	35. 0
$CaSO_4$	0. 209	0. 213	0. 214	0. 211(326K)	0. 200

从表 3 – 1 可见，$MgSO_4$ 比 $CaSO_4$ 的溶解度大得多，虽然随温度的降低其溶解度有所减小，但仍然可以认为浸出时产生的 $MgSO_4$ 会完全进入溶液中；而 $CaSO_4$ 的溶解度虽随温度的降低而略有增加，但增加不大。所以湿法炼锌的循环溶液中，钙、镁在溶液中的浓度会达到饱和，尤其在冷却过程中，便容易从溶液中析出，造成所谓钙镁结晶，堵塞管道，给生产带来许多麻烦。

锌、铁、铜、镉、镍、钴的氧化物在浸出时与硫酸作用生成硫酸盐，这些硫酸盐都能很好地溶解在水溶液中。这样一来，浸出的结果只能得到一种含有多种金属离子的溶液。这种溶液，将给下一步电解法提取锌带来很多困难，必须在电解之前将锌以外的杂质离子除去。

分离酸性溶液中的金属离子最简便的方法是中和沉淀法，在理论上大都借助电势 – pH 图进行讨论。

3. 2. 2　$Zn – H_2O$ 系及 $M – H_2O$ 系电势 – pH 图的应用

图 3 – 4 是 25℃金属离子活度为 1 时 $Zn – H_2O$ 系电势 – pH 图。图中的直线 1 ~ 5 分别表示下列反应的平衡条件：

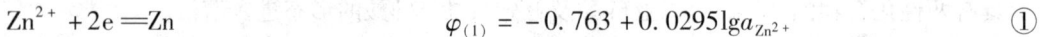

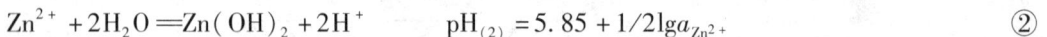

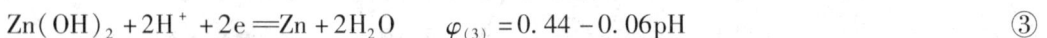

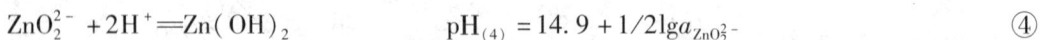

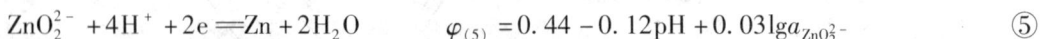

$$Zn^{2+} + 2e = Zn \qquad\qquad \varphi_{(1)} = -0.763 + 0.0295 \lg a_{Zn^{2+}} \qquad ①$$

$$Zn^{2+} + 2H_2O = Zn(OH)_2 + 2H^+ \qquad pH_{(2)} = 5.85 + 1/2 \lg a_{Zn^{2+}} \qquad ②$$

$$Zn(OH)_2 + 2H^+ + 2e = Zn + 2H_2O \qquad \varphi_{(3)} = 0.44 - 0.06pH \qquad ③$$

$$ZnO_2^{2-} + 2H^+ = Zn(OH)_2 \qquad pH_{(4)} = 14.9 + 1/2 \lg a_{ZnO_2^{2-}} \qquad ④$$

$$ZnO_2^{2-} + 4H^+ + 2e = Zn + 2H_2O \qquad \varphi_{(5)} = 0.44 - 0.12pH + 0.03 \lg a_{ZnO_2^{2-}} \qquad ⑤$$

图 3 – 4 中的直线 1 ~ 5 将 $Zn – H_2O$ 系电势 – pH 图分为四个稳定区，即 Zn，Zn^{2+}，$Zn(OH)_2$，ZnO_2^{2-} 四个稳定相区。在湿法炼锌中，生产过程的 pH 值都控制在 7 以下，因此 ZnO_2^{2-} 稳定相区对目前锌冶金无多大意义，而 Zn^{2+}，$Zn(OH)_2$ 和 Zn 三个区域则构成了湿法炼锌的浸出、水解、净化和电积过程所要求的稳定区域。

从图 3 – 4 可看出，锌的溶解曲线 2 表示，当溶液中 Zn^{2+} 为 1mol/L 时从含锌的溶液中开始沉淀锌的 pH 值为 5.5，即这种锌浓度的溶液 pH 值达到 5.5 时，便会沉淀析出 $Zn(OH)_2$。在锌焙砂浸出实践中，在 70℃左右温度下进行浸出，浸出后溶液中的锌浓度为 130 ~ 160g/L。

25℃时焙砂浸出后溶液含锌量为130g/L时，锌离子活度系数为0.038，此时锌离子活度为0.0774。产生 Zn(OH)$_2$ 沉淀的 pH 值为6.1，图3-4中2线向右移动。当温度为70℃时，Zn(OH)$_2$ 沉淀的 pH 值为5.47，则图中2线向左移动。不过在这样的浓度变化范围内，pH 值降低不大。所以维持浸出终了的 pH 值为5.2左右，溶液中的锌是不会沉淀出来的，这就是目前生产上中性浸出控制 pH 值为4.8～5.4的理由。

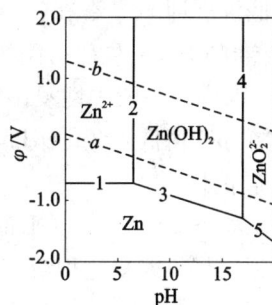

图3-4　Zn-H$_2$O 系电势-pH 图

(25℃, $a_{Zn^{2+}}=1$)

为了研究进入锌浸出液中的杂质离子 M^{n+} 能否用中和沉淀法使其以 M(OH)$_n$ 沉淀除去，现将这些杂质反应的电势-pH 关系，也绘制在 Zn-H$_2$O 系电势-pH 图上，以比较哪些金属的 M(OH)$_n$ 能在低于 Zn(OH)$_2$ 开始沉淀的 pH 值下沉淀下来。有关金属的 M-H$_2$O 系电势-pH 图见图3-5。

Cd-H$_2$O 系电势-pH 图与 Zn-H$_2$O 系类似。在25℃，离子浓度为 0.00445mol/L 时，$a_{Cd^{2+}}$ 为 0.00212，pH$_{298}$ 值为7.15，于是 Cd^{2+} 与 Cd(OH)$_2$ 两区域的分界线，即溶解度直线的 pH 值应为

$$pH_{298}=7.15-\frac{1}{2}\lg 0.00212=8.49。$$

当温度为 343K 时，pH$_{343}$ 值为7.49。这说明 Cd^{2+} 在浸出液中是不能采用中和法将镉沉淀除去的，否则锌也将沉淀。

与镉一样，假设工业溶液含铜为300mg/L时，Cu^{2+} 和 Cu(OH)$_2$ 的分界线，即溶解度直线在 Cu-H$_2$O 系电势-pH 图上的位置应该在 pH$_{298}=5.9$ 处。在锌焙砂中性浸出控制终点 pH 为5左右，只有溶液中的铜含量大大高于300mg/L 时，才能用中和法从溶液中分离出部分铜。例如有一个工厂酸性浸出液中的铜含量高达

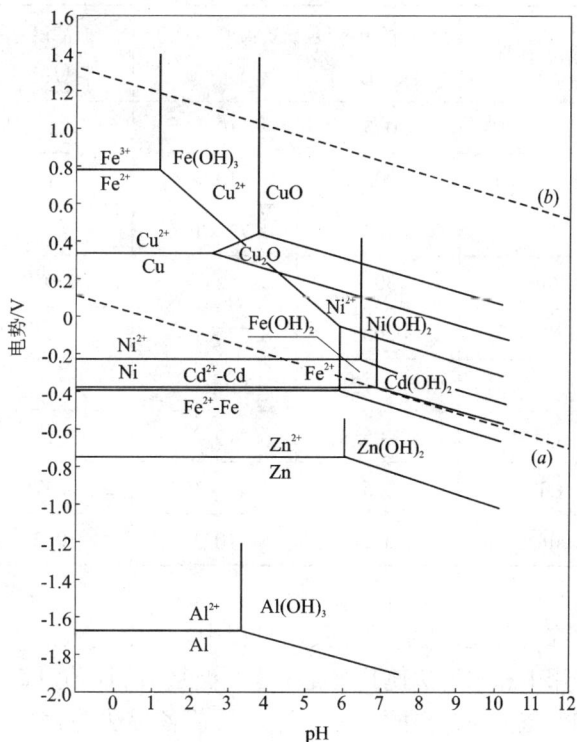

图3-5　M-H$_2$O 系电势-pH 图

(25℃, $a_{M^{n+}}=1$)

1800mg/L，将这种溶液返回中性浸出，pH 值升到5.6时，中性浸出液中的铜含量便降到400mg/L，这说明一部分铜已沉淀进入渣中。

图3-5中也画出了 Fe-H$_2$O 系电势-pH 图。在实际溶液中铁离子的活度也低于10^{-6}。将 Fe-H$_2$O 系电势-pH 图划分为 Fe^{2+}，Fe^{3+}，Fe(OH)$_2$，Fe(OH)$_3$ 几个区域。而铁在浸出

液中有低价态即 Fe^{2+} 存在，Fe^{2+} 与 $Fe(OH)_2$ 的分界线在 pH = 6.6 ~ 9.15 处。所以在锌焙砂浸出时控制 pH = 5 左右，不能将溶液中的 Fe^{2+} 沉淀除去，只有将其氧化成高价铁 Fe^{3+} 后才能除去，因为在一般中性浸出液的铁离子浓度范围内，Fe^{3+} 离子开始沉淀的 pH 值为 1.8 ~ 4.8，这个 pH 值低于 $Zn(OH)_2$ 开始沉淀的 pH 值，所以湿法炼锌可以采用中和法将溶液中的 Fe^{3+} 沉淀下来。

当 $a_{Co^{2+}} = 2 \times 10^{-4} mol/L$ 时，Co^{2+} 和 $Co(OH)_2$ 的稳定区域分界线是在 pH = 8.15 处，所以用中和法是不能从这种溶液中将钴沉淀出来的。如果加入氧化剂使溶液的电势升高，例如达到 0.95V，那么溶液中的 Co^{2+} 便可以氧化 Co^{3+}，然后 Co^{3+} 以 $Co(OH)_3$ 的形态沉淀出来。在此电势值下，Co^{3+} 开始沉淀的 pH 值为 6.6。所以在中性浸出条件下钴不会沉淀，不能从溶液中分离出来，镍也是如此。

表 3-2 所示为实际的浸出液成分及平衡时的 pH 值。

表 3-2　在工业硫酸锌水溶液中当温度为 298K 和 343K 时各种金属离子的平衡 pH 值

金属离子 M^{n+}	金属离子浓度 /$(g \cdot L^{-1})$	金属离子浓度 /$(mol \cdot L^{-1})$	离子活度系数 (f_1)	$\lg a_i$	298K 时的平衡 pH	343K 时的平衡 pH
Fe^{3+} – FeOOH	0.00558	10^{-5}	1	-5	1.351	0.86
Fe^{3+} – $Fe(OH)_3$	0.00558	10^{-5}	1	-5	3.284	2.657
Cu^{2+}	0.3	4.72×10^{-3}	0.53	-2.6	5.9	5.18
Zn^{2+}	130.8	2.0	0.038	-1.112	6.41	5.476
Ni^{2+}	0.005	8.52×10^{-5}	1	-4.07	8.125	6.995
Co^{2+}	0.012	2×10^{-4}	1	-3.7	8.15	7.13
Fe^{2+}	0.00558	10^{-5}	1	-5	9.15	8.10
Cd^{2+}	0.5	4.45×10^{-3}	0.476	-2.674	8.49	7.49
Mn^{2+}	5.5	10^{-1}	0.2	-1.7	8.505	7.4

综上所述，在锌焙砂浸出过程中，溶解进入溶液的上述杂质都有可能通过调节溶液 pH 值采用中和水解法使其沉淀下来。但是当 pH 值升高到 5 以上时，锌也会开始沉淀，从而达不到锌与杂质分离的目的。所以目前各湿法炼锌厂的中性浸出过程都控制 pH 值在 4.8 ~ 5.4。在这样的 pH 值条件下，进入溶液中的 Cu^{2+}，Co^{2+}，Ni^{2+}，Cd^{2+}，Fe^{2+} 等杂质便不能通过中和水解完全沉淀下来，只有 Fe^{3+} 可以完全沉淀。生产实践还表明，在锌焙砂进行中性浸出沉铁时，溶液中的砷和锑可以与铁共同沉淀进入渣中。

3.2.3　影响浸出反应速度的因素

锌焙烧矿用稀硫酸溶液浸出，是一个多相反应(液-固)过程。一般认为物质的扩散速度是液-固多相反应速度的决定因素；而扩散速度又与扩散系数、扩散层厚度等一系列因素有关。

（1）浸出温度对浸出速度的影响

浸出温度对浸出速度的影响是多方面的。因为扩散系数与浸出温度成正比，提高浸出温度就能增大扩散系数，从而加快浸出速度；随着浸出温度的升高，固体颗粒中可溶物质在溶液中的溶解度增大，也可使浸出速度加快；此外提高浸出温度可以降低浸出液的粘度，利于物质的扩散而提高浸出速度。一些试验说明，锌焙烧矿浸出温度由40℃升高到80℃，溶解的锌量可增多7.5%。常规湿法炼锌的浸出温度为60~80℃。

（2）矿浆的搅拌强度对浸出速度的影响

扩散速度与扩散层的厚度成反比，即扩散层厚度减薄，就能加快浸出速度。扩散层的厚度与矿浆的搅拌强度成反比，即提高矿浆搅拌强度，可以使扩散层的厚度减薄，从而加快浸出速度。

应当指出，虽然加大矿浆的搅拌强度，能使扩散层减薄，但不能用无限加大矿浆搅拌强度来完全消除扩散层。这是因为，当增大搅拌强度而使整个流体达到极大的湍流时固体表面层的液体相对运动仍处于层流状态；扩散层饱和溶液与固体颗粒之间存在着一定的附着力，强烈搅拌，也不能完全消除这种附着力，因而也就不能完全消除扩散层。所以过分地加大搅拌强度，只能无谓地增加能耗。

（3）酸浓度对浸出速度的影响

浸出液中硫酸的浓度愈大，浸出速度愈大，金属回收率愈高。但在常规浸出流程中硫酸浓度不能过高，因为这会引起铁等杂质大量进入浸出液，进而会给矿浆的澄清与过滤带来困难，降低 $ZnSO_4$ 溶液质量，影响湿法炼锌的技术经济指标；此外，还会腐蚀设备，引起结晶析出，堵塞管道。

（4）焙烧矿本身性质对浸出速度的影响

焙烧矿中的锌含量愈高，可溶锌量愈高，浸出速度愈大，浸出率愈高。焙烧矿中 SiO_2 的可溶率愈高，则浸出速度愈低。焙烧矿粒的表面积愈大（包括粒度小、孔隙度大、表面粗糙等），浸出速度愈快。但是粒度也不能过细，因为这会导致浸出后液固分离困难，且也不利于浸出。一般粒度以0.15~0.2mm为宜。为了使焙烧矿与浸出液（电解废液和酸性浸出液）良好接触，先要进行浆化，然后进行球磨与分级。实际上，浸出过程在此开始，且大部分的锌在这一阶段就已溶解。

（5）矿浆的粘度对浸出速度的影响

扩散系数与矿浆的粘度成反比。这主要是因为粘度的增加会妨碍反应物和生成物分子或离子的扩散。影响矿浆粘度的因素除温度、焙砂的化学组成和粒度外，还有浸出时矿浆的液固比。矿浆液固比愈大，其粘度就愈小。

综上所述，影响浸出速度的因素很多，而且它们之间，又互相联系、互相制约，不能只强调某一因素而忽视另一因素。要获得适当的浸出速度，必须从生产实际出发，全面分析各种影响因素，并经过反复试验，从技术上和经济上进行比较，然后选择最佳的控制条件。

3.2.4　常规法浸出的一般操作及技术条件的控制

（1）常规法浸出流程

湿法炼锌常规浸出工艺指的是采用一段中性浸出、一段酸性浸出，浸出渣经过一个火法冶金过程使锌还原挥发出来，变成氧化锌再进行湿法处理，其原则工艺流程见图3-1。

我国株洲冶炼厂、葫芦岛锌厂和水口山矿务局四厂等均采用该工艺。其中株洲冶炼厂湿法炼锌老系统和新系统也都采用常规浸出工艺，所不同的是前者采用热焙砂湿法冲矿工艺，后者将热焙砂经冷却、干式球磨后送浸出系统(图3-6)。

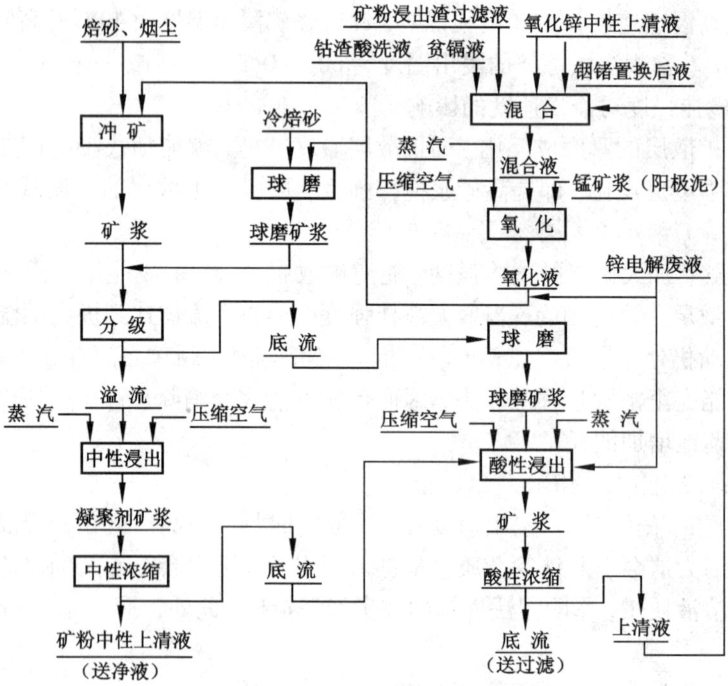

图3-6　株洲冶炼厂两段连续浸出工艺流程

湿法冲矿工艺流程的特点是：在焙烧炉的排料口下面设置一溜槽，从炉内排出的热料直接落入溜槽内，并被连续流经溜槽的稀硫酸溶液(含30~50g/L H_2SO_4，俗称氧化液)，带到矿浆分级器，分级溢流进中性浸出，分级底液经球磨后进酸性浸出。其优点主要有：①省去了热焙砂的冷却设备；②可以利用热焙砂的显热加热浸出溶液，减轻浸出槽的加热负荷。

株洲冶炼厂新建的湿法炼锌系统未采用冲矿工艺，焙砂经冷却、球磨后送浸出系统，多余焙砂送焙砂储仓储存。其优点是：①焙砂经干式球磨后，粒度较细，能取得较好的浸出效果，浸出渣含锌比冲矿浸出工艺低1.0%~1.5%；②由于设置了焙砂储仓，浸出部分不会因焙烧系统发生故障停产而受到影响。

(2)浸出过程的技术条件控制

为确保浸出矿浆的质量和提高锌的浸出率，一般来说，浸出过程技术条件控制主要有三个方面：中性浸出终点控制、浸出过程平衡控制和浸出技术条件控制。

中性浸出控制终点 pH 为4.8~5.4，使三价铁呈 $Fe(OH)_3$ 水解沉淀，并与砷、锑、锗等杂质一起凝聚沉降，从而达到矿浆沉降速度快、溶液净化程度高的目的。过去浸出终点 pH 值控制是通过操作人员用试纸或 pH 计测定，然后调整浸出过程的加酸量来达到控制终点 pH 值的目的。随着自动化水平的提高，浸出过程终点 pH 的控制可以通过 pH 自动控制系统来实现。浸出过程的各个浸出槽出口的 pH 值设定后，自动控制系统可根据设定的 pH 值信号自动调整酸的加入量,使浸出终点达到设定的 pH 值。

湿法炼锌的溶液是闭路循环,故保持系统中溶液的体积、投入的金属量及矿浆澄清浓缩后的浓泥体积一定,即通常说的保持液体体积平衡、金属含量平衡和渣平衡是浸出过程的基本内容。湿法炼锌溶液的总体积,一方面因水分蒸发、渣带走水以及跑、冒、滴、漏损失等原因会随过程进行不断减少,另一方面又由于贫镉液、洗渣、洗滤布、洗设备等收集的低酸、低锌废水,给系统带进许多新水,二者必须保持平衡,即保持系统中溶液体积不变,否则有可能因带入的水过多,系统的溶液量增加,致使溶液无法周转,打乱生产过程,导致生产技术条件失控。如果带入的水不足,则系统溶液体积减少,同样会使正常溶液周转受到影响,影响正常生产技术条件控制。同时溶液体积减少相当于系统溶液浓缩,将导致溶液含锌量升高,如果偏离允许范围,将直接影响浸出以及后续净化及电解工序。

实践中,夏天气温高,溶液体积容易减小;冬天蒸发量少,且蒸汽直接加热的冷凝水增加等原因,溶液的体积容易膨胀。故为了保持溶液体积平衡,必须严格控制各种洗水量,因时、因地保持水量平衡。

浸出过程的金属量平衡是指浸出过程投入的焙砂经浸出后进入溶液的金属量与锌电解过程析出的金属量保持平衡。如投入的金属量与析出的锌量不平衡,将导致电解产出的废液量不平衡,影响正常生产。

渣平衡是指焙砂经两段浸出后所产出的渣量,与从系统通过过滤设备排出的渣量的平衡。如果浸出产出的渣不能及时从系统中排走,浓缩槽中浓泥体积增大,不仅影响上清液的质量,也直接影响到下一工序生产的进行,无法保持浸出过程连续稳定进行。浓泥体积的变化往往是造成上述恶性循环的起因,如酸性浓泥体积大,澄清困难,使酸性上清液含固体量升高,当返回一次中性浸出时,又增加了一次浸出矿浆的固体量,从而减少了一次浸出矿浆的液固比,使一次浸出矿浆澄清困难,结果是中性上清液中悬浮物大量增加,净液工序的压滤负担加重,甚至无法完成净液作业。

浸出过程的好坏与选用的技术条件密切相关。实践表明,只有正确选用操作技术条件,严格操作,精心控制,方能取得好的浸出效果。常规法浸出一般控制的浸出工艺条件如下:

①中性浸出的技术条件

浸出温度	60~75℃
浸出液固比(浸出液量与料量的质量比)	10~15:1
浸出始酸浓度	30~40g/L
浸出终点 pH 值	4.8~5.4
浸出时间	1.5~2.5h

②酸性浸出的技术条件

浸出温度	70~80℃
浸出液固比(浸出液量与料量的质量比)	7~9:1
浸出始酸浓度	25~45g/L
浸出终点 pH 值	2.5~3.5
浸出时间	2~3h

由于原料和酸同时加入,故按浸出矿浆最后从浸出槽出口终酸的 pH 值控制始酸。

浸出过程的产物为矿浆,是硫酸锌溶液和不溶残渣的悬浊液,为了满足下一工序的要求，矿浆必须进行液固分离。湿法炼锌的浸出矿浆液固分离通常采用重力沉降浓缩和过滤两种方法。一段中性浸出矿浆经中性浓缩液固分离后，中性上清液送净化，中性浓缩底流送酸性浸出。

中性上清液的一般成分(g/L)如下：

Zn 150 ~ 170	Ni 0.008 ~ 0.01	Sb 0.0003 ~ 0.0005
As 0.00024 ~ 0.00048	Cd 0.6 ~ 1	Co 0.01 ~ 0.02
Cu 0.2 ~ 0.4	Ge 0.0005 ~ 0.0008	Fe 0.02 ~ 0.03

二段酸性浸出矿浆经酸性浓缩液固分离后，酸性上清液返回中性浸出，酸性底流经过过滤、干燥后送回转窑火法处理，使锌还原挥发变成氧化锌。

(3)浸出的主要技术经济指标

①锌浸出率　浸出率系焙烧矿经两段浸出后，进入溶液中的锌量与焙烧矿中总锌量之比。

当焙烧矿含锌量为 50% ~ 55%、可溶锌率为 90% ~ 92% 时，锌浸出率为 80% ~ 87%。在设计时，连续浸出可取 80% ~ 82%，间断浸出可取 86% ~ 87%。

②浸出渣率　浸出渣率系焙烧矿经浸出、过滤干燥后的干渣量与焙烧矿量的百分比。

当焙烧矿含锌为 50% ~ 55% 时，其相应的浸出渣率为 50% ~ 55%。近几年来各厂渣率一般约为 52%。

③渣含锌　各厂渣含锌波动于下列范围：全锌 18% ~ 22%；酸溶锌 2.5% ~ 7%；水溶锌 0.5% ~ 5.5%。

(4)浸出矿浆的液固分离

浸出所得矿浆须经液固分离，才能分别送往下一工序处理。一次浸出矿浆经浓缩，所得上清液送净化，底流送二次浸出；二次浸出矿浆先经浓缩，所得上清液返回一次浸出，底液送去过滤。

矿浆的浓缩在浓缩槽(亦称浓密机)内进行。浸出矿浆的浓缩效率取决于固体粒子的沉降速度，其沉降速度公式如下：

$$v_{降} = \frac{d^2(\rho_1 - \rho_2)}{18\mu}$$

式中　$v_{降}$——固体粒子沉降速度，m/s；

　　　d——固体粒子的直径，m；

　　　ρ_1，ρ_2——固体粒子和液体介质的密度，kg/m^3；

　　　μ——介质的粘度，$Pa \cdot s$($1Pa \cdot s = 1.02 \times 10^{-6} kg \cdot s/m^2$)。

由该式可以看出，矿浆中固体粒子的沉降速度与微粒的大小与密度、液体的粘度有关。此式适用范围为粒度在 $0.05 ~ 0.1\mu m$，雷诺数小于 1。

在实际生产过程中情况比较复杂，因此影响浓缩的因素很多，主要有：

①矿浆的 pH 值　矿浆的 pH 值一般控制在 4.8 ~ 5.4 之间，因为此条件最有利于细微胶质氢氧化铁和硅胶粒子的凝聚长大，所以澄清速度较快，浓缩效果较好。

②焙烧矿的粒度　固体粒子沉降速度与其粒度成正比，粒度越大，沉降越快，故浓缩效果越好。但粒度太大，易堵塞浓缩槽和损坏扒动设备；反之，粒度越小，沉降越慢，浓缩效率就越差。

③固体与液体的密度差　固体与液体的密度差越大，固体粒子的沉降速度越快，浓缩效率越高。

④矿浆的温度　一般锌焙烧矿中性浸出矿浆浓缩温度以 $55 \sim 60℃$ 为宜；酸性浸出矿浆浓缩温度以 $60 \sim 70℃$ 为宜。温度升高，矿浆粘度减小，固体粒子的沉降速度加大。

⑤矿浆的液固比　矿浆的液固比越大，则矿浆的粘度就越小，就越有利于固体的沉降，浓缩效果也越好。

⑥溶液中胶体氢氧化铁和二氧化硅的含量　当溶液中含氢氧化铁和硅酸增多时，矿浆的粘度就升高，从而使固体物料的沉降困难，恶化浓缩过程，所以应严加控制。遇此情况可用提高矿浆温度和增大液固比的办法，降低其粘度，利于固体粒子的沉降。

⑦浸出时间　当浸出时间较短时，则残存的固体粒子较大，其沉降速度较快；相反，则固体粒子较细，甚至将已凝聚的大颗粒击碎，而使浓缩发生困难。

⑧$3^{\#}$凝聚剂的加入量　$3^{\#}$凝聚剂一般只在中性浓缩槽中加入。其用量为 $20 \sim 30$ ppm。凝聚剂的加入可使微小的悬浮颗粒凝聚成较大的粒子，因而加快沉降速度，浓缩机能力提高 $1.5 \sim 2$ 倍。

二次浸出矿浆经浓缩后得到的底流，仍是含有很多硫酸锌溶液的浓泥，为了尽可能地回收其中的锌，必须将底流过滤，进一步进行液固分离。过滤就是将浓缩后所得底流装在有过滤介质的过滤机中，在一定压力差的作用下，使溶液通过过滤介质，而固体（浸出渣）则截留在过滤介质上，达到液固分离的目的。

过滤机的生产能力取决于过滤速度，影响过滤速度的因素有：

①滤渣的性质　当浓泥中含胶状物质如氢氧化铁、硅酸过多和渣粒过细时，将使浓泥的粘度增高，且细小的胶状微粒在过滤时会堵塞过滤介质的毛细孔道；当浓泥中含硫酸锌、硫酸钙、硫酸镁等硫酸盐过多时，同样会使浓泥的粘度增高，且在过滤时它们易生成细小结晶而堵塞过滤介质的毛细孔道，这些都使过滤困难，降低过滤速度。

②滤饼的厚度　过滤时随着过滤时间的延长，滤饼厚度增加，被过滤的浓泥中的溶液通过过滤介质的阻力增大，而使过滤速度降低。同时，还可能由于滤饼过厚而将滤布损坏。为此，应控制滤饼厚度。根据某厂实践，滤饼的合理厚度以 $25 \sim 35$ mm 为宜。

③过滤温度　温度对过滤速度有很大影响，归纳起来有如下几点：过滤温度高，浓泥的流动性好，过滤速度快；提高过滤温度，可以消除滤饼和滤布的毛细孔道内形成的小气泡，从而加快过滤速度；提高过滤温度，有利于滤液中悬浮固体微粒凝聚长大，使过滤速度加快。

因此，在生产实践中应控制较高的过滤温度，一般为 $70 \sim 80℃$，有时甚至高达 $90℃$。

3.3　铁酸锌的溶解与中性浸出过程的沉铁反应

3.3.1　铁酸锌的溶解

锌焙砂经过常规法工艺的中性与酸性浸出以后，得到的浸出渣仍含锌高，一般为 $20\% \sim 22\%$。当处理含铁高的精矿时，渣含锌还会更高。这种浸出渣处理在上世纪 70 年代以前都是经过一个火法冶金过程将锌还原挥发出来，变成氧化锌粉再进行湿法处理。这样使湿法炼锌厂的生产流程复杂化，且火法过程的燃料、还原剂和耐火材料消耗很大，生产成本高。

为了解决浸出渣的处理问题,必须清楚地了解渣中锌是以什么形态存在的。下面是几个工厂浸出渣中锌的物相分析结果,以占渣中总锌的百分数表示列于表3-3中。

表3-3 锌在浸出渣中按不同形态分配的百分比和总锌量(%)

序号	ZnO·Fe$_2$O$_3$	ZnS	ZnSiO$_3$	ZnO	ZnSO$_4$	Zn$_总$
1	61.2	15.8	2.2	2.7	18.1	100(22.2)
2	94.9	–	1.8	2.2	1.1	100(20.4)
3	80.2	10.7	–	1.6	7.5	100(18.7)

注:( )内为浸出渣中含锌量的百分数。

从表3-3所列数字可以看出,铁酸锌中的锌量占渣中总锌量的60%以上。这说明,在一般的湿法炼锌浸出过程中,铁酸锌将不溶解而进入渣中。如能提高焙砂质量,则可降低渣中硫化锌的含量;加强渣的洗涤则可降低渣中硫酸锌的含量,这样渣中铁酸锌所占的锌量将会提高到99%以上,所以,要想简化原有湿法炼锌流程,取消浸出渣火法处理及ZnO粉的浸出过程,必须研究ZnO·Fe$_2$O$_3$在浸出时的溶解条件。

根据有的关热力学数据计算,可画出铁酸锌-水(ZnO·Fe$_2$O$_3$-H$_2$O)系电势-pH图(见图3-7)。

从图3-7可知:

①随着温度的升高(从298K升至373K),ZnO·Fe$_2$O$_3$-Zn^{2+}平衡线④向左方(酸度升高方向)移动,表明

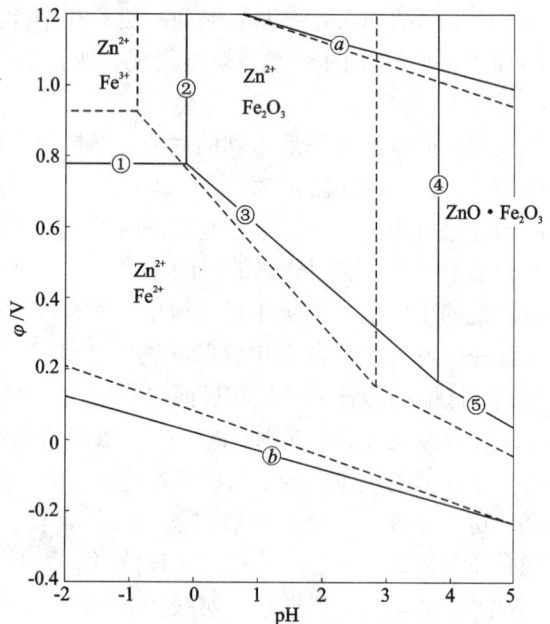

图3-7 ZnO·Fe$_2$O$_3$-H$_2$O系电势-pH图

($a_{Zn^{2+}} = a_{Fe^{3+}} = a_{Fe^{2+}} = 1$,实线 $T = 298K$,虚线 $T = 373K$)

ZnO·Fe$_2$O$_3$的稳定区增大,即酸浸难度增大;欲提高浸出温度,势必提高浸出液酸度,才能取得好的浸出效果。

②ZnO·Fe$_2$O$_3$的浸出分两段进行,首先在低酸下按反应 ZnO·Fe$_2$O$_3$ + 2H$^+$ = Zn^{2+} + H$_2$O + Fe$_2$O$_3$ 溶出 Zn^{2+},随后在高酸下按反应 Fe$_2$O$_3$ + 6H$^+$ = 2Fe^{3+} + 3H$_2$O 溶出 Fe^{3+},即锌比铁优先溶解。

从 ZnO·Fe$_2$O$_3$ 浸出动力学来看,ZnO·Fe$_2$O$_3$ 属于难以分解的铁氧体。

试验表明,温度升高对强化铁酸锌的分解是必要的。但在温度升高时,pH变小,所以必须采用高硫酸浓度。锌焙砂中铁酸锌呈球状,其表面积在热酸浸出过程中是变化的,过程会呈现"缩核模型"动力学特征,即 ZnO·Fe$_2$O$_3$ 的酸溶速率与表面积成正比。

从以上对 $ZnO \cdot Fe_2O_3$ 酸溶的理论分析可以得出结论：对于难溶球状 $ZnO \cdot Fe_2O_3$ 的溶出，要求有近沸腾温度（$95 \sim 100℃$）和高酸（终酸 $40 \sim 60g/L$）的浸出条件以及较长的时间（$3 \sim 4h$），锌浸出率才能达到 99%。

3.3.2 中性浸出过程的沉铁反应

前已述及，在中性浸出时只有将溶液中的 Fe^{2+} 氧化成 Fe^{3+}，才能在终点 pH 值为 5 左右时 Fe^{3+} 以 $Fe(OH)_3$ 的形式从溶液中完全沉淀下来。为使溶液中 Fe^{2+} 氧化为 Fe^{3+}，必须将溶液的电势值提高到 0.8 以上。在生产中提高电势所采用的氧化剂有软锰矿（MnO_2）或鼓入的空气。

图 3-8 $Fe^{3+} + e = Fe^{2+}$ 系电势-pH 图

为了说明 MnO_2 与空气中 O_2 对 Fe^{2+} 的氧化作用，可将其氧化还原反应的电势-pH 关系绘在 $Fe-H_2O$ 系电势-pH 图（图 3-8）上。

直线①：$Fe^{3+} + e = Fe^{2+}$

$$\varphi_{(1)} = 0.77 + 0.06 \lg a_{Fe^{3+}}/a_{Fe^{2+}}$$

直线②：$MnO_2 + 4H^+ + 2e = Mn^{2+} + 2H_2O$

$$\varphi_{(2)} = 1.23 - 0.12pH - 0.03\lg a_{Mn^{2+}}$$

直线③：$O_2 + 2H^+ + 4e = 2H_2O$ （$p_{O_2} = 21278.25Pa$）

$$\varphi_{(3)} = 1.22 - 0.06pH + 0.0148\lg p_{O_2}$$

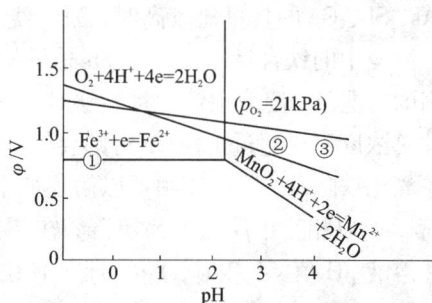

从图 3-8 可以看出，溶液的 pH 愈小，②、③线所表示的氧化电势愈高，即 Fe^{2+} 被氧化为 Fe^{3+} 的趋势愈大。所以在用 MnO_2 作氧化剂时，宜在酸性溶液中进行。在浸出液含酸 $10 \sim 20g/L$ 的条件下进行氧化，效果较好。

锌电解液中锰的含量一般波动在 $3 \sim 5g/L$ 之间。软锰矿是锌溶液中 Fe^{2+} 的好氧化剂，各个工厂都乐于采用。软锰矿中二氧化锰含量较高，可达 60% 以上，所含的主要杂质一般为氧化铁和二氧化硅，对湿法炼锌无大的影响。虽然软锰矿价格不高，供应也较充足，但仍需花费资金，并且要增加渣量，故有的工厂改用空气氧化。

图 3-8 中的③线表明，空气中的氧完全可以使溶液中的 Fe^{2+} 被氧化为 Fe^{3+}，在中性溶液中空气的氧化能力比 MnO_2 还强。Fe^{2+} 被氧化的反应式可写为：

$$4H^+ + 4Fe^{2+} + O_2 = 4Fe^{3+} + 2H_2O$$

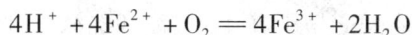

Fe^{2+} 氧化为 Fe^{3+} 的反应速度，除了与 Fe^{2+} 本身的浓度有关以外，还与溶解于溶液中的氧浓度及溶液酸度有关。在温度为 $20 \sim 80℃$、pH 为 $0 \sim 2$ 的范围内，溶液中 $[O_2]$ 愈大，Fe^{2+} 的氧化反应速度便愈大。所以在实际生产中为了提高 $[O_2]$，应将空气喷射入溶液，使之高度分散，产生极细小的气泡。也有工厂采用富氧鼓风。

当溶液的酸度愈低，即 pH 值愈大时，Fe^{2+} 的氧化速度增大。当 $pH < 1.9$ 时，溶液中 Fe^{2+} 几乎不被空气中的 O_2 氧化。所以，在用空气氧化 Fe^{2+} 的过程中，需加入焙砂进行预中和，以提高溶液的 pH 值。

根据试验研究，在用空气进行氧化时，Cu^{2+} 的存在有利于反应加速进行。有人曾测定过铁和铜的氧化电势随 pH 值变化的情况。当 pH 大于 2.5 时，溶液中的 Cu^{2+} 可以直接氧化 Fe^{2+}。

用中和法沉淀铁时，溶液中的 As 与 Sb, Ge 可以与铁共同沉淀。所以在生产实践中溶液中的 As, Sb, Ge 的含量比较高时，为了使它们能完全沉淀，必须保证溶液中有足够的铁离子浓度。溶液中的铁含量应为 As + Sb 总量的 10 倍以上，当 Sb 含量高时要求更高。在 As 与 Sb 含量高的情况下，溶液中铁含量不够时，应在配制中性浸出料液时加入 $FeSO_4$ 或 $Fe_2(SO_4)_3$，但铁的总浓度不应超过 1 g/L，否则会使中性浸出矿浆的澄清性质变差。

氢氧化铁除砷、锑的作用可以简述如下：氢氧化铁是一种胶体，胶体微粒带有电性相同的电荷，所以相互排斥而不易沉降，在不同的酸度下因吸附的离子不同，带的电荷亦不相同。在溶液 pH 值 <5.2 时，$Fe(OH)_3$ 胶粒带正电；在 pH 值 >5.2 时它带负电，定位离子为 OH^-，其等电点在 pH =5.2 附近。由于在 pH <5.2 时，$Fe(OH)_3$ 胶粒带正电；AsO_4^{3-}，SbO_4^{3-} 将成为其反离子。一般来说溶液中各种负离子都可以成为"反离子"从而被胶核所吸引，其中一部分可以进入胶团内一起运动。在工业浸出液中，可成为反离子的物质很多，如 SO_4^{2-}，OH^-，SbO_4^{3-}，SiO_2^{2-}，GeO_2^{2-} 等，但它们进入胶团吸附层的数量将取决于这些离子的浓度和电荷的大小，浓度大、电荷高的更易进入吸附层，浓度和电荷相比电荷作用更大。因此进入氢氧化铁胶粒吸附层的负离子将主要是 AsO_4^{3-}，SbO_4^{3-}，SO_4^{2-}，也会有少量的 SiO_2^{2-} 和 OH^- 等。

砷、锑只有在溶液酸度很高的情况下方能以阳离子 As^{5+}，Sb^{5+} 的形式存在。对于中性浸出，终点 pH 控制在 5.2 以上的溶液，砷、锑将主要以配位离子 AsO_4^{3-}，SbO_4^{3-} 形式存在，金属砷、锑离子将是极少的。尽管溶液中 AsO_4^{3-}，SbO_4^{3-} 的浓度较 SO_4^{2-} 低得多，但它们在荷电方面却占有极大优势，故可以被氢氧化铁胶核吸附在表面层中。

3.4 从含铁高的浸出液中沉铁

浸出渣采用热酸浸出，可使以铁酸锌形态存在的锌的浸出率达90%以上，显著提高了金属的提取率，但大量铁、砷等杂质也会转入溶液，使浸出液中的含铁量高达 30g/L 以上。对于这种含铁高的浸出液，若采用中性浸出过程所采用的那种中和水解法除铁，则会因产生大量的 $Fe(OH)_3$ 胶状沉淀物而使中性浸出矿浆难以沉降、过滤和渣洗涤，甚至导致生产过程由于液固分离困难而无法进行。为了从含铁高的溶液中沉铁，自上世纪60年代末以来，先后在工业上应用的沉铁方法有黄钾铁矾法、转化法、针铁矿法、赤铁矿法。这些方法与传统的水解法比较其优点是铁的沉淀结晶好，易于沉降、过滤和洗涤。目前国内外采用钠钾铁矾法的最多，其他方法只有少数工厂采用。

从高浓度 $Fe_2(SO_4)_3$ 溶液中沉铁的方法决定于 $Fe_2O_3 - SO_3 - H_2O$ 系平衡状态（见图3-9）。

根据在 75 ~ 200℃ 下 Fe 和 H_2SO_4 的浓度小于100g/L时所作的 $Fe_2O_3 - SO_3 - H_2O$ 系平衡状态图可知，在高价铁溶液内，相应的 $Fe_2(SO_4)_3$ 浓度可能形成一些不同组分的化合物。在非常稀的溶液中（Fe^{3+} <1g/L）形成 $\alpha - FeOOH$（针铁矿），在较浓的溶液中（Fe^{3+} >20g/L）形成 $H_3O[Fe_3(SO_4)_2(OH)_6]$（水合氢黄铁矾），在 175 ~ 200℃高温下随着溶液中硫酸铁浓度的变化而生成不同的铁的化合物。三价铁浓度低时形成 Fe_2O_3（赤铁矿），三价铁浓度高时形成

$Fe_2O_3 \cdot SO_3 \cdot H_2O$ 或 $FeSO_4OH$(铁的羟基硫酸盐)。溶液温度由 $100℃$ 升高到 $200℃$,可使铁在高酸性介质中沉出。

因此从高含量 Fe^{3+} 溶液中沉铁,当采用针铁矿($\alpha - FeOOH$)法和赤铁矿(Fe_2O_3)法时,有一个共同特点,那就是必须大大降低高铁溶液中 Fe^{3+} 的含量,也就是要预先将 Fe^{3+} 还原成 Fe^{2+},随后 Fe^{2+} 用空气氧化析出针铁矿或赤铁矿。在生产实践中可采用硫化物(如 ZnS 和 SO_2)将 Fe^{3+} 进行还原。因为此类还原剂本身被氧化后,不会给生产过程带入新的杂质,其中硫化锌被浸出而进入溶液,其反应为:

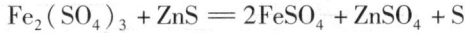

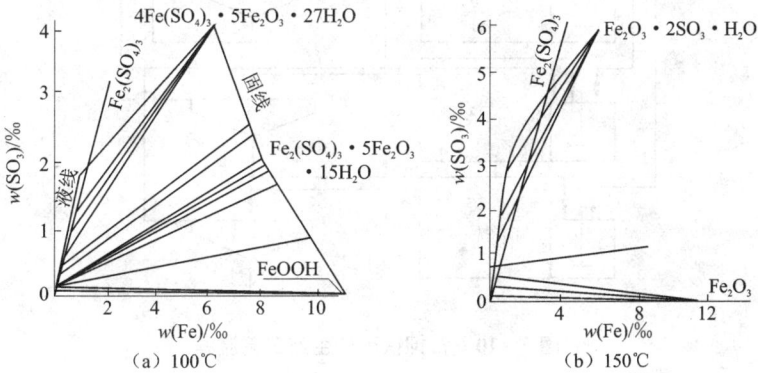

$$Fe_2(SO_4)_3 + ZnS = 2FeSO_4 + ZnSO_4 + S$$

图 3 - 9　$Fe_2O_3 - SO_3 - H_2O$ 系平衡状态图

3.4.1　黄钾铁矾法

黄钾铁矾法的典型生产工艺流程如图 3 - 10 所示。为了溶解中浸渣中的 $ZnO \cdot Fe_2O_3$,将中浸渣加入到起始 H_2SO_4 浓度 >100g/L 的溶液中,在 $85 \sim 95℃$ 下经几小时浸出。浸出后的热酸液 H_2SO_4 浓度 >$20 \sim 25g/L$,通过加焙砂调整 pH 为 $1.1 \sim 1.5$,再将生成黄钾铁矾所必须的一价阳离子(如 NH_4^+,Na^+,K^+)加入,在 $90 \sim 100℃$ 下迅速生成铁矾沉淀,而残留在锌溶液中的铁仅为 $1 \sim 3g/L$。

铁矾的组成一般包含有 +1 价和 +3 价两种阳离子,其中 +3 价离子是要除去的 Fe^{3+} 离子,而 +1 价阳离子(A^+)可以是 K^+,Na^+,NH_4^+ 等,因此其化学通式为 $AFe_3(SO_4)_2(OH)_6$。在湿法炼锌生产上,考虑含 K^+ 的试剂太昂贵,常以 NH_4^+ 或 Na^+ 作沉铁试剂,其主要沉铁反应为:

$$3Fe_2(SO_4)_3 + 10H_2O + 2NH_3 \cdot H_2O = \underset{(铵铁矾)}{(NH_4)_2Fe_6(SO_4)_4(OH)_{12}} \downarrow + 5H_2SO_4$$

$$3Fe_2(SO_4)_3 + 12H_2O + Na_2SO_4 = \underset{(钠铁矾)}{Na_2Fe_6(SO_4)_4(OH)_{12}} \downarrow + 6H_2SO_4$$

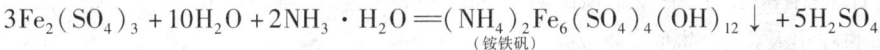

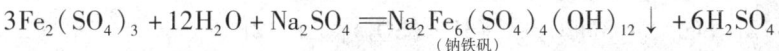

沉铁后溶液中铁的浓度,随温度升高而升高,随 A 离子的增加和酸度的减少而降低。在铁矾化合物形成的同时产生一定的酸,常用焙砂来中和。中和时焙砂溶解的铁同样也会发生上述反应而沉淀。但焙砂中的铁酸锌不溶解而留在铁矾渣中。因此,黄钾铁矾法要达到高的锌浸出率和沉铁率,生产流程就比较复杂,它包括五个主要过程(图 3 - 10),即中性浸出、热酸浸出、预中和、沉铁和铁矾渣的酸洗。

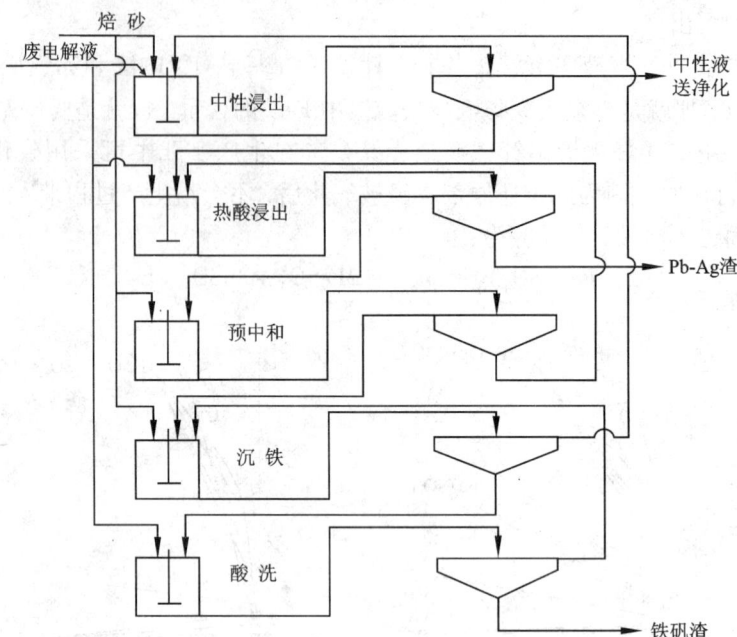

图 3 – 10　黄钾铁矾法生产工艺流程

芬兰科科拉电锌厂，曾将一次间断浸出改为没有预中和的四段黄钾铁矾法，锌的回收率由 87.5% 提高到 92%。此外，在操作实践中用焙砂做中和剂时，沉铁条件的控制也有问题，尽管 pH 值控制正确，中和总是麻烦，只要有短时波动就有可能使沉淀和过滤性质恶化。由于不能利用已有的二段洗涤，而使水溶锌损失于渣中，降低了回收率。该厂已于 1973 年改用转化法（混合型黄钾铁矾法）。

转化法是一种改良的黄钾铁矾法。其沉淀速率取决于三价铁浓度在相应平衡值上有多大的浓度，如图 3 – 11 所示。当溶液中三价铁浓度高于平

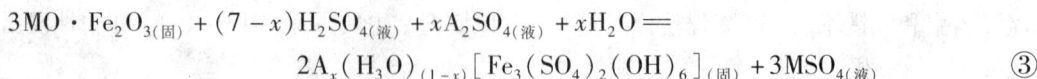

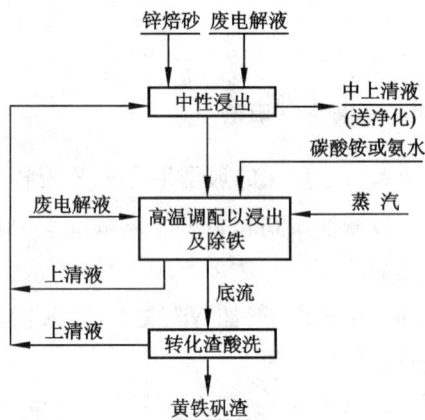

图 3 – 11　转化法工艺流程

衡曲线时，就有可能在大气压下浸出铁酸锌并同时沉淀铁。这就是转化法的特点，其基本反应包括铁酸锌的浸出及沉铁两种：

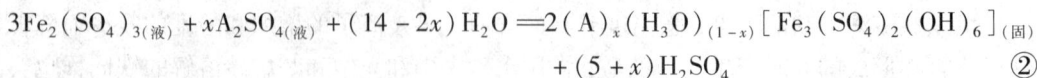

$$3MO \cdot Fe_2O_{3(固)} + 12H_2SO_{4(液)} = 3MSO_{4(液)} + 3Fe_2(SO_4)_{3(液)} + 12H_2O \qquad ①$$

$$3Fe_2(SO_4)_{3(液)} + xA_2SO_{4(液)} + (14 - 2x)H_2O = 2(A)_x(H_3O)_{(1-x)}[Fe_3(SO_4)_2(OH)_6]_{(固)}$$
$$+ (5 + x)H_2SO_4 \qquad ②$$

① + ② = ③

$$3MO \cdot Fe_2O_{3(固)} + (7 - x)H_2SO_{4(液)} + xA_2SO_{4(液)} + xH_2O =$$
$$2A_x(H_3O)_{(1-x)}[Fe_3(SO_4)_2(OH)_6]_{(固)} + 3MSO_{4(液)} \qquad ③$$

反应式中 M 代表 Zn，Cu，Cd；A 代表 Na^+，K^+，NH_4^+ 等离子。

科科拉电锌厂采用转化法后，处理含 12% Fe 的焙砂时，所产的黄钾铁矾渣只含 1.6% 的 Zn，相当于 99% 的浸出率，而在沉淀物内找不到铁酸锌。

转化法将中性浸渣用硫酸及废电解液重新制浆，进行单段高温浸出，锌的浸出率大于 97.5%。铁酸锌被溶解，加入铵或钠盐，铁同时以黄钾铁矾形式沉淀。转化需要 20h。黄钾铁矾渣是该过程惟一的固体渣。焙砂中含有的铅、银等有价金属，仍留在残渣中。该工艺简化了黄钾铁矾工艺流程，提高了锌的回收率。然而转化法只适宜处理含铅低的原料，因为它不能像黄钾铁矾法那样分离出 Pb – Ag 渣来。

澳大利亚里斯敦电锌厂发展了低污染黄钾铁矾法。

在一般的黄钾铁矾法中，由于热酸浸出液的含酸量很高，加之在沉矾过程中发生如下反应：

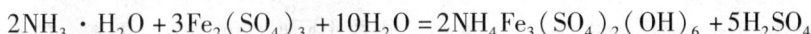

$$2NH_3 \cdot H_2O + 3Fe_2(SO_4)_3 + 10H_2O = 2NH_4Fe_3(SO_4)_2(OH)_6 + 5H_2SO_4$$

反应产生大量的酸，必须用大量焙砂来中和，以便反应继续进行使 Fe^{3+} 完全沉淀。这样就会造成铁矾渣含锌高，否则大量 Fe^{3+} 将返回中浸，加重中浸负担。

高 Fe^{3+}（$20 \sim 25g/L$）高酸（$40 \sim 60g/L$）的热酸浸出液在高温下（90℃）进行预中和时，有大量的 Fe^{3+} 会沉淀下来，会增大热酸浸出及随后过程的流量。只有将温度降至 $55 \sim 70$℃来中和时，溶液中的 Fe^{3+} 才能稳定存在。同时用 $[Fe^{3+}]$ 低的中性浸出液来稀释热酸浸出液，也可以避免沉矾过程中溶液酸浓度的迅速升高，从而阻碍沉矾过程的进行，并可减少沉矾过程中焙砂中和剂的用量。

低污染黄铁钾矾法，克服了常规铁矾法的若干缺点。可进一步回收黄钾铁矾渣中的一些有价金属。通过调整溶液成分，不需要添加任何中和剂就可沉淀黄钾铁矾。该法所产出的铁矾渣对环境污染也较低，还能将它用来生产有用的铁化合物。

可能由于溶液中最终酸度较高的缘故，低污染黄钾铁矾法在沉矾工序中除去氟、锑和镓等杂质的效果较差。杂质均集中在预中和工序与中性浸出工序。然而中性浸出工序的给料溶液含铁量较高，因此在中性浸出阶段能保证达到净化要求。

低污染黄钾铁矾法与常规铁矾法所产渣的成分比较列于表 3 – 4 中。

表 3 – 4　常规铁矾法与低污染铁矾法渣的成分对比

金属元素	常规铁矾法			低污染铁矾法		
	铁矾渣成分含量/%	金属回收率/%	入相应渣回收率/%	铁矾渣成分含量/%	金属回收率/%	入相应渣回收率/%
Fe	24			30		
Zn	5	94~97		1.3	98~99	
Cu	0.3		90	0.04		95
Cd	0.05	94~97		0.004	97~98	
Pb	2		75	0.2		>95
Ag	100ppm		75	18ppm		93
Au	4ppm		75			95

黄钾铁矾法的主要优点：

①可获得适于电解的硫酸锌溶液，锌、镉、铜的回收率均较高。

②过程简单，铁矾是晶体，沉铁后矿浆易于浓缩、过滤、洗涤。按铁矾渣计的过滤速度达到 $5 \sim 10 t/(m^2 \cdot d)$，随渣损失的锌低。

③铅、银、金富集在二次渣中，适于作炼铅厂的配料和进一步处理回收。

④除铁率可达 $90\% \sim 95\%$，且因生成黄钾铁矾沉淀，比生成 $Fe(OH)_3$ 或 Fe_2O_3 时，产生的硫酸要少，故中和剂用量较少。

⑤铁矾渣带走少量的硫酸根，对 H_2SO_4 有积累的电锌厂有利。

⑥黄钾铁矾渣中只含有少量的 Na^+ 或 NH_4^+ 离子，试剂消耗不多。

黄钾铁矾法的缺点是渣量大，需要消耗碱。渣含铁低，随后的处理费用大。按黄钾铁矾法处理锌渣的电锌厂、锌精矿含铁量以 8% 计，年产 100kt 锌的工厂，每年渣产量约 53kt。

低污染黄钾铁矾法的优点：

①在沉矾过程中不需加中和剂，可沉淀出较纯的铁矾渣，渣含铁较高。

②该铁矾渣中有价金属的损失较少，可改善矾渣对环境的污染，且金属回收率高。

该法的缺点是需将沉铁液稀释，增加沉铁液的处理量，生产率较低。

我国西北铅锌冶炼厂年产电锌 $10 \times 10^4 t$，采用热酸浸出 – 黄钾铁矾法沉铁工艺，其生产工艺流程见图 3 – 12。

从图 3 – 12 可见，该流程的特点如下：

①氧化液的配制是将电解废液与沉铁后液按一定比例混合，并在其中加入适量的氧化剂（主要是软锰矿和电解阳极泥），其作用是保证溶液中的 Fe^{2+} 离子充分氧化为 Fe^{3+}。配制氧化液是在一个 $80m^3$ 的搅拌槽（俗称氧化槽）中进行，控制其酸度为 $60 \sim 90 g/L$，反应时间约 0.5h，最终溶液含铁低于 $1 g/L$，其中 $Fe^{2+} < 0.1 g/L$，然后将配制好的氧化液送中性浸出工序进行焙砂浸出。

②中性浸出是在氧化液中加入焙砂，在串联的四台 $80m^3$ 的搅拌槽中进行，温度保持 $65 \sim 70 ℃$，焙砂按一定比例加入中浸第一槽与第三槽，反应时间为 2h，最终中浸浆化液的 pH 值控制在 $4.8 \sim 5.2$ 之间，尽可能使焙砂中的锌进入溶液，而其中的铁、砷、锑等有害杂质被水解沉淀除去。浆化液经 $\phi 21m$ 浓密机液固分离后，合格的中浸上清液（含 Zn160 ~ 170g/L、含 Fe <20mg/L）送去净化电积。中浸渣含锌 $20\% \sim 25\%$，送热酸浸出。

③热酸浸出分为 I 段高温高酸浸出和 II 段高温超高酸浸出。 I 段酸浸是在串联的四台 $80m^3$ 搅拌槽中进行。温度保持 $90 \sim 95 ℃$、反应 3h，控制其酸度为 $40 \sim 50 g/L$。 I 段酸浸出的浆化液经 $\phi 15m$ 的浓密机液固分离后，上清液送预中和工序，而底流渣进入 II 段酸浸。 II 段酸浸是在四台串联的 $80m^3$ 搅拌槽中进行。第一槽通过调节电解废液量和浓硫酸加入量来控制酸度，实现超高酸浸出，使铁酸锌和硫化锌进一步溶解，其反应为

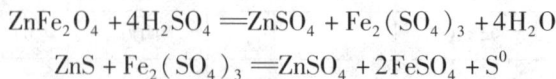

$$ZnFe_2O_4 + 4H_2SO_4 = ZnSO_4 + Fe_2(SO_4)_3 + 4H_2O$$

$$ZnS + Fe_2(SO_4)_3 = ZnSO_4 + 2FeSO_4 + S^0$$

锌被浸出的同时也有大量的 Fe 被溶解出来。保持浸出温度 $95 \sim 98 ℃$，反应时间 4h，控制浆化液最终酸度在 $120 \sim 150 g/L$，经 $\phi 15m$ 浓密机液固分离后，上清液返回 I 段酸浸以补充所需要的含酸溶液。 II 段底流矿浆经过滤产出铅银渣，堆干后送铅系统 QSL 炉回收有价金属。铅银渣的化学成分如下：

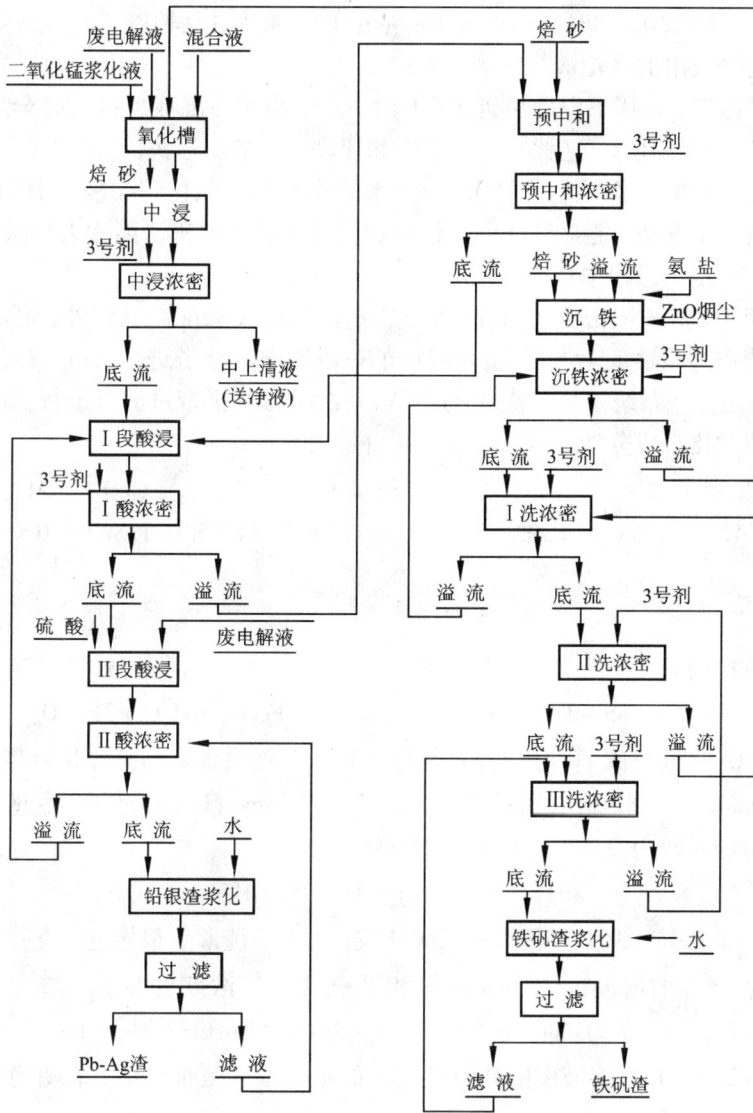

图 3-12 西北铅锌冶炼厂热酸浸出-黄钾铁矾法工艺流程

成分	Zn	Pb	Cu	Cd	SiO₂	Fe	MgO	Ag
含量/%	4.34	10.46	0.02	0.07	31.14	12.56	0.07	0.0295

④通过 I 段热酸浸出，I 段产生的上清液含酸为 40~50g/L，送去预中和。其操作是在两个串联的 80m³ 搅拌槽中进行，为了降低 I 段热酸浸出上清液的酸度，在预中和第一槽添加适量焙砂来中和酸，控制温度 80~90℃，反应时间 2h，最终预中和浆化液酸度为 15~25g/L。含铁 5~15g/L 的浆化液经 ϕ15m 浓密机液固分离后，底流返回 I 段酸浸继续浸出，而上清液送沉铁工序。

⑤沉铁在连续串联的 7 台 80m³ 搅拌槽中进行。第一槽和第三槽适量添加 ZnO 粉或锌焙

砂作中和剂,并在第一槽按比例加入锰矿粉和硫酸钠添加剂,控制温度 90~95℃、反应时间为 6h、pH 值为 1.5~2.0,同时控制钠离子的浓度并添加适量晶种以达到沉矾除铁的技术要求。从沉铁第七槽流出的浆化液含酸 8~10g/L,含铁低于 1g/L。在沉矾中提高碱离子浓度可加速铁矾水解沉淀,常压下温度接近 100℃ 时,几个小时内沉淀可接近完全。形成黄钾铁矾的理想 pH 值为 1.5~1.6,这就必须控制中和速度,若结晶过快,颗粒太细或溶液局部酸度过低,可导致 $Fe(OH)_3$ 沉淀生成。由于黄钾铁矾晶体的生长比较缓慢,所以在沉矾过程中加入晶种,以缩短诱发期,能显著地促进铁矾的沉淀。黄钾铁矾法能除去 90%~95% 的铁,残存的铁将在中性浸出过程中被进一步除去。

沉矾浆化液经 $\phi21m$ 浓密机液固分离后,上清液送中浸去配制氧化液;底流的三分之一返回沉矾第一槽作为晶种;三分之二送 $\phi15m$ 的三段逆向洗涤塔进行酸洗,酸洗上清液返回沉矾系统,底流送过滤系统浆化,经圆筒过滤机一次过滤和折带过滤机进行二次过滤后产生铁矾渣。铁矾渣的化学成分如下:

成分	Zn	Pb	Cu	Cd	SiO$_2$	Fe	CaO	MgO	Ag
含量/%	6.47	4.58	0.05	0.07	12.00	24.65	1.88	0.01	0.0125

3.4.2 针铁矿法

针铁矿法沉铁的总反应式为:

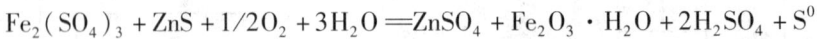

$$Fe_2(SO_4)_3 + ZnS + 1/2O_2 + 3H_2O = ZnSO_4 + Fe_2O_3 \cdot H_2O + 2H_2SO_4 + S^0$$

式中 $Fe_2O_3 \cdot H_2O$(一般写成 $FeOOH$)是针铁矿。它是一种很稳定的晶体化合物,其晶格能 $U = 13422.88kJ/mol$,比三水氧化铁的晶格能大。25℃ 在 3mol/L 的 $NaClO_4$ 溶液中经测得其溶解反应平衡常数的对数为 $lgK = -38.7$,其溶解反应式为

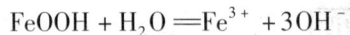

$$FeOOH + H_2O = Fe^{3+} + 3OH^-$$

与反应 $Fe(OH)_3 = Fe^{3+} + 3OH^-$,$lgK = -38$ 比较,两者平衡常数很接近,表明它们的溶解度相差不大。随着酸度的增大,与 FeOOH 固相平衡的 Fe^{3+} 浓度也会急剧增大。两相平衡时 Fe^{3+} 的浓度与 pH 值的关系为:$lg[Fe^{3+}] = 3.96 - 3pH$,当 pH = 2 时,$[Fe^{3+}] = 9.12 \times 10^{-3}$。当 pH 值升高到 2 以上时,溶液中的高价铁离子的平衡浓度是很小的,表明绝大部分铁离子已从溶液中沉淀下来。

针铁矿沉铁有两种实施途径:一是 V. M 法,即把含 Fe^{3+} 的浓溶液用过量 15%~20% 的锌精矿在 85~90℃ 下还原成 Fe^{2+} 状态($2Fe^{3+} + ZnS = Zn^{2+} + 2Fe^{2+} + S^0$),其还原率达 90% 以上,随后在 80~90℃ 以及相应的 Fe^{2+} 状态下中和到 pH 为 2~3.5 时被氧化($2Fe^{2+} + 1/2O_2 + 2ZnO + H_2O = 2FeOOH + 2Zn^{2+}$)。V. M 法的生产工艺流程如图 3-13 所示,为比利时两家锌厂采用。另一种是 E. Z 法(又称稀释法),即将浓的 Fe^{3+} 溶液与中和剂一道加入到加热的沉铁槽中,其加入速度等于针铁矿沉铁速度,故溶液中 Fe^{3+} 浓度低,得到的铁渣组成为:$Fe_2O_3 \cdot 0.64H_2O \cdot 0.2SO_3$,为意大利一家锌厂采用。以上两种沉铁法,不论是哪一种,重要的条件是应当控制沉铁时溶液中 Fe^{3+} 浓度应小于 1g/L,且溶液 pH 值应控制在 3~3.5 之间。

针铁矿法渣量较黄钾铁矾法少,锌回收率与黄钾铁矾法相近,但铜的回收率不如黄钾铁矾法高。针铁矿法流程中硫酸盐平衡问题未获得很好解决,目前主要靠控制焙烧条件、加入

含有生成不溶硫酸盐的原料(如铅)、抽出部分硫酸锌溶液生产化工产品以及用石灰中和电解液等办法维持硫酸平衡。

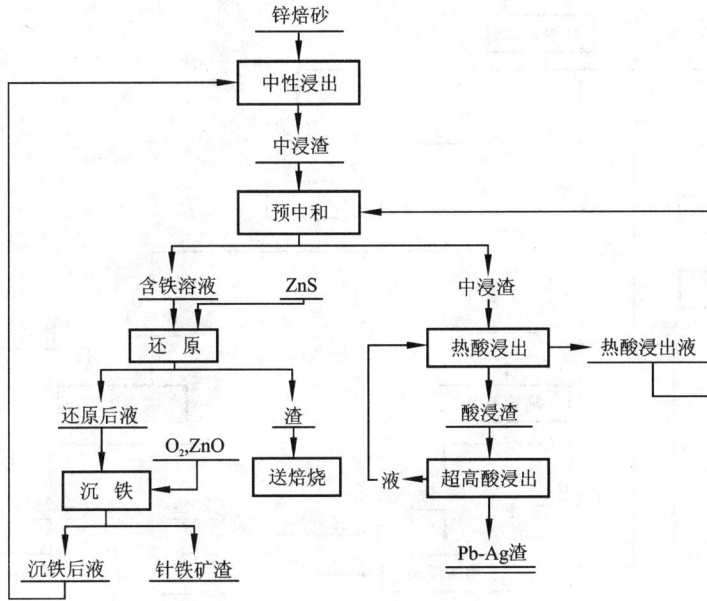

图 3 - 13 针铁矿法沉铁工艺流程

我国江苏冶金研究所与温州冶炼厂研究了喷淋除铁工艺,其原理也就是 E. Z 针铁矿法,即将浓 Fe^{3+} 的溶液与中和剂一道均匀缓慢地加入到加热且强烈搅拌的沉铁槽中,Fe^{3+} 的加入速度等于针铁矿沉铁速度,故溶液中 Fe^{3+} 浓度低,得到的铁渣很容易澄清与过滤。其工艺流程见图 3 - 14。

针铁矿法沉铁的优点是:

①铁沉淀完全,溶液最后含 Fe^{3+} <1g/L。

②铁渣为晶体结构,过滤性能良好,过滤速度高达 $12t_{残渣}/(m^2 \cdot d)$。

③不需要添加碱,沉铁的同时,还可有效地除去 As,Sb,Ge,并可除去溶液中大部分(60% ~80%)的氟。

④E. Z 法较 V. M 法的优点是高浓度的 Fe^{3+} 溶液不需要进行还原处理。

针铁矿法沉铁的缺点是:

①V. M 法工艺需要对铁进行还原 – 氧化过程,而 E. Z 法中和酸需要较多的中和剂。

②针铁矿渣含有一些水溶性阳离子和阴离子(如 SO_4^{2-} 和 Cl^-)有可能在渣贮存时渗漏而污染环境。

③沉铁过程的 pH 值控制要比黄钾铁矾法严格。

3.4.3 赤铁矿法

赤铁矿法沉铁于 1972 年在日本的饭岛炼锌厂投入生产,其工艺流程见图 3 - 15。20 世纪 80 年代日本帮助德国 Datteln 电锌厂建成了世界上第二个赤铁矿法炼锌厂,该工艺中,中

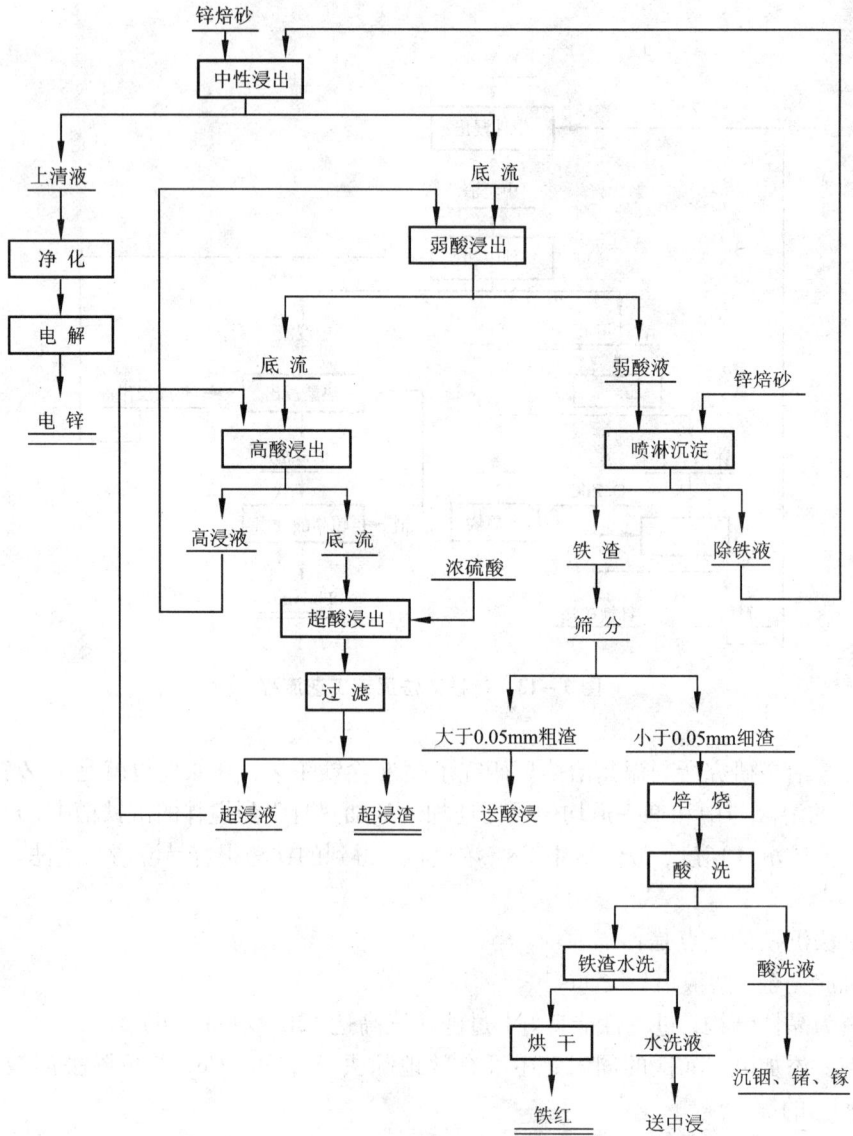

图 3-14 温州冶炼厂喷淋除铁工艺流程

性浸出渣与废电解液在高压 SO_2 下，于温度为 95~100℃时进行作用，其结果是 Fe^{3+} 还原成 Fe^{2+} 状态：

$$2Fe^{3+} + SO_2 + 2H_2O = 2Fe^{2+} + SO_4^{2-} + 4H^+$$

在用 H_2S 除铜之后，溶液经过两段用石灰中和控制到 pH = 4.5，产出石膏可供销售用。由于铁以 $FeSO_4$ 存在，它在中和时保留在溶液中，最后通过加热使温度升到 180~200℃，经 3h 在 1.3~2.0MPa 压力作用下，铁以 $\alpha - Fe_2O_3$ 沉出，其反应式如下：

$$2Fe^{2+} + 1/2O_2 + 2H_2O = Fe_2O_3 \downarrow + 4H^+$$

沉铁后溶液含铁只有 $1 \sim 2g/L$，加上洗涤过程反溶的铁，脱铁后溶液含铁只有 $4g/L$ 左右，沉铁率达到 90%。沉铁过程是在衬钛的高压釜中进行的。

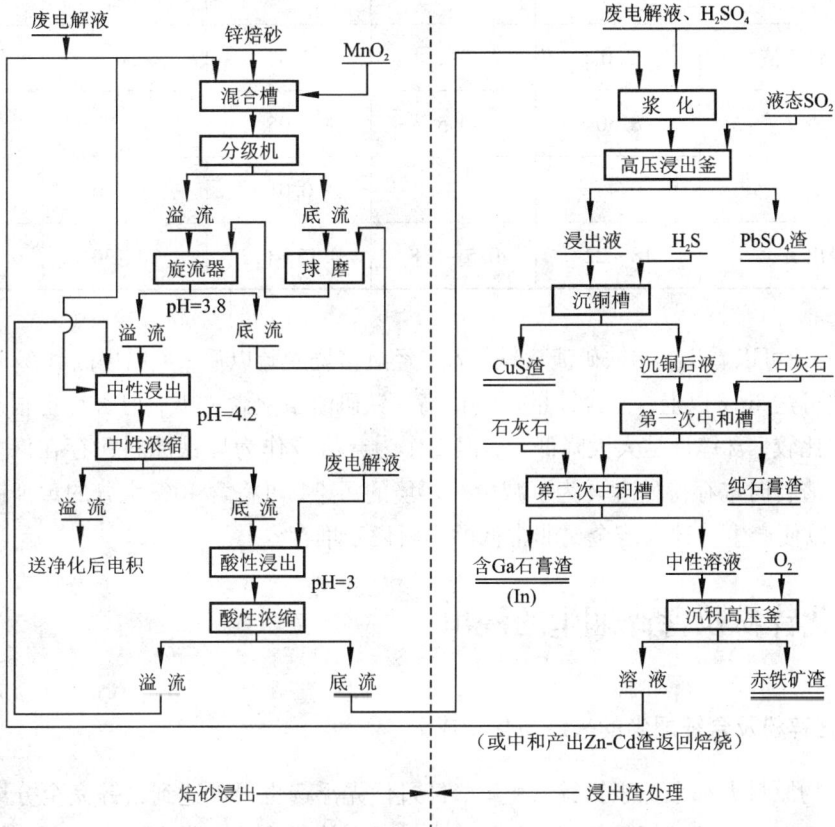

图 3 - 15　日本饭岛炼锌厂用赤铁矿法处理浸出渣的流程

赤铁矿法的优点是：

①赤铁矿渣含 0.5% Zn, 3% S, 58% Fe，经焙烧脱硫后可作炼铁原料。

②渣过滤性能好。

③原料的综合利用好，能从渣中回收 Ga 和 In。

缺点是：

①由于需要昂贵的钛材制造高压设备和附设 SO_2 液化工厂，投资费用高。

②需要一个用 SO_2 单独还原铁的阶段。

③酸平衡问题用石灰中和解决，石膏渣的销售在日本之外一般都存在市场问题。

德国 Datteln 电锌厂采用的赤铁矿法，对饭岛厂工艺的改进是：还原采用锌精矿，这就不需要建 SO_2 液化工厂；预中和采用焙烧矿做中和剂，不存在石膏的销售问题。

上述三种沉铁方法产生的铁渣成分如表 3 - 5 所示。

表 3 - 5   湿法炼锌浸出液沉铁所产铁渣的化学成分(%)

铁渣名称	Zn	Cu	Cd	Fe	Pb
铁矾渣	6.0	0.4	0.05	30	1.4
酸洗后铁矾渣	3.0	0.2	0.02	30	1.5
针铁矿渣	8.50	0.5	0.05	41.35	2.20
赤铁矿渣	0.45	–	0.01	58 ~ 60	–
普通浸出渣	18 ~ 22	0.5 ~ 0.8	0.15 ~ 0.2	20 ~ 30	6 ~ 8

从表 3 - 5 可以看出，赤铁矿渣含铁最高，经过焙烧脱硫以后，可以提高到67%。针铁矿渣虽然含铁可达40%以上，但含锌量仍然很高。铁矾渣虽然含铁低，但含锌也很高，不过与普通浸出渣比较，含锌量是大大降低了，但要作为弃渣或作为炼铁原料还存在许多问题，所以目前这种渣暂时堆存待处理。为了减少对环境的污染，可将含40%水分的黄钾铁矾渣与生石灰混合，以便产生一种水溶金属非常低的物料便于堆存。

3.5   氧化锌粉及含锌烟尘的浸出

3.5.1   氧化锌粉及含锌烟尘的来源与化学成分

铅锌矿物原料大都来源于铅锌共生矿，经过优先浮选也很难达到铅锌完全分离。冶炼厂所处理的铅精矿与锌精矿都是相互掺杂在一起，还有赖于冶金过程进一步分离。如铅精矿冶炼过程，是将精矿中的锌富集在炉渣中，然后用烟化炉处理炉渣，产出的氧化锌便作为湿法炼锌原料。湿法炼锌厂产出的浸出渣以及贫氧化锌矿，许多工厂都是采用回转窑烟化产出氧化锌粉，也是作为湿法炼锌的原料。

50%左右的金属锌用在钢铁镀锌工业上。当这些镀锌钢铁废件回炉再生时，便会产生一种含锌烟尘。这种烟尘含锌约20%，经回转窑和其他设备进行烟化富集，产出的氧化锌粉也是作为炼锌的原料。

有一部分金属锌用在黄铜(Cu - Zn 合金)生产上，当这种黄铜废件再生冶炼回收铜时，锌以氧化锌粉形态回收，也可送湿法炼锌厂作原料。

上述各种氧化锌粉的化学成分列于表 3 - 6。分析其中的数据可以看出，这种原料的成分复杂，含有害杂质较多，一般将其单独浸出后，得到 $ZnSO_4$ 溶液再泵至焙砂浸出系统。由于氧化锌粉中的 F，Cl 含量较高，浸出时都进入溶液，要从 $ZnSO_4$ 溶液中脱去 F^- 与 Cl^- 是比较困难的，所以在浸出之前需将这种氧化锌粉预先处理脱氟氯。

表 3 - 6　各种氧化锌粉的化学成分(%)

成分	株洲冶炼厂		会泽铅锌矿	钢铁厂产氧化锌	铜加工厂产氧化锌粉
	铅烟化炉氧化锌	锌回转窑氧化锌	氧化矿烟化炉氧化锌		
Zn	59 ~ 61	66.39	53 ~ 58	56 ~ 60	(ZnO)75.96
Pb	11 ~ 12	10.40	16 ~ 22	7 ~ 10	10.45
F	0.9 ~ 1.1	0.167	0.11 ~ 0.17	—	1.1 ~ 2
Cl	0.03 ~ 0.06	0.126	0.055 ~ 0.07	2 ~ 4	0.2 ~ 0.4
In	0.08 ~ 0.1	0.064	—	—	—
Ge	0.008	0.0124	0.025 ~ 0.032	—	—
Ga	0.003	0.0116	—	—	—
As	0.3 ~ 0.9	0.423	0.4 ~ 0.6	0.01 ~ 0.02	<0.01
Sb	0.2 ~ 0.4	0.0566	0.07 ~ 0.12	—	<0.01
SiO_2	0.8 ~ 1.0	0.277	1.5 ~ 2.5	0.4 ~ 0.6	—
CaO	0.2 ~ 0.5	0.038	0.45 ~ 1.6	0.5 ~ 0.8	—
Al_2O_3	0.13 ~ 0.75		0.2 ~ 0.6	(FeO)2 ~ 5	—
S	1.82 ~ 2.40	2.73	1.2 ~ 3.4	1 ~ 2	—

这些氧化锌粉的粒度很小，表面能很大，在火法烟化中能吸附 SO_2 和有机物，亲水性差，导致浸出过程消耗更多的氧化剂(如 MnO_2)，延缓浸出时间。浸出前将氧化锌粉进行预处理，才能改善这些性能。

3.5.2　氧化锌粉浸出前的预处理

氧化锌粉送浸出前的预处理主要是脱去其中的氟与氯。脱除氟氯的方法有高温焙烧和碱洗两种。高温焙烧脱氟氯可以在多膛炉或回转窑中进行。

(1)多膛炉焙烧处理氧化锌粉

株洲冶炼厂所产回转窑氧化锌粉与烟化炉氧化锌粉的氟氯含量高达 0.1% ~ 0.2%，采用外加热的多膛炉焙烧脱氟氯。该厂将这两种氧化锌混合后，加入 $\phi6.5m$ 的多膛炉中进行焙烧。多膛炉的结构见图 3 - 16，其技术特性如下：

炉壳外径　　6564mm
炉壳内径　　6080mm
工作床面积　225m²
炉壳高度　　11480mm
炉子总高　　16500mm
炉床间距　　864mm

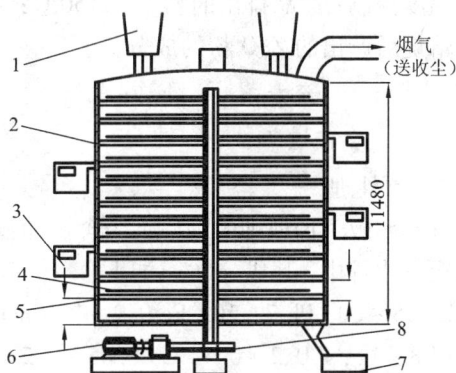

图 3 - 16　多膛焙烧炉(ϕ6564mm)

1—加料斗；2—炉体；3—燃烧室；4—耙臂；
5—中心轴；6—减速箱与电机；7—冷却圆筒；8—传动齿轮

中心轴直径(双层套管)：$\phi_{外}$ 为 836mm，$\phi_{内}$ 为 494mm，耙臂长度为 2947mm，每个耙臂齿数 9 ~ 12 个，中心轴转速 1r/min。

多膛炉处理氧化锌的工艺操作条件及技术指标列于表 3 - 7。

表 3 - 7　多膛炉操作条件及技术指标

温度控制/℃	第四层 680 ~ 720	第六层 680 ~ 720
	第八层 680 ~ 720	第十层 500 ~ 550
负压控制/Pa	20	
锌直收率/%	>98	
脱氟效率/%	>93	
脱氯效率/%	>80	
总收尘率/%	>96	
煤气消耗/[m³·(h·台)⁻¹]	1500 ~ 1800	
焙烧时间/h	2	
处理能力/[t·(m²·d)⁻¹]	0.22 ~ 0.35	

(2)回转窑焙烧

澳大利亚皮里港电锌厂在回转窑中焙烧处理氧化锌粉。该厂年产电锌 4.5×10^4t，原料来自铅炉渣烟化处理过程的氧化锌粉，其成分(%)如下：Zn 66.0，Pb 12.5，F 0.25，Cl 0.20。回转窑焙烧的生产数据如下：

回转窑尺寸($L \times \phi$)/m：27.5 × 2.24，平均加料速度为 8.2t/h；

温度控制：产品排出的温度：1150℃；气体排出的温度　500℃

焙烧后产出的 ZnO 粉的成分：

元素	Zn	Pb	F	Cl
含量/%	68	12.0	0.005	0.02

(3)湿法预处理

日本四阪工场处理的钢厂烟尘含氯和氟很高，分别达到 4.5% 和 0.8%，还原挥发后同样进入粗氧化锌中，其成分(%)如下：

Zn 55 ~ 60，Pb 7 ~ 10，Fe 0.2 ~ 1，CaO 0.05 ~ 0.1，SiO₂ 0.05 ~ 0.1，C 0.5 ~ 1

Cl 8 ~ 11，F 0.2 ~ 0.5，Cd 0.05 ~ 0.2。

这种含氯和氟的粗氧化锌用苏打水进行洗涤脱除卤族元素。因为有一部分氯是以不溶于水的 $PbCl_2$ 和 PbFCl 形态存在，而氟多以不溶于水的氟化物存在，当用苏打水洗涤时可以发生如下的分解反应：

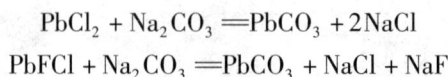

$$PbCl_2 + Na_2CO_3 = PbCO_3 + 2NaCl$$

$$PbFCl + Na_2CO_3 = PbCO_3 + NaCl + NaF$$

$$PbF_2 + Na_2CO_3 = PbCO_3 + 2NaF$$

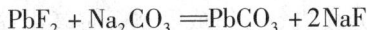

因此便可洗去 75% 的氯和氟。洗涤过滤后所得滤饼在圆筒干燥窑中经 700℃ 的高温干燥可以进一步脱去 30% 以上的氯和 70% 以上的氟。

日本小名浜冶炼厂曾处理一种钢厂的烟尘,含氯 4% ~7%,含氟 0.3% ~0.5%,用 5∶1 (水量∶烟尘量)的水量,维持矿浆的 pH 为 8 的条件下进行洗涤,可以洗去 90% 的氯。

俄罗斯电锌厂的浸出渣经回转窑处理产出的 ZnO 粉采取第一段碱洗和第二段水洗的两段逆流洗涤后,ZnO 粉中的氟和氯可除去 85% ~90%,还能洗去吸附的 SO$_2$ 和有机物,从而降低了 ZnO 粉的还原能力,减少了氧化剂(MnO$_2$)的消耗量。

1t 回转窑氧化锌粉在洗涤过程中消耗苏打 25 ~30kg,水 2.5 ~3.5m^3。

3.5.3 氧化锌粉的浸出

工业原料氧化锌与含锌烟尘经高温(700℃左右)脱除氟氯之后的物料统称为氧化锌粉,湿法处理该物料都要经过浸出过程,与焙砂浸出相类似。浸出过程要求锌物料中的锌化合物迅速而尽可能完全溶解进入溶液中,只有极少部分锌进入到氧化锌浸出渣中。这种含 Pb,Ag 高,含锌低的渣,可送到铅系统处理。

在氧化锌被浸出的同时,锌物料中的部分杂质(如铁、砷、锑、锗、镉等)也会不同程度地溶解。所以,ZnO 浸出液成分复杂,一般将其单独浸出后,得到的硫酸锌溶液再与焙砂浸出液合并。

氧化锌物料中的铟、锗、镓等有价金属则在酸性浸出过程中进入溶液,在铟锗置换工序,利用锌粉置换的办法沉淀这些稀散金属,使其进入置换渣中,以达到锌与铟、锗分离并使铟、锗在渣中富集的目的。

浸出过程得到的是一种固体与液体的混合物——矿浆。所以还必须通过浓缩与过滤把固体与溶液分离开来。故浸出的目的除要求尽可能多地溶解锌、富集有价金属和除去一部分杂质外,还要求得到澄清性能与过滤性能好的浸出矿浆。

氧化锌粉浸出生产工艺流程见图 3 – 17。

氧化锌粉具有还原性强、比表面积

图 3 – 17 氧化锌粉浸出工艺流程

大、疏水性好的特性,故难于直接进入溶液。干法上矿往往会使氧化锌粉悬浮在液面,需要强烈地搅拌,故只有个别小厂应用干法上矿。大多数厂家采用湿法上矿。湿法上矿是将氧化锌粉首先与含酸的浸出溶液混合,以矿浆的形式泵入浸出槽内。湿法上矿的优点是,矿浆先

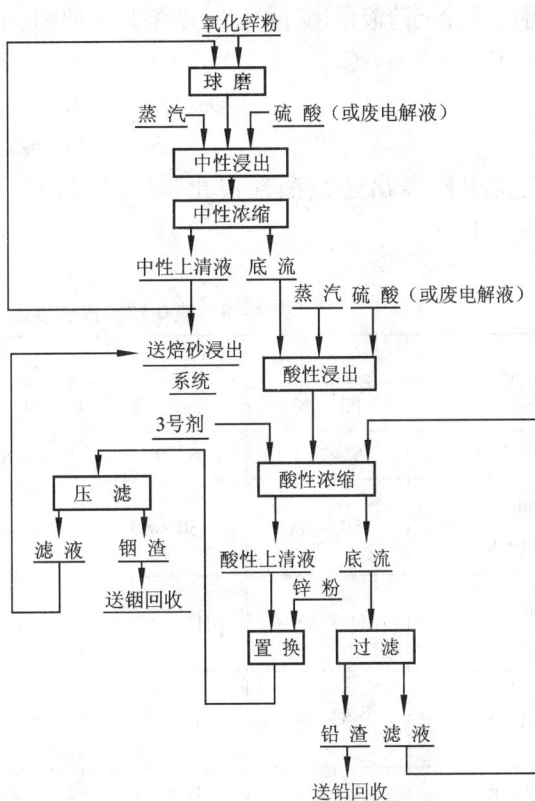

后经浆化槽(或球磨机)、泵、分级机、管道或溜槽,使氧化锌粉与溶液充分接触,从而加速了浸出过程,提高了锌及有价金属的浸出率。株洲冶炼厂采用串联两台球磨机($\phi1.5m \times 3m$)湿法磨矿后再泵入中性浸出槽,提高了磨矿效果,使锌的浸出率达到了95% ~97%。

氧化锌粉的浸出是用锌电积的废电解液作溶剂,其反应为

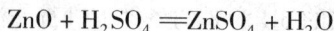

$$ZnO + H_2SO_4 = ZnSO_4 + H_2O$$

就浸出锌而言它是一个简单的溶解过程,但是原料的成分复杂,因而该浸出过程也就复杂化了。一般采用一段中性与一段酸性的两段浸出作业。

第一段为中性浸出,使原料中大部分锌进入溶液,借助中和水解法使铟锗等有价金属残留于渣中。

第二段浸出为酸性浸出,主要是使中性浸出渣中的锌、铟、锗、镓等尽可能多地进入溶液,而铅留于渣中,达到锌、铟、锗、镓和铅的分离。其化学反应式如下:

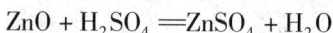

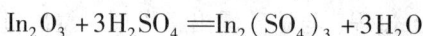

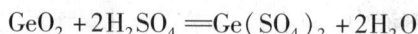

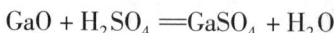

$$ZnO + H_2SO_4 = ZnSO_4 + H_2O$$
$$In_2O_3 + 3H_2SO_4 = In_2(SO_4)_3 + 3H_2O$$
$$GeO_2 + 2H_2SO_4 = Ge(SO_4)_2 + 2H_2O$$
$$GaO + H_2SO_4 = GaSO_4 + H_2O$$

获得的酸性上清液采用锌粉置换法将其中的铟、锗、镓置换沉淀出来,达到富集铟锗的目的。

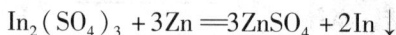

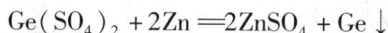

$$In_2(SO_4)_3 + 3Zn = 3ZnSO_4 + 2In \downarrow$$
$$Ge(SO_4)_2 + 2Zn = 2ZnSO_4 + Ge \downarrow$$
$$GaSO_4 + Zn = ZnSO_4 + Ga \downarrow$$

无论是中性浸出还是酸性浸出,均可采用间断或连续操作方式,其作业条件归纳于表3-8中。

表3-8　氧化锌粉连续浸出与间断浸出的条件控制

项 目	中性浸出		酸性浸出		说 明
	间 断	连 续	间 断	连 续	
液固比	5~7:1	6~9:1	7~8:1	7~9:1	指开始浸出时液固比
始酸 /(g·L^{-1})	150~200	30~60	150~200	20~40	间断时,用体积控制酸量 连续时,以终酸调节始酸
终酸 /(g·L^{-1})	pH4.8~5.0	pH3.5~4.0	20±2	20±2	考虑到矿浆进入浓缩槽 会继续反应
温度/℃	65~75	65~75	80~90	80~90	为了提高浸出率,强化反应而采取较高的温度
时间/h	1~1.5	0.5~1	>8	4~5	为提高浸出率,酸浸时间长

近年来,株洲冶炼厂在氧化锌粉浸出系统中采用了流态化浸出槽进行中性浸出,原酸性空气搅拌槽改为机械搅拌浸出槽,并引进了芬兰 LAROX 压滤机,取代原来的真空过滤机。这些新设备使氧化锌粉的浸出技术有了更大的发展。

俄罗斯电锌厂的氧化锌浸出是在 3 台机械搅拌槽中连续进行。第一槽中的 pH 值控制在 4.0~4.5，由加入的废电解液和硫酸调节。第三槽排出的矿浆的 pH 值为 4.8~5.2。矿浆连续流过三个浸出槽，在槽内停留时间为 1.0~1.5h，锌可完全溶解进入溶液。中性矿浆的澄清速度为 10~12mm/min。

澳大利亚皮里港电锌厂是将回转窑焙烧后的 ZnO 粉送去湿式球磨，球磨机的规格为 $L \times \phi = 2.44m \times 1.52m$。经过球磨后，小于 0.074mm 的粒度从 1%~2% 提高到 50%~62%。球磨产出的矿浆泵入 2 台 135m^3 的不锈钢槽中进行间断浸出。矿浆加热到 90℃，使 ZnO 完全溶解，接近终点时加入 $FeSO_4$ 并用 MnO_2 氧化，As，Sb，SiO_2 与 $Fe(OH)_3$ 一道沉淀，得到的浸出渣含有 Pb 40% 和 Zn 8%，经洗涤过滤干燥后送铅冶炼系统。得到的浸出液成分为：Zn 155g/L，Cu 20mg/L，Cd 5.0mg/L，Ni 2.0mg/L，As 0.5mg/L，Sb 1.8mg/L，Fe 10mg/L。浸出液经净化后送电解。

3.6　氧化锌矿的直接浸出

3.6.1　氧化锌矿原料的特性

氧化铅锌矿或称氧化锌矿是硫化铅锌矿的风化产物，大都赋存于地表附近。由于氧化锌矿有一定资源，矿体埋藏浅，且多为露天矿床，开采条件好，应该也是炼锌的一种原料。

氧化锌矿按其组分主要分为红锌矿（ZnO）、菱锌矿（$ZnCO_3$）、硅铅锌矿（$ZnPbSiO_4$）、异极矿[$Zn_4Si_2O_7(OH)_2 \cdot H_2O$]、水锌矿[$Zn_5(CO_3)_2(OH)_6$]等五种类型。日前所探明的已开采的氧化锌矿大多属于菱锌矿、硅铅锌矿和异极矿。

我国是氧化锌矿资源较为丰富的国家之一，主要分布于云南兰坪、会泽、广西泗顶、四川巴塘、辽宁柴河、青海夏卜浪等地，其中兰坪铅锌矿以平均品位高、储量大、露天开采而闻名于世。

氧化锌矿其组成较为复杂，可选性较差，选矿回收率一般只能达到 70%~75%，且选矿成本较高，又不易用简单、直接的冶金方法处理。故除部分含锌品位较高的氧化锌矿可直接酸浸处理或作为火法冶金（鼓风炉炼锌）锌冶炼原料外，大部分含锌品位较低的氧化锌矿需经过火法富集才能作为锌冶炼的原料。火法富集即采用回转窑、烟化炉、旋涡炉等设备将平均含锌品位较低的原矿通过还原烟化富集产出含锌烟尘后再进一步冶炼产出金属锌。该法特别适宜远离锌冶炼加工的中、小型矿山，将氧化锌矿经烟化富集后，产出含 50%~60% Zn 的 ZnO 粉再送炼锌厂处理。但是采用火法烟化富集得到的氧化锌粉含有一定量的氟和氯，用于湿法炼锌进行处理前还需通过预处理（见 3.5.2 节）脱除氟氯。

所有的氧化锌矿都能被稀硫酸溶解，得到的硫酸锌溶液即可按常规的湿法冶金过程进行生产，产出电锌，这样生产流程大为简化。但是不经预处理直接浸出氧化锌矿的技术条件与操作并不同于一般的锌焙烧矿。

氧化锌矿的平均含锌品位较低，直接酸浸时液固比条件难以控制，且产出的浸出液含锌离子浓度低，净化后液的锌离子与杂质金属离子的比值较小，不利于产出高等级的电锌和得到较好的电流效率。加之，氧化锌矿绝大部分都是属于高硅高铁类型的含锌物料，原矿含硅15%~20%，部分异极矿含硅达到35%~40%，且组分较为复杂，使得直接浸出的工艺技术难度较大。尽管氧化锌矿直接浸出存在上述困难，但因氧化锌矿原料成本相对较低，使用相对成熟可靠的工艺方法，既可充分利用有限的锌金属资源，同时也可得到较好的经济效益。

为解决氧化锌原矿酸浸时液固比较低的困难，大部分湿法炼锌厂均采用返液的办法，即将中性浸出液返回浸出工序来调整液固比条件，从而获得较易澄清的矿浆，确保浓缩与过滤的进行，与此同时，浸出液含锌可达到100~120g/L，基本上能满足锌电解沉积的浸出液质量要求，且浸出过程中的液固比条件得到改善，可进一步强化浸出时的传质过程，锌浸出回收率得到明显提高。

氧化锌矿除具有高硅的特性外，其中铁、钙、镁等杂质的含量也较高，钙、镁的杂质含量高既会造成酸耗的急剧上升，同时过饱和的钙镁结晶析出会造成管道系统堵塞，还会在阳极表面形成钙、镁、锰的结晶，从而使得电解沉积的槽电压上升、电耗提高，且清槽周期缩短，阳极板单耗上升。

3.6.2　氧化锌矿直接酸浸过程中胶体的形成与控制

氧化锌矿中含有大量的二氧化硅和铁，如果二氧化硅属于游离态的石英，对浸出过程并无明显的影响，而结合态的二氧化硅在低酸条件下可溶率并不高；氧化锌矿中的铁则可溶率相对较高，一般能达到50%~60%。以兰坪氧化锌矿为例，其原矿中含铁为15.72%，而可溶铁含量高达9.40%，故氧化锌矿中的铁和二氧化硅对浸出过程均是有害的。直接酸浸工艺的技术核心是在设法克服二氧化硅影响的同时，要克服铁在浸出过程中产生氢氧化铁胶体对工艺过程及液固分离的影响。

前已述及，浸出过程中，氧化锌矿中可溶铁和二氧化硅在酸性条件下按以下反应被溶解进入溶液：

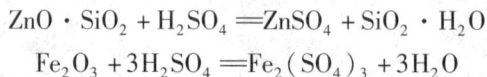

$$ZnO \cdot SiO_2 + H_2SO_4 = ZnSO_4 + SiO_2 \cdot H_2O$$
$$Fe_2O_3 + 3H_2SO_4 = Fe_2(SO_4)_3 + 3H_2O$$

浸出过程中产生的硅酸是一种弱酸，且性能极不稳定，单体硅酸$Si(OH)_4$在不同的工艺条件下会形成不同形态的凝胶，若工艺条件不适当，往往会形成难以澄清、过滤性能极差的矿浆，使工艺流程根本无法进行。而浸出过程中产生的$Fe_2(SO_4)_3$在中性条件下会发生水解，水解产生的$Fe(OH)_3$也是一种胶体，湿法炼锌过程称其为铁胶，形成的胶体会影响矿浆的澄清、过滤性能。因此，氧化锌矿的直接酸浸其技术的核心就是控制适当的技术条件，设法克服产生的硅胶和铁胶对工艺过程的影响，获得易于澄清、过滤的浸出矿浆。

经测定，硅胶的等电点在pH值=2~2.5的酸度区域，当pH值>2时，$Si(OH)_4$开始聚合成$[Si(OH)_4]_m$，故在pH值<5.2的酸度条件下硅胶颗粒带负电。而在溶液pH值≤5.2时，产生的铁胶则带正电，这两种带有相反电荷的胶体由于静电引力作用而共同凝聚析出，这就是所谓的共沉淀法。由于静电的相互中和，使胶体的析出速度加快。当pH=5.2~5.4时，达到硅胶和铁胶的等电点，胶体凝结最好，吸水程度最低。为了达到上述的控制目的，生产过程中一方面要控制好一定的原料配比（即硅铁比），使两种胶体产生的数量与荷电量大致相当。另一方面也可通过加入$Al_2(SO_4)_3$离解出带正电的铝离子来促使硅胶凝结析出。同

时,在氧化锌矿酸性浸出的终点加入石灰乳快速中和,也能促使硅胶微粒的迅速凝结,获得易于澄清、过滤的矿浆。

依据硅胶、铁胶凝聚的特性,生产实践中可通过改变矿浆的 pH 值、温度、硅酸浓度以及添加一定量的晶种等多种措施来克服胶体析出给工艺流程运行带来的困难及影响。

(1)浸出矿浆 pH 值　改变浸出矿浆的 pH 值是控制胶体凝聚过程最易于实现的办法,也是较为常用的办法。经测定,浸出矿浆的过滤速度随溶液 pH 值的上升而提高,其定量关系式为:

$$过滤速度 [m^3/(m^2 \cdot h)] = 5.62 - 2.99pH + 0.42(pH)^2$$

生产实践中应尽可能提高终点 pH 值,使过滤速度达到最大。但过高的 pH 将会造成锌离子水解沉淀,形成的碱式锌盐既造成锌金属的损失又堵塞滤布,引起过滤速度降低。实践表明氧化锌矿的浸出与锌焙烧矿浸出相似,控制浸出终点酸度 pH = 5.2～5.4 是适宜的。在该酸度条件下,可将溶液中的硅、铁基本沉淀,且通过共沉淀的方法同时除去砷、锑等杂质。

(2)硅酸浓度　在工艺控制的酸度条件下,硅酸的浓度越高即过饱和程度越大,聚合、凝聚速度越快,更易形成难以澄清过滤的聚凝胶,而在较低浓度的硅酸条件下,则可阻碍细颗粒的胶粒形成,并促使较大颗粒的无定形二氧化硅长大。故多种氧化锌矿直接酸浸工艺均以控制适当的硅酸浓度为技术关键,如瑞底诺法、老山法和连续脱硅法等。

(3)凝聚温度　控制适当的作业温度可保证氧化锌矿中硅酸锌或碳酸锌的溶解反应进行彻底,且在相对较高的温度条件下,形成的胶体吸水程度最低,凝聚形成的胶体荷电量少,过滤性能明显提高。例如氧化锌浸出矿浆用石灰乳作中和剂,在低于 50℃ 的温度条件下快速中和,即使终点 pH 值超过 5.2～5.4,矿浆的过滤速度也不高,但当温度超过 80℃ 后,浸出矿浆的过滤速度明显改善,即使在低温条件下产出的难以澄清、过滤的矿浆只要升高温度,其澄清、过滤也可顺利进行。

(4)预留晶种　氧化锌矿的浸出一般是在低酸条件下进行,研究与实践均表明,在控制浸出酸度 pH 值≤3.5 的条件下,硅酸锌与碳酸锌能够充分反应溶解,而在此酸度条件下,硅胶和铁胶也已大量析出,故在氧化锌矿浸出时,硅酸的不断反应产生与形成的硅酸同时凝聚成胶体两过程在矿浆体系中无疑是同步的。在此之前形成的胶体无疑起到了晶种的作用,可使新的 SiO_2 胶粒不断长大,以改善矿浆的固液分离性能。有的采用间断浸出工艺的湿法炼锌工厂将脱硅渣部分返回作为晶种,但若采用连续作业方式则不需另外添加晶种,这是因为浸出时矿浆体系中已含有大量凝聚形成的胶体的缘故。

硅胶与铁胶的凝聚除与上述条件有关外,还与中和剂、溶液中阳离子的种类及数量有关,除此之外,还可能受其他因素和条件影响。生产过程中应根据氧化矿原料的特性采取针对性的工艺控制条件,确保工艺流程的运行畅通、稳定。

3.6.3　高硅氧化锌矿的处理方法

对高硅氧化锌矿的直接浸出,国内外曾进行过许多研究,报导了一些方法,现分述如下。

(1)邦克·希尔法　严格控制水量、浓硫酸与矿量的配比,进行快速捣和、固结、老化、粉碎、水浸、液固分离等过程来获得易于过滤的矿浆。由于该法需确保反应过程中的总水量不能超过形成硫酸盐时充分水合的需水量,故工艺条件控制困难,且产出的溶液含锌低,不能用于锌电解沉积,只能用于生产硫酸锌,故该法尚无工业应用。

(2)斯特文斯法　在高酸度下浸出硅酸锌矿,使浸出过程中形成的硅酸迅速脱水形成粒状二氧化硅,以避免大量胶体的形成。赞比亚的布罗肯·希尔电锌厂最早应用该法处理高硅氧化锌矿,后改为处理焙砂与浮选的高硅氧化锌矿,其浸出终点控制游离酸 12~15g/L,再用焙砂将终点酸度调至 0.5~1g/L,然后用石灰石粉作为中和剂进行沉硅。该法的缺点在于渣率高,且用焙砂进行中和调酸,浸出率较低,耗酸量大。

(3)"反向"浸出法　该法控制浸出过程在低酸(pH≥3)条件下浸出硅酸锌矿,使硅、铁的浸出与沉淀同时进行。该法首先用中性液和混合液浆化矿浆,然后在确保 pH≥3 的浸出酸度条件下加入废液。该过程要求严格控制加酸速度,防止局部过酸。一般加酸时间为 2~3h。故该法所需的反应时间过长,设备生产率低,且因浸出过程在低酸条件下进行,浸出强度低,反应不彻底,渣含锌高达 12.14%,尾渣还需用废液进行二次浸出。

(4)瑞底诺法　该法又称为三分之一法,即以 $Al_2(SO_4)_3$ 作絮凝剂,以浸出矿浆中的硅胶沉淀为晶种,在低酸条件下浸出高硅氧化锌矿。巴西依塔库尔电锌厂曾采用该法处理含锌35%的硅酸锌矿。该浸出过程系间断作业,开槽时加入含 $Al_2(SO_4)_3$ 的废电解液和矿浆进行浸出,每次投料量为浸出槽容积的 1/3,如此重复两次后,待浸出槽浸出矿浆充满后再抽出1/3 的矿浆去过滤,再投加一批新的硅酸锌矿浆和废液进行浸出作业,如此反复至矿浆中浸出渣与加入矿石之比达到 1.3:1 时为止。因每次加料量与抽出矿浆均为槽罐容积的三分之一,故由此得名。尽管该法浸出率高达 92%,但该法因浸出槽所需容积太大,且操作与控制较为复杂,对原料有特定的要求,不适宜推广应用。

(5)老山法(又称结晶法)　该法是利用较高的温度和较低的酸度,使被溶解形成的硅酸缓慢结晶形成 SiO_2 沉淀。由于该法采用连续浸出作业方式,浸出槽内已沉淀的二氧化硅无疑起到了晶种的作用。在 70~90℃下缓慢加入废电解液,加酸时间不小于 3h,当浸出溶液酸度升到 1.5~15g/L 即达加酸终点,而后继续保持浸出温度,持续搅拌 2~4h,使已溶的硅酸完全沉淀。脱除硅以后的酸性矿浆逐渐加到含焙砂的悬浮液里。添加酸性浸出液的过程也是缓慢进行的,一般控制时间为 3~5h,同时鼓入空气,氧化除去部分杂质。该法成功地应用于泰国巴达恩电锌厂。

3.6.4　我国高硅氧化锌矿直接酸浸的生产实践

我国锌冶炼生产及科研人员一直从事高硅氧化锌矿直接酸浸实验研究。昆明冶金研究院仿照澳大利亚电锌公司发明的顺流连续浸出——中和絮凝法进行研究,其实质是加入细磨(粒度 90% 为 0.044mm)的石灰石进行快速中和。用兰坪铅锌矿和会泽异极矿做了不同规模的实验,并依据实验成果建设了一批以氧化矿为原料,规模为 2000~5000t/a 的电锌厂。

内蒙古赤峰红烨锌冶炼公司曾进行了在湿法炼锌中用氧化锌矿替代部分焙砂的工艺研究,该公司因锌原料供应较为紧缺,购进了大量价格低廉的朝鲜氧化锌矿(Zn 40.48%;SiO_2 3.77%),采用氧化锌矿作为中和剂,为氧化锌矿的湿法炼锌开辟了新的处理途径。

广西泗顶铅锌矿所产氧化锌精矿的成分(%)如下:

Zn	SiO_2	CaO	MgO	Fe	As	Sb	Pb
32.76	18.7	2.92	6.12	8.62	0.0068	0.06	1.44

S	Co	Cd	F	Cl	Cu
0.09	0.0026	0.10	0.016	0.065	0.008

其粒度为:-0.35mm~+0.074mm 占 54.72%,-0.074mm 占 45.28%。直接酸浸处理的工

艺流程见图 3－18。各主要过程的生产技术条件如下：

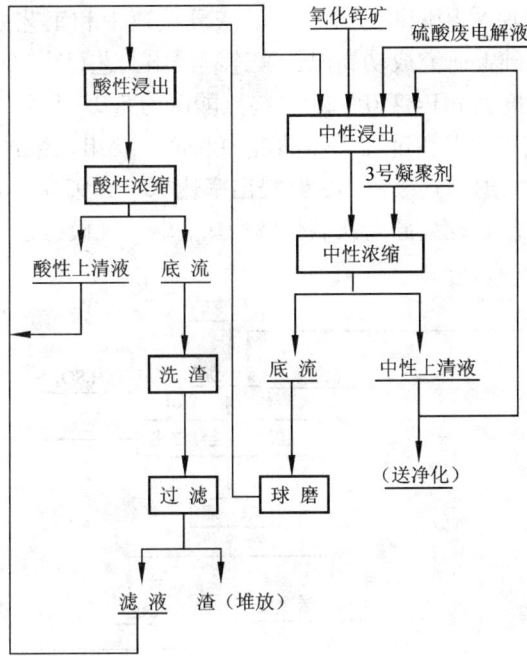

图 3－18　广西泗顶氧化锌矿直接浸出工艺流程

中性浸出：始酸 60～70g/L，终酸 pH 值 5.2～5.4，反应温度 65～75℃，反应时间 1.0～1.5h。

酸性浸出：始酸 120～150g/L，终酸 pH 值 3.0～3.5，浸出时间 3～4h，浸出温度 75～85℃。

洗渣：洗渣的目的是降低渣中水溶锌含量，酸化 pH 值为 4.0～4.5，洗渣温度 70～80℃，搅拌时间 1h。

由于该氧化矿含硅高并夹带碳酸盐，开始生产时中浸始酸为 120～130g/L，产生大量气泡，生产无法进行，通过生产实践，在不改变主流程的情况下，主要采取了以下措施：

①由于硅胶析出的 pH 值在 2.0～2.5，采取"快速中和"法，越过这一酸度范围，即快速加矿至 pH 值为 3.5 左右，停止加矿，搅拌 1h 后，加石灰乳中和到 pH 值为 5.0～5.2。这样，浸出来的荷负电硅胶会迅速与荷正电的氢氧化铁胶体在静电引力作用下凝结在一起，从溶液中共同析出，聚合成易于沉降的大颗粒。加石灰乳更加促成硅胶凝结长大。

②针对气泡溢出采取降低一半始酸浓度的作法，同时规定加料时间保证在 0.5h 以上，即先慢后快（pH＜2.0 之前慢加，pH2.0～2.5 时快加）的加料方式，以分散气泡集中溢出而避免发生冒槽，为了保证中性上清液含锌在 120g/L 以上，将一次浸出液返回加矿。

③加强排渣，防止浸出渣在浓缩槽中积累，保证至少有 1m 的上清线。因此，底流密度宜控制在 1.5～1.7kg/L。

④在条件允许的情况下，尽可能增大溶液体积，保证洗渣用水，控制生活用水。

⑤采用高效浓密机，提高浓密效果。适当增大过滤能力，增加过滤设备，强化过滤操作。

实践证明以上措施切实可行,流程通畅,锌浸出率为 70% ~ 75%,锌总回收率为63% ~ 68%。

云南祥云县飞龙公司原采用间断浸出——石灰乳快速中和工艺处理高硅高铁氧化锌原矿,后在中和凝聚法的基础上研究成功高温低酸连续浸出工艺(图 3 - 19),即在 80 ~ 85℃ 的温度条件下,控制浸出酸度为 pH = 2.0 ~ 2.5,终点酸度为5.2 ~ 5.4,浸出过程的酸度调整依靠氧化矿的自身耗酸来实现,中和过程无需消耗中和剂。浸出矿浆经浓缩后上清液送净化,底流进行酸性浸出,酸浸液返回连续浸出,锌浸出率达90% ~ 92%。该法成功应用于生产实践后,飞龙公司采用该工艺处理高硅高铁氧化锌原矿,电锌规模已达 6×10^4 t/a。该工艺的主要生产技术条件如表 3 - 9。

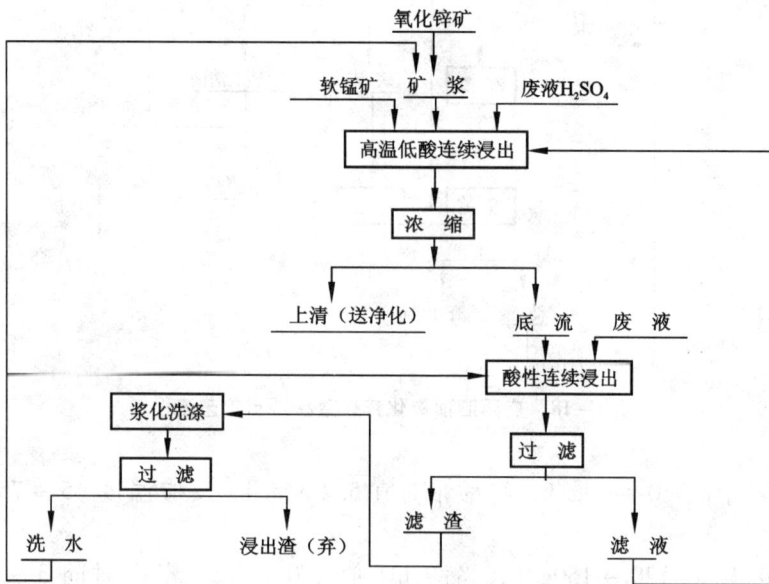

图 3 - 19 高硅高铁氧化锌矿连续浸出工艺流程

表 3 - 9 高温低酸连续浸出处理高硅高铁氧化锌矿的生产技术条件

项　目	单　位	一段连续浸出	二段底流酸性连续浸出
浸出温度	℃	80 ~ 85	65 ~ 75
液固比		5 ~ 6 : 1	4 ~ 4.5 : 1
单槽反应时间	min	45 ~ 60	45 ~ 60
总反应时间	min	120 ~ 180	120 ~ 180
浸出槽组合		3 槽串联(45m³/槽)	3 槽串联(45m³/槽)
浸出酸度		1#槽: pH = 2.0 ~ 2.5;	1#槽: pH = 3.0 ~ 3.5;
		2#槽: pH = 3.0 ~ 3.5;	2#槽: pH = 2.5 ~ 3.0;
		3#槽: pH = 4.8 ~ 5.0	3#槽: pH = 1.5 ~ 2.0

祥云飞龙公司采用该工艺方法处理含锌 18% ~ 22%、含二氧化硅 15% ~ 28%、含铁

16%～18%的高硅高铁氧化锌原矿，中性浸出矿浆上清率达65%～70%，按干渣计的过滤速度为95～128kg/(m^2·h)，弃渣含锌3.5%～4.0%，浸出回收率为88.6%～90.8%，与国内外其他氧化锌矿的处理方法相比，该法既能处理原料成分相对单一的氧化锌矿，也能处理原料成分复杂的低品位锌矿，特别是对高硅高铁的含锌物料处理具有较强的适应能力。该工艺控制条件简单，原料适应性强，技术经济指标先进，具有良好的推广应用价值。以处理兰坪氧化矿(Zn 18%～22%，SiO_2 15%～16%，CaO 2.75%，MgO 0.74%)为例，主要的技术经济指标如下：

①锌的浸出率90.92%；②浸出过程锌的回收率88.46%；③渣率55%～56%；④渣含锌3.5%～4.0%；⑤过滤速度0.37～0.52m^3/(m^2·h)；⑥硫酸单耗800kg/t·Zn；⑦$3^#$聚凝剂单耗2.5kg/t·Zn。

兰坪铅锌矿冶炼厂采用氧化锌矿直接酸浸工艺，通过两次改扩建后已达到20kt/a的电锌规模，其工艺方案与祥云飞龙公司相似。该厂的第一段连续浸出采用流态化浸出槽，使上清液产率得到提高，弃渣含锌比原工艺有明显降低，这表明流态化浸出槽用于处理氧化锌矿是具有优势的。

3.7 硫化锌精矿的氧压浸出

从1916年开始的湿法炼锌实际上还包含了硫化锌精矿的焙烧作业，直至1981年氧压浸出直接处理锌精矿成功地用于工业生产之后，开始取消了焙烧作业，才真正实现了全湿法炼锌流程。

硫化锌精矿氧压浸出新工艺的特点是锌精矿可不经过焙烧，在一定压力和温度条件下，利用氧气直接酸浸获得硫酸锌溶液和元素硫，因而无需建设配套的焙烧车间和硫酸厂。该工艺浸出效率高，适应性好，与其他炼锌方法相比，在环保和经济方面都有很强的竞争能力，尤其是对于成品硫酸外运交通困难的地区，氧压浸出工艺以生产元素硫为产品，便于贮存和运输。

该工艺于1959年由加拿大舍利特·高顿公司首先试验成功。早期的试验工作，由于发生反应的精矿颗粒被反应生成物熔融元素硫包裹，致使未反应的硫化物难以反应进行完全，因此浸出温度不得不控制在元素硫熔点(119℃)以下，使浸出时间长达6～8h。后来，发现了某些表面活化剂能消除熔融元素硫的不利影响，浸出温度得以提高至150℃，大大缩短了浸出时间，为工业化生产创造了有利条件。

1981年1月，第一个工业规模的锌精矿直接氧压浸出厂在特累尔厂投入生产，生产能力为70000t/a。1982年加拿大梯敏斯厂扩建工程是第二个采用该工艺的厂家，1983年建成投产，生产能力18000t/a。1991年3月，第三个锌精矿氧压浸出厂在德国鲁尔锌厂投产，使该厂每年增产锌至少50000t。1993年7月，加拿大哈德逊湾矿冶公司锌厂在世界上第一个单独采用氧压浸出工艺的工厂诞生。而在此之前，锌氧压浸出都是与原有的焙烧－浸出并列生产。哈德逊湾锌厂则是使进入工厂的锌精矿全部通过高压釜处理的工厂，这表明该方法在工艺上已取得了重大进展。

锌精矿氧压浸出已经历了20多年的历程，通过上述4个工厂的生产实践表明该工艺对环境污染少，硫以元素硫回收，锌回收率高，工艺适应性好，可以和传统的焙烧－浸出工艺很好地结合，也可完全取消焙烧过程而独立运作。

闪锌矿在酸性氧化浸出中发生如下反应：

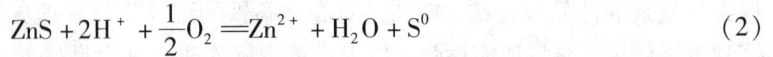

$$ZnS + 2H^+ = Zn^{2+} + H_2S \tag{1}$$

$$ZnS + 2H^+ + \frac{1}{2}O_2 = Zn^{2+} + H_2O + S^0 \tag{2}$$

硫化锌精矿直接浸出需要控制适当条件，使浸出过程按反应式（2）进行，生成元素 S^0。为了使反应（1）产生的硫化氢氧化成元素硫：

$$H_2S - 2e \longrightarrow 2H^+ + S^0$$

应使反应在有氧化剂的条件下进行，较低的酸度与较高的电势（较大的氧分压）有利于这一转移过程的进行。

氧压浸出实质上是将锌精矿焙烧过程发生的氧化反应和锌焙砂浸出过程发生的酸溶反应合并在一起进行。为了加速反应的进行，在锌精矿焙烧过程中，采用提高温度的办法来增大反应速度常数。而在氧压浸出时，除了适当提高反应温度至 110～160℃ 外，则主要是采用具有较高的氧分压。由于所用氧浓度增大，在质量作用定律的支配下，锌精矿的氧化反应速度也大大地提高了。实验研究显示：

（1）温度升高，浸出反应速度增大。当温度提高到元素硫的熔点（119℃）时，产生的熔融 S^0 包裹 ZnS 颗粒表面，阻碍浸出反应的继续进行，致使反应时间延长达 8h，才能得到较好的浸出效果。但在后来的实验中又发现熔融 S^0 的粘度在 153℃ 时最小，而温度高于 200℃ 时，S^0 氧化为 SO_4^{2-} 的速度大为增加，因此适当的浸出温度定为 150±10℃。

（2）反应机理研究表明，溶液中 Fe^{3+} 的存在对浸出反应起加速作用，Fe^{3+} 本身被还原成 Fe^{2+}，接着又被 O_2 再氧化为 Fe^{3+}：

$$ZnS + Fe_2(SO_4)_3 = ZnSO_4 + 2FeSO_4 + S^0$$

$$2FeSO_4 + H_2SO_4 + \frac{1}{2}O_2 = Fe_2(SO_4)_3 + H_2O$$

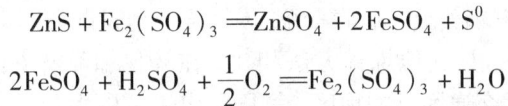

上述 $Fe^{2+} \rightarrow Fe^{3+}$ 被认为是浸出过程的控速阶段，浸出反应与 Fe^{2+} 的氧化速率紧密相关。而 Fe^{2+} 的氧化速率与 Fe^{2+}，Fe^{3+} 的浓度、溶液的酸度及浸出过程的氧压有关。为了取得较高的锌浸出率，一般要求浸出终酸的浓度不低于 20g/L，而浸出过程的氧压应提高到 700kPa。

（3）浸出反应是在 ZnS 矿粒表面进行的多相反应，为了提高浸出过程的反应速度，要求精矿粒度 98% 为 $-44\mu m$。同时需加入木质磺酸盐（约 0.1g/L）作表面活化剂，以破坏精矿矿粒表面上包裹的 S^0 膜，使浸出反应顺利进行。

在氧压浸出时，黄铁矿与黄铜矿只有少量溶解产生 S^0，所以传递氧的铁是从铁闪锌矿和磁硫铁矿物中溶解的铁。

精矿中的方铅矿发生如下反应，使铅以铅铁矾的形态进入渣中：

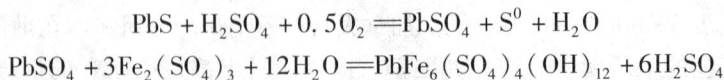

$$PbS + H_2SO_4 + 0.5O_2 = PbSO_4 + S^0 + H_2O$$

$$PbSO_4 + 3Fe_2(SO_4)_3 + 12H_2O = PbFe_6(SO_4)_4(OH)_{12} + 6H_2SO_4$$

在除铁阶段，溶液中的铁水解生成水合氧化铁和草黄铁矾的混合沉淀物进入渣中：

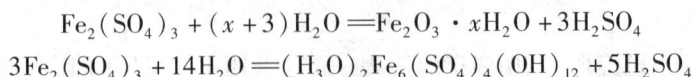

$$Fe_2(SO_4)_3 + (x+3)H_2O = Fe_2O_3 \cdot xH_2O + 3H_2SO_4$$

$$3Fe_2(SO_4)_3 + 14H_2O = (H_3O)_2Fe_6(SO_4)_4(OH)_{12} + 5H_2SO_4$$

锌精矿氧压浸出的浸出温度为 140～155℃，氧分压为 700kPa，浸出时间约 1h。锌浸出率可达98%以上，硫的总回收率约88%。经浮选或热过滤可得含硫99.9%以上的元素硫产品。

目前国外有四家工厂采用氧压浸出工艺生产，但国内尚无工厂采用。

3.8　锌浸出生产用的主要设备

3.8.1　常用浸出设备

浸出槽是浸出的重要设备。浸出槽分为空气搅拌槽和机械搅拌槽。空气搅拌槽是借助压缩空气来搅拌矿浆，机械搅拌是借助动力驱动螺旋桨来搅拌矿浆。槽体一般用混凝土或钢板制成，内衬耐酸材料如铅皮、瓷砖、环氧玻璃钢等。

空气搅拌槽如图3-20所示，机械搅拌槽如图3-21和图3-22所示。

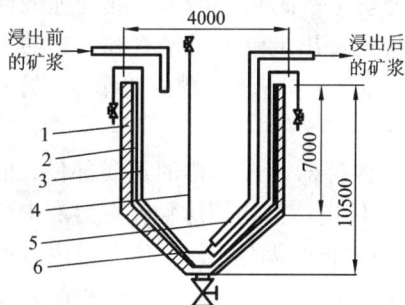

图3-20　空气搅拌浸出槽

1—混凝土槽体；2—防护衬里；3—搅拌用风管；
4—蒸汽管；5—扬液器；6—扬液器用风管

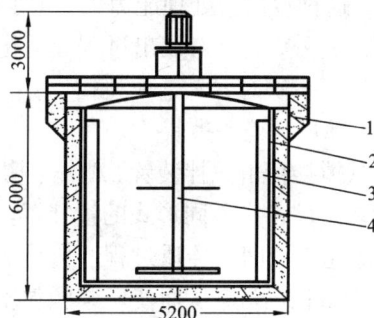

图3-21　机械搅拌(无导流筒)浸出槽

1—混凝土槽体；2—防腐层；
3—阻尼板；4—搅拌机

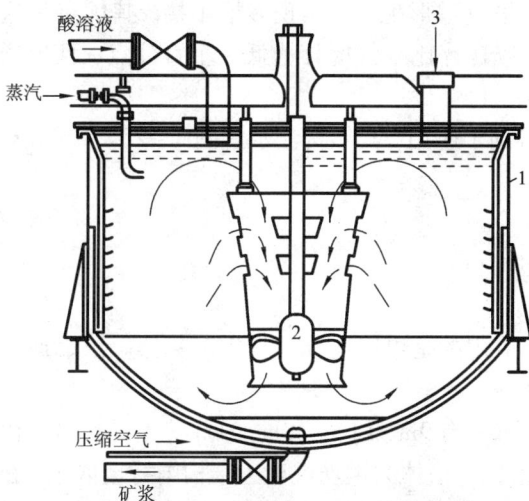

图3-22　机械搅拌(有导流筒)浸出槽

1—槽体；2—搅拌桨；3—焙砂加入孔

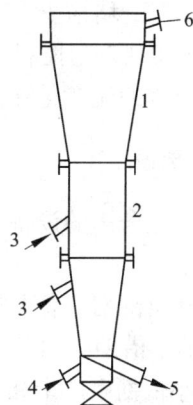

图3-23　流态化酸性浸出槽示意图

1—圆锥体；2—圆柱体；
3—中性矿浆进入孔；4—废电解液加入孔；
5—浸出矿浆排放孔；6—上清液排放孔

浸出槽的容积一般为 $50\sim100m^3$，目前已趋向大型化，如 $120m^3$，$140m^3$，$190m^3$，$250m^3$ 和 $300m^3$ 都有工业应用。

空气搅拌槽又名帕秋卡槽，一般内径 4m，槽深 10.5m，槽体为钢筋混凝土捣制，内衬玻璃钢，如需耐强酸应加衬瓷砖。槽底为锥形，并设有底阀作事故处理和捣槽、清槽之用。槽内装有两根压缩空气管通向锥底，通以 $0.13\sim0.16MPa$ 的压缩风，以使矿浆处于剧烈翻腾运动状态。另设置一根蒸汽管用以直接加热矿浆。矿浆输出靠槽内两个矿浆扬升器吹出，它是一根插入锥底的长管，规格为 $\phi259\times10400(mm)$，扬升器风管为 $\phi89\times9895(mm)$。扬升管下部是喇叭口形，扬升风管插入喇叭口处。操作时扬升风管送入压缩风，由于空气导入扬升器，扬升器内便充满矿浆和空气的混合物，这就与扬升器外的矿浆形成密度差，借助压缩风的驱动，矿浆便沿着扬升器上升被导出槽外。连续浸出靠这种扬升器把几个浸出槽串联起来，并把矿浆扬升至输出溜槽，但也可以将浸出槽建成阶梯形，利用高度压差实现串接。实践证明，这种浸出槽处理能力大，每小时每立方米能处理中性矿浆 $1.62m^3$，或处理酸性矿浆 $0.71m^3$。此外，充气对浸出过程起强化氧化作用，对提高浸出上清液质量有利。它的不足之处在于风压不够时容易造成死槽、堵槽，渣含锌较高，加重了捣槽、清槽的工作量，另外蒸汽消耗大，现场环境恶劣。

机械搅拌槽由搅拌装置、槽体、槽盖和桥架组成。搅拌器是浸出槽的重要部件，根据不同的工艺条件选择不同形式的搅拌器。搅拌器的作用是使搅拌槽内固体颗粒在溶液中均匀悬浮，以加速固液间的传质过程。传统的搅拌机采用开启式折叶涡轮，使介质在槽内既产生轴向流又产生径向流，从而使矿浆颗粒不断出现新的界面，以利于传质和混合过程的实现。搅拌强度是强化浸出过程的重要参数，它取决于工艺过程的要求，由计算结合生产经验确立，一般为 $50\sim85r/min$。改进后的搅拌器设双层桨叶，既保留了折叶涡轮的优点，又大大节约能耗，取消了容易腐蚀的导流筒(图 3-22)，在槽内增设挡板(阻尼板)，以实现最佳搅拌效果。如不设挡板，则可改变槽型，有的改成八角形槽。一般槽型选用立式圆筒形槽体，平底平盖，下部设置清渣入孔及放液口。浸出槽一般呈阶梯形配置，实现多槽串接，其优点是这种浸出槽捣槽方便，堵槽少，动力消耗小，浸出渣含锌比空气搅拌槽低一个百分点，且现场环境较好，易于实现自动控制。

强化浸出过程的流态化浸出槽已在工业上得到了应用，其结构见示意图 3-23。

3.8.2 液固分离设备

湿法炼锌液固分离的设备有浓密机和各类过滤机。

(1)浓密机

浓密机又称沉降器、增浓器或浓缩槽。广泛应用的是单层连续式耙集沉降器。浓缩原理与分级沉降一样，借助固体颗粒的重力自然沉降。

浓密机大小依据生产量和浓缩能力来确定，直径有 9m，12m，18m，21m 等不同型号。由槽体、耙子、桥架、传动装置、提升装置和槽盖组成。槽体为钢筋混凝土结构内衬玻璃钢，在锥形槽底再砌一层耐酸瓷砖以保证其耐磨性和耐腐蚀性。耙子采用 316L 不锈钢，当负荷超过规定限度时，报警器报警，耙子自动提升，排除故障后，可电动或手动将耙下降。

槽内中心悬有缓冲筒，起到导流和缓冲作用。矿浆进入槽内由筒体下落至 1m 后才向四周流动，这样颗粒就在中心部分大量沉降，而筒体外的上清区则保持平静状态，更可保证上清质量。浓密机内分为上清区、澄清区、浓泥区(见图 3-24)。当矿浆进入浓密机后，固体粒子在重力的作用下开始下沉，大颗粒在锥形底部形成沉淀层，其上形成液固混合的悬浮层，再上是含固较少的上清层。作业中，力求槽内上清区所占的体积愈大愈好，而浓泥区保持在最小的高度，以利提高浓密机的生产能力。控制一定的(底流)密度，可间断排渣，也可连续排渣。生产中为了加快浓缩与澄清速度，通常加入适量的凝聚剂(一般为聚丙烯酰胺，俗称 3 号凝聚剂)，以促进固体粒子相互聚集而形成絮凝团快速沉降。但凝聚剂也是一种透明胶体，不能过多，否则适得其反。

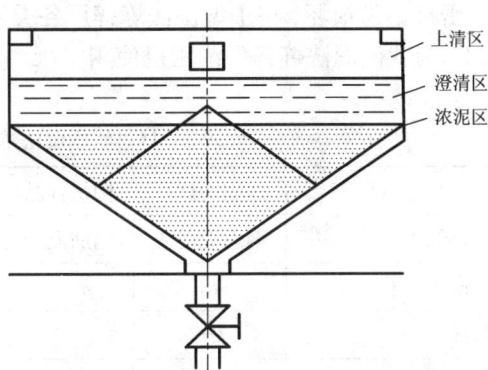

图 3-24 浸出矿浆在浓密机内的分布

影响浓缩澄清的因素很多，主要有矿浆的 pH 值、矿浆的化学成分、固体颗粒的粒度、液固比、3 号凝聚剂用量以及排渣操作等。

浓密机始用于 1905 年，具有作业连续、生产稳定可靠、能耗低、操作简单等优点而得到广泛应用。其缺点是生产效率低，占地面积大。

浓密机的面积可按下式计算：

$$F = Q/A$$

式中　F——需要浓密机面积，m^2；

　　　Q——需要的上清液量，m^3/d；

　　　A——单位面积上清液的产率，$m^3/(m^2 \cdot d)$。

A 值可按类似工厂生产指标选取(见表 3-10)。

表 3-10　浓密机的上清液产率(A 值)

指标名称	A 值/$(m^3 \cdot m^{-2} \cdot d^{-1})$
焙烧矿中性浸出浓密机上清液产率	
上清液含锌 >140g/L 时	3.5~4.5
上清液含锌 <140g/L 时	4.5~5.5
焙烧矿酸性浸出浓密机上清液产率	
上清液含锌 >140g/L 时	4~5
上清液含锌 <140g/L 时	5~5.5
氧化锌中性浸出浓密机上清液产率	3.5~4.5
氧化锌酸性浸出浓密机上清液产率	
酸性上清液不回收稀散金属时	3~4
酸性上清液回收稀散金属时	0.8~1.0

浓密机的台数计算如下：

$$浓密机台数 = \frac{需要的浓密机面积(m^2)}{每台浓密机的沉降面积(m^2)}$$

　　浓密机不易损坏,在中型湿法炼锌厂各类浓密机可共设 1 台备用,小型炼锌厂不设备用。表 3 - 11 为我国湿法炼锌厂浓密机使用实例。

表 3 - 11　我国湿法炼锌厂浓密机使用实例

项　　　目	株洲冶炼厂	柳州锌品厂	开封炼锌厂	会泽铅锌矿	西北铅锌冶炼厂
槽体材质	钢筋混凝土	钢筋混凝土	钢板	钢筋混凝土	钢筋混凝土
直径/m	18	9	6	10.5	15, 20
高度/m	3.6	3	3	3.35	3
沉降面积/m²	255	63.58	28.26	82	176.7; 344.0
耙臂转速/(r·min⁻¹)	12(0.8)	0.15	3	9~10	12.44, 0.068
防腐衬里	①	环氧树脂	软塑料		环氧树脂、酚醛、瓷砖

①槽内壁衬里有生漆麻布、环氧树脂;锥底加衬有瓷板、耐酸混凝土护层。

　　前苏联一家电锌厂在矿浆浓密过程中实行逆流洗涤浸出渣,取得了很好的效果,其工艺流程见图 3 - 25。酸性浓泥成分(%)为: $Zn_总$ 19.44; $Zn_酸$ 8.20; $Zn_水$ 7.11。含水42%~45%。渣率为精矿量的32%~33%,为焙砂量的37%~38%。

　　采用逆流洗涤以后,得到的渣成分(%)为: $Zn_总$ 15.6~17.5; $Zn_水$ 2.8~4.0; $Zn_酸$ 5.0~6.0, Pb5.0~6.0。

　　采用逆流洗涤的优点如下:

　　①渣率降低20%~22%,渣中铅含量升高。

　　②取消了框式过滤阶段,渣含水已降至28%~32%。

　　③锌总回收率提高0.35%~0.4%。

　　矿浆浓泥的过滤一般分为两段进行,其目的是降低渣中的水溶锌,使浓泥进一步分离而得到各自独立的固液两相。

　　(2)过滤机

　　锌焙砂(或氧化锌粉)经过二段或多段浸出后,80%以上的锌以硫酸锌形态进入溶液,溶液含锌达120~160g/L,20%左右的锌则进入浸出渣中。进入浸出渣中的锌包括未浸出

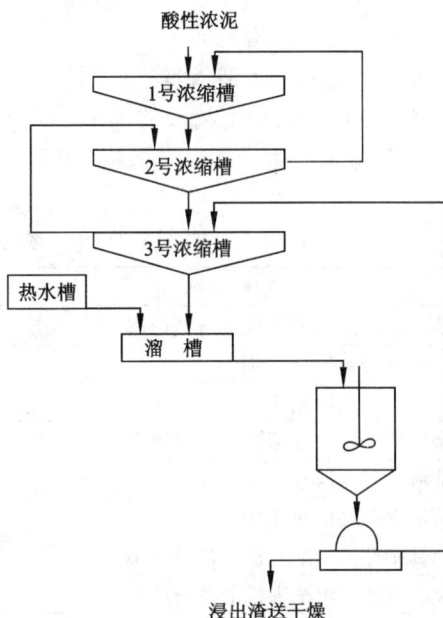

图 3 - 25　浸出渣逆流洗涤流程

完全的酸溶锌(即氧化锌,一般含锌为4%~7%),浓泥夹带的水溶锌(即硫酸锌,一般含锌为2%~5%),另外还有呈铁酸锌、硅酸锌及焙烧不完全仍以硫化锌残存形式进入浓泥的不溶锌,它们和矿石中的脉石及其他不溶解的金属化合物一起组成浸出渣。过滤则要求获得水

溶锌尽可能低的浸出渣和含固体物少的滤液。

过滤的基本原理是利用具有毛细孔的物质作介质，在介质两边造成压力差，提供这种压力差的设备有真空过滤机及压力过滤机。过滤介质的选择取决于矿浆的性质，一般采用帆布和涤纶布。

过滤能力为单位时间内单位面积上所产浸出渣的量，它取决于过滤速度的大小。而影响过滤速度的因素有：滤渣的性质、滤饼的厚度、过滤矿浆的温度、压力差的大小、过滤介质的特性等。

一段过滤是酸性浓缩底流（浓泥）进行过滤，一般采用莫尔真空过滤机和带式真空过滤机，二者的规格型号和操作条件见表 3 – 12。

表 3 – 12　一段过滤设备型号及操作条件

设备名称	设备规格型号及技术参数	操作条件
莫尔过滤机	L250ϕ100U 型 过滤面积 130m^2 不锈钢 U 型管 条形竹片骨架 生产能力 600 ~ 800kg/（台·d）	温度 75 ~ 89℃ 矿浆密度 1.7 ~ 1.9g/cm^3 pH 值 4.8 ~ 5.0 渣含水 ≤50% 起吊时间 60 ~ 90min
带式过滤机	D2G30/1800 型 过滤面积 30m^2 胶带速度 0.3 ~ 3m/min 胶带宽度 1800mm 生产能力 3600kg/（台·d）	温度 70 ~ 80℃ 矿浆密度 1.7 ~ 1.0g/cm^3 pH 值 4.0 ~ 5.0 渣含水 <30% 真空度 0.06MPa

一段过滤对渣含水分要求不是很严格，因为接下来又要浆化，只要求过滤速度快，处理能力大，操作简单方便，另外吸滤板材质和真空系统材质均要求耐腐蚀，一般采用不锈钢材料比较适合。一段过滤设备的缺点是设备占地面积大，系统配置较为复杂。

二段过滤是将一段渣浆化，洗涤，再加压过滤分离。二段过滤设备一般配备的是圆盘真空过滤机、LAROX 压滤机、自动厢式压滤机等，其型号及操作条件见表 3 – 13。

表 3 – 13　二段过滤设备型号及操作条件

设备名称	规格型号及技术参数	操作条件
圆盘过滤机	凸 Y50 – 2.5/6 型 过滤面积 51m^2 滤盘直径 2.5m 扇形板 72 块 生产能力 60 ~ 80t/（台·d）	矿浆温度 65 ~ 75℃ 矿浆密度 1.7 ~ 1.9g/cm^3 渣含水 35% ~ 45% 真空度 0.06MPa

续上表

设备名称	规格型号及技术参数	操作条件
LAROX 压滤机	PF – A 型 过滤面积 31.5m² 滤板尺寸 900mm × 1750mm 送料压力 0.2 ~ 1.0MPa 风压 0.4 ~ 0.7MPa 生产能力 60 ~ 80t/(台·d)	矿浆温度 60 ~ 70℃ 矿浆密度 1.6 ~ 1.9g/cm³ 渣含水 21% ±
厢式压滤机	XMK160 滤板数量 65 块 滤室容积 2.75m³ 生产能力 90t/(台·d)	矿浆温度 50℃ 矿浆密度 1.6 ~ 2.0g/cm³ 渣含水 25% ±

圆盘过滤机的优点是过滤面积大,占地面积小,连续性作业,生产能力大。缺点是结构比较复杂,更换滤布比较繁琐,渣含水较高。LAROX 压滤机自动化程度高,单位面积产量高,能耗低,滤布能自动清洗,再生结构先进;但其单机面积较小、一次性投资高。厢式压滤机结构简单,投资较少,过滤面积大,占地面积小,操作安全;但间断操作,换布洗布麻烦,拉板系统及油压系统和卸渣系统故障频繁,滤布消耗大,工人劳动强度大,操作环境差。上述过滤设备都在不断完善、不断改进之中。

过滤工序是湿法炼锌过程中三大平衡(即金属平衡、体积平衡、渣量平衡)之一的渣量平衡的关键工序。如不及时将浸出渣排出,势必影响整个系统的生产平衡。因此,过滤设备的选择和排渣能力大小的确定也显得十分重要。过滤生产能力要略大于浸出能力,因为生产实际中设备难免出故障,还需要考虑换布、洗布的时间,也就是说,设备若无备用则只能按设备生产能力的下限来确定设备台数。至于选择什么类别的设备则要根据企业实际情况综合考虑。

3.9　锌浸出渣及其处理

3.9.1　锌浸出渣的组成及处理方法

经常规法浸出后的浸出渣一般还含有 18% ~ 26% 的锌及其他有价金属,因此,浸出渣还必须进一步处理,以回收其中的锌及有价金属。

锌焙烧矿中的硫化锌和铁酸锌,在一般浸出条件下是不会溶解于稀硫酸溶液的,可以认为完全残留在浸出渣中。这是浸出渣含锌高的主要原因。例如某厂的浸出渣的主要物相成分:

锌的形态	$Zn_总$	$ZnO \cdot Fe_2O_3$	$ZnO \cdot SiO_2$	ZnS	ZnO	$ZnSO_4$
含锌量/%	25 ~ 26	12.5 ~ 13.5	0.5 ~ 0.7	3.5 ~ 4.0	0.2 ~ 0.8	3.5 ~ 4.5

浸出渣中的锌主要包括在浸出条件下不溶解的铁酸锌($ZnO \cdot Fe_2O_3$)、硫化锌(ZnS)以及部分未溶解的氧化锌(ZnO)。其处理方法一般分为火法和湿法两种。火法处理是将浸出渣与焦粉相混合,用回转窑、蒸馏炉、竖炉、鼓风炉处理,将渣中的锌、铅、镉还原挥发出来,烟气经沉降、冷却、袋式收尘,最终得到含铅氧化锌粉。湿法处理是浸出渣通过高温高酸浸出,

使渣中的铁酸锌等溶解，然后用不同方法使已浸出的铁生成易于过滤的沉淀物而除去。

火法和湿法各有优点，但也各存在不足之处。火法处理锌金属总回收率较高，流程简单，但其挥发窑维修量大，耐火材料消耗高，能耗大，作业环境条件差，劳动强度高，贵金属难以回收。湿法处理明显地提高了锌、铜、镉等有价金属的浸出率，渣率低，并富集了铅及贵金属，有利于贵金属的回收，而且其操作环境及劳动强度明显优于火法。目前国内外诸多厂家采用湿法流程处理浸出渣。浸出渣的热酸浸出及沉铁过程，已在前面各节作了详细介绍，下面叙述火法处理锌浸出渣。

3.9.2 回转窑烟化法处理浸出渣

在株洲冶炼厂的流程中，酸性底流经莫耳真空过滤机或水平真空带式过滤机过滤后送银浮选，新建厂银浮选回收率达到60%。浮选尾矿经圆盘真空过滤机或箱式压滤机过滤后，所得浸出渣经干燥送回转窑烟化回收锌。

回转窑处理锌浸出渣一般用焦粉作燃料兼作还原剂。正常情况下，窑温主要靠焦粉、锌蒸气的燃烧来维持，只有当开窑或窑内热量不足时，才使用煤气、重油或粉煤等辅助燃料。

对焦粉的一般要求是固定碳大于75%，挥发物4%~6%，灰分小于20%。焦粉中挥发物过高，不利于反应带的延长。

焦粉的粒度对生产有很大的影响。粒度太粗，炉料会过早软化，渣含锌升高；粒度太细，炉料的透气性不好，翻动不充分，渣含锌也高。合适的焦粉粒度组成为：5~10mm 的焦粉不低于50%，大于15mm 的焦粉不高于20%，小于5mm 的焦粉不高于30%。

浸出渣中铅、锌化合物在窑内的主要反应如下：

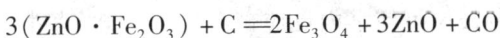

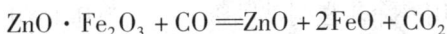

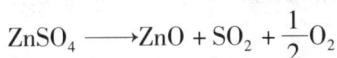

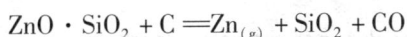

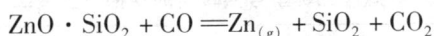

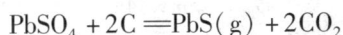

$$3(ZnO \cdot Fe_2O_3) + C = 2Fe_3O_4 + 3ZnO + CO$$

$$ZnO \cdot Fe_2O_3 + CO = ZnO + 2FeO + CO_2$$

$$ZnO + CO = Zn_{(g)} + CO_2$$

$$Fe_2O_3 + CO = 2FeO + CO_2$$

$$FeO + CO = Fe + CO_2$$

$$ZnO + Fe = Zn_{(g)} + FeO$$

$$ZnSO_4 \longrightarrow ZnO + SO_2 + \frac{1}{2}O_2$$

$$ZnO \cdot SiO_2 + C = Zn_{(g)} + SiO_2 + CO$$

$$ZnO \cdot SiO_2 + CO = Zn_{(g)} + SiO_2 + CO_2$$

$$PbSO_4 + 2C = PbS(g) + 2CO_2$$

$$2PbO \cdot SiO_2 + C = 2Pb(l,g) + SiO_2 + CO_2$$

$$2PbS + 3O_2 = 2PbO(l,g) + 2SO_2$$

浸出渣中的镉、铟、锗易挥发，随烟气净化进入氧化锌粉中，从而使这些金属得到富集。

回转窑处理锌浸出渣的工艺流程见图 3-26。回转窑的技术操作条件主要包括以下参数的控制：

(1)温度 窑内温度愈高，铅、锌氧化物的还原愈快，挥发愈完全。但温度过高，对窑内衬腐蚀加剧，大大缩短窑内衬寿命，且可能产生炉料熔化，形成炉结，恶化操作过程，降低金属回收率。因此应根据炉料的熔点及性质控制适宜的温度。窑内温度沿窑长方向可分为干燥带、预热带、反应带、冷却带。其中反应带最长，温度最高，一般为1100~1250℃，窑尾烟气温度650~800℃。

(2)焦率　焦率是指加入的焦粉量与干浸出渣量之比的百分数，一般为50%左右。焦率过高，窑内温度太高，还原性气氛太强，随渣排出的剩余焦粉增加；焦率过低，则炉料失去松散性，透气性差，可能产生粘结，致使炉料还原反应不完全，降低金属回收率。

(3)窑内负压　窑内负压一般控制在50~80Pa。负压过大，进入窑内空气增多，反应带后移，窑尾温度升高，进料溜子易损坏，甚至有细颗粒料进入烟道，影响氧化锌的质量。负压过小，窑内空气不足，反应带前移，渣含锌增高，甚至窑前有可能出现冒火现象。

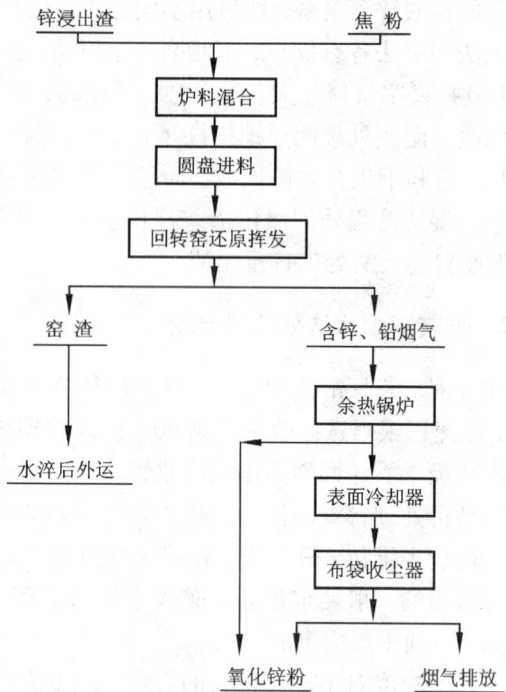

图3-26　回转窑处理锌浸出渣的工艺流程

(4)强制鼓风　强制鼓风可使窑内反应带延长，并能将炉料吹起形成良好的翻动，可提高生产能力，并延长窑的使用寿命。强制鼓风压力一般为0.1~0.2MPa。

(5)窑身转速　窑身转速对于炉料在窑内停留时间、反应速度及反应的完全程度有很大的影响。转速太快，炉料在窑内停留的时间短，虽然翻动良好，但反应不完全，渣含锌升高。转速太慢，相应炉料在窑内停留时间长，焦粉虽能够完全燃烧，但易使炉料发粘，处理能力也就减小。正常转速为1~0.7r/min。

株洲冶炼厂三种型号回转窑的规格及主要工艺操作条件见表3-14，所处理的浸出渣及氧化锌成分列于表3-15。

表3-14　株洲冶炼厂三种型号回转窑的规格及主要工艺操作条件

项　目	技术规格及指标	$\phi_内$ 2.75m×44m $\phi_外$ 3.3m×44m	$\phi_内$ 2.9m×52m $\phi_外$ 3.45m×52m	$\phi_内$ 3.6m×58.2m $\phi_外$ 4.15m×58.2m
工艺操作条件	窑转速/(r·min⁻¹)	0.5~1	0.5~1	0.5~0.67
	压缩风压/MPa	0.08~0.02	0.1~0.14	0.16~0.20
	最高温度/℃	1150~1250	1200~1300	1200~1300
	窑尾温度/℃	50~800	550~800	550~800
	焦率/%	45~55	55~60	55~60
	烟气量/(m³·h⁻¹)	20000~25000	30000~35000	40000~50000

续上表

项　　目	技术规格及指标	$\phi_{内}2.75m\times44m$ $\phi_{外}3.3m\times44m$	$\phi_{内}2.9m\times52m$ $\phi_{外}3.45m\times52m$	$\phi_{内}3.6m\times58.2m$ $\phi_{外}4.15m\times58.2m$
主要技术指标	窑渣含锌/% 锌回收率/% 铅回收率/% 每吨ZnO粉的焦耗/kg 氧化锌产量/$(t\cdot d^{-1})$	1.5~2.5 92~95 85~90 1800~2000 45~50	1.8~2.5 90~93 85~90 2000~2200 60~70	2~3 90~92 85~90 2200~2400 95~120

表3-15　回转窑处理浸出渣的原料和产物成分(%)实例

物　料	Zn	Pb	Cd	Cu	S	As	Sb	C	Ag	In
浸出渣	20~22	3.2~3.5	0.3~0.35	0.83	6~7	0.8~1.0	0.2~0.3	–	0.022~0.03	0.05~0.06
窑　渣	1.5~2.5	0.3~0.5	0.1	0.7~1.2	4~5	0.4~0.5	0.06~0.1	15~25	0.015~0.02	0.016~0.02
氧化锌粉	60~62	8~10	1.5~25	–	2~3	0.4~0.5	0.06~0.15	2.5~3.5	0.015~0.02	0.15~0.18

　　产出的氧化锌粉经多膛炉焙烧脱氟、氯后送氧化锌浸出系统进行浸出;窑渣经风选回收焦炭后堆存或外销。

　　浸出渣中有价金属的回收率(%)如下:

　　Zn 92~94;Pb 82~84;In 80~85;Ge 32~35;Ga 14;Cd 90~92。

3.9.3　矮鼓风炉处理湿法炼锌浸出渣

　　我国鸡街冶炼厂采用矮鼓风炉处理湿法炼锌浸出渣,其工艺流程如图3-27所示。

　　锌浸出渣经过干燥,根据其化学成分,选择合适的渣型,配入一定的还原剂、熔剂和粘合剂,经制成具有一定规格和强度的团块后,与一定量的焦炭一起加入矮鼓风炉进行还原熔炼。在熔炼过程中,铁将被还原。为了避免炉底积铁,通过风口鼓风将还原出来的铁再次氧化,使其进入渣中而排出炉外。主要的化学反应如下:

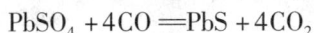

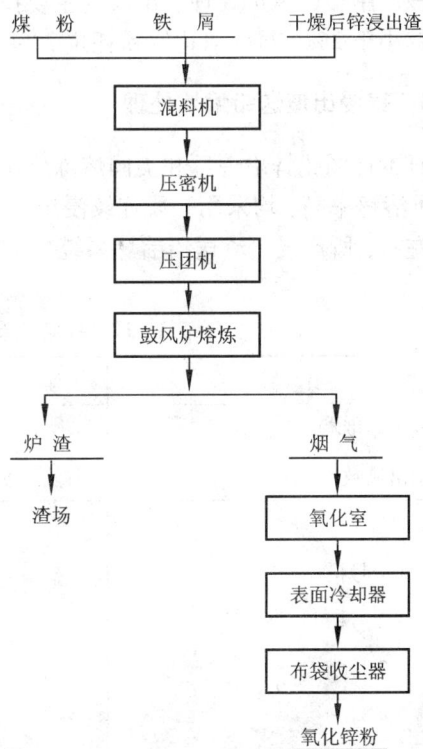

$$C + O_2 \stackrel{}{=\!=\!=} CO_2$$

$$CO_2 + C \stackrel{}{=\!=\!=} 2CO$$

$$PbSO_4 + 4CO \stackrel{}{=\!=\!=} PbS + 4CO_2$$

$$PbS + PbSO_4 \stackrel{}{=\!=\!=} 2Pb + 2SO_2$$

图3-27　矮鼓风炉处理锌浸出渣工艺流程

$$ZnO \cdot Fe_2O_3 + 3CO = ZnO + 2Fe + 3CO_2$$

$$ZnSO_4 = ZnO + SO_2 + 1/2O_2$$

$$Fe_3O_4 \longrightarrow FeO \longrightarrow Fe$$

$$ZnS + Fe = Zn + FeS$$

$$2FeO + SiO_2 = 2FeO \cdot SiO_2$$

$$2CaO + SiO_2 = 2CaO \cdot SiO_2$$

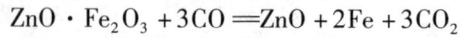

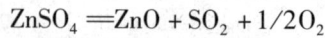

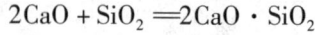

鸡街冶炼厂使用的矮鼓风炉规格为：炉长 1.9m，风口区截面积 $1.52m^2$；风口直径为 $\phi75mm$，共有 16 个风口。其原料与产物成分见表 3-16。

表 3-16　矮鼓风炉处理浸出渣的原料与产物成分(%)

物　料	Zn	Pb	Fe	Cd	As	H_2O
浸出渣	15~20	5	8~10	0.3	0.05	40~45
入炉团块	10~12	3~5	10~12	0.28	0.03	<12
氧化锌粉	40~45	12~20	1~1.5	0.8~1.0	0.5~1.0	—

该厂用矮鼓风炉处理浸出渣的主要技术经济指标为：锌的回收率 90%，铅回收率 95%，渣含锌小于 2%，每吨氧化锌粉耗焦 700kg、耗粉煤 1.2t，炉子床能率为 $25t/(m^2 \cdot d)$。

3.9.4　锌浸出渣送铅熔炼处理

日本神冈铅锌冶炼厂和美国熔炼公司电锌厂，由于两厂浸出用的焙砂含锌很高，含铁较低，可溶锌率高，均采用一段连续浸出流程。尽管只采用一段连续浸出工艺，但浸出率可达 94% 左右，所产浸出渣送铅冶炼系统。两厂浸出工序的生产数据见表 3-17。

表 3-17　锌焙砂单浸出工厂的浸出工序生产数据

项　目	美国电锌厂	日本神冈铅锌厂
浸出温度/℃	80~90	85~90
浸出槽数	串联 4 槽	串联 6 槽
pH 控制		
1 号槽	0.8~1.1	1.0
2 号槽	4.0~4.5	1.5~2.0
3 号槽	4.5~4.8	—
4 号槽	4.8~5.0	3.5~4.0
5 号槽	—	5.0~5.4
浸出率/%	93.5~95.0	94.0
浸出渣率/%	25~28	23~25

上述工艺的特点是流程简单，直接浸出率高，一段浸出渣不需复浸出或烟化处理即可送炼铅厂回收有价金属，因此工厂投资少，生产成本低，但该工艺仅适用于处理低铁高锌物料。

神冈铅锌冶炼厂所产浸出渣送铅冶炼系统，用作烧结配料，与铅精矿一道进行烧结焙烧。所产烧结块送鼓风炉熔炼，浸出渣中的铅和贵金属进入粗铅中回收，浸出渣中的锌富集在铅鼓风炉炉渣中，铅炉渣送电炉蒸锌，用飞溅冷凝器冷凝得西方初级锌。这样处理浸出渣的金属回收率及所得西方初级锌的成分如下：

金属回收率/%　　Ag 97，Au 97，Zn 70，Pb 90，Bi 95，Cu 70，Cd 80

西方初级锌成分/%　　Zn 98.7，Pb 1.10，Fe 0.018，Cd 0.15

电炉炉渣成分/%　　Zn 8.0，Pb 0.2，Fe 28.0，CaO 16.3，SiO_2 23.1

从电炉放出的渣含锌为6%～8%，卖给水泥厂作辅料。整个铅锌冶炼厂无废渣排放。

撰稿人：刘继业　宝国锋

审稿人：王建铭　彭容秋　张训鹏　郭天立

4 硫酸锌浸出液的净化

4.1 浸出液成分及其净化方法

锌焙砂或其他的含锌物料(如氧化锌烟尘、氧化锌原矿等)经过浸出后,产出中性浸出液,虽然在浸出过程中通过控制终点酸度使 Fe^{3+} 完全水解沉淀的同时,除去了砷、锑等部分杂质,但是残存的许多杂质(如 Cu,Cd,Co,Ni,As,Sb,Ge 等)对锌电解沉积过程有极大危害,会使电解电流效率降低、增加电能消耗、影响阴极锌质量、腐蚀阴极和造成剥锌困难等。因此,必须通过溶液净化,将危害锌电积的所有杂质除去,产出合格净化液才能送至锌电解槽。部分工厂的中性浸出液成分列于表4-1。

表4-1 中性浸出液的成分(g/L)实例

工厂编号	Zn	Cu	Cd	Ni	Co	Sb	Fe	Cl
国外一厂	150	0.70	0.70	~	0.025	~	0.01	~
国外二厂	145	0.09	0.55	0.002	0.011	0.00002	0.01	~
国外三厂	160	0.327	0.275	0.002 ~ 0.003	0.009 ~ 0.011	0.0006	0.016	0.05 ~ 0.10
株洲冶炼厂	130 ~ 170	0.15 ~ 0.4	0.6 ~ 1.2	0.0008 ~ 0.0012	0.0008 ~ 0.0025	≤0.0005	0.02	≤0.010
会泽铅锌厂	110 ~ 130	0.10 ~ 0.5	0.8 ~ 1.0	0.002	0.0004	≤0.0003	0.015	≤0.2
祥云飞龙公司	100 ~ 120	1.204	0.680	0.0009	0.0025	0.00024	0.005	≤0.08
祥云飞龙公司	130 ~ 140	0.82	1.05	0.0008	0.008 ~ 0.0011	0.0003	0.008	0.10

从表4-1可以看出,由于各工厂生产的原料成分各异,加之浸出工艺流程的差异以及操作控制条件的不同,各工厂的中性浸出液成分亦有所差别。根据1995年世界许多湿法炼锌厂的统计资料,中性浸出液中锌和主要杂质成分含量如表4-2。

表4-2 中性浸出液的成分范围及平均含量(g/L)

	Zn	Cu	Cd	Co(mg/L)	Ni(mg/L)
含量	120 ~ 179	0.25 ~ 1.20	0.60 ~ 1.20	0.5 ~ 12.5	0.5 ~ 45
平均含量	149.0	0.65	0.80	6.30	14.10

　　净化的目的是将中性浸出液中的铜、镉、钴、镍、砷、锑等杂质除至电积过程的允许含量范围之内，确保电积过程的正常进行并生产出较高等级的锌片。同时，通过净化过程的富集作用，使原料中的有价伴生元素，如铜、镉、钴、铟、铊等得到富集，便于从净化渣中进一步回收有价金属成分。

　　净化方法按其净化原理可分为两类：①加锌粉置换除铜、镉，或在有其他添加剂存在时，加锌粉置换除铜、镉的同时除镍、钴。根据添加剂成分的不同该类方法又可分为锌粉－砷盐法、锌粉－锑盐法、合金锌粉法等净化方法；②加有机试剂形成难溶化合物除钴，如黄药净化法和亚硝基β-萘酚净化法。各种净化方法的工艺过程概要列于表4-3。

表4-3　各种硫酸锌溶液净化方法的几种典型流程

流程类别	第一段	第二段	第三段	第四段	工厂举例
黄药净化法	加锌粉除 Cu, Cd 得 Cu, Cd 渣送去提 Cd 并回收 Cu	加黄药除钴, 得钴渣送去提钴			株洲冶炼厂 I 系统
锑盐净化法	加锌粉除 Cu, Cd 得 Cu, Cd 渣送去提 Cd 并回收 Cu	加锌粉和锑盐除钴, 得钴渣送去回收 Co	加锌粉除残 Cd		西北铅锌冶炼厂 葫芦岛锌厂 株洲冶炼厂 II 系统
砷盐净化法	加锌粉和 As₂O₃ 除 Cu, Co, Ni 得 Cu 渣送去回收 Cu	加锌粉除 Cd 得 Cd 渣送去提 Cd	加锌粉除复溶 Cd 得 Cd 渣返回第二段	再进行一次加锌粉除 Cd	原沈阳冶炼厂 赤峰冶炼厂
β-萘酚法	加锌粉除 Cu, Cd 得 Cu, Cd 渣送去提 Cd 并回收 Cu	加锌粉除 Cd, Ni 得 Cd 渣送去回收 Cd	加 α 亚硝基 β-萘酚除 Co 得 Co 渣送去回收 Co	加活性炭吸附有机物	祥云飞龙公司
合金锌粉法	加 Zn - Pb - Sb - Sn 合金锌粉除 Cu, Cd, Co	加锌粉除 Cd			柳州锌品厂

　　从表4-3可以看出，由于各厂中性浸出液的杂质成分与新液成分控制标准不同，故各厂的净化方法亦有所差别，且净化段的设置亦不同。按净化段的设置不同，净化流程有二段、三段、四段之分。按净化的作业方式不同有间断、连续作业两种。间断作业由于操作与控制相对较易，可根据溶液成分的变化及时调整组织生产，为中、小型湿法炼锌厂广泛应用。连续作业的生产率较高、占地面积少、设备易于实现大型化、自动化，故近年来发展较快，但该法操作与控制要求较高。

由于铜、镉的电位相对较正,其净化除杂相对容易,故各工厂都在第一段优先将铜、镉首先除去。利用锌粉置换除铜、镉时,由于铜的电位较镉正,更易优先沉淀,而锌粉置换除镉则相对困难些,需加入过量的锌粉才能达到净化的要求。

由于钴、镍是浸出液中最难除去的杂质,各工厂净化工艺方法的差异(表4-3)实质上就在于除钴方法的不同。采用置换法除钴、镍时除需加添加剂外,还要在较高的温度下,并加入过量的锌粉才能达到净化要求。或者使用价格昂贵的有机试剂,合理选择除钴净化工艺可降低净化成本。

4.2   锌粉置换除铜、镉

4.2.1   置换法除铜、镉的基本反应

由于锌的标准电位较负,即锌的金属活性较强,它能够从硫酸锌溶液中置换除去大部分较正电性的金属杂质,且由于置换反应的产物 Zn^{2+} 进入溶液而不会造成二次污染,故所有湿法炼锌工厂都选择锌粉作为置换剂。金属锌粉被加入到硫酸锌溶液中便会与较正电性的金属离子如 Cu^{2+}, Cd^{2+} 等发生置换反应。

几种金属的电极反应式及其氧化还原电极电位如下:

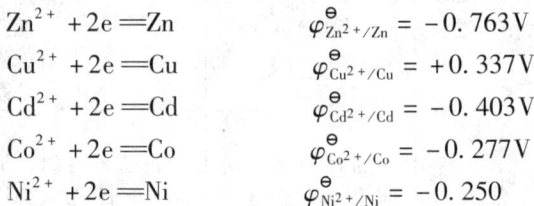

$$Zn^{2+} + 2e = Zn \qquad \varphi^{\ominus}_{Zn^{2+}/Zn} = -0.763V$$
$$Cu^{2+} + 2e = Cu \qquad \varphi^{\ominus}_{Cu^{2+}/Cu} = +0.337V$$
$$Cd^{2+} + 2e = Cd \qquad \varphi^{\ominus}_{Cd^{2+}/Cd} = -0.403V$$
$$Co^{2+} + 2e = Co \qquad \varphi^{\ominus}_{Co^{2+}/Co} = -0.277V$$
$$Ni^{2+} + 2e = Ni \qquad \varphi^{\ominus}_{Ni^{2+}/Ni} = -0.250$$

锌粉置换法的反应式表示如下:

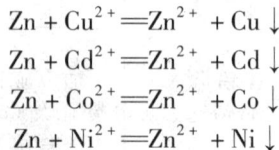

$$Zn + Cu^{2+} = Zn^{2+} + Cu \downarrow$$
$$Zn + Cd^{2+} = Zn^{2+} + Cd \downarrow$$
$$Zn + Co^{2+} = Zn^{2+} + Co \downarrow$$
$$Zn + Ni^{2+} = Zn^{2+} + Ni \downarrow$$

从以上反应可以看出 Cu, Cd, Co, Ni 四种金属的标准电极电位都较锌为正,但由于铜的电位较锌的电位正得多,所以 Cu^{2+} 能比 Cd^{2+}, Co^{2+}, Ni^{2+} 更容易被置换出来。在生产实践中,如果净化液中其他杂质成分能满足电积要求,那么 Cu^{2+} 则完全能够达到新液质量标准。

湿法炼锌厂浸出液含锌一般在150g/L左右,锌电极反应平衡电位为 -0.752V。那么上述置换反应就可以一直进行到 Cu, Cd, Co, Ni 等杂质离子的平衡电位达到 -0.752V 时为止,即从理论上讲这些杂质金属离子都能被置换得很完全。但这仅仅是从热力学角度通过计算得到的结果,与实际情况有很大偏差。例如,从热力学数据比较,钴的平衡电位比镉的平衡电位相对较正,应当优先于镉被置换沉淀,但由于 Co^{2+} 还原析出的超电压较高的缘故,实际上Co 难以被锌粉置换除去,甚至几百倍理论量的锌粉也难以将 Co 除去至锌电积的要求。结果刚好相反,因此在生产上需要通过采取其他的措施才能将钴从溶液中置换沉淀出来。

4.2.2   置换过程的影响因素

由于铜、镉较易除去,故大多数工厂都选择在同一段将铜、镉同时除去,该置换过程受

以下几个方面的影响：

1）锌粉质量

置换除 Cu, Cd 应当选用较为纯净的锌粉，除了可避免带入新的杂质外，同时减少锌粉的用量。由于置换反应是液相与固相之间的反应，故反应速度主要取决于锌粉的比表面积，因此，锌粉的表面积越大，溶液中杂质成分与金属锌粉接触的机会就越多，反应速度越快。但是，过细的锌粉容易漂浮在溶液表面，也不利于置换反应的进行。由于净化用锌粉在制备、贮藏等过程中均不可避免地有部分表面氧化，使锌粉的置换能力大大降低，故有的工厂在净化时首先用废液将净化前液酸化，使锌粉表面的 ZnO 与硫酸发生反应，使锌粉呈现新鲜的金属表面，以提高锌粉的置换反应能力。应当指出，溶液酸化必须适当，酸度过低则难以达到目的，酸度过高则会增加锌粉耗量，一般工厂控制酸化 pH 值为 3.5 ~ 4.0。

如果采用一次加锌粉同时除 Cu 和 Cd，一般要求锌粉的粒度为 -0.149 ~ -0.125mm。但有的工厂由于浸出液含铜较高，故采用两段分别除铜和镉。例如比利时巴伦电锌厂，当溶液含铜超过 400mg/L 时，首先加粗锌粉沉铜。飞龙实业有限责任公司当溶液含铜超过 500mg/L 时，加入粗锌粉将铜首先沉积下来，产出海绵铜后再将溶液送至除镉工段。在单设的除镉工序则可选用粒度相对较粗的锌粉。

2）搅拌速度

由于置换反应是液相与固相之间的反应，提高搅拌速度有利于增加溶液中 Cu^{2+} 和 Cd^{2+} 与锌粉相互接触的机会，另外，搅拌还能促使已沉积在锌粉表面的沉积物脱落，暴露出锌粉的新鲜表面，有利于反应的进行。同时，加强搅拌更有利于被置换离子向锌粉表面扩散，从而达到降低锌粉单耗的目的。但搅拌强度过高对反应速度的提高并无明显改善，反而增加了能耗，造成净化成本上升，因此选择适宜的搅拌强度是很重要的。为了强化生产，有的工厂在净化除铜、镉时采用流态化净液槽。

锌粉置换除铜、镉时的搅拌方式应该采用机械搅拌，若采用空气搅拌则会使锌粉表面氧化而出现钝化现象，另外，空气中的氧会使已置换析出的铜、镉发生复溶。

3）温　度

提高温度可以提高置换过程的反应速度与反应进行的完全程度，但提高温度也会增加锌粉的溶解以及已沉淀析出的镉的复溶。所以加锌粉置换除 Cu, Cd 应控制适当的反应温度，一般为 60℃ 左右。

研究表明，镉在 40 ~ 45℃ 之间存在同素异形体的转变点，温度过高会促使镉复溶，其实验结果如表 4 - 4 所示。

表 4 - 4　温度升高对镉二价离子复溶进入溶液量 (mg/L) 的影响

温度/℃	60	61	62	63	65	66	67
Cd^{2+} 离子浓度	4	4.5	5	6	9	11	13

4）浸出液的成分

浸出液含锌浓度、酸度与杂质含量及固体悬浮物等，均影响置换反应的进行。浸出液含锌浓度较低则有利于置换过程中锌粉表面 Zn^{2+} 向外扩散，但浓度过低则有利于氢气的析出，从而增大锌粉消耗量。故生产实践一般控制浸出液含锌量在 150～180g/L 为宜。

溶液酸度越高则越有利于氢气的析出，从而产生无益的锌粉损耗，并促使镉的复溶。生产实践中，为使净化溶液残余的 Cu，Cd 达到净化要求，须维持溶液的 pH 值在 3.5 以上。

5）副反应的发生

尽管在浸出过程中已将大部分的 As，Sb 通过共沉淀的方法除去，但仍有一定量的 As，Sb 存在于浸出液中，置换过程中尤其在酸度较高的情况下，将发生如下的反应：

$$As + 3H^+ + 3e \rightarrow AsH_3 \uparrow$$

$$Sb + 3H^+ + 3e = SbH_3 \uparrow$$

在实际溶液 pH 值条件下，不可避免地产生剧毒的 AsH_3 和 SbH_3 气体(后者很不稳定，在锌电积条件下 SbH_3 容易分解)，因此，应在浸出段尽可能将砷、锑完全除去。另外，在生产中应加强工作场地的通风换气，确保生产安全。

4.2.3　镉复溶及避免镉复溶的措施

前已述及，镉的复溶与温度有很大的关系，故须控制适宜的操作温度。另外，生产实践表明镉的复溶还与时间、渣量以及溶液成分等因素有关。其中铜、镉渣与溶液的接触时间长短对镉的复溶影响较大，表 4-5 表明净化后液中 Cd^{2+} 的浓度与尚未液固分离的铜镉渣的接触时间的关系。

表 4-5　尚未液固分离的铜镉渣的存放时间对镉复溶量(mg/L)的影响

时间/h	0	1	2	3	4	5	6	7	8
Cd^{2+} 浓度	0.4	1.2	2.3	5.1	11	25	36	50	86

由于置换析出的铜、镉渣与溶液接触的时间越长则置后液含镉越高，故净化作业结束后应快速进行固液分离。生产实践表明，溶液中铜、镉渣的渣量也对镉复溶有很大影响，渣量越多则镉复溶越厉害，故在生产过程中应定期清理槽罐，采用流态化净化时应尽量缩短渣周期。

溶液中的杂质 As，Sb 的存在，不仅增加锌粉的单耗，也促使镉的复溶。因此中性浸出时应尽可能将这些杂质完全除去。此外，还需要控制好中性浸出液中 Cu^{2+} 的浓度，铜离子的浓度控制在 0.2～0.3g/L 为宜。

为尽量避免除铜、镉净化过程中镉的复溶，生产实践中除控制好操作技术条件外，还须控制好适宜的锌粉过量倍数，有的工厂在除铜、镉中将锌粉分批次投入，并在净化压滤前投入少量锌粉压槽，并通过增加铜、镉渣中的金属锌粉量来减少镉的复溶。

4.2.4　置换法除铜、镉的主要技术条件控制

湿法冶金工厂由于原料差异原因，有的工厂浸出液含铜高，采用二段净化分别沉积铜、镉，但大部分工厂都在同一净化段同时除铜、镉。其主要技术条件列于表 4-6。由于各厂溶液成分有差异，故置换铜镉后液成分亦有不同，且产出的铜镉渣的化学成分也不同，一般来说，铜镉渣含锌38%～42%，含铜4%～6%，含镉8%～16%。产出的铜镉渣送综合回收铜、镉和其他有价伴生金属。

表4-6　置换除铜镉的主要技术条件

项　目	株洲冶炼厂	西北铅锌冶炼厂	祥云飞龙公司	会泽铅锌冶炼厂	美国 Asarco 公司	
					一段除 Cu	二段除 Cd
温度/℃	55~60	50~60	60~65	65~70	60~65	
pH	3.5~4.5	4.8~5.2	4.0~4.5	4.8~5.2	4.0~4.5	4.0~4.5
锌粉用量	喷吹锌粉 2kg/m³	喷吹锌粉的理论量 1.5~2.0 倍	电炉锌粉 1kg/m³	电炉锌粉 1.5kg/m³	锌粉	锌粉
搅拌方式	机械搅拌	流态化	机械搅拌	机械搅拌	机械搅拌	机械搅拌
停留时间/min	60~90	15~20	60~90	60~90	45	90

波兰某电锌厂采用连续两段加锌粉除铜镉(图4-1)。两段分别在串联5个或3个40m³的机械搅拌槽中进行,控制温度为50~55℃。锌粉是先加水浸湿呈悬浮状态再加入净化槽中。生产1t电锌的锌粉消耗量为25~27kg。净化前后溶液成分(g/L)如下:

	Zn	Cd	Cu	Fe	As	Ge	Co	Cl	Mn	Mg
净化前	135	1.2	0.15	0.007	0.0002	0.0004	0.0035	0.15	1.5	14.0
净化后	135	0.0004	0.0001	0.005	0.0001	0.0001	0.0035	0.12	1.6	14.0

这种操作工艺适宜于处理含镉高而含钴及其他杂质较少的浸出液。

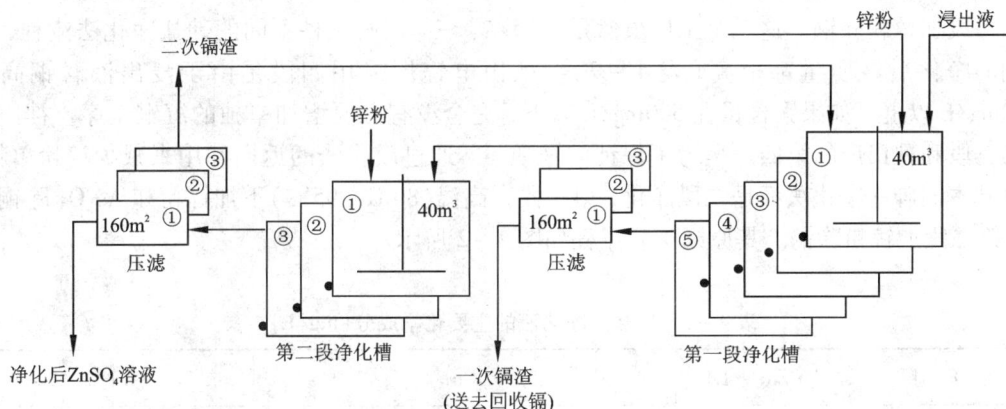

图4-1　波兰某厂两段加锌粉除铜镉的生产工艺流程

4.3　锌粉置换除钴镍

从 Co^{2+}/Co 与 Zn^{2+}/Zn 的标准电极电位来看,溶液中 Co^{2+} 应完全能够被锌粉置换出来,根据理论计算置换后溶液中 Co^{2+} 的浓度可以降到 $5 \times 10^{-12} mg/L$。但是,根据研究与实践证实,即使加入过量很多倍的锌粉,且达到沸腾状态下高温,溶液稍微加以酸化,并且加入可观数量的氢超电压相当高的阳离子(例如,加入含镉0.89g/L的溶液,电流密度在10 A/cm^{2}时的氢超电压为0.918V),也不能使溶液中残余的钴量降到符合锌电积所要求的程度。因此,需要加入其他的活化剂来实现锌粉置换沉钴。常用的方法有砷盐净化法、锑盐净化法、合金锌粉法。

4.3.1　砷盐净化法

砷盐净化法(俗称锌粉 – 砒霜净化法)国内外有多家工厂采用。由于各厂具体情况不同,采用的流程也很不一样。如加拿大埃克斯塔尔电锌厂采用两段周期作业净化法,即第一段高温95℃,加入大于0.23mm的锌粉和 As$_2$O$_3$ 除钴和铜;第二段在75℃时,加入小于0.23mm的锌粉和硫酸铜除镉。日本神冈电锌厂采用三段砷盐净化法,即第一段在80℃加入锌粉与 As$_2$O$_3$ 除钴和铜;第二段在65℃时加锌粉和三次净化渣除镉;第三段在60℃时加锌粉除残余镉。日本秋田电锌厂由于浸出液含铜高,在三段法的基础上又增

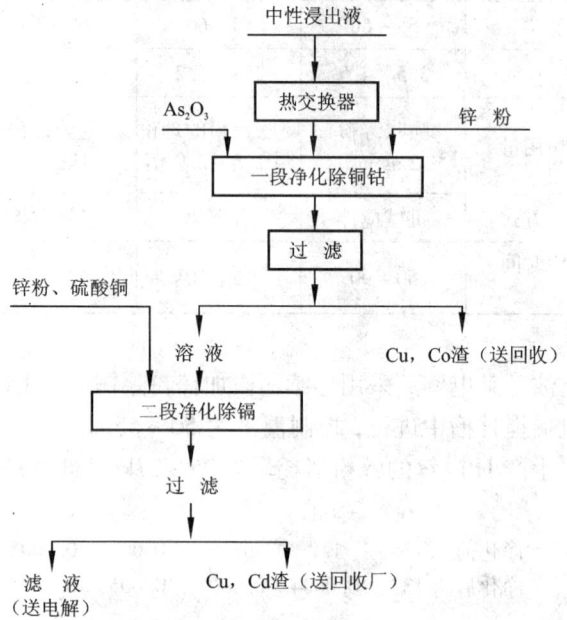

图4 – 2　砷盐锌粉净化法原则工艺流程

加了一段加锌粉除铜。这三个工厂虽然是采用二、三、四段三种不同的砷盐净化法流程,所得到的净化后液质量都很高(表4 – 7)。秋田电锌厂采用四段是由于浸出液含铜高达1000mg/L以上。如果铜含量在500mg/L以下,完全没有必要增加单独的沉铜工序。神冈厂的第三段和秋田厂的第四段是为了保证溶液质量,通过净化渣的返回利用来减少锌粉单耗。所以基本的砷盐净化法都是二段净化,第一段在高温(80℃～95℃)下加锌粉和 As$_2$O$_3$ 除铜与钴;第二段加锌粉除镉。其原则工艺流程如图4 – 2所示。

表4 – 7　砷盐法净化液的主要化学成分(mg/L)

工　厂	Zn(g/L)	Cd	Cu	Co	Fe	As
埃克斯塔尔厂(加)	170	0.5	0.1	0.2	15	0.01
神冈厂(日)	–	痕	痕	0.3	3	–
秋田厂(日)	112	0.1	痕	0.8	18	–
鲁尔厂(德)	170	0.28	0.2	0.1～0.2	25	0.02
科科拉厂(芬)	152	0.5	0.1	0.45	28	0.02

采用砷盐净化法除钴，溶液中的 Cu，Ni，Co，As，Sb 几乎完全被除去，而镉留在溶液中。镉为什么不被锌置换出来，可能是在高温下氢在镉上的超电压低，在溶液 pH = 5 时，镉被氧化：

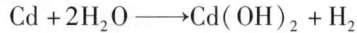

$$Cd + 2H_2O \longrightarrow Cd(OH)_2 + H_2$$

砷盐净化法可以保证溶液中的 Co^{2+}，Ni^{2+} 去除到要求的程度，得到高质量的净化液，Co 和 Ni 的平均含量均小于 1mg/L。但该法存在以下几个方面的缺点：

(1) 溶液含铜离子浓度不足时需补加铜；

(2) 得到的 Cu – Cd 渣被砷污染，不利于综合回收有价金属；

(3) 作业过程要求高温(80℃以上)，蒸汽能耗较高；

(4) 净液过程中产生剧毒的 AsH_3 气体；

(5) 需在净化作业结束后迅速进行固液分离，否则会导致某些杂质的返溶。

由于砷盐净化存在上述缺点，与目前较为普遍采用的锑盐净化法相比并无更多的优势，故国内一般湿法冶金工厂均不采用砷盐净化法。

4.3.2 锑盐净化法及合金锌粉法

锑盐净化法是在净化的第一段低温下(50℃ ~60℃)加锌粉置换除铜镉；第二段在较高温度下(85℃)加锌粉与锑活化剂除钴及其他杂质。与砷盐法净化法相比，锑盐净化法所采用的高低温度恰好倒过来，即第一段为低温，第二段为高温，故称逆锑盐净化。

锑盐净化的除钴活化剂除以 Sb_2O_3 作为锑活化剂外，有些工厂采用锑粉或其他含锑物料，如酒石酸锑钾(俗称吐酒石)或锑酸钠。国内外也有一些工厂采用的是含铅1% ~2%，含锑0.3% ~0.5% 的 Zn – Pb – Sb 合金锌粉来净化除钴，但究其原理，仍属锑盐工艺。与砷盐净化法相比较，锑盐净化有如下优点：

(1) 不需要加铜，在第一段中已除去镉，减少了镉进入钴渣量，镉的回收率较砷盐净化法高，可达60%；

(2) 铜、镉除去后，加锑除钴的效果更好，含钴量高达 15 ~ 20mg/L 时也能达到好的效果；

(3) 由于 SbH_3 比 AsH_3 容易分解，产生剧毒气体的危害性较小，劳动条件大为改善；

(4) 锑的活性大，添加剂消耗少。

由于逆锑盐净化具有上述优点，故该法在湿法炼锌工厂中得到了广泛的应用。工厂一般采用三段净化工艺流程，其过程如下：第一段在50℃ ~60℃时加锌粉除 Cu，Cd，一般锌粉加入量控制为理论量的 2 倍，固液分离所得的 Cu – Cd 渣送综合回收提取镉。一段净化后的过滤液通过热交换器(如板式换热器或蒸汽蛇形盘管)加热到85℃左右，加入锌粉与锑活化剂除钴、镍等杂质，固液分离所得的滤渣送去提钴。第三段净化加锌粉除残余杂质，得到含锌较高的净化渣返回除铜、镉段。采取该法净化后液中的 Cu，Cd，Co，Ni 的含量都可以降到1mg/L 以下，电锌质量明显提高，能耗降低。

我国西北铅锌冶炼厂原设计为二段逆锑净化流程，为了提高净化液质量于1998 年通过技术改造，改为三段逆锑盐净化流程，与1993 年投产的葫芦岛锌厂电解锌分厂的净化流程相同，其工艺流程如图4 – 3，各段操作条件见表4 – 8。

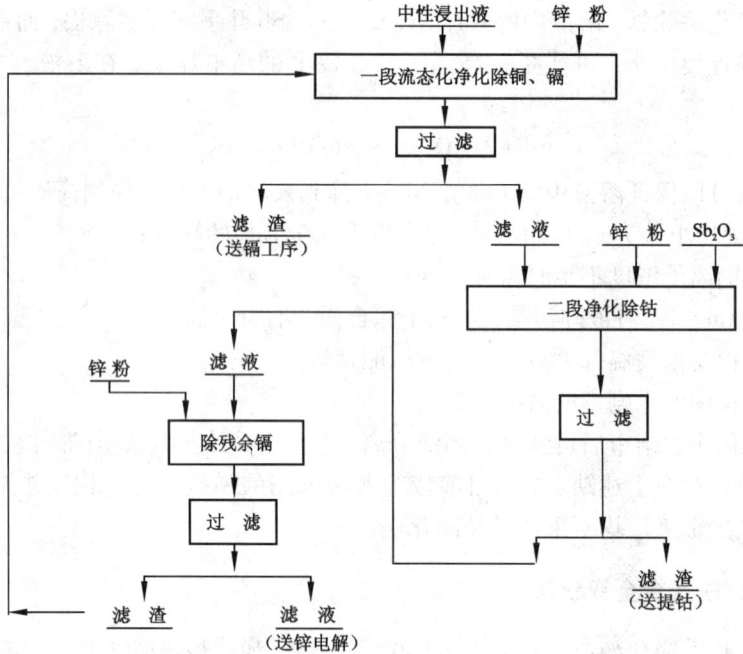

图 4 - 3 西北铅锌冶炼厂净化工艺流程

表 4 - 8 西北铅锌冶炼厂的净化操作条件

项 目	第一段除铜镉	第二段除钴	第三段除残镉
温度/℃	50 ~ 60	85 ~ 90	70 ~ 75
pH	4.8 ~ 5.2	5.0 ~ 5.4	5.0 ~ 5.4
添加剂	喷吹锌粉用量为除铜镉理论量的 1.5 ~ 2 倍	电炉锌粉 1.5kg/m³ 喷吹锌粉 1.0kg/m³ Sb_2O_3 1.5kg/m³	喷吹锌粉 0.5kg/m³
搅拌方式	流态化	机械搅拌(83r/min)	机械搅拌(83r/min)
作业时间/min	15 ~ 20	90	30

我国株洲冶炼厂Ⅱ系统采用三段连续逆锑盐净化流程与葫芦岛锌厂和西北冶炼厂相似，除钴段添加的活性剂为酒石酸锑钾，该厂净化各段操作条件见表 4 - 9。

表 4 - 9 株洲冶炼厂逆锑盐净化各段的技术参数

项 目	第一段除铜镉	第二段除钴	第三段除残镉
温度/℃	55 ~ 60	85 ~ 90	70 ~ 80
pH	3.5 ~ 4.5	3.5 ~ 4.5	5.0 ~ 5.4
添加剂	喷吹锌粉 2kg/m³	喷吹锌粉 4kg/m³ 酒石酸锑钾 3kg/m³	喷吹锌粉 1kg/m³
搅拌方式	机械搅拌	机械搅拌	机械搅拌
作业时间/min	60 ~ 90	150 ~ 180	60 ~ 90

锑盐净化除采用传统的三段净化流程外，也有部分工厂将三段流程改为二段净化流程。如祥云飞龙有限责任公司和会东电锌厂均采用该法，其工艺过程如下：第一段维持80℃以上的高温条件下加锌粉、硫酸铜和酒石酸锑钾除铜、镉、钴，产出的净化渣送去提镉回收铜、钴；第二段在60℃~70℃的温度条件下加锌粉除残余镉，产出的净化液也完全满足电解沉积的要求。该工艺方法的操作条件如表4-10。

表4-10 飞龙实业有限责任公司二段净化的技术参数

项　目	一段净化	二段净化
温度/℃	80~85	60~70
pH	4.5~5.2	4.5~5.2
作业时间/min	120~180	30~60
净液槽容积/m³	45	45
搅拌转速/(r·min⁻¹)	108	108
添加剂	电炉锌粉 3-4kg/m³，酒石酸锑钾 2kg/m³，硫酸铜按理论量加入	电炉锌粉 1kg/m³
中浸液成分	Zn 135~145g/L, Cu 300~350mg/L, Cd 0.8~0.9g/L, Co 8~12mg/L, Ni 14~16mg/L	
净化后液成分	Zn 140~150g/L, Cu≤0.2mg/L, Cd≤1.0mg/L, Co≤1.5mg/L, As≤0.2mg/L, Sb≤0.3mg/L	

生产实践表明，采用二段锑盐净化完全能产出合格的净化液，其操作步骤类似于砷盐净化法，但浸出液杂质成分不宜过高，否则锌粉单耗大，所产出的净化渣在后续处理时流程较为复杂，将可能导致钴、镍等杂质在系统中闭路循环，需加以妥善解决。

由于钴的析出超电压较大，氢的超电压又比较低，故须在净化除钴时添加活化剂才能达到除钴的目的。锑盐净化中除需控制好操作技术条件外，还需维持一定的Sb/Co量比，一般工厂控制为0.6~1。

我国柳州锌品厂的净化过程为第一段加普通锌粉；第二段加普通锌粉与合金锌粉除钴，普通锌粉与合金锌粉的用量比为1:1，合金锌粉含Sb 1.5%~2.5%，含Pb 0.15%~0.25%。

近年来我国湿法炼锌厂越来越广泛地用电炉锌粉代替喷吹锌粉。由于电炉锌粉其粒度较细，反应比表面积大，且锌粉中含有一定量的Pb, As, Sb, Sn等成分，具有合金锌粉的特性，在净化除钴时可降低除钴的锌粉单耗，取得了良好的收效。

澳大利亚里斯顿电锌厂采用逆锑净化流程，经过实验室和半工业试验进行了许多改进，其净化流程如图4-4所示。

该流程的主要特点如下：

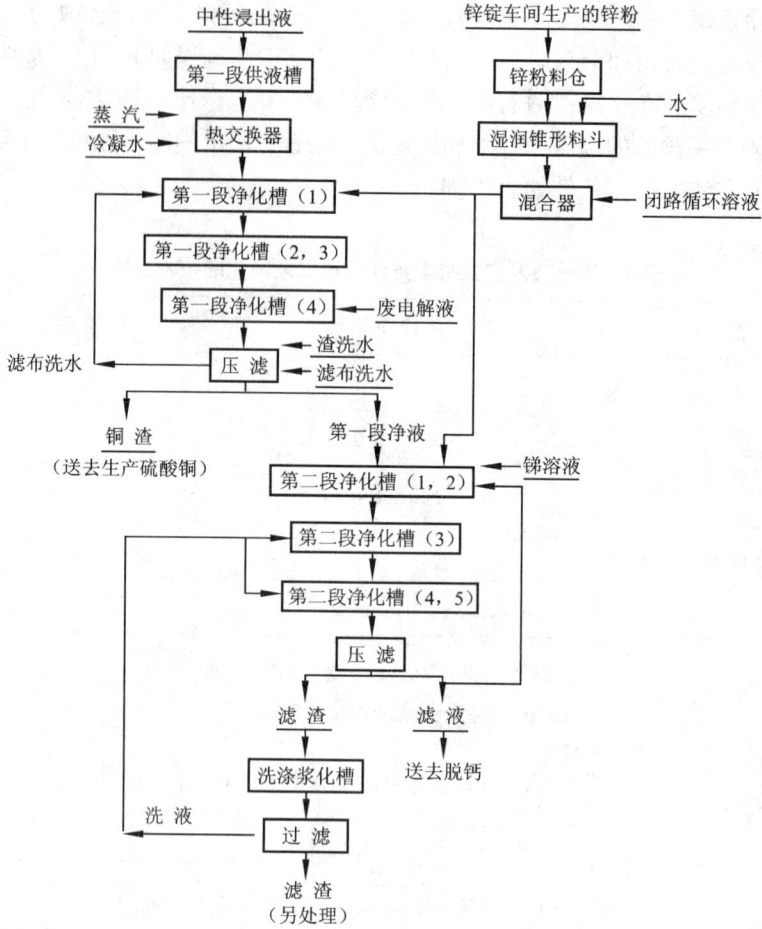

图4-4 澳大利亚里斯顿电锌厂两段逆锑净化流程

（1）第一段维持80℃以上的高温条件下加锌粉除铜，以保证被置换出来的镉迅速返溶，便可产出高品位的铜渣，进一步处理后获得硫酸铜产品。同时在4台可利用的净化槽中有3台运转，被置换出的铜渣在槽内停留时间达到80min左右，使渣中的镉足以返溶。产出的铜渣成分如下：80% Cu，2.3% $Zn_总$，0.3% $Zn_水$，1% ~2% Cd，0.3% Co，1.2% Pb。

（2）第二段维持80~82℃的高温条件下，加细锌粉和锑活化剂进行净化，除去钴、镉、镍和残余的铜。细锌粉的粒径为17~24μm，较粗的细锌粉为30~35μm。锌粉含铅量0.8% ~0.9%。采用这种含铅细锌粉不仅可以避免镉的返溶，也可以减少锌粉消耗。锑活化剂加入量为0.65~1.3mg/L，溶液中的Pb^{2+}（呈$PbSO_4$）控制在10~20mg/L。产出的第二次置换渣成分：19% Cd，1.0% Co，55% Zn，送去生产镉。

（3）锌粉加水润湿后呈悬浮状态加入，并严格根据在线分析溶液成分来控制加入量。

4.4　有机试剂法除钴、镍

有机试剂沉淀法除钴是通过试剂与溶液中钴、镍等杂质形成难溶的化合物被除去的方法。目前在生产上应用的有机试剂除钴法有黄药除钴和 α 亚硝基 $-\beta$ 萘酚除钴法。

4.4.1　黄药除钴法

黄药是一种有机试剂,其中黄酸钾(C_2H_5OCSSK)和黄酸钠($C_2H_5OCSSNa$)被应用于湿法炼锌过程中的净化除钴。其机理在于黄药能与溶液中的钴镍等重金属形成难溶的络盐沉淀。黄药与重金属形成黄酸盐的溶度积如表4-11。

表 4-11　重金属黄酸盐的溶度积

黄酸盐	溶度积	黄酸盐	溶度积
$Cu(C_2H_5OCSS)_2$	5.2×10^{-20}	$Fe(C_2H_5OCSS)_3$	10^{-21}
$Cd(C_2H_5OCSS)_2$	2.6×10^{-14}	$Co(C_2H_5OCSS)_2$	5.6×10^{-9}
$Zn(C_2H_5OCSS)_2$	4.9×10^{-9}	$Co(C_2H_5OCSS)_3$	$10^{-13} \sim 10^{-14}$
$Fe(C_2H_5OCSS)_2$	8×10^{-8}		

从表4-11可看出,比锌的黄酸盐难溶的有 Cu^{2+}, Cd^{2+}, Fe^{3+}, Co^{3+} 的黄酸盐。所以加入黄药便可以除去锌浸出液中的杂质金属离子。

黄药除钴实质是在硫酸铜存在的条件下,溶液中的硫酸钴与黄药发生化学反应,生成难溶的黄酸钴沉淀。其反应的化学方程式如下:

$$8C_2H_5OCS_2Na + 2CuSO_4 + 2CoSO_4 = Cu_2(C_2H_5OCS_2)_2 \downarrow + 2Co(C_2H_5OCS_2)_3 \downarrow + 4Na_2SO_4$$

从以上的化学反应方程式可以看出,$CuSO_4$ 在除钴过程中使二价钴氧化为三价钴,是一种氧化剂。其他的氧化剂如 $Fe_2(SO_4)_3$ 和 $KMnO_4$ 也可起同样的作用,但给溶液带来新的杂质。实践证明,用 $CuSO_4 \cdot 5H_2O$(胆矾)作氧化剂其效果最好,故在生产上广泛添加胆矾作氧化剂。在 $ZnSO_4$ 溶液中若不加氧化剂,便会产生大量的白色的黄酸锌沉淀,这说明只有 Co^{3+} 才能优先与黄药作用生成 $Co(C_2H_5OCS_2)_3$ 沉淀。为了使除钴效果更好,常向净化槽中鼓入空气。

由于黄药能与钴以外的其他重金属如铜、镉、铁等发生反应,为减少黄药试剂消耗,应在除钴之前首先将这些杂质尽可能完全除去。

实践证明,黄药除钴的最佳温度应控制在35℃~40℃之间。温度过高会导致黄药分解与挥发,产生一种有臭味的气体,使劳动卫生条件恶化,同时增加黄药消耗并降低除钴效率。温度过低,又会延长作业时间。生产实践中为了加速反应的进行,所有的黄药都是预先配成10%的水溶液。黄药试剂的调配只能用冷水,且不宜放置时间过长,否则会导致黄药的分解而失效,其反应如下:

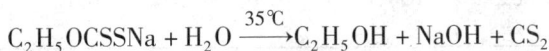

$$C_2H_5OCSSNa + H_2O \xrightarrow{35℃} C_2H_5OH + NaOH + CS_2$$

黄药在酸性溶液中也容易发生分解反应,所以当除钴溶液的 pH 值较低时,便会增加黄药单耗,除钴效率降低。采用黄药除钴时一般控制溶液 pH 值在 5.2~5.4。由于净化液中钴离子浓度较低,仅为 8~15mg/L,要使反应迅速进行而又彻底,必须加入过量的黄药。在生产实践中黄药的加入量为钴量的 10~15 倍,硫酸铜的加入量为黄药的五分之一。

黄药还与 Cu, Ni, Cd, Fe, As, Sb 等发生反应,故综合除杂效果良好。但是由于过量的黄药能够与锌反应生成黄酸锌沉淀，使净化渣中含有大量的锌，导致锌的损失，且净化渣含钴品位低，不利于综合回收有价金属，因此黄酸钴渣需进行酸洗，将净化渣中的锌大部分回收，并有利于钴渣的进一步处理。

由于黄药试剂较为昂贵，且净化过程特别是净化渣酸洗过程中会散发出臭味，劳动条件恶化，故国内仅有少数厂家采用。以株洲冶炼厂为例，第一段采用流态化除铜镉，第二段采用间断操作加黄药除钴，主要操作控制技术参数如下：

一段净化：

流态化净化槽单槽容积/m³	20
处理溶液的能力/(m³·h⁻¹)	60~80
上清溶液中铜镉比	1:(3~4)
反应温度/℃	55~60
锌粉消耗/(kg·m⁻³)	3~4
管式过滤器面积(m²/台)	64
过滤速度/(m³·m⁻²·h⁻¹)	0.4~0.8

二段净化：

机械搅拌反应槽单槽容积/m³	100
反应温度/℃	40~50
溶液 pH 值	>5.4
吨锌试剂单耗	
黄药(kg):	4.5~5.0
硫酸铜(kg):	1.0
作业时间/min	15~20
过滤器面积(m²/台)	97
过滤速度/(m³·m⁻²·h⁻¹)	0.5~0.9

株洲冶炼厂 I 系统浸出上清液与净化后液成分列于表 4-12。所产 Cu-Cd 渣与钴渣成分列于表 4-13。

表 4-12　浸出液与净化液成分(g/L)

溶液	Zn	Fe	Cd	Cu	Ni	Co	Ge	As	Sb
浸出液	130~170	0.025	0.6~1.20	0.15~0.4	0.008~0.012	0.008~0.0025	0.0004	0.00048	0.0005
净化液	140~165	0.03	0.0025	0.002	0.002	0.001	0.00004	0.00024	0.0003

表 4-13　铜镉渣与钴渣的成分(%)

净化渣	Zn	Cd	Cu	Ni	Co	As	Sb	Ge
铜镉渣	40.26	14.31	5.64	0.076	0.0212	0.278	0.088	0.0029
钴渣	16.08	2.306	4.17	0.0022	1.67	0.23	0.1	0.0021

4.4.2　β-萘酚除钴法

1) 除钴机理

β-萘酚是一种灰白色薄片,略带苯酚气味,冶金上用来做除钴试剂及表面活性剂。湿法炼锌电解沉积过程中若加入少量的β-萘酚可改善锌片质量,提高电流效率。

β-萘酚用于净化除钴是因为β-萘酚与$NaNO_2$在弱酸性溶液中生成α-亚硝基-β-萘酚,当溶液pH值为2.5~3.0时,α-亚硝基-β-萘酚与Co^{2+}反应生成蓬松状褐红色络盐沉淀,从而达到净化除钴的目的。其化学反应式为:

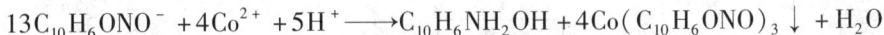

$$13C_{10}H_6ONO^- + 4Co^{2+} + 5H^+ \longrightarrow C_{10}H_6NH_2OH + 4Co(C_{10}H_6ONO)_3\downarrow + H_2O$$

由于α-亚硝基-β-萘酚与溶液中的Co^{2+}的反应很充分,因此采用该法可将钴除得非常彻底。该法与黄药除钴法相比,其劳动条件较好,且不需单设钴渣酸洗,产生的钴渣综合回收较为便利,故国外采用该法的工厂较多,如日本的安中、彦岛,意大利的马格拉港炼锌厂等。我国祥云飞龙公司于2001年开始采用该净化工艺(图4-5)。

2) 工艺技术条件及操作

(1) α-亚硝基-β-萘酚溶液的配制　由于β-萘酚易溶于碱而难溶于水,且$NaNO_2$在碱性溶液中稳定,故除钴液的配制需在NaOH碱性溶液中配制,生产中一般配制成浓度为100g/L的溶液待用。α-亚硝基-β-萘酚性能不稳定,配制成的溶液应避光保存,且放置时间不宜过长,一般不超过2h。

(2) 活性炭的预处理　活性炭中夹带有较多的Fe,As,Sb等杂质,使用前应经过预处理,可用稀硫酸水溶液浸泡,再用水洗烘干待用。若使用木质活性炭吸附,也可不经预处理而直接使用。

(3) 除钴操作与控制　用硫酸将除钴前液酸化至pH值2.8~3.0,根据前液含钴量计算加入的除钴液,除钴过程需监测溶液酸度确保pH值为2.8~3.0,反应时间30min至60min。

祥云飞龙公司的生产实践表明,α-亚硝基-β-萘酚除钴反应过程较为迅速,除钴后液含钴可降至1.0mg/L以下。反应温度对除钴效果影响甚微,但与酸度有关。除钴及吸附工艺技术参数如下:

①除钴

机械搅拌反应槽容积/m^3	35
α-亚硝基-β-萘酚浓度/$(mg \cdot L^{-1})$	100
反应温度/℃	45~55
反应pH值	2.8~3.0
反应时间/min	30~45
α-亚硝基-β-萘酚用量	10~12倍(钴量)
后液含钴/$(mg \cdot L^{-1})$	0.8~1.0

②活性炭吸附

吸附温度/℃	40~45
吸附时间/min	60~90
781活性炭用量/$(g \cdot L^{-1})$	0.8~1.2
吸附后液β-萘酚含量/$(mg \cdot L^{-1})$	≤1.0

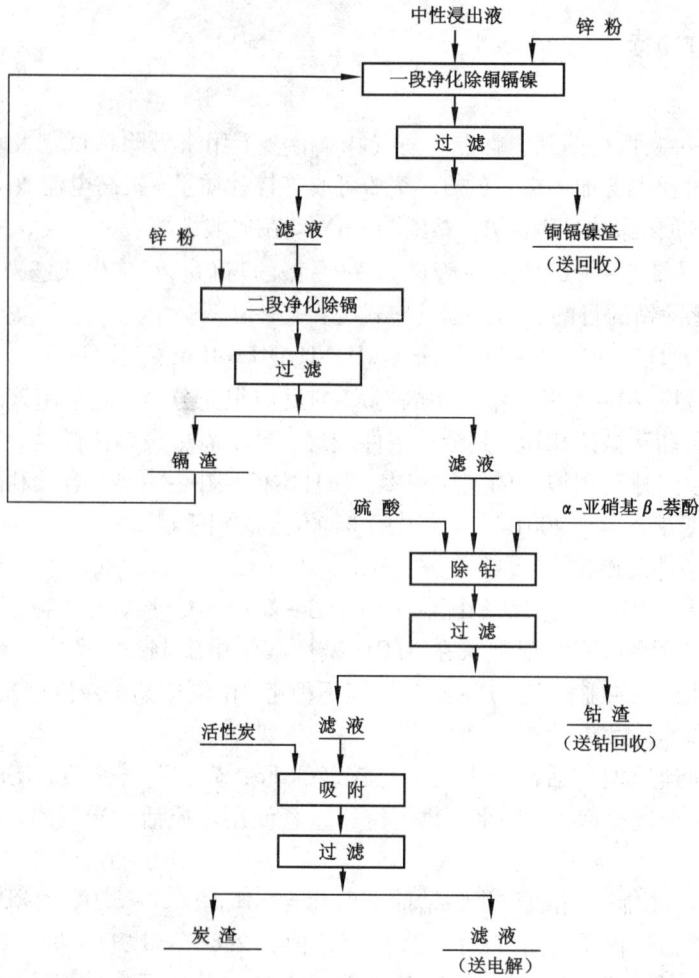

中性浸出液　　　　锌粉

一段净化除铜镉镍

过滤

锌粉　　滤液　　　　　铜镉镍渣
（送回收）

二段净化除镉

过滤

镉渣　　　　滤液

硫酸　　　　　α-亚硝基β-萘酚

除钴

过滤

活性炭　　滤液　　　　钴渣
（送钴回收）

吸附

过滤

炭渣　　　　滤液
（送电解）

图 4-5　α-亚硝基β-萘酚除钴净化工艺流程

　　α-亚硝基-β-萘酚除钴净化生产成本相对较低，工艺条件的控制也较为简单，除钴过程在 60℃以下进行，可降低蒸汽能耗，特别是钴渣可从湿法炼锌系统中单独分离出来，既可避免钴在系统中的循环积累，又便于经煅烧回收钴。但是，与逆锑盐净化法相比，α-亚硝基-β-萘酚除钴法的综合除杂能力相对较差，浸出液中的 Fe，As，Sb，Cd，Ni 等杂质仍需用锌粉置换除去，且净化后液中残留的 β-萘酚会影响电解过程，除钴后液需用活性炭吸附，故该法推广应用受到一定的限制。尽管如此，由于该法对除钴的选择性较强，即便溶液含钴高达 50~100mg/L，也可用该法将钴彻底除去，故与其他净化方法相比，对于高钴溶液的净化仍具有优势。

4.5　除去氟氯及其他杂质的净化方法

　　中性浸出液中的氟、氯、钾、钠、钙、镁等离子含量如超过允许范围，也会对电解过程造成不利影响，可采用不同的净化方法降低它们的含量。

4.5.1　除　氯

一般情况下，氯的主要来源是锌烟尘中的氯化物及自来水中的氯离子。溶液中氯离子的存在会腐蚀锌电解过程的阳极，使电解液中铅含量升高而降低析出锌品级率，当溶液含氯离子高于100mg/L时应净化除氯。常用的除氯方法有硫酸银沉淀法、铜渣除氯法、离子交换法等。

(1)硫酸银沉淀除氯是往溶液中添加硫酸银与氯离子作用，生成难溶的氯化银沉淀，其反应为：

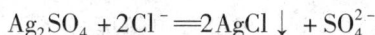

$$Ag_2SO_4 + 2Cl^- = 2AgCl \downarrow + SO_4^{2-}$$

该方法操作简单，除氯效果好，但银盐价格昂贵，银的再生回收率低。

(2)铜渣除氯是基于铜及铜离子与溶液中的氯离子相互作用，形成难溶的氯化亚铜沉淀。用处理铜镉渣生产镉过程中所产的海绵铜渣(25%～30%Cu、17%Zn、0.5%Cd)作沉氯剂，其反应为：

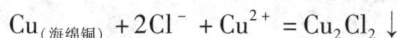

$$Cu_{(海绵铜)} + 2Cl^- + Cu^{2+} = Cu_2Cl_2 \downarrow$$

过程温度45～60℃，酸度5～10g/L，经5～6h搅拌后可将溶液中氯离子从500～1000mg/L降至100mg/L以下。

(3)离子交换法除氯是利用离子交换树脂的可交换离子与电解液中待除去的离子发生交互反应，使溶液中待除去的离子吸附在树脂上，而树脂上相应的可交换离子进入溶液。国内某厂采用国产717强碱性阴离子树脂，除氯效率达50%。

4.5.2　除　氟

氟来源于锌烟尘中的氟化物，浸出时进入溶液。氟离子会腐蚀锌电解槽的阴极铝板，使锌片难于剥离。当溶液中氟离子高于80mg/L时，须净化除氟。一般可在浸出过程中加入少量石灰乳，使氢氧化钙与氟离子形成不溶性氟化钙(CaF)再与硅酸聚合，并吸附在硅胶上，经水淋洗脱氟便使硅胶再生。该方法除氟率达26%～54%。

由于从溶液中脱除氟、氯的效果不佳，一些工厂采用预先火法(如用多膛炉)焙烧脱除锌烟尘中的氟、氯，并同时脱砷、锑，使氟、氯不进入湿法系统。

4.5.3　除钙、镁

电解液中K$^+$，Na$^+$，Mg^{2+}等碱土金属离子总量可达20～25g/L，如果含量过高，将使硫酸锌溶液的密度、粘度及电阻增加，引起沉清过滤困难及电解槽电压上升。

溶液中的K$^+$，Na$^+$离子，如果除铁工艺采用黄钾铁矾法沉铁，它们参与形成黄钾铁矾的反应而随渣排出系统。例如日本安中锌冶炼厂经黄钾铁矾沉铁后，溶液中钾、钠离子由原来的16g/L降至3g/L。

锌电积时，镁应控制在10～12g/L以下，镁浓度过大，硫酸镁结晶析出而阻塞管道及流槽。多数工厂是抽出部分电解液除镁，换以含杂质低的新液。

(1)氨法除镁　用25%的氨水中和中性电解液，其组成为(g/L)：Zn 130～140，Mg 5～7，Mn 2～3，K 13，Na 2～4，Cl 0.2～0.4，控制温度50℃，pH＝7.0～7.2，经1h反应，锌呈碱式硫酸锌[ZnSO$_4$·3Zn(OH)$_2$·4H$_2$O]析出，沉淀率为95%～98%。杂质元素中98%～99%的Mg^{2+}，85%～95%的Mn^{2+}和几乎全部的K$^+$，Na$^+$，Cl$^-$离子都留在溶液中。

（2）石灰乳中和除镁　印度 Debari 锌厂每小时抽出 4.3m³ 废电解液用石灰乳在常温下处理，沉淀出氢氧化锌，将含大部分镁的滤液丢弃，可阻止镁在系统中的积累。或在温度 70~80℃ 及 pH = 6.3~6.7 条件下加石灰乳于废电解液或中性硫酸锌溶液中，可沉淀出碱式硫酸锌，其反应为：

$$4ZnSO_4 + 3Ca(OH)_2 + 6H_2O = ZnSO_4 \cdot 3Zn(OH)_2 \cdot 4H_2O + 3CaSO_4 \cdot 2H_2O$$

其结果是 70% 的镁和 60% 的氟化物可除去。

（3）电解脱镁　在日本彦岛炼锌厂，当电解液中含镁达 20g/L 时采用隔膜电解脱镁工艺，该工艺包括：①隔膜电解，从电解车间抽出部分电解废液送隔膜电解槽，进一步电解至含锌 20g/L；②石膏回收，隔膜电解尾液含 H_2SO_4 200g/L 以上，用碳酸钙中和游离酸以回收石膏；③中和工序，石膏工序排出的废液用消石灰中和以回收氢氧化锌，最终滤液送废水处理系统。

4.6　净化过程的主要设备

净化过程的主要设备为净化槽和过滤器。前者有流态化净化槽和机械搅拌槽；后者用作液固分离，常用压滤机和管式过滤器。

4.6.1　流态化净化槽

我国湿法炼锌厂采用连续流态化净化槽（图 4-6）除铜、镉。锌粉由上部导流筒加入，溶液由下部进液口沿切线方向压入，在槽内呈螺旋上升，并与锌粉呈逆流运动，在流态化床内形成强烈搅拌而加速置换反应的进行。该设备具有结构简单，连续作业，能强化过程，生产能力大，使用寿命长，劳动条件好等优点。

株洲冶炼厂使用的流态化净液槽槽体为钢板焊接，除锥体部分衬胶外其余均衬铅板。西北铅锌冶炼厂和葫芦岛锌厂使用的槽体为不锈钢焊制。各厂使用的流态化槽的主要技术性能是相同的，其性能如下：

设备总高	10130mm
流态化层高度	5900mm
有效容积	20m³
处理溶液的生产能力	60~80m³/h
溶液在流态化层停留时间	3~5min
溶液在槽内停留时间	15~20min
作业温度	55~60℃
放渣周期	4~8h
锌粉搅拌器转速	400r/min

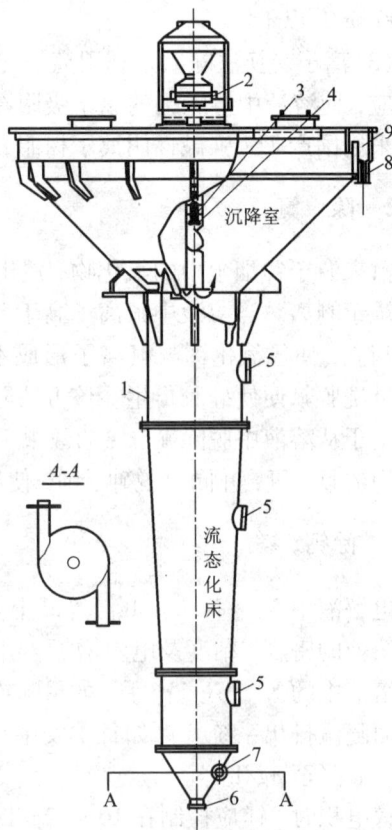

图 4-6　流态化置换槽

1—槽体；2—加料圆盘；3—搅拌机；4—下料圆筒；5—窥视孔；6—放渣口；7—进液口；8—出液口；9—溢流沟

搅拌器桨叶直径　　　　　　160mm
搅拌器电机型号　　　　　　5041～5046，1.0kW

流态化槽为 20m³ 标准设计，需要台数可按单槽生产能力和日需处理上清液量计算。

4.6.2　机械搅拌槽

一般机械搅拌槽容积为 50～100m³，但净化槽趋于扩大化，有 150m³ 及 220m³ 等。槽子材质有木质、不锈钢及钢筋混凝土槽体。槽内搅拌器为不锈钢制品，转速为 45～140r/min。机械搅拌净化槽可单个间断作业，也可几个槽作阶梯排列形成连续作业或用虹吸管连续作业。图 4-7 为我国某厂机械搅拌除钴槽结构图。表 4-14 为部分工厂净化槽规格。

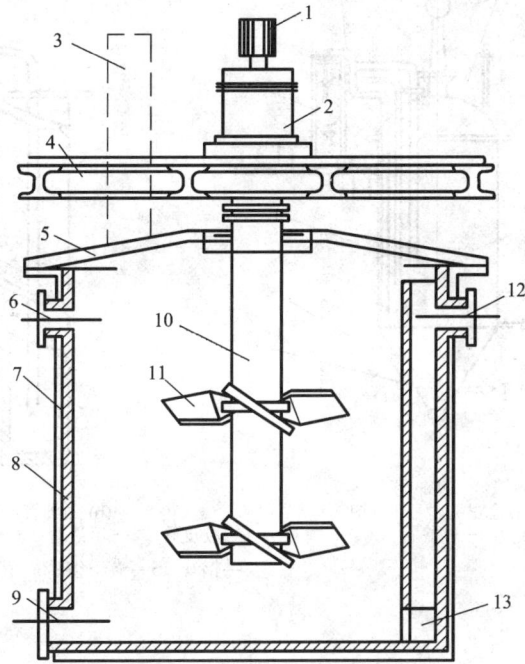

图 4-7　机械搅拌净化槽

1—传动设置；2—变速箱；3—通风孔；4—桥架；5—槽盖；6—进液口；
7—槽体；8—耐酸瓷砖；9—放空口；10—搅拌轴；11—搅拌桨叶；12—出液口；13—出液孔。

表 4-14　部分工厂净化除钴槽规格

项　目	国外1厂	国外2厂	国外3厂	西北铅锌冶炼厂	株洲冶炼厂Ⅰ	株洲冶炼厂Ⅱ
直径/m	9	5.5	6.1(9.1)	6.0	6	5.75
高度/m	3.15	4.7	3.2	4.5	4.5	5.5
有效容积/m³	220	-		100	100	143
材　质	木质	木质	不锈钢	不锈钢	钢筋混凝土	钢筋混凝土
搅拌方式	机械(45r/min)	机械		机械(83r/min)	机械	机械

4.6.3　尼龙管式过滤器

尼龙管式过滤器是我国研制成功的一种高效固液分离设备，由 48 个过滤管组合而成。每个过滤管由钻有小孔的钢管套上铁线网和尼龙滤布袋组合而成。过滤时由真空泵形成的负压进行抽滤，每个过滤管均装有可监测过滤效果的玻璃管和控制闸阀，发现跑浑时可随时将跑浑管隔断而不影响其他过滤管的正常工作。过滤结束后用压缩空气反吹，使渣从滤布表面脱落并从排渣口放出。尼龙管式过滤器的结构如图 4-8，技术规格如表 4-15。

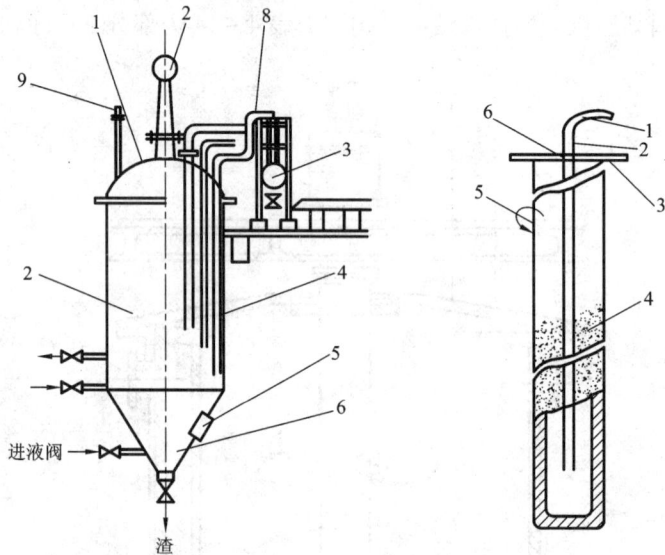

(a) 管式过滤器正视图

(b) 过滤管示意图

1—封头　2—筒体　3—聚流装置　4—过滤管
5—人孔　6—锥底　7—压力表
8—玻璃管　9—安全阀

1—胶皮管　2—出液管　3—盖板
4—钢管　5—涤纶袋　6—吊钩

图 4-8　管式过滤器

表 4-15　管式过滤器的规格

用　途	过滤面积及过滤速度	材　质
一次管式过滤器	64m², 0.4~0.8m³/(m²·h)	罐体钢板
一次洗水管式过滤器	44.2m²	罐体钢板
二次管式过滤器	97m², 0.5~0.9m³/(m²·h)	罐体钢板
二次洗水管式过滤器	97m², 0.5~0.9m³/(m²·h)	罐体钢板

尼龙管式过滤器具有制作较易、过滤速度快、滤液质量好、滤布寿命长、劳动条件好等优点，故国内株洲冶炼厂和会泽铅锌冶炼厂等工厂均使用了该种过滤设备。但是，该设备更换滤布麻烦，且排出的是稀渣，造成运输、储存不方便，其应用推广受到了一定的限制。

4.6.4 厢式压滤机

厢式压滤机的结构与板框压滤机结构相近,其结构示意图如图4-9所示。两种过滤设备的差异主要是滤板的结构不同,与板框压滤机相比,厢式压滤机的滤板兼具滤板和滤框的性能,其凹陷的相连滤板之间形成了单独的滤箱,其滤板厚度达到45mm,甚至达到60mm,故滤板的强度大幅度得到提高,备品备件消耗降低,且设备结构简单,滤布消耗降低,设备运行较为稳定,目前已成为替代板框压滤机的主要过滤设备。

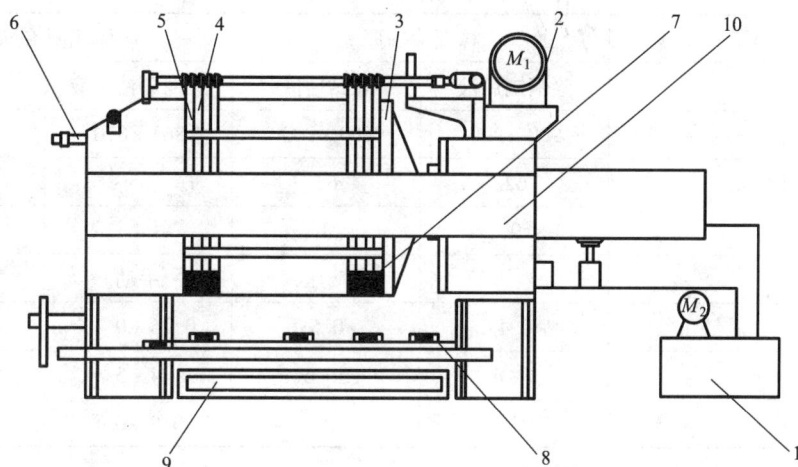

图4-9 厢式压滤机

1—液压系统;2—滤布驱动装置;3—尾板;4—隔膜板;5—滤板(实板);
6—压缩空气进口;7—滤液口;8—滤布洗涤系统;9—接液盘;10—机架

4.6.5 板框压滤机

板框压滤机是湿法炼锌净化工序应用较广的一种液固分离设备,由装置在钢架上的多个滤板与滤框交替排列而成,如图4-10所示。

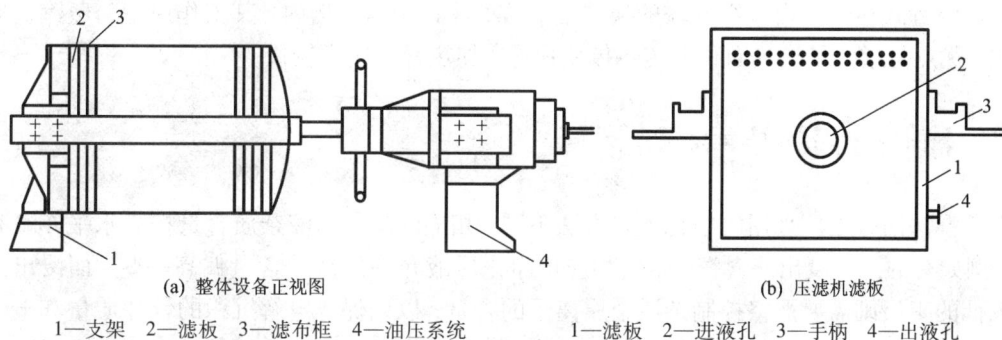

(a) 整体设备正视图

1—支架 2—滤板 3—滤布框 4—油压系统

(b) 压滤机滤板

1—滤板 2—进液孔 3—手柄 4—出液孔

图4-10 板框压滤机

　　每台过滤机所采用的滤板与滤框的数目根据过滤机的生产能力及料液的情况而定,框的数目为 10~60 个,组装时将板与框交替排列,每一滤板与滤框间夹有滤布,将压滤机分成若干个单独的滤室,而后借助油压机等装置将它们压成一块整体。操作压强一般为 0.3~0.5MPa(表压)。板框材质为铸铁、木材、橡胶等,视过滤介质的性质而选定。某厂采用压滤面积为 62m²,压滤速度为 0.4m³/(m²·h),进液压力为 0.3MPa,油压顶紧压力为 30MPa 的过滤机。板框压滤机性能列于表 4-16。

表 4-16　净化过滤用板框压滤机性能

项　目	株洲冶炼厂		原沈阳冶炼厂	
压滤溶液	除铜镉后液	除钴后液	除铜镉钴后液	除镉后液
压滤机板框规格/mm	900×900	900×900	865×870	865×870
每台压滤机面积/m²	62	62	35	20,35
数量/台	9	8	4	
压紧装置	液压	液压	手动	手动
压滤速度/(m³·m⁻²·h⁻¹)	0.4	0.5	0.26~0.37	0.3~0.4
压滤时间(h/次)	3~4	5~6	4~5	6~8
拆装时间(h/次)	1	1	0.5~0.7	0.5~0.7

　　板框压滤机具有结构简单、制造方便、适应性强、溶液质量较好等优点。主要缺点为:间歇作业,装卸作业时间长,劳动强度大,滤布消耗高。

4.6.6　净化过程的加热设备

　　高温净化过程使用的溶液加热设备,以往多使用蒸汽蛇形盘管,由于传热效果差,致使加热升温速度慢,许多湿法炼锌厂都改用加热速度快、热效率高的板式换热器。板式换热器按其工作方式的不同可分为外置式和内置式两种,其中外置式换热器又分为板式换热器和螺旋板换热器两种。螺旋板换热器国内最早由株洲冶炼厂引进使用,而板式换热器则应用较为广泛。内置式换热器由多组并联的换热器组成,放置于净液槽内,其工作原理与蒸汽蛇形管相似,优点是增大了换热面积和传热传质速度,加热升温速度较快。

4.7　净化过程的技术经济指标

　　各湿法冶金工厂采用的净化工艺方法不同,相应的净化后液杂质含量控制水平亦略有不同,例如有的工厂浸出液含锌较高,相应地净化后液允许的杂质含量偏高一些,而浸出液含锌较低的工厂则需要严格控制杂质金属离子的含量,以确保锌电解沉积的锌片质量和电流效率。近年来世界上一些湿法炼锌厂净化后液成分列于表 4-17。我国某些工厂净化后液成分见表 4-18,其主要技术经济指标见表 4-19。

表4-17　世界上一些湿法炼锌厂净化后液成分统计数据

组　成	含　量		组　成	含　量	
	波动范围	平均成分		波动范围	平均成分
Zn(g/L)	130~180	151.60	Sb(mg/L)	0.001~11	0.578
Cd(mg/L)	0.0~3.9	0.71	Mg(g/L)	0.87~18.0	10.06
Fe(mg/L)	0.1~60.0	7.49	F(mg/L)	0.51~194	20.48
Co(mg/L)	0.01~2.00	0.27	Cl(mg/L)	55~1100	229.7
Ni(mg/L)	0.0~1.0	0.12	Mn(g/L)	0.037~14.5	4.60
Ge(mg/L)	0.0~1.0	0.02			

表4-18　我国湿法炼锌厂净化后液成分

成分	株洲冶炼厂I系统	株洲冶炼厂II系统	祥云飞龙公司	西北铅锌冶炼厂	柳州锌品厂	开封炼锌厂	会泽冶炼厂
Zn(g/L)	140~170	130~170	125~135	150~170	135~140	130~150	120~130
Cu(mg/L)	≤0.2	≤0.2	≤0.15	≤0.1	0.1	0.5	<0.5
Cd(mg/L)	≤1.5	≤1.0	≤0.8	≤0.8	1	2	<4
Co(mg/L)	≤1.0	≤1.0	≤1.5	≤0.7	1	2	<4
Ni(mg/L)	≤1.5	≤1.0	≤1.0	≤0.7	0.1	5	
As(mg/L)	≤0.24	≤0.24	≤0.2	≤0.05	0.061	0.06	
Sb(mg/L)	≤0.3	≤0.3	≤0.3	≤0.1	0.02	0.1	
Ge(mg/L)	≤0.05	≤0.04	≤0.005		0.04		
Fe(mg/L)	≤20	≤20	≤10	≤20	18	10	<30
F(mg/L)	≤50	≤50	≤50	≤30		50	<50
Cl(mg/L)	≤200	≤200	≤180	≤200		150	<80
Mn(g/L)	2~5		8~16	4~5	3~4	3~5.5	

表4-19　我国一些湿法炼锌厂净化过程的技术经济指标

厂　名	净化方法及段数	生产1t锌的锌粉消耗/kg	生产1t锌的添加剂消耗/kg	锌回收率/%
株洲冶炼厂I系统	锌粉-黄药法两段间断	喷吹锌粉40~45	黄药4.5~5 CuSO₄0.5~1	99.5
株洲冶炼厂II系统	锌粉-锑盐法三段连续	喷吹锌粉≤60	酒石酸锑钾≤0.03	
西北铅锌冶炼厂	锌粉-锑盐法三段连续	喷吹锌粉15~20 合金锌粉25~30	Sb₂O₃0.016~0.02	99.3

续上表

厂　名	净化方法及段数	生产1t锌的锌粉消耗/kg	生产1t锌的添加剂消耗/kg	锌回收率/%
原沈阳冶炼厂	锌粉－砷盐法两段间断	锌粉 50～60	As_2O_3 2.4～2.6 $CuSO_4$ 4～12	
柳州锌品厂	锌粉－锑盐法两段间断	喷吹锌粉 20～21 合金锌粉 20～21	$KMnO_4$ 0.1～0.2	
会泽冶炼厂	锌粉－黄药法两段间断	锌粉 30	黄药2，$CuSO_4$ 1.5，$KMnO_4$ 0.13	

　　根据统计资料，目前世界上有75%的湿法炼锌厂采用连续二段净化方法。净化阶段的反应时间为1.6～11.0h，平均为8.2h，净化温度为50～98℃，平均温度74℃；75%的工厂除钴活化剂采用锑或砷的氧化物，添加锑试剂时的温度为63～90℃，平均温度为80℃。

　　生产1t锌的锌粉消耗，已由上世纪80年代的16～150kg，降到90年代的2.7～88.8kg，平均为47.9kg；其他试剂的消耗（kg）为：As_2O_3 1.0，　Sb_2O_3 0.021，　β 萘酚 0.9，$CuSO_4$ 2.0

撰稿人：顾　聪　宝国锋
审稿人：彭容秋　王建铭　郭天立

5 硫酸锌溶液的电解沉积

在 $ZnSO_4$ 和 H_2SO_4 水溶液中，采用 Pb – Ag 合金为阳极，纯铝作阴极，通以直流电进行电解，在阴极析出锌，在阳极产生氧气，与此同时，湿法炼锌工艺锌焙砂浸出过程所消耗的硫酸在此电解液中得到再生：

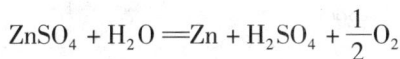

$$ZnSO_4 + H_2O = Zn + H_2SO_4 + \frac{1}{2}O_2$$

5.1 锌电解液成分及锌电积生产过程

5.1.1 锌电解液

锌电解液除主要成分硫酸锌、硫酸和水外，还存在少量杂质金属的硫酸盐及部分阴离子（主要为氯离子和氟离子），某些工厂电解液的主要成分列于表 5 – 1。表 5 – 2 列举了部分工厂电解液杂质允许含量。

表 5 – 1 某些工厂电解液成分（g/L）

工　厂	中性新液	流入电解液		流出电解液		
	Zn	Zn	H_2SO_4	Zn	H_2SO_4	Mn
株洲冶炼厂（中）	150	58	160	50	175	2.5 – 5.0
神冈冶炼厂（日）	169	60	170	55	177	–
饭岛厂（日）	150	–	–	60	165	–
安中厂（日）	160	–	–	55 – 60	160 – 170	3.0
西北铅锌冶炼厂（中）	165 – 175	63	175	58	185	3.5 – 6.0

目前锌电解液中锌的浓度一般波动在 40 ~ 60g/L 范围内，而硫酸浓度则趋于逐步提高，已从 110 ~ 140g/L 提高到 170 ~ 200g/L。对于杂质的含量各厂也有不同要求。加拿大一家锌厂在进行改造时曾做过调查，为了适应电流密度大幅度提高，对电解液中杂质含量（mg/L）要求更严格：

Cd < 0.3，Co < 0.3，Sb < 0.03，Ge < 0.03，Fe < 10，Cl < 50 ~ 100，F < 10，Mn < 1.8g/L

表5－2　电锌厂对电解液杂质允许含量(mg/L)的要求

元　素	新液中杂质允许含量	杂质实际含量			
		株洲冶炼厂	巴伦厂	神冈厂	西北铅锌冶炼厂
As	0.05	≤0.24	0.01	–	≤0.05
Sb	0.05	≤0.3	0.01	–	≤0.10
Ge	0.005	≤0.05	0.01	–	–
Co	0.1	<1	0.2	<0.1	≤2.0
Ni	0.1	≤2	0.1	<0.01	≤1.0
Cl	100	≤200	–	17	<450
F	50	≤50	–	1.0	<50
Cu	0.05	<0.2	0.1	0.2	≤0.80
Cd	0.3	≤1.5	0.3	<0.1	≤2.0
Pb	0.04	–	–	–	<10
Fe	<20	≤20	10	10	≤10

5.1.2　锌电积生产过程

　　硫酸锌溶液的电积过程是将已经净化好的硫酸锌溶液(新液)以一定比例同废电解液混合后连续不断地从电解槽的进液端送入电解槽内。

　　铅银合金板(含银量约1%)阳极和压延铝板阴极,并联交错悬挂于槽内,通以直流电,在阴极析出金属锌(称阴极锌或析出锌),在阳极则放出氧气。随着电积过程的不断进行电解液含锌量逐渐减少,而硫酸含量则逐渐增多,为保证电积条件的稳定,必须不断地补充新液以维持电解液成分稳定不变。电积一定时间后,提出阴极板,剥下压

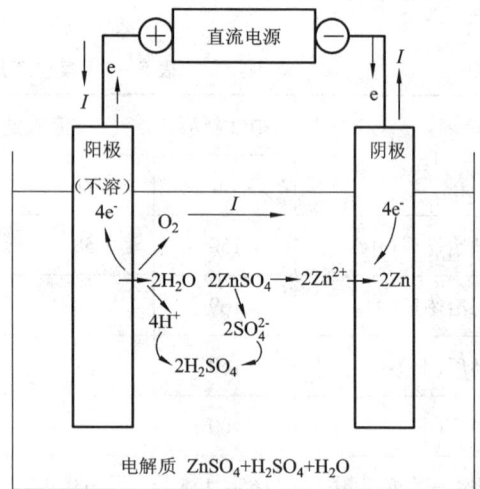

图5－1　从硫酸锌溶液电积锌的电化学系统

延铝板上的析出锌片送往熔铸工序。锌电解沉积的电化学体系如图5－1所示。一般生产流程见图5－2。

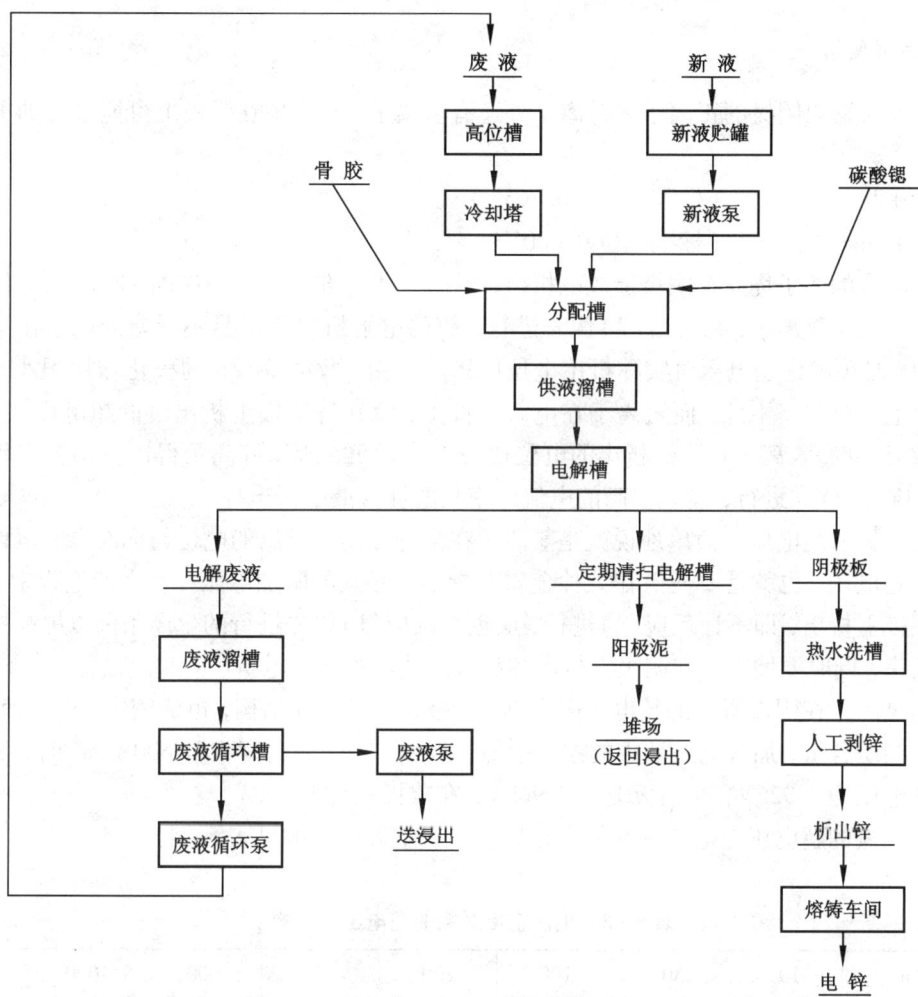

图 5-2　从硫酸锌溶液电积锌的生产流程

5.2　锌电积过程的理论基础

锌电解液的主要成分是硫酸锌、硫酸和水，当通以直流电时带正电荷的离子移向阴极，带负电荷的离子移向阳极，并分别在阴、阳极上放电。其主要电极反应如下：

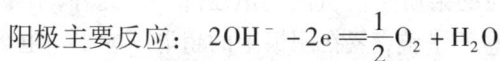

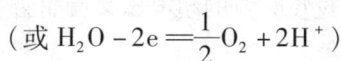

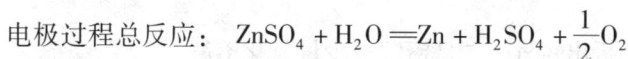

阴极主要反应：　$Zn^{2+} + 2e = Zn$

阳极主要反应：　$2OH^- - 2e = \frac{1}{2}O_2 + H_2O$

$$（或\ H_2O - 2e = \frac{1}{2}O_2 + 2H^+）$$

电极过程总反应：　$ZnSO_4 + H_2O = Zn + H_2SO_4 + \frac{1}{2}O_2$

当电解液中杂质金属离子超过允许含量时，也参与放电，会使锌电积过程变得复杂。

5.2.1　阴极反应

在电解时移向阴极的正离子除锌离子外还有氢离子。因此，在阴极上可能进行如下两个反应：

$$Zn^{2+} + 2e = Zn \qquad （标准电位 -0.763V） \tag{1}$$

$$2H^+ + 2e = H_2 \qquad （标准电位 0.000V） \tag{2}$$

较正电位的离子优先在阴极上放电析出，根据上述标准电极电位判断，在阴极上优先放电析出的应当是氢离子，即反应(2)优先进行，锌的电解析出似乎是不可能的。但在实际电解过程中，必须考虑超电压对实际析出电位的影响。由于 $Zn^{2+} \rightarrow Zn$ 的极化作用很小，故析出锌的超电压可忽略不计，而氢离子在电解条件下，氢在锌阴极上析出时的超电压很大（约 1.1V），结果使得氢离子在阴极析出的电位比锌离子更负，所以锌离子得以在阴极上优先析出，即反应(1)优先进行，能以很高的电流效率从酸性溶液中析出锌。

什么是氢的超电压？简单地说就是氢离子在某种金属上析出的电位与标准电极电位之差叫做氢的超电压，也就是要使氢在某种金属上析出所必须的附加电压。在生产过程中，要使氢不在阴极上析出，即不让反应(2)进行，应创造反应(1)优先进行的生产条件以提高析出锌的电流效率，同时要增大氢在阴极上析出的超电压使氢难于放电析出。

影响氢离子在阴极析出的超电压因素有：阴极材料及表面结构，电流密度，电解液温度，电解液中杂质含量，加入电解液中的添加剂等。例如，在电流密度 $D_k = 500A/m^2$ 时，氢在锌板上的超电压为 0.926V，在铝板上为 0.968V，在镍板上为 1.890V。

实测的氢的超电压随电流密度的变化见表 5-3，温度影响见表 5-4。

表 5-3　电流密度对氢的超电压的影响

$D_k/(A \cdot m^{-2})$	10	50	100	200	400	600	1000	2000
η_H/V	0.83	0.95	1.01	1.05	1.10	1.13	1.17	1.22

表 5-4　电解液温度对氢的超电压的影响（$D_k = 500A/m^2$）

电解液温度/℃	20	40	60	80
η_H/V	1.164	1.105	1.076	1.070

实践证明，氢在锌阴极上析出的超电压随着电流密度的增大、电解液温度下降以及加胶量的增加而增大。锌离子浓度增高，溶液中存在的杂质则使氢的超电压降低。此外，阴极表面结构状态对氢的超电压也有影响，阴极表面愈不平整，氢在阴极上的超电压愈小。电解液中添加适当的胶量，可增大氢的超电压，但过量时氢的超电压又反而会下降。

5.2.2　阳极反应

在阳极上主要有两类反应，一是析出氧气，二是铅阳极少量氧化溶解。

析出氧的反应有：

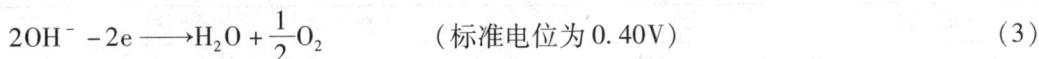

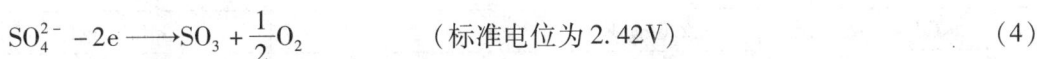

$$2OH^- - 2e \longrightarrow H_2O + \frac{1}{2}O_2 \qquad （标准电位为0.40V） \qquad (3)$$

$$SO_4^{2-} - 2e \longrightarrow SO_3 + \frac{1}{2}O_2 \qquad （标准电位为2.42V） \qquad (4)$$

根据在阳极上较负电位的离子优先放电的原理，(4)式不可能发生。(3)式进行的结果使溶液中氢离子数增加，从而与硫酸根离子结合形成硫酸，这是锌焙砂浸出过程中所需要的。与氢在阴极上析出一样，氧在阳极上析出也有较高的超电压存在。表5-5列出了氧在一些电极上的超电压。

表5-5　25℃时氧在金属上的超电压

金 属	Au	Pt	Cd	Ag	Pb	Cu	Fe	Co	Ni
超电压/V	0.52	0.44	0.42	0.40	0.30	0.25	0.23	0.13	0.12

氧的超电压愈大，在阳极上析氧更困难，致使槽电压升高，电能消耗增加，因此，在生产中力求降低氧的超电压。阳极上析出的氧气消耗于下列三个方面：

①大部分氧气析出后从电解液中逸出，形成酸雾。

②一部分氧与电解液中的硫酸锰起化学反应，其反应为

$$2MnSO_4 + 3H_2O + 5/2O_2 = 2HMnO_4 + 2H_2SO_4$$

反应生成的高锰酸根离子(MnO_4^-)使无色硫酸锌溶液变成紫红色。同时高锰酸根又继续与硫酸锰作用，反应生成二氧化锰，MnO_2一部分粘附在阳极上，一部分沉于槽底成为阳极泥。

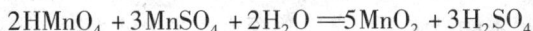

$$2HMnO_4 + 3MnSO_4 + 2H_2O = 5MnO_2 + 3H_2SO_4$$

③少部分氧气与铅阳极表面作用，反应生成的二氧化铅有保护阳极不受腐蚀的作用。

$$Pb + O_2 = PbO_2$$

铅阳极溶解的反应为：

$$Pb - 2e = Pb^{2+}$$

根据阳极放电反应先后次序，在阳极表面首先是铅的溶解，而不是析出氧气。但在生产实践中，由于阳极表面上生成一层二氧化铅膜而钝化，还有上述反应生成的二氧化锰覆盖其上，防止了阳极铅的进一步溶解。

5.2.3　电解液中的杂质在电积过程中的行为

在生产实践中，常常由于电解液含有某些杂质而严重影响析出锌的结晶状态、电积过程的电流效率和电锌的质量，杂质金属离子在阴极放电析出是影响锌电积过程的主要因素。

杂质金属离子能否在阴极上析出，取决于其平衡电位的大小、锌离子浓度和杂质离子浓度，因此，在生产中必须控制电解液中杂质含量在一定范围内。表5-6为某厂电解新液成分实例。

表 5-6　某厂电解新液成分实例

元　素	含　量	元　素	含　量
Zn	140 ~ 165g/L	Co	≤2. 0mg/L
Cd	≤2. 0mg/L	Ni	< 1. 0mg/L
Cu	≤0. 30mg/L	Ca	约 1g/L
Fe	< 10mg/L	Mg	5 ~ 15g/L
Mn	3. 5 ~ 6g/L	Na, K	17 ~ 20g/L
As	< 0. 05mg/L	Cl	< 450mg/L
Sb	< 0. 10mg/L	F	< 50mg/L

1) 比锌正电性的杂质的影响

电解液中常见的电位比锌更正的杂质有铁、镍、钴、铜、铅、镉、砷、锑等。

铁　存在于硫酸锌溶液中的亚铁离子在阳极被氧化:

$$Fe^{2+} - e = Fe^{3+}$$

使锌返溶, 即 $Zn + Fe^{3+} = Zn^{2+} + Fe^{2+}$ 。

三价铁离子在阴极发生还原反应:

$$Fe^{3+} + e = Fe^{2+}$$

这样还原、氧化反复进行, 使阴板析出锌产量下降, 无效消耗电能, 致使电能消耗增加。当含铁量达 100mg/L 以上时, 析出锌的质量将有所降低。生产中要求电解液中含铁量小于 20mg/L。

钴　电解液中的钴离子对电积锌过程危害很大, 能使析出的锌强烈地反溶解(工厂称之为烧板)。钴引起的烧板特征是靠阴极铝板的锌片面(背面)腐蚀成独立小圆孔, 严重时可烧穿成洞。由背面往表面烧, 表面灰暗, 背面有光泽, 未烧穿处有黑边。电解液中的钴对电流效率有显著影响。当有锑共同存在时危害更大。降低电解液酸度, 适当加入胶量, 对抑制钴的危害作用是有益的, 但最根本的措施是提高净化深度。当溶液中锑、锗和其他杂质含量较低时, 适量的钴存在对降低析出锌含铅有利。在生产实践中, 要求电解液含钴小于 2mg/L。

镍　镍在电积过程中的行为与钴相似, 只是镍腐蚀锌板是葫芦瓢形孔洞, 烧板是由表面往背面烧, 当有锑钴时危害更大。因此, 除适当加添加剂(β - 萘酚)外, 努力降低溶液中锑和钴的含量可减轻镍的危害。一般要求电解液含镍小于 1mg/L。

铜　电解液中的铜在电积过程中与锌一道在阴极析出, 影响锌的化学成分。严重时也会造成烧板, 使锌返溶。与镍引起的烧板相同, 也是由表面往背面烧。只是铜烧板是圆形透孔, 孔的周边不规则。因此, 电解液中铜的存在既影响锌的化学成分, 又显著降低电流效率, 特别是有钴、锑存在时危害更大。在电解操作中要高度注意, 防止铜导电头上的硫酸铜结晶物掉入槽内。一般要求电解液含铜小于 0.5mg/L。

镉　电解液中镉离子的危害主要是它会在阴极析出, 影响锌的化学成分。它不像铜、钴、镍等引起烧板, 所以对电流效率影响不大。生产中一般要求电解液含镉小于 0.5mg/L。

铅　铅在硫酸溶液中溶解度很小。所以铅在电解液中含量甚微。它与镉的行为相似, 在阴极上与锌一同放电析出, 降低析出锌的化学成分。降低电解液温度, 添加碳酸锶可降低析出锌含铅量。

砷、锑　它们的行为很相似, 都能在阴极上放电析出, 并产生烧板现象。砷的危害性较锑小。它们都对电流效率有很大影响。锑引起烧板的特征是表面呈条沟状。砷烧板的特征是阴极表面呈粒状。砷、锑引起的烧板现象工厂中时有发生。为消除这种现象，要求加强浸出过程水解除砷、锑的操作，严格控制新液中砷、锑含量不得超过 $0.1mg/L$。降低电解液温度，适当加入胶量，可以减轻砷、锑的危害，改善锌的析出状况。

    锗   锗是有害的杂质，它使电流效率急剧下降。原因是锗在阴极析出，并造成阴极锌剧烈返溶（烧板）。由于锗离子在阴极析出后与氢原子生成氢化锗，氢化锗又与氢离子作用生成锗离子，因而造成电能无益的消耗与锗的氧化－还原反应。其反应过程可用下列反应式表示：

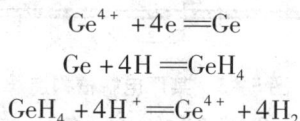

$$Ge^{4+} + 4e = Ge$$

$$Ge + 4H = GeH_4$$

$$GeH_4 + 4H^+ = Ge^{4+} + 4H_2$$

    锗引起烧板的特征是由背面往表面烧，并形成黑色圆环。严重时形成大面积针状小孔。因此，电解液中锗的含量不宜超过 $0.05mg/L$。

    2）比锌负电性的杂质的影响

    这些杂质有钾、钠、钙、镁、铝、锰等。由于这些杂质比锌更负电性，在电积时不在阴极析出。因此，对析出锌化学成分影响不大。但这类杂质富集后会逐渐增大电解液的粘度，使电解液的电阻增大，特别是镁。电解液中钙含量高时易形成硫酸钙和硫酸锌的共结晶，造成输送管道堵塞。锰离子的存在，除上述不良影响外，Mn^{7+} 离子会使砷、锑危害更严重。但锰还起着有益的作用。如二氧化锰对铅阳极起保护作用，可吸附砷、锑、钴，减少它们的危害性。故现代电锌生产都要求电解液含一定量的锰离子，一般是 $3 \sim 5g/L$，也有一些工厂控制锰含量在 $12 \sim 14g/L$，个别的高达 $17g/L$。

    3）阴离子的影响

    锌电解液中常遇到的阴离子杂质有氟离子（F^-）和氯离子（Cl^-）。

    氟离子   电解液中的氟离子能腐蚀阴极铝板表面的氧化膜，使剥锌操作困难，造成阴极铝板的消耗增加。在生产实践中，如遇剥锌困难时，可向电解液中加适量的酒石酸锑钾（吐酒石），但严防过量，否则会发生烧板现象。生产要求电解液中含氟不超过 $50mg/L$。

    氯离子   电解液中的氯离子主要对铅阳极有腐蚀破坏作用，从而缩短阳极寿命，造成析出锌含铅升高，降低析出锌的化学纯度。因此，在生产中要求电解液含氯不超过 $200mg/L$。

    综上所述，各种杂质在电解过程中的行为是很复杂的，对电流效率、电能消耗以及析出锌的质量有很大影响。因此，工厂都特别重视提高电解液的质量，研究深度净化的工艺和操作条件，以改善电积锌过程的各项技术经济指标。

5.3   锌电解车间的主要生产设备及布置

5.3.1   电解槽

    电积锌用的电解槽是一种长方形的槽子。各电锌厂用的电解槽大小不一定相同，制作电解槽的材料也不尽相同，有木质电解槽、钢筋混凝土电解槽、塑料电解槽、玻璃钢电解槽等。

    某厂电积锌采用的是塑料电解槽（图 5－3），外衬钢框架，这种电解槽维护极为方便。一些工厂采用的锌电解槽尺寸如表 5－7。

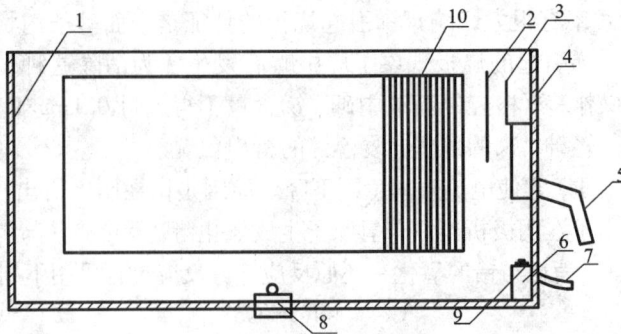

图 5 - 3 某厂电解槽构造

1—槽体(塑料板外衬钢框架);2—溢流袋;3—溢流堰;4—溢流盒;5—溢流管(2个);
6—上清盒;7—上清溢流管;8—底塞;9—上清铅塞;10—导向架

表 5 - 7 电锌厂电解槽尺寸(mm)实例

工 厂	1	2	3	4	5	6	7
长	4100	2940	1950	2250	2900	1800	3000
宽	950	800	850	850	870	650	850
高	1700	1500	1450	1450	1500	1100	1500

5.3.2 阳 极

目前电积锌使用的阳极有铅银合金阳极、铅银钙合金阳极、铅银钙锶合金阳极等。某厂使用的阳极大部分为铅银合金阳极(含银约1%),小部分为低银铅钙合金阳极。

铅银合金阳极制造工艺简单,但造价较高,这主要是因为这种阳极含银较高(约1%)。低银铅钙合金阳极具有强度高,耐腐蚀,使用寿命长,造价较低(含银仅为0.2%左右)等优点,这种阳极现正被愈来愈多的电锌厂所重视,但其制造工艺较为复杂。

阳极由阳极极板和导电棒组成(图 5 - 4)。导电棒材质为紫铜。为使阳极板与导电棒接触良好,在铸造阳极时,导电棒的包铸铅与极板同时浇铸,仅露出导电棒两端的铜导电头。这样还可避免硫酸铜进入电解槽而污染电解液。

导电棒端头紫铜露出的部分称为导电头,与导电板搭接。阳极板的两个侧边嵌在导向架上的绝缘条内,它可加强板的强度,防止极板间接触短路。绝缘条的材质也为硬 PVC(聚氯乙烯)。极板用铅银合金压延板,强度较低。阳极上有一些小的圆孔,以减轻极板的重量及改善溶液循环。

5.3.3 阴 极

阴极由极板、导电棒、导电头和阴极吊环组成,见图 5 - 5。阴极板是用厚6mm的压延铝板制成,表面光滑平直,阴极尺寸通常比阳极宽10~40mm,这是为了减少阴极边缘形成树枝状析出锌。导电棒用硬铝制成,上部焊接有两个阴极吊环,供出装槽用。极板焊接在导电棒上。导电头是一小块8mm厚紫铜板,用特殊工艺铸在硬铝内,然后焊接在导电棒端头,导电头紫铜露出的部分与导电板搭接。阴极板和阳极板一样，两个侧边嵌在导电架上的绝缘条内，以防止析出锌包边给剥锌带来不便，另外还可防止阴极短路。

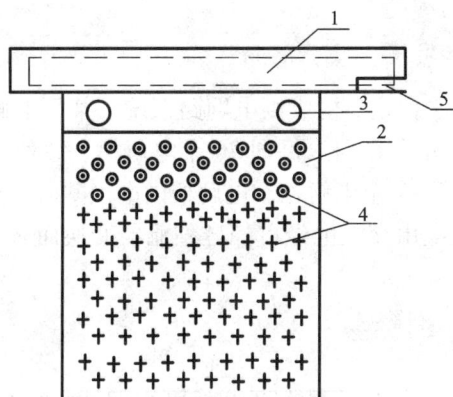

图 5-4　阳极示意图

1—导电棒；2—阳极极板；3—吊装孔；4—小孔；5—导电头

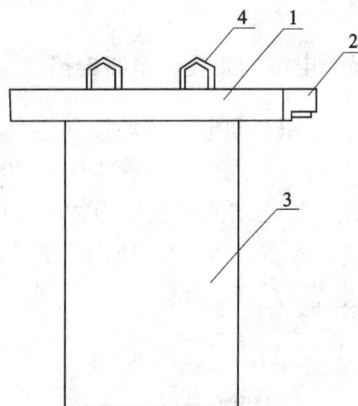

图 5-5　阴极示意图

1—导电棒；2—导电头；3—极板；4—阴极吊环

5.3.4　电解液冷却设备

在锌电积过程中，由于电解液电阻存在会产生电热效应，使电解液温度不断升高，引起阴极上氢的超电压减小，锌从阴极上的溶解速度增大，杂质的可溶性增加，从而加剧了杂质的危害，使电流效率下降。另外，过高的槽温使硬 PVC 电解槽变形甚至损坏。为维持电解槽的热平衡，保证稳定的电解液温度，必须设置电解液冷却设备，一般有蛇形冷却管、空气冷却塔和真空蒸发冷冻机等。某厂电解液冷却采用空气冷却塔，这是因为该地区年均气温较低，空气湿度小，且这种冷却设备投资少，操作维护简便，能耗小。

空气冷却塔是集中冷却电解液的设备。电解液从上向下流经冷却塔，从塔的下部

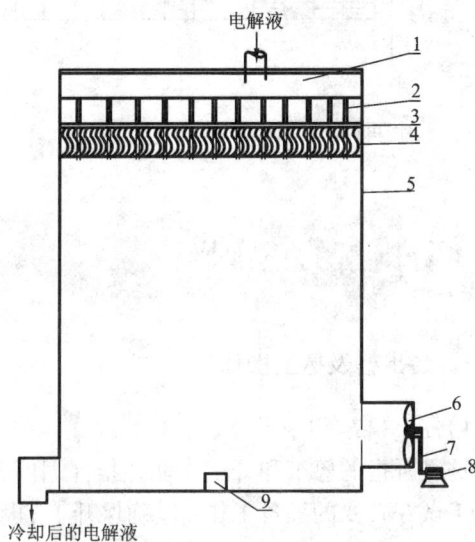

图 5-6　空气冷却塔

1—溜槽；2—喷淋下液管；3—捕滴网；4—捕滴器；5—塔体；6—风机叶轮叶片；7—皮带；8—电机；9—下料漏斗

强制鼓入冷风。冷风与电解液呈逆流运动，蒸发水分，带走热量。冷却后的电解液和新液混合再加入电解槽，增加了电解槽内的循环量，从而达到电解过程所要求的温度条件。

某厂冷却塔的构造如图 5-6 所示。塔顶上层为捕滴网和捕滴器，用来捕集酸雾，减少酸雾对周围设施的腐蚀。电解液经溜槽及喷淋下液管，使电解液分散到整个冷却塔的横截断面，便于与空气进行充分热交换。塔呈方形，用钢筋混凝土砌成，并用环氧玻璃钢做严格的防腐处理，风机设在塔下部侧壁上。

溜槽用双层塑料板覆盖以减少酸雾逸出。喷淋下液管为透明软 PVC 管,便于及时发现堵塞情况,以便及时清理,保证下液均匀。冷却塔内结晶物要定期清理,结晶物从下料漏斗排出。

5.3.5　电解槽布置及电路连接

锌电积车间电解槽均按列组合,布置在一个平面上,构成供电网路系统。某厂电解车间分东西两个系列,每个系列均有 208 个电解槽,分为 8 列。每列 26 个电解槽,每列分为四组,组与组之间的导电板为宽型导电板,每组有 6 ~ 7 个电解槽。电解槽内电极并联,而槽与槽是串联,如图 5 – 7。所用电源为直流电,直流电由交流电经可控硅整流器变换而来,直流电供电范围在 0 ~ 36kA。

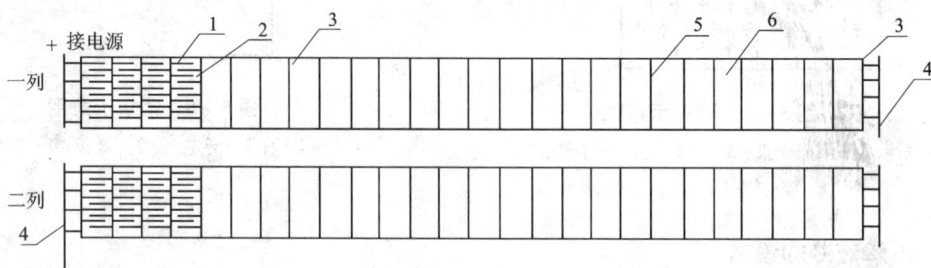

图 5 – 7　列组式电解槽

1—阳极板;2—阴极板;3—(组间)宽型导电板;4—总导电板;5—(槽间)窄型导电板;6—电解槽

5.4　锌电解的正常操作

5.4.1　装出槽及槽上操作

1)停工(停车)及开工(开车)

这里所指的停工和开工作业是指计划停产检修前和检修后的工作。因此,在停工前就要为开工做好必要的准备工作,以确保开工的顺利进行。

(1)停工(停车)　停工包括准备、出槽压减电流、阴阳极板处理和电解槽的清理。

①停工前准备工作　首先要压缩系统溶液体积,保证一个系列的电解槽能够倒空。准备好充足的新阳极以便更换不能继续使用的阳极板。准备好充足的导向架、绝缘条,以便在掏槽过程中对已损坏的导向架进行更换。

②出槽　在停工前先取出槽内部分阴极板,并相应压减电流。一般先取出一吊阴极(18 ~ 24 片),槽内留有 18 ~ 24 片阴极,并将锌片剥下,减少的阴极板排放整齐备用。减板收电流工作完成后方可停止循环并断开电源,然后尽快取出所有阴极板。

③阴阳极板处理　在阴极板全部取出后,将阴极锌片全部剥下,阴极板排放整齐备用。将所有的阳极板逐片吊出,清除板面上粘附的阳极泥,平整、擦干净导电头,更换不良极板,待电解槽清理工作完成后再装回电解槽。

④电解槽的清理　拔出电解槽的底塞，将槽内阳极泥放出，并彻底将电解槽内壁及导向架上粘附的阳极泥及结晶物清理干净，用水冲洗备用。最后将槽间导电极擦洗干净，并将清理干净的阳极装入清理干净的电解槽中。

（2）开工（开车）　开工包括准备、灌液检漏、装阴极板和通电镀膜。

①准备工作　首先对全部阴极板进行平整，清洗研磨，并把导电头刷洗干净，然后进行槽面备板工作，每槽备足 18~24 片阴极并整齐放置在槽面上。

②灌液检漏　一个系列检修和掏槽结束后，对另一系列的电解废液及该系列储存的新液进行质量检查，证明合格后再均匀补入电解槽内，并进行检漏，对漏液的溜槽、管线、电解槽及分配槽进行处理。

③装阴极板　待补液及检漏工作结束后，将放置在槽面的阴极板迅速装入电解槽内。

④通电镀膜　阴极板装好后便可送电，电流逐渐增大，使阴极电流密度达 400~500A/m²，经 2~4h，待阴极板上镀有一层锌后，便可进行阳极镀膜，降低电流密度到 40~60A/m²。

阳极镀膜是在低温、低电流密度的电解条件下，使阳极产出的氧气与铅阳极表面反应，生成一层二氧化铅膜，从而保护阳极不被硫酸溶液腐蚀。镀膜的技术条件：电解液含酸（H_2SO_4）25~30g/L，温度 20~30℃，时间 24h。镀膜期间可间断循环电解液，以后陆续升高电流，使之达到正常生产规定的电流密度，并加大循环量，待析出锌达到一定厚度后便出槽剥锌。

2）槽上操作

保证较大的电解液循环流量，且各槽流量均一，是获得好的技术经济指标的条件之一。大循环流量对于消除锌离子贫化具有重要意义，而且对槽温控制带来便利。

电积锌生产中要维持电解液中一定的锌、酸含量，在实际过程中，通过化验分析电解废液中的锌、酸含量，计算酸锌比作为控制依据，酸锌比一般控制在 3.0~4.0 之间。含酸偏高而含锌偏低时应加大新液添加量，反之应减小新液量。目前，某厂正在试用电解液锌、酸含量计算机自动检测仪来取代人工化验，以便实现酸锌比的平稳控制。

电解槽温是主要的技术控制条件之一。一般用酒精温度计在槽内直接测定。槽温一般控制在 36~42℃ 之间。当个别槽温高时，应检查该槽流量是否偏小，或者极板是否接触短路及有否烧板现象。若普遍温度高，应检查冷却塔是否正常，混合液比例是否适当，并检查电解液的质量等。

3）出装槽操作及极板的处理

锌电积出装槽操作是指在作业期间内（一般出装槽周期为 24h），将阴极提出剥离析出锌，再把阴极铝板装入槽的过程。因为是不停电作业，故阴极提出是分批进行的。某厂电解车间装槽是每槽分两次。每次出一半阴极板，即车间行车吊一次，并且是间隔一块提出。当第一吊装槽后，仔细检查导电，确保导电良好后方可提出第二吊，以防断电。

出装槽要做到迅速准确，不错牙，极板不倾斜，不接触阳极，导电头要烫洗（或擦洗）干净，使导电良好。

极板要认真处理，使其正直不带锌。对板上带有的污垢物要用刷板机清刷干净。导电头及导电板保持光亮，对发黑的必须及时清理或更换。对阳极板也要定期清刷表面上的阳极泥，以减少阴、阳极接触短路并防止局部电流密度增大，阳极溶解，导致污染电解液。某厂处理阳极周期一般为 30~40 天，操作方式有两种，一是停产掏槽时全部拔出阳极进行清理，二是在生产过程中逐槽逐片进行清理。清理时力求不破坏阳极表面的氧化膜。

5.4.2 剥 锌

　　剥锌的主要任务是将析出锌从阴极铝板上剥离下来,送往熔铸工序铸成锌锭。出槽时须认真观察析出锌表面状况,对包边板或接触点作好标记,出槽后及时处理。对包边板的绝缘条要及时更换。剥锌困难时,在出槽前 1~5min 可分槽加入酒石酸锑钾,其量以维持槽内电解液含锑达到 0.12mg/L 为宜。剥锌后应将铝板平整清刷,达到重装电解槽的要求。目前国内均为人工剥锌,劳动强度较大。

5.4.3 电解液的循环和冷却

　　现代锌电积生产车间供液多采用大循环制,即从电解槽溢流出的废电解液先汇集于废液溜槽,再流入循环槽及废液槽,一部分废液(循环槽内的废电解液)与新液混合,其体积比为 5~25∶1,混合后送至冷却系统冷却,然后通过供液溜槽分配给电解槽,一小部分废液(废液槽内的废电解液)返回浸出车间作溶剂。

　　电积锌过程中,在直流电作用下会产生电热效应,使电解液温度逐渐升高,甚至超过电解过程所规定的允许温度(35~45℃),为保证电解过程所需的正常温度条件必须对电解液进行冷却。电解液经冷却系统冷却,温度下降,且由于水分蒸发,溶液浓缩,使溶液中的硫酸钙、硫酸镁以白色透明的针状结晶析出,牢固地聚集在管道、溜槽、冷却系统等设备内壁,形成结构致密的结晶物,影响电解液的正常循环及冷却效果。由于在酸性溶液中硫酸钙的溶解度在 29℃ 时为最低,因此,电解液冷却后的温度一般控制为 33~35℃。

5.4.4 酸雾的产生与电解车间的通风

　　电解过程中释出大量的氧气和少量的氢气,它们逸出时会带出电解液而形成酸雾,刺激人的呼吸道与皮肤,腐蚀人的牙齿,对人体健康带来危害,对厂房及设备也均有腐蚀作用,尤其是采用高电流密度生产更为严重。因此,要求电解厂房内空气含酸雾微粒最高不能超过 0.02mg/L,硫酸锌($ZnSO_4$)最高不超过 0.04mg/L。为了减轻其危害,一般工厂都采取措施加强厂房通风,降低槽上操作人员所在点的酸雾含量。此外,在出槽期间往槽内加入皂根粉,使之形成泡沫层,抑制酸雾的逸出,这一措施也是十分有效的,但容易产生“放炮”现象,给工人操作带来不便。对厂房和设备也应采取防腐措施,以延长其使用寿命。

5.4.5 锌电积过程的故障及处理

　　1)锌烧板的原因及处理

　　在电解过程中,阴极析出的金属锌因生产故障或生产技术条件控制不当而重新溶解的现象称之为烧板。在锌电积时,由于操作不细,造成铜导电接头的污染物掉入槽内,或添加酒石酸锑钾过量,使个别槽内的电解液含铜、锑升高造成烧板;另外,由于循环液进入量过小,槽温升高,使槽内电解液含锌过低,硫酸含量过高,均会产生阴极返溶。处理办法是加大循环量,将含杂质高的溶液更换出来,这样可降低槽温、提高槽内锌含量、减少返液。特别严重时还需要立即更换槽内的全部极板。

　　2)普遍烧板

普遍烧板多是由于供应的新液含杂质超过允许含量,应立即加强净化液的分析和操作,以提高净化液质量,严重时还需检查原料,强化浸出操作,加强净化水解除杂质,适当增加浸出液加铁量等。同时应适当调整电解条件,如加大循环量、降低槽温和溶液酸度(即提高含锌量)也可起到一定的缓解作用。

3)电解槽突然停电

突然停电一般多属事故停电。若短时间内能够恢复,且设备(泵)还可以运转时,应向槽内加大新液量,以降低酸度减少阴极锌溶解。若短时间内不能恢复,应组织力量尽快将电解槽内的阴极全部取出,使其处于停产状态。特别要注意的是,停电后,电解厂房内严禁明火,防止电解槽面析出的氢气爆炸与着火。另一种情况是低压停电(即运转设备停电),首先应降低电解槽电流,电解液可用备用电源进行循环;若长时间不能恢复生产时,还需从槽内取出部分阴极板,以防因其他岗位缺电,供不上新液而停产。

4)电解液停止循环

电解液停止循环即对电解槽停止供液,这必然会造成电解温度和酸度升高,杂质危害加剧,恶化现场条件,电流效率降低并影响析出锌质量。停止循环的可能原因:一是由于供液系统设备出故障或需临时检修泵和供、排液溜槽;二是低压电停电;三是新液供不应求或废电解液排不出去。这些多属计划内的原因,事前应加大循环量,提高电解液含锌量,降低电解槽供电电流,适当降低电流密度,以适应停止循环的需要,但持续时间不能过长。

5)电解槽严重漏液

正常生产过程中,当个别电解槽发生严重漏液时,应对漏液电解槽所在的一组电解槽进行横电(短路),以便对漏液电解槽进行适当的处理。

首先用钢丝刷子擦亮窄路导电板和宽型导电板的接触面,将短路导电板预先排列好,用吊具吊到该槽组的两端,短路导电板与槽间导电板之间须垫绝缘磁砖。

通知整流所停电,确认停电后,取出漏液电解槽全部阴极板,分别将两段短路导电板以及短路导电板与宽型槽间导电板卡紧,使该槽组短路,完成以上工作后通知整流所提升电流。

拔出出放液铅塞,对漏点进行处理,处理完毕后塞好铅塞,加满电解液后通知整流所停电,确认停电后,拆除横电板,补齐槽内阴极板,确认导电后,通知整流所逐步将电流升到额定值。

5.5　锌电解生产的主要技术条件与指标分析

5.5.1　电锌质量

电锌质量主要是指析出锌的化学成分。在生产实践中,为了降低析出锌杂质含量,提高电锌等级,除加强溶液的净化操作外,还应采取下列措施:

(1)降低电锌含铜　主要从两方面着手,一是严格要求新液含铜小于 0.5mg/L;二是加强电解槽上操作,杜绝含铜物料进入电解槽中污染电解液。

(2)降低电锌含铅　其措施一是使电解液含锰离子保持在 $3 \sim 5g/L$;其二是将槽温控制在 $35 \sim 40$℃;其三是适当加入碳酸锶。另外,还要严格执行掏槽制度和阴、阳极的平整制度。

(3)降低电锌含铁　主要是严格控制熔铸工序操作,尽量避免使用铁制工具;严格控制熔铸温度不超过 500℃;严格操作和管理,杜绝铁质工具和机件掉入熔炉内。

5.5.2　电流密度与电流效率

1）电流密度

在锌电积过程中，电流密度（面积电流）的正确选择对电锌产品质量和电能消耗有重要意义。世界各锌厂采用的电流密度差异较大，波动在 $200 \sim 1100 \text{A/m}^2$ 之间。在相同条件（酸度、温度、极距）下，电流密度每增加 100A/m^2，由于溶液电阻增大使电压损失增加 0.17V（占 5.3%）。故 20 世纪 70 年代以来建设的电锌厂，所采用的电流密度波动范围大大缩小，一般为 $300 \sim 700 \text{A/m}^2$。另一方面因电力公司供电采用电网峰谷负荷不同时段不同电价，因此有些工厂在低谷负荷时段采用高电流密度生产，而在高峰负荷时段采用低电流密度生产，以节约成本。

2）电流效率

电流效率是指实际产出锌量与理论析出量相比的百分数，用以下公式表示：

$$\eta = \frac{m}{q \times I \times t \times N} \times 100\%$$

式中　　η——电流效率，%；

　　　　m——析出锌实际产量，g；

　　　　q——电化当量，1.2202g/(A·h)；

　　　　I——电流，A；

　　　　t——电解时间，h；

　　　　N——电解槽数目。

电流效率是电积锌生产的一项重要技术经济指标，一般为 85% ~94%。影响电流效率的因素很多。

（1）电解液中锌酸含量　随着电解液中锌含量的降低，相应地含酸量增多，从而引起锌的电流效率下降。图 5-8、图 5-9 和表 5-8 说明了电流效率在不同酸度下与电解液中含锌量的关系。

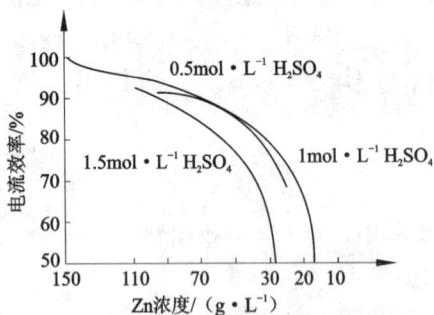

图 5-8　不同酸度时，电解液
含锌量对电流效率的影响

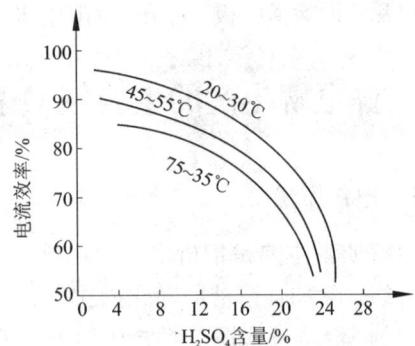

图 5-9　不同温度时电解液的硫酸
含量对电流效率的影响

表 5 - 8　电解液含锌量对电流效率的影响

电解液含锌量/(g·L^{-1})	52.90	52.20	49.83	48.26	47.77	34.55	36.64	36.23
电流效率/%	93.33	93.41	87.37	86.26	85.71	78.95	77.88	78.03
电解液含酸量/(g·L^{-1})	116.50		115.50		117.00		118.30	

(2)阴极电流密度的影响　随着电流密度的增加,氢的超电压增大,一般来说对提高电流效率是有利的。但一定要有相应的电解液成分和较低的温度条件相配合,否则电流效率不但不能提高,反而会下降。

(3)电解液温度的影响　在一定酸度下,电流效率随温度的升高而下降。这是因为氢的超电压随温度的升高而减小,杂质引起的烧板及锌的返溶随温度的升高而加剧所致。因此锌电积必须有冷却措施,保证电积过程中对电解液温度的技术要求。

(4)电解液纯度的影响　如前所述,比锌更正电性的金属杂质,如铁、镍、钴、铜、砷、锑和锗的存在,大都引起烧板、锌返溶或因阴、阳极之间发生氧化 - 还原类反应而降低电流效率。故应严格控制净化液质量,提高净化深度。

(5)阴极表面状态的影响　如果阴极析出锌表面粗糙或呈树枝状就会增大阴极面积,使氢的超电压下降,会降低电流效率。有时还会出现接触短路。向电解液中加入适量的质量好的胶有利于改善析出锌表面状况,提高电流效率。

(6)电积周期的影响　电流效率随着析出时间的延长而降低,这与析出状况有关。但时间太短,出装槽频繁,劳动量大,阴极板消耗增加。一般析出周期为24h。表 5 - 9 为技术条件基本相同的情况下,不同析出时间对电流效率的影响。

表 5 - 9　锌阴极析出时间对电流效率的影响

析出时间/h	电流效率/%	析出表面状况
19	91.317	平整
24	90.635	形成鸡皮疙瘩
37	80.804	呈树枝状,黑灰色

综上所述,为提高电流效率应创造下列条件:不断提高电解液纯度;合理选择并控制好电解液锌、酸含量,合理的电流密度和析出周期;维持较低的电解温度;适当加入胶;减少漏电,做到绝缘好;保持现场干燥清洁;加强操作,及时处理接触短路。

5.5.3　槽电压与电能消耗

(1)槽电压　是指电解槽内相邻阴、阳极之间的电压降,可直接用直流电压表测出。在生产上,通常用电源总电压除以串联总槽数所得的商来表示。槽电压变化在 3.2～3.6V 之间。槽电压是由硫酸锌的分解电压、克服电解液电阻的电压降、阳极电压降、阴极电压降、阳极泥电阻的电压降等五项组成。硫酸锌的分解电压占槽电压的 78.30%,电解液的电压降占 12.13%。电极极化主要由电极表面上离子浓度改变所致，因此在设备条件一定的情况下对槽电压大小有决定性影响的因素就是极间距离、电流密度、电解液的酸度和温度、导体接头情况以及其他因素，缩短极距能够大大降低槽电压，从而减少电能消耗，但极距过小对操作不利，还易发生短路。如某厂电解槽内的极间距离为 75mm。

（2）电能消耗　是指每生产 1t 析出锌所消耗的电能，单位为 kWh/t。它是电积生产中一个重要的技术经济指标。其计算公式如下：

$$W = \frac{实际消耗电能(kWh)}{析出锌产量(t)} \text{ 或写成 } W = \frac{U \times I \times t \times N}{I \times q \times t \times \eta \times N} \times 1000$$

式中　W——电能单耗，kWh/t·Zn；

　　　U——槽电压，V；

　　　I——电流，A；

　　　t——电积时间，h；

　　　N——电解槽数目；

　　　η——电流效率，%；

　　　q——电化当量，1.2202g/(A·h)。

从上式得知，电能消耗与电流效率成反比，与槽电压成正比。采取凡能降低槽电压和提高电流效率的措施都能减少电能消耗。锌电积生产一般电能消耗为 2900～3300kWh/t·Zn。

一些工厂锌电积生产的技术经济指标列于表 5－10。

表 5－10　锌电积生产的技术经济指标实例

项　　目	工　厂　实　例			
	1	2	3	4
废电解液含 Zn 量/(g·L^{-1})	50～55	54	50	50～60
废电解液含 H_2SO_4 浓度/(g·L^{-1})	135～145	107	270	165～185
电解液温度/℃	40～45	30～40	35	35～42
阴极电流密度/(A·m^{-2})	550～600	400	1000～1100	450～500
同极间距/mm	58～60	100	24～32	75
槽电压/V	3.35～3.37	3.5	3.5	3.2～3.4
析出周期/h	24	48	8～12	24
吨锌直流电单耗/kWh	3000～3200	3130～3330	3100	2950～3250
吨锌骨胶单耗/kg	0.2～0.4	0.3	Na_2SiO_3 0.4	0.2～0.4
电流效率/%	90～92	91～93	90～93	85～93
吨锌阴极板消耗/片	0.37	4.5		0.106
吨锌阳极板消耗/片	0.1	0.7～0.9		0.037

5.6　阴极锌熔铸

电解沉积析出的阴极锌片虽然化学成分已达标，但大块薄片及其表面状态不宜作为商品运输和储存。因此，阴极锌片要进行熔化铸锭才可作为成品出厂。熔锌所用设备主要有反射炉及感应电炉两种，由于感应电炉不用燃料，炉内锌氧化少，锌直收率高，因而被广泛采用。

5.6.1　感应电炉的构造

工频感应电炉是熔炼铜、锌等纯金属及其合金的常用设备，一般分为有芯炉和无芯炉，锌锭熔化浇铸使用有芯炉，合金制作使用无芯炉。

1)有芯工频感应炉

有芯工频感应炉具有热效率高、电效率高、金属烧损少、炉温易控制、化学成分易掌握、炉温均一、劳动条件好等优点。电源设备由于采用工频电源，不需变频设备，仅需电炉变压器即可，但筑炉工艺复杂，更换产品品种时需要洗炉。经过多年实践，筑炉工艺已日趋完善，由于采用了单向流动的不等截面熔沟、高温预烧结成型熔沟、可拆卸活动熔沟等筑炉新工艺，使感应电炉的寿命大大提高，炉子的容量已从 20 世纪 50 年代的 300kg 提高到现在的 40 ~ 60t。

（1)工作原理

感应电炉能使金属被感应加热，即在金属内感应生成电流使金属加热熔融。感应电炉的一次线圈从电源取得电能，经过铁芯将电能传送到二次线圈(即熔沟)。在电能传送过程中电压降低，电流相应增大，在熔沟内形成强大的电流，通常为 $10^3 \sim 10^4 A$。熔沟本身产生的电流将熔沟内金属熔化，在热对流及电磁力的作用下将热量不断输送到炉腔里，进而使炉内金属全部熔化。

熔沟内感应电流产生的热量由下式求出：

$$Q = 0.001 I^2 Rt \qquad (kJ)$$

式中　　t——时间，s；

　　　　R——熔沟电阻，Ω；

　　　　I——熔沟电流，A；

　　　　Q——热能，kJ。

铁芯在传送电能时由于存在漏磁等原因而不能百分之百地有效传送。此种传送效率用功率因数 $\cos\phi$ 来表示，感应电炉的功率因数一般只有 0.6 ~ 0.7，为了提高有效电功率，感应电炉常接入电力电容器来调整功率因数，使之接近 1。感应电炉的原理图如图 5 - 10。

（2)感应电炉的结构和技术性能

工频感应电炉分为感应器整体结构和感应器装配结构两种，由炉体、电气设备、冷却系统三部分组成。炉体包括炉壳、炉衬、感应线圈等。炉壳由钢板焊成，上部有活动炉盖，炉顶加料，熔池以下(包括感应器室)部分捣制炉衬，熔池以上和熔化室与浇铸室间隔墙部分采用普通粘土砖砌筑。炉子熔池两边及后面安装电炉变压器。

感应线圈用扁铜线或空心铜管绕制而成。每匝之间用云母片绝缘，线圈上有 2 ~ 3 个抽头，可以调整电炉的功率。空心铜管感应圈用水冷却，扁铜线用风冷却。

感应电炉所用的磁铁分为单相壳式与单相芯式两种，磁铁用 0.35mm 或 0.5mm 厚的硅钢片叠成。为减少空气间隙造成的磁通损失，硅钢片常交错叠放。为了充分利用感应线圈内的有限空间，磁铁芯做成阶梯式，一般为2~5个台阶。

感应电炉的熔沟相当于变压器的二次线圈，但只有一圈并已短路。熔锌炉用锌制熔沟，熔铜及铜合金时用紫铜熔沟。熔沟安装在炉底或炉的下侧。大部分为水平或倾斜式熔沟。熔沟数目一般每相1~2个，两相或三相立式炉的熔沟常连在一起，形成双联或三联熔沟，熔沟断面多用等截面环状熔沟，但此种熔沟的底部常形成一个金属液涡流状的高温滞区，使熔沟内产生的热量不能迅速传入炉膛，不但降低了熔化效率而且使高温

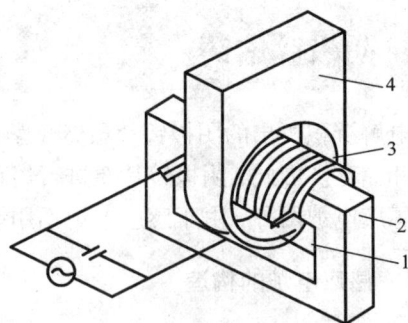

图5-10　感应电炉的原理图
1—熔沟中的锌环；2—铁芯；
3—感应器线圈；4—熔池中金属

滞区部分的耐火材料局部过热，影响炉子的寿命，因此有些工厂改用不等截面环状熔沟，促使金属液成单向流动，使熔沟内产生的热量迅速传入炉膛，提高金属熔化效率，消除高温滞区，延长炉子寿命。

电炉的倾动装置种类有：液压倾动，钢丝绳卷扬倾动，齿轮机构倾动，手摇蜗轮蜗杆倾动及吊车倾动等。后两种因劳动强度大，不安全，已很少采用。

感应电炉的技术性能见表5-11，感应电炉的结构见图5-11。

表5-11　感应电炉的技术性能实例

项　目	有芯感应电炉	
额定容量/t	40	45
生产率/(t·h⁻¹)	7~8	7.5~8.5
工作温度/℃	500	500
功率/kW	900	900
电压/V	380	380
相数/相	3	3
频率/Hz	50	50
功率因数(补偿前)	0.75	0.7
功率因数(补偿后)	1	>0.98
线圈匝数/匝	42~60	
熔沟个数/个	6	3
熔沟放置形式	水平	倾斜
吨锌耗电量/kWh	110~120	<115

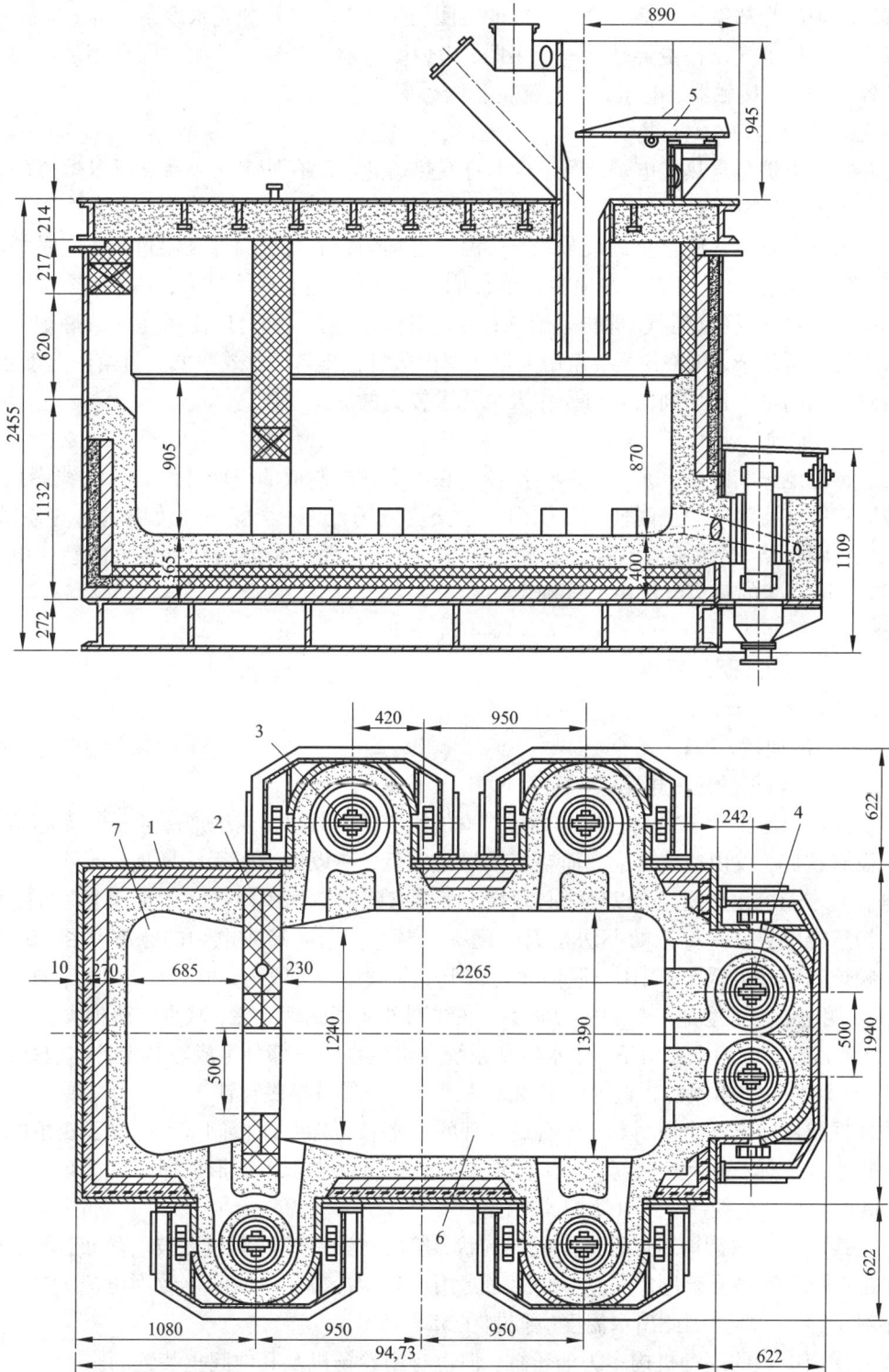

图 5-11　20t 低频感应电炉结构图

1—炉壳；2—炉衬；3—单芯变压器；4—双芯变压器；5—加料装置；6—熔池；7—前室

感应电炉的冷却系统包括风冷或水冷的线圈与水冷套，以及炉壳水冷系统等。

感应电炉的电气设备主要是供电变压器、烤炉变压器，提高电炉功率因数用的电力电容器以及各种开关、接触器、电压表、电流表、电缆等。

2）无芯感应电炉

无芯感应电炉是自热式电炉，靠炉料本身发热熔化，没有外来污染源，所以熔炼的合金纯净，非金属夹杂物少，合金的温度也较低，金属熔池的氧化损失少。在电磁力作用下熔融金属在炉内强烈搅拌，使合金的成分均一，温度也均匀，不至于局部高温过热，同时炉子的效率高、熔化迅速、生产率高、占地面积小，可以迅速准确地在较大功率范围内进行调节，并可在真空或特殊气氛（如氩气）保护下熔炼；劳动条件好，是一种有广泛用途的熔炼炉。它的主要缺点是设备复杂，价格昂贵，需用大量功率因数补偿电容，总效率低。且熔渣温度较低，使熔渣对金属的精炼作用削弱。对操作人员要求较高的熟练程度。

（1）工作原理

无芯感应电炉实际是一个空气芯变压器。在耐火材料制成的坩埚外面是一次线圈线，当一次线圈连接在交流电源上时便在线圈内产生交变磁场，这一交变磁场使坩埚内的金属（相当于二次线圈短路）产生感应电势，此感应电势即可在短路的金属内产生强大的感应电流使金属熔化，所产生的感应电势由下式确定：

$$E = 4.44 Nf\phi \times 10^{-8}$$

式中　　N——感应线圈的匝数；

f——频率，Hz；

ϕ——磁通量，韦；

E——炉料里的感应电势，V。

由上式可以看出为了提高感应电势可以增加匝数，提高频率或增加磁通量。无芯感应电炉由于没有铁芯，仅由空气导磁，而空气的导磁率低，所以磁通量无法增加；此外由于电炉要求电流大才能熔化金属，所以导线必须粗，而在有限的空间里匝数也不能大量增加，因此增加电炉感应电势惟一可行的办法是大幅度提高频率，据此高频电炉的频率常在 10^4Hz 以上。中频炉的频率虽低于 10^4Hz，但仍远远高于工业频率，一般为 2000Hz。工频炉的电源为 50Hz 工业用电，为了增加工频炉的导磁率，在线圈外面用磁轭导磁，减少漏磁损失。

（2）无芯感应电炉主要由炉体、水冷却系统及供电系统三部分组成。其中炉体包括框架、感应线圈、坩埚、炉体倾动装置等。工频无芯感应电炉另有导磁轭铁。

炉体框架用非磁性金属材料、经石蜡处理的方木和石棉水泥板制成，将位于四角的三根垂直角铁连成一体，并互相绝缘，使炉体框架在任何方向上都不能形成回路。工频炉有一组轭铁，既可支承感应线圈，又可使炉体加固。

感应线圈通常用紫铜矩形管绕制成螺旋状，然后在紫铜管外面包裹玻璃丝布，刷上绝缘漆，并在线圈之间垫上云母片。感应线圈通常用循环水冷却，使线圈不致因电流大、炉温高而将绝缘击穿、烧坏。因此出水温度应控制在 35~45℃。

无芯感应电炉的倾动机构多为油压缸，但也有用卷扬机及其他起重装置的。

工频无芯炉所用的导磁轭铁，用 0.35~0.45mm 厚的硅钢片叠合而成。一般为 8 个，分布在感应线圈的外面，使磁力线均匀分布。感应线圈产生的磁通绝大部分通过轭铁，使漏磁损失减少，防止炉体框架或其他金属构件发热。

工频无芯感应电炉使用工频电源，不需变频设备，可以简化操作并节约投资，但需较多的电容补偿器，用以提高功率因数。

工频无铁芯感应电炉的技术性能见表 5-12。

表 5-12 工频无铁芯感应电炉技术性能实例

项　　目	1	2
额定容量/t	6.0	0.75
额定功率/kW	400	80
生产率/$(t \cdot h^{-1})$	2.1	0.4
工作温度/℃	450~600	600
感应器电压/V	500	380/220
补后功率因数	>0.98	~1
冷却水耗量/$(m^3 \cdot h^{-1})$	12	—
倾炉方式	液压	液压

5.6.2 阴极锌熔铸的生产过程

阴极锌熔铸过程是在熔化设备中将阴极锌片加热熔化成锌液，加入少量氯化铵（NH_4Cl），搅拌，扒出浮渣，锌液铸成锌锭。主要操作在于合理使用感应电炉。

1）熔锌工频感应电炉的开停炉

熔锌工频感应电炉开炉有固体开炉和液体开炉两种方法。前者准备工作简单，但可靠性差；后者开炉准备工作复杂，但开炉可靠。

开炉前的准备工作：①备齐正常生产时所需用的一切工具；②全面检查设备是否完整适用，特别要重点检查电气设备的安全；③烘炉前应将炉子打扫干净；④在熔池内铺1~2层锌锭与锌环接触，构成闭合回路，以扩大锌环的散热面积和尽可能减小变压器与炉腔的温度差；⑤烘炉前除加料口外，应做好炉门的密封工作，以防散热过多。

烘炉和开炉：新筑电炉自然干燥35d，用串联或并联交替联接的方法在熔池内设置电热器，升温保持300℃以下加热烘烤10~13d，在此期间，炉子变压器是低压送电。要求变压器室温度与炉体温度保持平衡。电热烘炉13d待锌环温度到300℃时再撤走炉内电热器，用炉子变压器升温直至锌环的熔点。当锌环开始熔化则立即将过热锌液倾入炉内并转入高功率电压级，随温度升高，逐步加入阴极锌片，将炉子熔池灌满，开炉即告结束。

开炉注意事项：根据国外电炉生产经验，升温速度为1.5~2℃/h。我国电炉生产实践表明，升温速度可为5~15℃/h。升温要平缓，不能波动太大。往往由于炉温时高时低，因炉衬的膨胀系数不同，容易造成炉壁裂缝和锌环断裂，尤其是在100~300℃之间，即锌环熔化前要特别注意锌环的升温。当熔沟接近419.58℃时，若发现电流表上的指针频繁摆动，应立即将过热锌液倾入炉内，并相对提高功率电压级送电。视温度变化情况逐步加入小批量阴极锌片，直到装满炉腔为止。电压继续上升，即可转入低能力生产。

在接到临时停炉通知时，首先将炉内温度尽可能提高，新炉可维持 1h，旧炉可维持 40min。当恢复送电时，应先从较低电压逐渐提高，防止二次线圈电路切断或熔沟崩裂。若停电时间较长，首先应尽可能将熔池内的锌液铸锭，之后封堵各进、出料口，保温。如要停炉大修，则需把锌液全部放出。

2）正常操作

当开炉完毕转入正常操作后方可进料熔化。首先将阴极锌片吊运到加料口平台上，预热除去水分。每 8 ~ 15min 均匀加入一垛约 70mm 厚的阴极锌片，以保持炉温与熔池锌液面的稳定。

阴极锌在电炉熔池内熔化过程中会形成浮渣。浮渣为氧化锌与锌液的混合物，为使锌液从浮渣中分离出来，降低浮渣率，提高锌直收率，在搅拌时加入适量的氯化铵。

根据阴极锌片的质量及炉内渣层的厚度等情况，每隔 2h 左右进行一次搅拌扒渣。扒渣时动作要轻、慢，扒到炉门稍停片刻，以减少随浮渣带出来的锌液。每次扒渣后要在炉内残留少量(厚 1 ~ 2cm)的渣层，以保护锌液不被氧化。浮渣送出另行处理。

锌液浇铸机有机械浇铸和人工浇铸两种。机械浇铸设备有直线浇铸机和圆盘浇铸机。

5.6.3　感应电炉熔铸锌的生产技术条件及其控制

1）熔锌温度

为保证锌熔铸过程正常操作，有高的产品质量和较低的浮渣率，应严格控制熔锌温度。熔锌炉炉膛温度愈高熔锌能力愈大，且排出炉外的烟气含热量高，热效率低，炉温增高会加剧锌液氧化，增加浮渣及烟尘量，降低锌的直收率。为防止锌液的氧化，炉内应为还原气氛，保持微正压，控制合适炉温，以提高炉子的生产能力和锌的直收率。一般进料前熔池锌液温度控制在 500℃ 左右为宜。表 5 - 13 为国内一些工厂熔锌炉炉温控制情况。

表 5 - 13　不同熔锌炉熔铸温度的控制范围实例

项　目	1	2	3	4
炉　型	反射炉	反射炉	工频感应炉	工频感应炉
加热用能源	煤气、重油	煤气	电能	电能
加温时炉膛温度/℃	650 ~ 750	650 ~ 800	520	460
进料前熔池温度/℃	~ 500	480 ~ 530	460 ~ 500	480 ~ 500
浇铸温度/℃	450 ~ 480	450 ~ 500	450 ~ 480	460 ~ 480

2）液面控制

加入熔锌炉的阴极锌是借助熔融锌的物理热而熔化的，因此，熔池内必须保持一定量的锌液，使阴极锌浸没于锌液中。浇铸过程中熔池内锌液面可控制在低于浇铸口 30 ~ 100mm。熔锌炉生产使用一定时间后，要清除粘结在炉壁上的炉结，一般清炉周期为 10 ~ 20d，每次清炉时间为 3~8h。

3）熔铸锌的直接回收率

熔铸锌的直接回收率受阴极锌质量、加料方法、加温方法和操作情况等因素的影响。对于熔锌反射炉，由于阴极锌结构疏松，含水量高，进炉阴极锌未全部浸没于锌液中，直接与火焰接触，会增加锌的氧化和浮渣量；如果氯化铵加入不当，搅拌不彻底，扒渣时温度过低都会造成渣、锌分离不好，渣带走锌量增多，这些因素均会降低锌直接回收率。熔锌电炉的直接回收率一般为 96%~97.5%。无论采用反射炉还是电炉哪种熔锌设备都要产生浮渣，这是因为从炉门进入炉内的空气或燃烧产生的废气 CO_2 以及阴极锌片带入的少量水分，会使炉内的锌液氧化生成氧化锌，生成的氧化锌以一层薄膜状包裹一些锌液滴，形成小粒状的氧化锌与金属锌的混合物，即为浮渣（其中含锌 80%~85%），浮渣越多，熔铸时锌的直收率越低。

浮渣的产出率与熔铸设备、熔铸温度、阴极锌的质量有关。当采用感应电炉熔铸时，由于不用燃料，炉内锌的氧化少，因而浮渣的产出率比反射炉低，锌的直收率高。同时，电炉同反射炉相比能耗较低（一般吨锌耗电为 100~120kWh）、劳动条件好、操作条件易于控制。国内外均用电炉熔铸代替了反射炉熔铸。反射炉熔铸只在一些小厂使用。

为了降低浮渣产出率和降低浮渣含锌，熔锌时加入氯化铵，它的作用是与浮渣中的氧化锌发生如下反应：

$$ZnO + 2NH_4Cl = ZnCl_2 + 2NH_3\uparrow + H_2O\uparrow$$

生成的 $ZnCl_2$ 熔点低（约 318℃），因而破坏了浮渣中的 ZnO 薄膜，使浮渣颗粒中被夹持的锌液滴露出新鲜表面而聚合成锌液。每吨锌消耗氯化铵 1~2kg。电炉熔铸锌的主要经济指标如表 5-14 所示。其中熔铸锌的直接回收率计算公式如下：

$$熔铸锌的直接回收率 = \frac{合格锌锭含锌量}{入炉物料含锌量} \times 100\%$$

表 5-14 阴极锌电炉熔铸技术指标

工厂编号	电炉功率/kW	熔池温度/℃	吨锌电能消耗/kWh	吨锌氯化铵消耗/kg	熔铸锌的直收率/%
1	540	450~500	110~120	1~1.3	97.5
2	540~900	460~500	110~120	1~1.58	96.8
3	–	470	99	0.618	–
4	–	–	110	–	97.5

4）质量控制

在生产过程中，为了提高锌锭品级率，除在熔铸工序进行合理配料外，还应当在浸出液净化、电解等工序严格工艺操作，提供合格的析出锌。在生产实践中常常由于电解液中含有某些杂质而严重影响阴极锌的质量，从而影响锌锭品级率。锌锭化学成分要求见表 5-15。

表 5 – 15　GB/T470 – 1997 规定的锌锭化学成分

牌号	化学成分									
	主要成分锌不小于	杂质含量(%)不大于								
		Pb	Cd	Fe	Cu	Sn	Al	As	Sb	总和
Zn99.995	99.995	0.003	0.002	0.001	0.001	–	–	–		0.0050
Zn99.99	99.99	0.005	0.003	0.003	0.002	0.001	–	–	–	0.010
Zn99.95	99.95	0.020	0.02	0.010	0.002	0.001	–			0.050
Zn99.5	99.5	0.3	0.02	0.04	0.002	0.002	0.010	0.005	0.01	0.50
Zn98.7	98.7	1.0	0.20	0.05	0.005	0.002	0.010	0.01	0.02	1.30

　　湿法炼锌厂产出的锌锭质量一般含锌在 99.99% 以上,西方国家一般称 SHG 级锌。某些工厂生产的电锌成分列于表 5 – 16。

表 5 – 16　电锌厂生产的电锌成分(%)实例

冶炼厂	Fe	Cu	Pb	Cd	Zn
1	0.0003	0.0001	0.0027	< 0.0001	99.997
2	0.0003	0.0004	0.0011	0.0003	99.998
3	0.0008	0.0001	0.001	0.001	99.996
4	0.0003	0.0003	0.001	0.00002	余
5	0.0004 ~ 0.0008	0.0001 ~ 0.0003	0.002 ~ 0.0025	0.0002 ~ 0.0004	99.995
6	0.0003	0.0002	0.002	0.0002	99.997

　　锌锭产品要求表面光洁,没有飞边、毛刺、冷隔层、夹渣、气孔等缺陷。物理质量的控制主要在于设备的调整和生产操作,影响因素主要有:

　　(1)锭模　锭模型腔的形状、尺寸和结构不仅决定锌锭的形状、尺寸,也决定铸锭的质量。由于液态金属在模内的凝固不完全是自下而上依次进行的,铸锭的方向性结晶倾向较差,造成铸锭的缩孔和偏析较大。加之液态金属吸附气体、氧化和对铸模型腔底部表面的冲击引起铸模老化,从而影响铸锭表面光洁,甚至出现严重的"麻点",锭模上下尺寸不当也会造成严重飞边、毛刺。因此对锭模的结构要合理选择,锭模材质应具有高的热导性、小的热膨胀系数、较低的弹性模数和较高的机械性能。为防止金属与模壁相互作用和粘结,避免金属的二次氧化和产生气孔,改善铸锭表面质量,使用过程中锭模表面应经常涂刷涂料并定期清洗。

　　(2)浇铸和冷却　烧铸温度过高、过低都对物理质量有影响。温度过高不易冷却,铸锭在运动中出现飞边、毛刺和缩孔;温度过低容易产生冷隔层和夹渣。冷却方式尤其是冷却介质数量的多少也会影响物理质量。冷却风量大,铸锭两面产生波纹;冷却风量小,不易冷却。冷却水量大,不能雾化,铸锭产生缩孔;水量小也不易冷却。

（3）锭机运行　锭机运行不平稳也会造成表面波纹和飞边毛刺。

根据 2000 年世界炼锌厂调查统计，单块锌锭的重量分别如下：

单块锌锭重/kg	20～25	<20	500～1200	>1200
所占比例/%	56	9	26	9

5）浮渣处理

浮渣主要成分为金属锌（约占 40%～50%）、氧化锌（约占 50%）和少量氯化锌（约占 2%～3%），总含锌量约 80%，含氯 0.5%～1%。浮渣产出率的高低，除受进炉原料影响外，主要取决于搅拌、扒渣等操作。一般工厂浮渣率为 4%～7%，计算公式如下：

$$浮渣率 = \frac{浮渣产出量}{进炉阴极锌量} \times 100\%$$

浮渣中夹带着相当多的金属锌粒，因此必须进行处理使之分离。国内各工厂一般先将大块锌粒分出直接回炉熔化，余下进行湿法或干法处理。湿法处理一般是将浮渣先经筛选后加进圆筒球磨机中，并连续加水，把细粒金属锌与氧化锌磨洗出来，经沉清分离，溢流水弃去，沉淀渣再经脱氯处理后作提锌原料送浸出。而停留在球磨机中的粗锌返回熔化铸锭或制作锌粉。有的工厂将浮渣送入干式球磨机进行干法处理，使大块浮渣被破坏，金属锌便与氧化锌分离。这种球磨机壳体有孔，壳体的四周有圆筒形筛网，球磨机略倾斜，大粒金属锌由球磨机的下部轴颈排出；细粒通过球磨机壳体的小孔落到筛网上，再将金属锌粒与氧化锌粉分离出来。大粒金属锌可送去制造锌粉或铸锭，而氧化锌粉送流态化炉或多膛炉焙烧脱去氯。

5.6.4　锌合金的配制

1）加入锌合金的元素

锌具有较好的耐腐蚀性能和较高的机械性能，常用于制造镀锌铁板，保护铁板不锈蚀。为提高锌板的性能常加入各种合金元素，其中主要有镉、铅、铁、铝、铜、镁、钛等。各种合金元素的作用为：

铅：铅在锌中不固溶，多以游离状态质点存在于锌中。在电池锌板和印刷锌板中常加入 0.3%～0.8% 的铅，使锌板的均匀酸蚀速度加快。

铁：铁与锌在 419℃ 形成共晶，此时的铁含量为 0.01%，但铁含量高于共晶点时铁与锌形成脆性金属间化合物 $FeZn_7$，使锌板的表面质量降低，当铁含量达到 0.2% 时锌热轧困难。铁会使锌的再结晶温度明显提高，印刷锌板常将铁含量控制在 0.01%～0.015% 范围内，使再结晶温度在 100℃ 以上防止锌板退火软化报废。铁使锌在浇铸时的流动性降低，铸锭表面质量变差。因此铁含量应在 0.02% 以下。为了提高电池锌板的耐蚀性，铁含量应控制在 0.008%～0.015% 范围内。若铁含量超过 0.02%，将在合金中出现 $FeZn_7$ 初晶，使电池锌板的耐蚀性明显降低。

镉：少量的镉可提高锌的抗拉强度、屈服强度和再结晶温度，防止锌在浇铸时产生粗大的粒状晶。镉含量达 0.3% 即会降低锌的热轧性能，产生热裂及斑点。

铜：铜可提高锌的硬度、强度和冲击韧性，但会降低锌的耐腐蚀性能和塑性，并影响浇铸时的流动性。

铝：锌中加入少量的铝可提高强度、细化晶粒。加入 0.02% 的铝即可减少锌的氧化，提高铸锭表面质量；0.1% 的铝足以抑制脆性化合物 $FeZn_7$ 的形成，改善塑性，并减轻锌对铁模的侵蚀。锌中加入较多的铝可以使锌的强度和冲击韧性明显提高。锌铝合金在湿空气中，水汽可渗入晶界引起晶间腐蚀，铅、锡、镉等杂质可使此种晶间腐蚀加速。若加入少量镁则可抵消铅对锌铝合金的有害影响，使晶间腐蚀减缓。锌－铝－铜合金易产生晶间腐蚀，杂质铅、锡、镉使晶间腐蚀加速，所以熔炼铝铜合金时应选用优质原料，严格控制杂质含量。镁可减缓锌铝铜合金的高温塑性。

钛： 钛在锌中的固溶度很低，309℃时只有 0.007% ~ 0.015%。钛可使锌的晶粒细化，并生成 $TiZn_{15}$ 强化弥散细粒，使合金的硬度、强度、蠕变强度和再结晶温度明显提高。

2）锌合金成分的控制

（1）合金原料

合金材料的组织和性能除了受工艺条件影响外，主要靠化学成分来保证。因此，控制合金的合理成分，对于保证铸锭的质量，节约金属原料，都具有极其重要的意义，因此配料成为合金制作的关键。配料时大量使用的原料主要是各种新料、旧料或合金废料及某些中间合金等。

①新料 新料系指未经使用或加工过的原冶炼或化工制得的金属和非金属品。如电解铜、电解镍、赤磷、纯硅等。有色金属合金是在纯金属熔炼的基础上加上其他元素制成的。在配制以前，首先应根据所需配制的合金成分要求，选择所需配料的品位。

②旧料 旧料指厂内在熔炼及加工过程中所产生的金属及合金废料，其来源是：熔铸车间的铸锭切头、切尾、锯屑和除了化学成分废品以外的废锭，以及从现场收集起来的残料；加工车间的制品边角料、加工废品，以及在加工过程中产生的压余、脱皮和锯屑等。此外，从用料单位回收的废料，在其牌号可以辨认清楚时，亦可当做旧料使用。为了便于管理和使用，工厂通常把旧料分为一级旧料和二级旧料两类，一级旧料通常不需处理就可以直接装炉使用，而某些二级旧料由于其表面附有油泥、乳液或含过多的杂质，质量粗劣，通常不能直接装炉使用，事先应经过洗涤、干燥等处理。

③化学废料 化学废料是指那些化学成分不符合金属或合金标准化学成分范围的杂料。化学废料的主要来源是：化学成分不合格的废铸锭（有的工厂称化学废品）、变料过程中产生的洗炉料、牌号混杂的碎屑或残料，以及从厂外收集来的某些杂料等。

④中间合金 中间合金指预先制好的，以便在熔炼合金时带入某些成分而加入炉内的合金半成品。使用中间合金的目的：便于加入某些熔点较高，易氧化燃烧或挥发的元素到合金中去；有利于准确地控制合金的化学成分；避免金属液过热，减少熔炼损失；缩短熔化时间；减少环境污染。

对中间合金的要求：(a)含有适量的合金元素；(b)在熔融合金中具有较快的溶解速度；(c)熔点应低于或接近合金的熔化温度；(d)化学成分均匀一致；(e)加入到合金中后，尽可能不出现汽化和氧化作用；(f)有足够的脆性，易破碎成小块；(g)成分能长期保持不变，不易在大气作用下碎散或粉化。

（2）合金配料

①配料原则

合理地进行配料，对于确保熔体质量、节约贵重合金元素、提高金属实收率、降低成本有着重要意义。因此，配料时应遵守以下原则：(a)确定合金各组元的配料比及易耗组元的补偿量；(b)在保证合金的主成分及杂质含量符合国家标准的前提下，尽可能少用新料而选用低品位的新料，以扩大旧料的使用量；(c)在保证合金质量的前提下，对合金中的贵重金属尽可能按标准中的低限含量配料；(d)为保证某些制品的特殊要求，在规定标准范围内可适当调整某些元素的含量，即制订生产中实际控制的内部标准。但应注意的是，对于化学废料，要按其真实的化学成分，经严格计算之后，方可配到相应的合金中去。在使用化学废料时，应配入足够数量的新料或高品位的旧料与之搭配。同时，还应注意，在熔炼纯金属时，一般不得使用化学废料。

②配料计算的程序

（a）了解合金的技术条件、主要化学成分的范围及杂质的允许限度；

（b）了解所用新料、旧料、化学废料以及中间合金等的化学成分；

（c）根据生产实际情况确定各成分的配料比及易耗成分的补偿量；

（d）确定是否采用中间合金；

（e）计算包括损耗在内的各种金属及中间合金量。

在实际生产中确定合金的配料比时，一般不进行上述复杂的计算，而在配料时对于不易烧损的元素配料比可取标准范围的中限，对易熔损的元素配料比可取标准范围的中、上限，对个别烧损特别大的合金元素配料比有时也可超过标准化学成分范围的上限。

为了熔制符合要求的合金，对于从厂外运进的废料和本厂的废料所组成的配种，加入一定数量的新金属。配料可按如下次序进行：

（a）计算包括炼耗在内的100kg合金的炉料成分量；

（b）按100kg换算配料的每一个成分量；

（c）计算废料所带入的各种金属的数量；

（d）计算应加入新金属的数量；

（e）按炉料重量计算所需各配料成分的数量。

③化学成分调整

配料计算及称量通常是比较准确的，但由于熔炼过程中总会产生一些损失，因此很有可能出现熔体的实际化学成分与规定的化学成分不相符的现象。此时，必须对熔体的化学成分进行调整。

（a）补偿计算

当炉前分析某元素的含量低于标准化学成分范围下限时，应对该元素进行补偿。补偿公式为：

$$X = \frac{a-b}{100-a} \times M$$

式中　X——应补偿加料量，kg；

　　a——补偿后具有的百分含量，%；

　　b——炉前分析具有的百分含量，%；

　　M——炉内原有熔体重量，kg。

（b）冲淡计算

当炉前分析某元素的含量超过标准化学成分范围上限时，应对该元素进行冲淡。冲淡公式为：

$$X = \frac{b-a}{a} \times M$$

式中　X——冲淡某元素需补加其他元素的重量，kg；

a——被冲淡元素在冲淡后所具有的百分含量，%；

b——被冲淡元素在炉前分析时所具有的百分含量，%；

M——炉内原有熔体重量，kg。

若补加的金属料由几种不同的元素组成时，则每种元素的量可通过下式进行计算：

$$X_1 = n_1(M+X) - n'_1 M$$

$$X_2 = n_2(M+X) - n'_2 M$$

$$X_n = n_n(M+X) - n'_n M$$

……

$$X_n = X - (X_1 + X_2 + \cdots)$$

式中　X_1，X_2，X_n——应补加的各元素分量（kg）。其中 X_1 为化学成分标准中"余量"元素应补加料量；

n_1，n_2，n_n——应补加各元素的配料比；

n_1'，n_2'，n_n'——应补加各元素炉前分析的结果；

X——应补加各元素之和，kg。

（3）熔炼损耗

由于金属或合金在熔炼过程中长时间处于高温状态，所以不可避免地要发生某些元素的蒸发和氧化现象。蒸发和氧化不仅会造成金属的浪费，而且还会引起合金化学成分的变化。

①金属的蒸发和氧化

金属的蒸发和氧化损失除了决定于自身性质以外，还与熔炼条件有关，金属的蒸发主要取决于其蒸气压的大小。在相同的熔炼条件下，蒸气压高的元素容易蒸发。当熔炼的温度超过金属的沸点时，在整个熔池内将会发生沸腾现象，因此金属的蒸发熔损较大。一般蒸发热小、沸点较低、在合金中不易溶解、且含量较高的元素容易蒸发。

在空气中进行熔炼时，随着温度的逐渐升高，与炉气或大气接触的金属表面将被氧化。在氧化性炉气中，特别容易产生氧化反应，从而造成氧化损失。金属被氧化的程度，主要取决于它与氧的亲和力大小和所形成的氧化膜性质，并且还与温度有关。常见的合金元素，按其与氧亲和能力的大小可排列如下顺序：镁、铝、锆、钛、硅、锰、铬、锌、磷、铁、锡、镍、铅、铜，排在前面的比排在后面的易被氧化。显然，在强氧化气氛下熔炼，或熔炼温度较高，或合金中含有较多的易氧化元素，此时氧化损失也必将增大。

当合金中含有一定数量的铝、硅等元素时，由于这些元素的氧化物在熔池表面形成坚固的保护膜，这些保护膜在某种程度上有阻止或减少熔池内部金属继续蒸发和氧化的作用，因此可减少金属的蒸发和氧化损失。

②降低熔炼损耗的途径

在熔炼操作过程中金属的蒸发、氧化及扒渣时的机械损失等的总和称熔炼损耗。降低熔炼损耗的途径是：

（a）选用熔池面积较小的炉子熔炼，如用工频感应电炉熔炼时，熔炼损耗约为 0.4% ~ 0.6%；用反射炉熔炼时，熔炼损耗增至 0.7% ~ 0.9%，因此，目前广泛选用工频或中频感应电炉熔炼合金。

（b）制定合理的操作规程，对于易氧化、蒸发的合金元素应制成中间合金在最后加入，或在熔剂覆盖下熔化。装料时要做到炉料合理分布，尽量采用高温快速加入，以缩短熔炼时间。

（c）锯、刨屑及其他散料，要先经过干燥、打包或制团处理后再投炉熔化，这样，可大大地减少熔炼损耗。

（d）正确处理炉温，在保证熔融金属的流动性及其他工艺要求的条件下，要选择适当的熔炼温度。

（e）炉气一般控制微氧化气氛。

（f）选用覆盖剂以防止金属氧化和减少蒸发损失，含有铝、铍等元素的合金，由于能在熔炼金属表面形成致密的氧化膜，故一般不再加覆盖剂，但在操作中应特别注意勿使氧化膜遭到破坏。

（g）利用脱氧剂使基体金属的氧化物还原。

（h）正确选择覆盖剂或熔剂，并采取高温扒渣或捞渣等措施，降低渣中的金属损失。

如条件允许可采用真空熔炼或保护性气体熔炼。

撰稿人：段宏志　张得秀
审稿人：任鸿九　彭容秋　张训鹏　郭天立

6　鼓风炉炼锌

6.1　概　述

世界上第一台试生产炼锌鼓风炉(设计容量为20t/d)自1950年投产运转以来,经过了半个世纪的生产总结与创新研究,取得了很大的成绩与发展,目前世界上有13台鼓风炉在进行锌的生产(表6-1)。鼓风炉炼锌目前在国外几乎是惟一的火法炼锌方法,1999年世界鼓风炉共生产了1020kt锌和429kt铅,分别占该年世界总产量的12%和7%。

表6-1　国内外正在生产锌的鼓风炉

鼓风炉炼锌工厂名称	炉身面积/m^2	投产年份	最大锌产量/$(kt \cdot a^{-1})$	最大铅产量/$(kt \cdot a^{-1})$
阿旺茅斯(英)	27.2	1967	105.7	51.2
金德里亚(印度)	21.5	1991	61.4	31.3
柯克·克里克(澳)	24.2	1961	97.3	40.7
小科普沙(罗)	17.2	1966	34.1	17.1
杜伊斯堡(德)	19.3	1966	97.4	45.1
八户(日)	27.3	1969	114.4	52.1
播磨(日)	19.4	1966	88.9	28.6
波多威斯米(意)	19.0	1972	84.6	36.0
韶关冶炼厂(1)	18.7	1975	81.5	34.8
韶关冶炼厂(2)	18.7	1996	70.9	31.9
米亚斯特科(波兰)	19.0	1979	82.3	31.0
诺耶列斯·高道(法)	24.6	1962	115.7	48.3
威列斯(马其顿)	17.2	1973	59.7	30.5

鼓风炉炼锌又称帝国熔炼法(Imperial Smelting Process),简称ISP法,生产工艺流程如图6-1。

鼓风炉炼锌生产工艺流程可分为如下阶段:

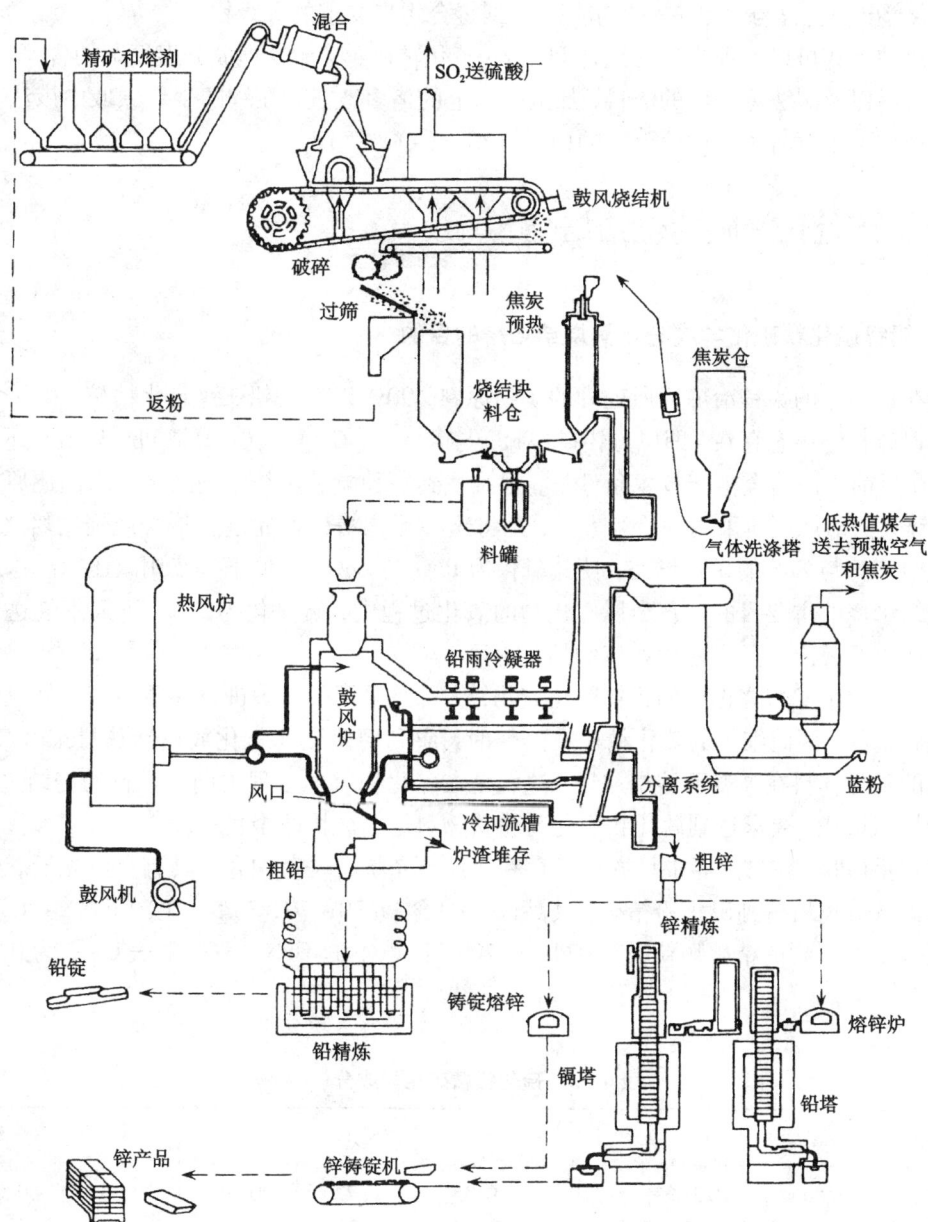

图 6-1 鼓风炉炼锌生产工艺流程图

(1)锌铅硫化精矿、氧化物料和熔剂的焙烧脱硫并烧结成块。

(2)烧结焙烧过程产生的 SO_2 烟气经净化后送去生产硫酸。

(3)烧结块和其他含 Pb，Zn 的团块配入焦炭，加入鼓风炉中进行热风还原熔炼。

(4)从鼓风炉下部放出粗铅和炉渣，在前床中分离。

(5)从炉子顶部溢出的锌蒸气引入铅雨冷凝器中，被铅雨吸收的锌蒸气在冷却溜槽中被冷却后分离出粗锌。

(6)产出的粗锌与粗铅进一步精炼,得到符合用户要求的等级锌。

鼓风炉炼锌可以处理难选的混合 Pb – Zn 硫化精矿,又能处理成分很复杂的含 Pb,Zn 的氧化物杂料以及湿法炼锌厂的渣料,加上技术上的诸多改进,在锌的生产领域中该法仍占有重要的地位。本章将主要讨论上述的(1)、(3)、(4)、(5)部分。

6.2 铅锌硫化精矿的烧结焙烧

6.2.1 铅锌硫化精矿化学成分及其烧结焙烧的目的

现在世界上的铅锌冶炼厂所处理的矿物原料,90% 以上是铅、锌硫化精矿,由于铅与锌主要是以硫化物形态存在,即以方铅矿(PbS)与闪锌矿(ZnS)存在,要把 PbS 与 ZnS 还原得到金属,在目前火法冶金生产技术条件下,很难找到一种能满足技术与经济要求的还原剂。因此,铅锌火法冶炼厂所采用的冶炼方法,是将这种硫化精矿首先进行焙烧或烧结焙烧,以转变精矿中 PbS 与 ZnS 的矿物形态,使其氧化为 PbO 与 ZnO,以便下一步用碳还原。这就是焙烧或烧结焙烧的主要目的。在金属硫化物的氧化过程中,硫氧化为 SO_2,进入烟气送去生产硫酸。所以铅锌冶炼厂也是生产硫酸的化工厂。

铅锌硫化精矿焙烧得到的铅锌氧化产物,大都是采用鼓风炉进行还原熔炼。鼓风炉只能处理块状物料,因此细小的硫化精矿在焙烧时,应利用硫化物氧化放出的热量来升高温度,使粉状的氧化物料在高温下熔结成块,这就是在硫化物氧化过程中同时进行的烧结过程,即所谓的烧结焙烧,要求达到硫化物氧化与粉状物料熔结成块两个目的。

硫化铅(PbS)在自然界中呈方铅矿存在,其结晶状态是灰白色,具有金属光泽。铅锌矿石经过浮选分离后得到硫化铅精矿,其品位(%)含 Pb 30 ~ 70,Zn 5 ~ 10,Cu 0.2 ~ 1.0,S 15 ~ 30 左右,所得到的精矿颗粒在 0.074mm(200 目)以下的不小于90% ,表 6 – 2 为几种铅精矿的化学成分。

表 6 – 2 硫化铅精矿化学成分(%)

Pb	Zn	S	Fe	SiO₂	CaO	Cu	As	Ag
58. 97	3. 50	23. 31	7. 49	0. 35	0. 72	0. 01	0. 15	0. 0601
65. 70	4. 20	20. 63	5. 10	0. 46	0. 69	0. 64	0. 32	0. 2404
55. 88	14. 98	20. 55	3. 62	0. 34	0. 61	0. 98	0. 01	0. 1550
60. 36	3. 30	24. 01	7. 52	0. 28	0. 68	0. 02	0. 15	0. 0534
47. 36	7. 15	20. 28	5. 42	0. 61	0. 63	0. 27	0. 23	0. 0682

PbS 含铅86.6% ,密度7.4 ~ 7.6g/cm³ ,熔点1135℃,熔化后流动性很大,可透过粘土质材料而不起侵蚀作用,易渗入砖缝。

PbS 在 600℃开始挥发,其蒸气压与温度的关系见表 6-3。

表 6-3 PbS 的蒸气压与温度的关系

温度/℃	852	928	975	1074	1160	1180	1221	1281
蒸气压 /kPa	0.1×1.33	0.2×1.33	1×1.33	6×1.33	10×1.33	20×1.33	40×1.33	76×1.33

PbS 的离解压很小,1000℃时仅为 16.8Pa。但 PbS 可被对硫亲和力大的金属所置换,如温度高于 1000℃时,铁可置换 PbS 中的铅($PbS + Fe = FeS + Pb$)。这就是铅冶金中加铁屑后所发生的"沉淀反应"。

PbS 可与 FeS,Cu_2S 等金属硫化物形成铅锍;PbS 能溶解于浓 HNO_3 及 $FeCl_3$ 的水溶液中;PbS 几乎不和碳及一氧化碳发生作用,在空气中加热时生成 PbO 和 $PbSO_4$,其开始的氧化温度为 360~380℃。

锌矿石开采品位一般在 6%~13%,其中含有大量伴生的铅,浮选分离出来的锌矿品位在 40%~60%,锌精矿的化学成分参见第一章相关内容。

有些铅锌矿矿石结构特点为浸染状矿石,即由细颗粒浸染所形成的 ZnS 和 PbS 复合矿。这种难选型黄铁铅锌矿,其中方铅矿(粒度为 0.04~1mm)、闪锌矿(0.2~1.5mm)、黄铁矿(0.05~0.4mm)三者密切共生,属方铅矿、闪锌矿溶蚀交伴黄铁矿,难于选别分离,常以铅锌混合精矿产出。

铅锌混合精矿的化学成分波动比较大,相对于单一的铅精矿或单一的锌精矿,铅锌混合精矿的含硫要稍低些,而杂质成分 SiO_2 要稍高些。表 6-4 是几种铅锌混合精矿的化学成分。

表 6-4 铅锌混合精矿的化学成分(%)

Pb	Zn	S	Fe	SiO_2	CaO	As	Sb	Cu	Cd	Ag
19.80	27.85	22.54	11.46	3.79	0.48	0.54	–	2.46	0.24	0.0974
19.36	22.66	19.22	5.56	9.97	0.59	0.40	0.09	1.77	0.14	0.0682
19.54	31.96	22.82	7.06	5.51	1.16	0.25	0.22	0.26	0.19	0.0444
15.48	34.62	25.49	8.14	4.15	2.84	0.21	0.49	0.58	0.30	0.0490
11.94	33.65	24.03	6.82	4.45	3.13	0.17	0.56	0.66	0.29	0.0428

铅锌混合矿的成球指数在 0.3~0.4 之间,成球性能中等,比单一铅、锌精矿的成球性能差。

密闭鼓风炉炼铅锌的主要原料是经过浮选后的硫化铅精矿和硫化锌精矿,或是硫化铅锌混合精矿,这些精矿的含硫量一般为 25%~31%,粒度在 200 目左右(0.074mm 左右),要从这些硫化物中直接还原出金属铅锌是很困难的,只有铅和锌的氧化物才比较容易被还原成金属铅锌;另一方面,粉状物料加入鼓风炉,不仅透气性差,风难送入,而且还会被炉气带走,因此,必须将粉状物料烧结成块,并且要具有足够的强度(包括冷强度和热强度)和孔隙度,以适应鼓风炉熔炼要求。

6.2.2 铅锌硫化精矿在烧结焙烧过程中发生的物理化学变化

铅锌硫化精矿中，以 ZnS(闪锌矿)、PbS(方铅矿)、FeS_2(黄铁矿)为主，还存在一些其他金属的硫化物 MS(M 可以是 Cu，Cd，As，Sb，Hg，Bi 等元素)以及脉石矿物石英石(SiO_2)和石灰石($CaCO_3$)。这种精矿在烧结焙烧之前，往往需要配入一些熔剂，如铁矿石或黄铁矿烧渣(Fe_2O_3)、石英砂或河砂(SiO_2)以及石灰石($CaCO_3$)。这种精矿与熔剂混合好的炉料，便送往烧结设备中进行烧结焙烧。为了达到上述脱硫与结块的烧结焙烧目的，必须掌握炉料中各组分在高温氧化烧结焙烧条件下所发生的变化。

6.2.2.1 金属硫化物的氧化反应

1)PbS 的氧化反应

在高温氧化条件下，炉料中的 PbS 会发生氧化反应变为 PbO：

$$2PbS + 3O_2 = 2PbO + 2SO_2$$

也可能直接氧化产生金属铅： $PbS + O_2 = Pb + SO_2$

或被氧化为硫酸铅($PbSO_4$)与碱式硫酸铅($nPbO \cdot PbSO_4$)：

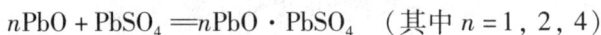

$$nPbO + PbSO_4 = nPbO \cdot PbSO_4 \quad (其中 n = 1, 2, 4)$$

$$PbS + 2O_2 = PbSO_4$$

所以 PbS 在烧结焙烧过程中的最终产物可能是 Pb，PbO，$PbSO_4$ 与 $nPbO \cdot PbSO_4$。它们在产物中的分配比例主要与过程控制的温度和气氛(O_2 与 SO_2)有关。

参与上述反应的元素是 Pb，S 和 O_2，因此可以认为 PbS 的氧化反应是 Pb-S-O 三元系的平衡关系，在冶金热力学上，常用恒温下 M-S-O 系化学势图来研究 MS 的氧化规律。

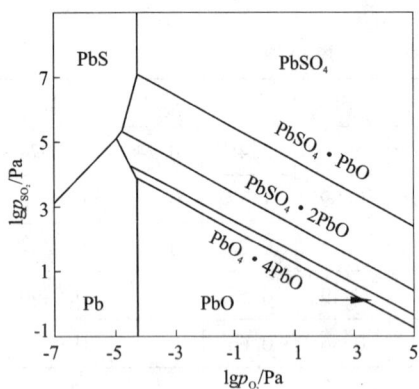

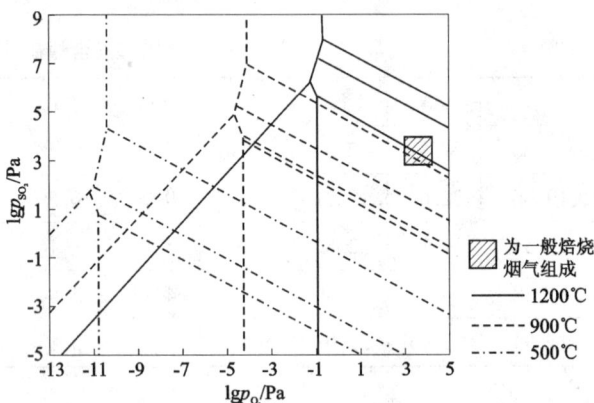

图 6-2 1100K(827℃)时 Pb-S-O 系状态图

图 6-3 不同温度下 Pb-S-O 系状态图(重叠图)

Pb-S-O 系化学势图(图 6-2)表明，PbO 的稳定区较小，而 $PbSO_4$ 和 $nPbO \cdot PbSO_4$ 的稳定区较大；PbS 低温氧化可直接生成 $PbSO_4$ 和 $nPbO \cdot PbSO_4$(直接硫酸化)；而 PbS 高温氧化才可获得金属铅和氧化铅。在 $\lg p_{SO_2}$ 一定时，随着氧势的增加，稳定区按 PbS→Pb→PbO→$nPbO \cdot PbSO_4$→$PbSO_4$ 的方向移动。

由此可见，硫化铅精矿的氧化焙烧与其他硫化物的氧化焙烧不同。首先表现为焙烧脱硫的不彻底性。硫化铅低温氧化是按 $PbS \rightarrow nPbO \cdot PbSO_4 \rightarrow PbSO_4$ 的途径变化，只有高温氧化才能获得 PbO。因为温度愈高，$PbSO_4$ 的稳定区缩小，$PbSO_4$ 会分解为 PbO(图 6-3)。实践证明，硫化铅精矿烧结焙烧，必须满足一定的焙烧温度($>1000℃$)才能较好地脱去精矿中的硫。

$nPbO \cdot PbSO_4$ 在高温下是不稳定的，各种 $nPbO \cdot PbSO_4$ 型的化合物在高温下并没有明显的稳定边界线。有的图将这些线用虚线表示，用以说明在这些区域中可以认为是 PbO 和 $PbSO_4$ 的混溶区域，致使产品中保留有一部分无法去除的硫。

烧结配料时应将熔炼所配的熔剂全部加入。它不仅是烧结的粘结剂和调热剂，而且会在烧结时进行初步造渣，有利于鼓风炉熔炼。与此同时，它对促进硫酸铅的分解脱硫也是有利的，如：

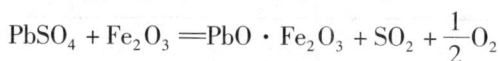

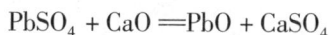

$$PbSO_4 + Fe_2O_3 = PbO \cdot Fe_2O_3 + SO_2 + \frac{1}{2}O_2$$

$$PbSO_4 + CaO = PbO + CaSO_4$$

$$2PbSO_4 + SiO_2 = 2PbO \cdot SiO_2 + 2SO_2 + O_2$$

可见，良好的配料是 PbS 氧化生成 PbO 的一个重要措施。

2)ZnS 的氧化反应

ZnS 的氧化反应已在第 2 章叙述(参见 2.1.3 节)，根据 1100K 时 Zn-S-O 系状态图(参见图 2-3)同样的原理，可得到不同温度下 Zn-S-O 系状态图(图 6-4)。

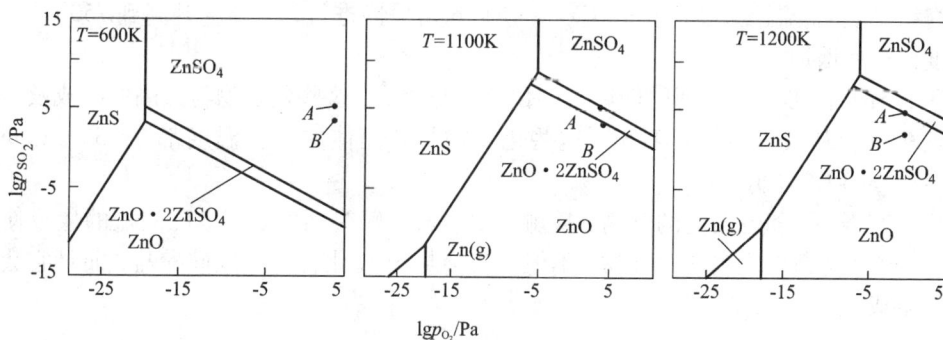

图 6-4 不同温度下 Zn-S-O 系状态图

从图可见，在焙烧或烧结焙烧气氛(A 点：4% O_2，10% SO_2；B 点：4% O_2，4% SO_2)下，当焙烧温度升高到 1200K 以上($>927℃$)，ZnS 焙烧产物成分主要是氧化锌(ZnO)，而碱式硫酸锌($ZnO \cdot 2ZnSO_4$)和硫酸锌($ZnSO_4$)的生成可能性已经很小。另一方面，随着焙烧温度的升高，ZnS 氧化直接生成金属锌($Zn_{(气)}$)的可能性愈来愈大，但在实际的焙烧气氛下，$Zn_{(气)}$ 会立即氧化成 ZnO。对比 Pb-S-O 系状态图(图 6-2，6-3)可知，尽管烧结焙烧产物中的铅可能会以金属态存在，但锌以金属态存在是不可能的。

综上所述，ZnS 的焙烧产物中的锌应该完全以 ZnO 形式存在。

其他主要伴生金属硫化物的主要化学反应可参阅第 2 章。

6.2.2.2 烧结化学

1)原料中的脉石及加入的熔剂种类和化学成分

铅锌两种金属,由于它们的地球化学性质和成矿的地质条件相同或相似,在矿床中常共生在一起。铅锌矿的脉石矿物主要是方解石、碳酸盐、石英、硅酸盐等。通常铅锌精矿的脉石成分比率不合于鼓风炉熔炼渣型的要求,因此,在烧结过程中需要加适当的熔剂(表6-5)。在烧结过程中使用的熔剂分为两类:①酸性熔剂——石英或石英质矿石;②碱性熔剂——石灰石或石灰。

表6-5 熔剂的化学成分(%)

名 称	Fe_2O_3	SiO_2	CaO
石灰石	1~5	1~7	50~54
石英砂	1~3	90~95	1~3

2)烧结过程的反应

(1)硅酸盐的生成反应

在铅锌混合硫化精矿中通常含有2%~8%的SiO_2,SiO_2多以石英矿形态存在,另外还可能添加石英砂补充熔剂,在高温烧结焙烧过程中,金属氧化物与石英接触后,发生化学反应生成各种硅酸盐。

PbO与SiO_2会按下式发生反应,生成PbO/SiO_2摩尔比不同的多种硅酸铅:$xPbO + ySiO_2 \longrightarrow xPbO \cdot ySiO_2$。

研究结果表明,温度升高到710℃,反应便开始缓慢进行,当温度升高到750℃以上时,反应速度便迅速增加。

PbO与SiO_2能形成一系列的低熔点的化合物与共晶,这些化合物与共晶的组成及熔化温度列于表6-6。从表中数据可看出,这些化合物与共晶体的熔化温度都在750℃以下,比PbO的熔点(883℃)还低。

实践研究表明,随着温度的升高,接触良好,随接触时间的延长,硅酸盐的生成便会增加。另外,在焙烧条件下铅的化合物,不但本身会与SiO_2化合物形成硅酸盐,而且它会促使硅酸锌的生成。

表6-6 $Pb-SiO_2$系化合物与共晶体的熔化温度

化合物或共晶	PbO 含量/%	熔化温度/℃
PbO	100	883
$2PbO \cdot SiO_2$	88.1	740
$3PbO \cdot 2SiO_2$	84.8	690
$PbO \cdot SiO_2$	78.8	766
$PbO - 2PbO \cdot SiO_2$	89.4	717
$2PbO \cdot SiO_2 - 3PbO \cdot 2SiO_2$	85.0	670
$3PbO \cdot 2SiO_2 - PbO \cdot SiO_2$	81.0	670

在烧结过程中，SiO_2 也会与炉料中的 FeO 和 CaO 生成硅酸盐（如 $2FeO \cdot SiO_2$，$CaO \cdot SiO_2$ 等）。

在铅锌烧结过程中，铅的存在能促使硅酸盐生成，因为硅酸铅易熔，熔融状态的硅酸铅可以溶解其他金属氧化物或硅酸盐，形成成分复杂的硅酸盐。

SiO_2 对提高烧结块的强度是有效的，这是因为烧结块的强度与烧结床层中粒子之间界面的熔化度有关，而各种硅酸盐的存在使料层更易熔化。由于硅酸铅熔点低于一般烧结所能达到的最高炉床温度，因此它大都变成液相，且流动性很好，渗透到料层内部，将小颗粒炉料粘结成块，是一种适宜的粘结剂。若铅锌烧结炉料中的铅不足时，必须依靠具有较高熔点的其他硅酸盐（例如硅酸锌或硅酸铁）起粘结作用。

（2）铁酸盐的生成反应

在烧结焙烧时，精矿中 FeS_2 被氧化后的产物 Fe_2O_3 将分别与 $PbSO_4$，PbO 和 ZnO 发生以下反应：

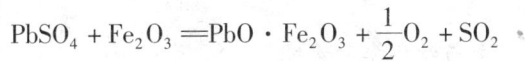

$$PbSO_4 + Fe_2O_3 = PbO \cdot Fe_2O_3 + \frac{1}{2}O_2 + SO_2$$

$$mPbO + nFe_2O_3 = mPbO \cdot nFe_2O_3$$

$$ZnO + Fe_2O_3 = ZnO \cdot Fe_2O_3$$

氧化铅与氧化铁构成许多铁酸盐，例如：$PbO \cdot Fe_2O_3$，$3PbO \cdot 2Fe_2O_3$，$PbO \cdot 3Fe_2O_3$，$2PbO \cdot 3Fe_2O_3$，$PbO \cdot 2Fe_2O_3$，它们的组成及熔化温度列于表 6-7。

表 6-7　$PbO - Fe_2O_3$ 系化合物或共晶的组成与熔化温度

PbO/%	Fe_2O_3/%	熔化温度/℃	PbO/%	Fe_2O_3/%	熔化温度/℃
100		883	83	17	850
95	5	810	80	20	925
92.5	7.5	785	70	30	1137
90	10	762	60	40	1227
88	12	752		100	1527

从表中数据可看出，当熔体中的 PbO 较高时，其熔化温度较低，其中共晶点的最低温度为 750℃，所以铁酸铅的生成也有利于烧结过程。

反应生成的铁酸锌中，ZnO 与 Fe_2O_3 组成的比值是变化的，如 $ZnO \cdot Fe_2O_3$，$2ZnO \cdot Fe_2O_3$，$5ZnO \cdot 3Fe_2O_3$ 等化合物。铁酸锌的熔点比较高，对烧结块的强度有一些影响。铁酸锌的生成在很大程度上取决于硫化锌和硫化铁之间的接触程度。

在烧结焙烧过程中，生成的铁酸盐除主要有铁酸锌和铁酸铅外，还有铁酸钙和铁酸镁等。

在烧结焙烧中，除了生成上述的一些硅酸盐或铁酸盐的易熔化合物或共晶外，还可以发生一些反应，生成易熔的物质，其中对烧结过程意义较大的列于表 6-8 中。

表 6 - 8   烧结焙烧时可能形成的易熔物

反应物	产　物	熔点/℃
Pb – PbO，PbS – PbSO$_4$	Pb	327. 5
PbS – O$_2$	PbO	886
PbS – Cu$_2$S	含 Cu$_2$S 51%，共晶	550
PbS – FeS	含 FeS 30%，共晶	863
PbO – Sb$_2$O$_3$	含 25% Sb$_2$O$_3$，混合物	590
2ZnO · SiO$_2$ – 2PbO · SiO$_2$	含 PbO 88. 5，ZnO 1. 5%，共晶	730
CaO · SiO$_2$ – PbO · SiO$_2$	含 CaO · SiO$_2$ 11. 83%，共晶	700
CaO · SiO$_2$ – 5PbO · SiO$_2$	含 CaO · SiO$_2$ 6. 4%，共晶	740

6.2.2.3　熔剂对脱硫率与结块率的影响

1）石英砂（SiO$_2$）

二氧化硅是一种加硬剂，是生产硬烧结块的重要物料成分，它的含量和烧结块的硬度是线性关系，若烧结块中的 SiO$_2$ 量增加，则烧结块的硬度也增加。为了使产出的烧结块有理想的强度和硬度，炉料必须要有一定的含硅量。

SiO$_2$ 是一种吸热剂，起着调节焙烧过程热量的作用。SiO$_2$ 含量增加，料层的最高温度则会降低。

硅酸铅的生成能减少铅的挥发损失。生产实践表明，当炉料含 SiO$_2$ 高时，可以获得硬度较好的烧结块，烧结结块率提高。但必须指出，SiO$_2$ 含量增高，产生的硅酸盐量增多，而硅酸盐熔点低，易于使炉料产生过早熔结现象，致使脱硫不完全，影响烧结块质量，同时，会使料层阻力升高，恶化操作条件。SiO$_2$ 含量较高，则硫化物形式的硫量和硫酸盐形式的硫量均会增加，硫酸盐增加的原因，是 SiO$_2$ 增加后料层的最高温度降低的缘故。

2）石灰石（CaCO$_3$）

石灰石在烧结过程中起着有益的作用。石灰石被加热到 900℃ 以上便会分解为 CaO 和 CO$_2$，并吸收大量的热，对过程起调热作用，防止炉料过早结块。减少铅在烧结时的挥发损失，分解出的 CO$_2$ 气体可提高炉料的透气性，提高烧结块的孔隙度，生成的 CaO 可将硫化物机械地隔开。

但烧结混合料中添加的石灰石量不宜过多，能满足鼓风炉造渣成分要求即可。石灰石量增加除了影响炉渣的性质外，对烧结过程也有不利影响，例如，由于增加石灰石量，在过程中吸收大量热量，降低了料层最高温度（烧穿点温度），使烧结块中以硫酸盐形式的硫量增加，生成的硫酸钙稳定不分解，从而使烧结块残硫升高，影响烧结块质量。同时，含钙高的烧结块强度较小，且易吸水潮解，变得疏松。

3）铁质熔剂（Fe$_2$O$_3$）

铁对烧结块质量的影响，取决于铁在原料中存在的形态和含量的多少。

实验表明，当铁含量低于 10% 时，烧结块质量参数和铁含量之间没有多大差别。当烧结块含铁量增加至 10% 以上时，则烧结块的硬度会降低。高铁烧结块（Fe 7.5% ~ 15%）的硬度,受加入混合料中铁的化学形态的影响很大。若铁是以硫化物加入时,则铁量增加时,烧结块硬度只有适度的降低;若加入的铁是黄铁矿烧渣(氧化铁),则烧结块的硬度会急剧降低;在铁含量较高时,硬度较低。如果铁源是硫化物、碳酸盐混合精矿时,即使精矿成分主要是硫化物,得出的烧结块的特性与以黄铁矿烧渣作铁源时更接近。

6.2.3 铅锌混合精矿烧结焙烧的生产实践

6.2.3.1 烧结焙烧的生产工艺

铅锌冶炼工业生产所用的烧结设备有烧结锅、烧结盘和带式烧结机等,因烧结锅、烧结盘生产效率较低,产生烟气不能制酸,污染环境,已被淘汰。目前生产中广泛采用的是带式烧结机。带式烧结机又分为吸风和鼓风两种,空气从料面吸入的叫吸风烧结,从料底部往上鼓风的叫鼓风烧结。鼓风烧结是 20 世纪 50 年代后期发展起来的烧结新技术,它比吸风烧结方法优点多,所以国内外密闭鼓风炉炼铅锌的工厂都采用鼓风烧结的方法。

铅锌精矿烧结焙烧的工艺流程主要包括烧结炉料的准备和烧结焙烧两部分。铅锌精矿(包括铅精矿、锌精矿、铅锌混合精矿)、氧化物料(蓝粉、浮渣、次氧化锌等),通过吊车配料配成适合鼓风炉熔炼要求的混合物料,混合物料经过干燥、破碎,然后配入熔剂(石灰石、石灰、石英等)和收尘烟灰与电收尘烟灰,再加上适量的返粉配成含硫 5.5% ~7.5% 的烧结炉料,经混合与制粒,最后送入烧结机进行烧结焙烧,焙烧好的烧结块从机尾倒出,经破碎筛分得到合格的烧结块(块度 40 ~120mm),送至保温仓,供鼓风炉熔炼用。筛下物经湿润冷却,破碎成返粉返回烧结配料。在烧结焙烧时,产生大量的含 SO_2 烟气,经净化后送制酸系统制酸。

6.2.3.2 烧结焙烧的配料

1)铅锌精矿烧结焙烧的原料

铅锌精矿烧结焙烧的原料主要包括铅锌精矿和氧化物料,铅锌精矿是由选矿厂从采矿来的铅锌矿石中精选出来的,有单一的铅精矿、锌精矿,也有铅锌混合精矿,精矿的性质和品位也不一样。烧结原料中还有次生氧化物料,主要是铅锌氧化物料,包括烟灰、浮渣、蓝粉、电收尘烟灰等。这些氧化物料的主要化学成分差别很大,见表 6-9。

表 6-9 氧化物料化学成分(%)

氧化物料	Pb	Zn	Fe	CaO	SiO$_2$	As	Sb	Cu	Cd	S
次氧化锌	5.60	56.12				6.04				
烟灰	23.28	33.92	6.92	1.24	2.30		0.3			19.20
电尘	51.65	9.62	0.19	0.04	0.25		0.07			8.76
浮渣	67.60	16.76	0.92	0.03	12.1					

烧结原料中还有少部分的原生氧化物料来源于氧化矿,国内厂家使用少,国外有些厂家使用。

生产上为了使烧结作业顺利进行,并能获得优质高产的烧结块,同时又能满足鼓风炉熔炼的炉渣成分(渣型)的要求,必须加入适当的熔剂,主要有石英砂和石灰石。这些熔剂在熔炼时和炉料中的脉石生成熔渣,从而与金属分离。

2)烧结配料

烧结配料就是根据烧结块的产量和质量要求,将烧结的各种原料按一定比例进行配制的工序,它是影响烧结作业的关键因素,同时也是整个冶炼工艺的关键工序。烧结配料的方法主要有三种:①堆式配料;②皮带(电子称)配料;③圆盘配料。韶关冶炼厂在生产中采用前两种配料方法,用于不同的配料目的。

堆式配料:对于各种精矿,同类矿种也可能来源于不同产地,其化学成分和性质差别很大,因此,在使用精矿时,常根据从各矿山的进厂数量和化学成分,按照烧结炉料的化学成分要求,通过冶金计算,初步确定各种精矿、氧化物料的配入数量,然后根据其密度换算成抓比(即吊车抓斗抓矿的次数之比),进行各种物料配料。吊车按抓比把各种物料抓起,层层撒落到专门的配料矿仓,再用抓斗反复抓卸混合,使各种物料混合均匀,料堆颜色基本一致,最后从矿堆局部往下抓取送至下料仓。

皮带(电子称)配料:这种方法是将各种物料装入相应的配料仓内,每个配料仓下面设有一台能调速的皮带给料机,之后有一台能自动称量的电子皮带称,它是由称架、测重传感器组成,通过调整皮带给料机的速度来控制物料的给料量。皮带配料是按烧结炉料含硫量的要求,正确配入混合干精矿和返粉量,同时配入适宜的熔剂量以达到合格的 CaO/SiO_2 值。

6.2.3.3　烧结炉料的准备

烧结焙烧对炉料的化学成分及物理性能有着较严格的要求,烧结炉料的准备包括精矿干燥、返粉制备和物料混合与制粒这几个阶段。

1)对炉料化学成分的要求

烧结前的配料,主要是满足 Pb,Zn,S 和造渣组分的要求,烧结炉料中锌的含量对烧结过程影响不大,但 Pb,S,SiO_2 和 Fe 的含量都对烧结生产起着重要的影响。烧结炉料化学成分(%)如下:

Pb	Zn	S	FeO	CaO	SiO_2	H_2O
16~19	38~42	5.5~7.5	8~10	4~6	3~4	5

(1)炉料的含硫量

烧结炉料含硫量关系到烧结过程能否达到适当的供热条件,也是影响烧结块质量和焙烧作业的主要因素。因此,在生产实践中,对炉料含硫量有严格的要求,必须合理地控制和调节。送往烧结焙烧的炉料,一旦经外部热源点燃后,硫化物就会迅速氧化放出大量的热量,使铅锌混合精矿的烧结焙烧自热进行。炉料含硫过高,会因大量的金属硫化物氧化放出热量,使过程进行的温度急剧升高而超过所要求的温度(1000~1200℃),从而影响烧结过程的顺利进行。所以炉料的含硫量应控制在烧结焙烧过程维持热平衡所要求的水平。

(2)炉料含铅量

铅是烧结块的主要成分之一,它直接影响所有的烧结块质量参数(如硬度、料层温度、总硫量中的硫酸盐硫量),特别是对烧结块的强度有较大的影响,铅在烧结过程中是一种有效的硬化剂。烧结过程中形成的低熔点硅酸铅对烧结的炉料起着很好的粘结作用。如果炉料中铅含量低,形成的硅酸铅量少,则炉料结块不好,这时,只有添加额外的二氧化硅,烧结块方能达到足够的硬度,但是,这样会使鼓风炉的渣量增加,降低锌的产量和回收率,影响鼓风炉放渣。因此，在烧结过程中，实际上配用一定数量的铅来满足烧结块的强度需要，而不是过多地使用 SiO_2。这正是烧结过程决定炉料中含铅量的经济下限。根据国外一些 ISP 厂的生产实践，用含 Pb 小于 15% 的烧结块进行生产在经济上是不合理的。

增加含铅量可增加烧结块的强度，然而当烧结块含铅量过高时（ >24% ），烧结块热强度下降，即烧结块软化点降低，会影响鼓风炉熔炼，使炉料变粘。另外，炉料的透气性还与含铅量有关，当炉料粒度水分不变时，透气性随含铅量的增加而降低。从 ISP 厂家的报导来看，烧结块的含铅范围为 18% ~ 21.5% ，一般为 19.5% 。

在计算烧结炉料含铅时，要考虑铅的挥发，否则，铅量降低后，烧结块硬度也可能降低。一般要考虑 10% 的铅损失。铅的挥发量与烧结过程中床层温度有关。

（3）炉料含锌量

炉料中的含锌量目前没有明确的最佳值。但根据国外资料及国内生产厂家的生产实践表明，要获得好的熔炼指标，烧结块的 Pb/Zn 比值在 0.45 ~ 0.5 之间，国内外部分厂家的烧结块 Pb/Zn 的关系如下：

工厂	阿旺茅斯（英）	杜伊斯堡（德）	播磨（日）	八户（日）	米亚斯特茨科（波）	韶冶（中）
Pb/Zn	0.48	0.53	0.45	0.51	0.46	0.46

（4）炉料的熔剂成分

二氧化硅：和铅一样，二氧化硅是一种加硬剂，是决定烧结块硬度的主要成分。烧结块中 SiO_2 含量增加，则烧结块的硬度也增加。如前所述，SiO_2 能与炉料中的铅生成一种低熔点物质硅酸铅，硅酸铅的生成能减少铅的挥发损失。生产实践证明，当炉料含 SiO_2 高时，可以获得硬度较好的烧结块，烧结结块率提高。但必须指出，SiO_2 含量高时，产生的硅酸盐增多，易使炉料产生过早熔结现象，致使脱硫不完全，影响烧结块质量，会使料层透气性变差，恶化操作条件，使烧结形成恶性循环。

钙质熔剂：精矿中石灰石的含量很少，很难满足烧结块 CaO/SiO_2 要求，一般需要添加石灰石或石灰作为熔剂。石灰作为熔剂加入，不但能起到调节烧结块 CaO/SiO_2 的作用，同时，还是一种很好的粘结剂。由于石灰的吸水性很大，在混合制粒过程中有利于改善制粒效果，提高炉料的透气性。

烧结炉料中的钙质熔剂添加不宜太多，能满足炉渣成分要求即可，含钙高的烧结块强度较小，易吸水潮解变得疏松。

此外，对烧结炉料中其他化学成分也有一定的要求；如含 Cd <0.2% ，As <0.2% ，F <0.1% ，Sb <0.22% 。因为含砷量高，会使鼓风炉熔剂消耗量增加，降低锌的冷凝效率，特别是铜砷比低时，尤其这样；含镉高时，会对精锌产品质量产生影响；含氟量高时，会使烟气制酸系统铅衬和瓷衬被腐蚀。

2）烧结炉料的物理性能

为了提高烧结焙烧的生产率和得到高质量的烧结块，炉料除满足一定的化学成分外，还必须有一定的物理性能要求，也就是说，炉料要具有良好的透气性。所谓透气性，是用烧结机鼓风风箱上每平方米炉箅面积上，对于一定厚度的料层，在单位时间内通过一定量体积空气时料层的阻力来衡量。阻力越小，透气性越好，便可保证空气与硫化物充分接触而发生氧化反应，烧结过程得到强化，加速脱硫速度，愈有利于脱硫。近年研究指出，烧结时鼓风中的氧(75% ~80%)主要消耗于900℃以上的烧结带上，要保证在炉料没有熔融之前短暂的几分钟内氧化反应充分进行，就必须保障炉料具有良好的透气性。炉料的透气性与炉料含水量、含铅量和SiO_2量，粒度组成，返粉量与混合干精矿量之比，混合、制粒与烧结机布料的均匀程度、料层厚度以及点火温度等技术操作条件有关。其中炉料的含水量是影响透气性的主要决定因素。

(1)水分对透气性的影响

当物料润湿到一定程度时，会具有最小的堆密度，即这种湿度使物料具有最大容积，也就是最好的透气性，此时物料成团的可能性最大。物料的水分与透气性、堆密度的关系见图6 – 5。

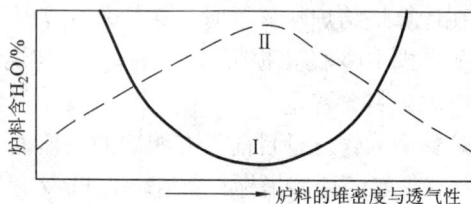

图6 – 5　炉料透气性、堆密度与水分的关系
I —炉料堆密度；II —炉料透气性

炉料的水分有如下的作用：①在烧结过程中，水分蒸发能吸收过剩热，防止炉料过早烧结，起着热的调节作用；②加水能使物料润湿成球，提高炉料透气性；③因水分蒸发，炉料变成多孔状，有利于空气通过；④防止粉状物料被气流带走和堵塞管道；⑤使反应均匀进行，促进脱硫作用。

炉料的最好湿度可以通过实验来确定。图6 – 5曲线I表示某种物料的堆密度随炉料含水量而变化的情况，炉料的堆密度有一最小值，相应地也有一最好的透气性(曲线II)，即为炉料的最好湿度。当炉料湿度适当时，混合料中的精矿就能以具有一定粒度的返粉为核心而形成均匀的团粒，使炉料的堆密度降低，透气性提高。

炉料过干或过湿对生产过程都是不利的，都会造成炉料的制粒效果变差，透气性变坏，影响烧结焙烧反应，降低烧结块结块率和烧结块质量。

(2)粒度对透气性的影响

炉料的粒度对保证炉料在烧结时的透气性有着非常重要的作用。实践证明，控制炉料的粒度组成主要是控制粒度 <1mm 和 >6mm 粒级数量，应尽量减少这一粒级的数量。炉料的透气性是随2 ~6mm 粒级量的增加和0 ~2mm 粒级量的减少而急剧提高。一般认为，应使炉料粒度都在 1 ~5mm 以内。如果粒度过大，矿粒核心反应不完全，烧结块残硫则会升高；同时，过大的粒度会使料层的透气性不均匀，造成烧结时局部串风现象严重。如炉料粒度过小，则料层阻力增大，透气性不好。烧结炉料的粒度组成与烧结混合料中的各种物料的粒度有关，特别是返粉的粒度影响最大。

3)精矿干燥

配料要求精矿含水5% ~7% ，而进厂的铅锌精矿一般含水在10% ~12% 以上，雨季含水分更高。因此，精矿必须干燥，工业上常用的干燥方法有回转窑式干燥法和气流干燥法。

4)返粉制备

返粉占烧结炉料的70% ~85% ，因此返粉质量的好坏直接影响炉料的性质和焙烧效果，在正常生产情况下，烧结生产筛下的产品不足以保证流程返粉量的平衡，为了达到平衡，必须将部分合格的烧结块破碎作返粉用。

返粉对烧结生产的作用是：①它是炉料制粒的核心，对炉料的透气性好坏有着重要的影响；②调节炉料含硫量。

返粉的制备主要控制好两个方面，即粒度和水分。

（1）返粉粒度

返粉粒度是影响烧结块产量和质量的重要因素，它影响烧结物料的透气性。炉料的加水量也要根据返粉级来确定。所以在整个烧结作业时间内必须很好地控制返粉的粒度。

鼓风烧结时，一般要求返粉最大粒度不超过6mm，小于1mm的细粒度比例愈少愈好，生产实践证明，为了获得脱硫好、机械强度高的烧结块，返粉粒度应尽量控制在2～6mm范围，在这个范围的返粉量应占75%～85%。

返粉破碎一般采用四段破碎，其破碎设备分别为：单轴破碎机，齿辊破碎机，波纹辊破碎机和光面辊破碎机。

影响返粉粒度组成的因素是返粉含硫、烧结块强度、返粉含水量及破碎设备。

（2）返粉水分

往炉料加水时，以返粉的加水润湿为最重要，只有具备适量水分的返粉才符合烧结混合制粒的要求。

返粉加水润湿分两处进行，即冷却圆筒和返粉运输皮带。每个加水点上都装有喷水管，在冷却圆筒一般加湿法收尘的泥浆，出料口有水分检测仪表分析其含水量；在运输皮带上加水由自动加水装置控制。

5）炉料的混合与制粒

经过配料后的烧结炉料，需要进行精细的混合，并最后粘结成粒，这是保证炉料粒度均匀、提高炉料透气性的有效措施。铅锌精矿烧结炉料常用圆筒混合制粒。其结构与成球机理示意图如图6-6所示。

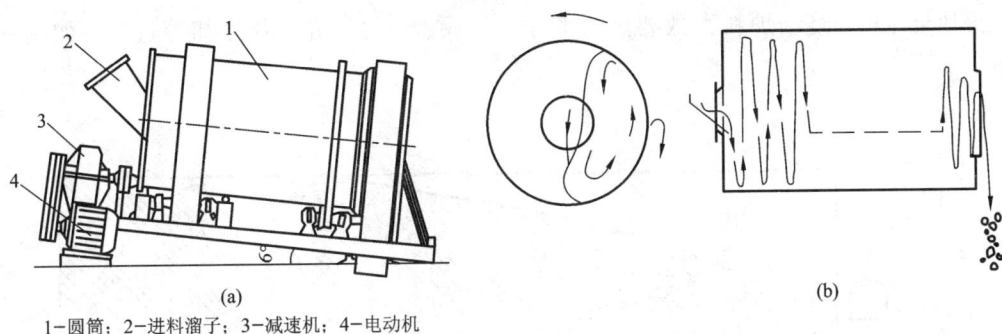

1—圆筒；2—进料溜子；3—减速机；4—电动机

图6-6 圆筒制粒机

（a）圆筒制粒机结构示意图；（b）圆筒制粒成球机理示意图

影响圆筒生产能力的因素，主要是转速、填充率和停留时间。填充率一般为15%～25%，转速约为临界转速的25%～35%，转速较大，物料翻动激烈，制粒效果好，但转速不能过大，否则会造成混合料作轨道运动，起不到造球作用。停留时间的选用，一般混合圆筒为2min，制粒圆筒3～4min。造球效果与烧结物料各组成的物理性能、圆筒内部结构、圆筒转速、圆筒倾角、造球时间、给料量及加水量等因素有关。

混合制粒加水时必须注意均匀，一般采用排管，通高压水喷成雾状，使之均匀加入。一般出料端的加水较进料端少，有的厂出料端不加水。

6.2.3.4　布料与点火

（1）布料

鼓风烧结机加料分点火料层和主料层两次布料。点火层的厚度通过点火料斗的刮料板调节，一般控制在 35～45mm；主料层厚度通过调料装置调节，一般控制在 300～400mm。

（2）点火料层与一次点火

随着烧结机的运动，点火料仓开始往烧结机台车上铺料，料层厚度由点火料仓下部的刮料板控制，其厚度必须适当，若点火料层太薄，炉料储热不够，使二次点火发生困难，致使烧结速度减慢；若点火料层太厚，则点火层烧不透，导致返粉含硫增加，返粉循环的结果使炉料的透气性变坏。

炉料点火料层的点火效果的好坏，关系重大，其影响整个烧结工艺过程。影响点火效果的因素是：点火料层的布料好坏，点火炉温，炉料的化学成分，$0^\#$ 系统的操作等。

（3）主料层与二次点火

主料层厚度由主料仓下部的可控刮料板来控制，一般为 350～400mm，国内某厂控制在330～360mm。烧结料层厚度的选择，主要是根据料层的透气性以及炉料的熔点来考虑。对于含铅、含硅和含硫高的、易熔的炉料以及粒细、致密和透气性差的炉料，主料层应以薄为宜，否则，在点火时间不够时，反应温度达不到要求，过程缓慢，使烧结块强度降低。根据生产经验，增加主料层的厚度，可以增加结块率和脱硫率。在通常情况下，一般采用较厚料层作业。

6.2.3.5　鼓风烧结

鼓风烧结是在台车炉篦上先铺上一层 40mm 左右的炉料，经吸风点火后再于其上铺上二次料（厚度达 350mm），然后由吸风转入鼓风，进行鼓风烧结。

鼓风烧结时，烧结炉料大致要经过脱水、干燥、预热、焙烧及冷却等过程，如图 6-7 所示。

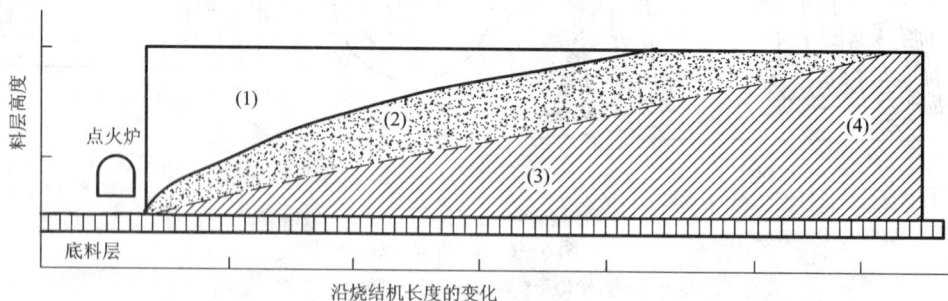

图 6-7　烧结料层的反应变化

（1）干燥升温带与过湿带；（2）烧结初期反应带；（3）烧结进行反应带；（4）烧结进行和冷却带

沿烧结机长度方向的不同区域的烟气温度和 SO_2 浓度是不同的，在烧结机中部或稍前一点位置，由于氧化反应剧烈进行，烟气中 SO_2 的浓度达到最高值，然而，此时烟气的温度还较低，因此在过程发生的高温烟气通过料层的预热区、干燥区时，其热量被炉料吸收，直至烧结区发展到料层表面时,烟气的温度才达到最高值。

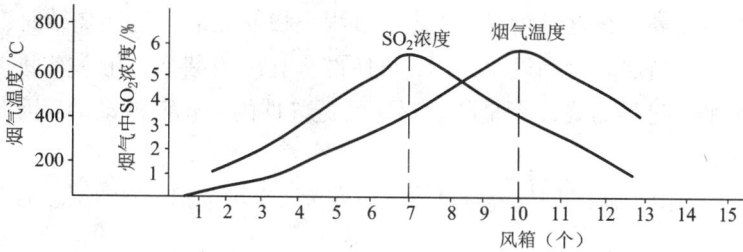

图6-8 某厂烧结机烟气中的SO₂浓度与烟气温度随烧结机长度方向(风箱个数)的变化情况

烧结的炽热带从料层的下部逐渐上移到料层表面,最后在料层表面烧穿,因此,炉料的烧穿点,又称烧结点或烧透点,烧穿点的温度是烧结过程中烟气温度的最高点,烧穿点位置可视为烧结过程的一个标记,生产时要把烧穿点控制在适宜的区间,烧穿点要稳定。

烧结过程是强氧化过程,需要大量的空气或返烟参与反应。在生产实践中,空气的实际消耗量要大于理论量,有一定的过量空气,才能使炉料烧透。铅锌混合精矿的烧结按烧结炉料的单位鼓风量(标)为425m³/t。在生产上也用鼓风强度来表示,即单位时间内在单位鼓风面积上的鼓风量,一般为12~20m³/(m²·min)。

6.2.3.6 烟气循环

在鼓风烧结过程中,对机头、机尾产生的低浓度SO₂烟气,有回收与不回收两种情况,即返烟与不返烟。目前,大部分工厂是采用返烟的方法,将烧结机部分低浓度SO₂烟气作为部分鼓风空气循环使用,这种由烟气供给烧结鼓风的方法,叫做返烟。

返烟的烟气含1%~2%SO₂和大量烟尘,以前是经烟囱放空排入大气,对环境造成很大污染。返烟烧结使烟气浓度再一次提高,从而使进入烟气中的硫几乎全部可以回收用来制酸。韶关冶炼厂烟气循环供风系统如图6-9所示。

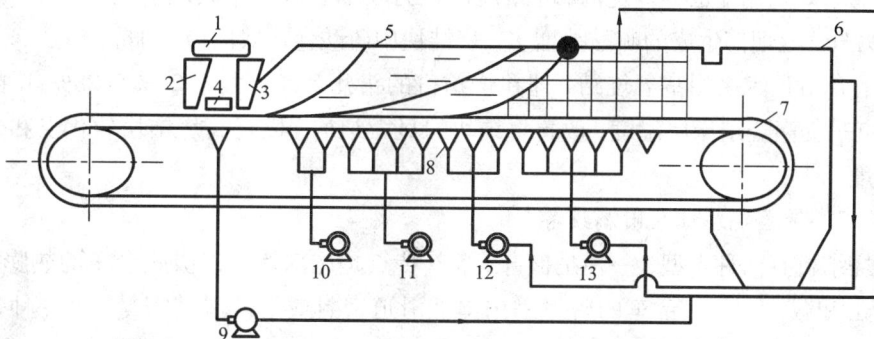

图6-9 烧结烟气循环流程图

1—梭式布料机;2—点火层加料斗;3—主料层加料斗;4—点火炉;5—烟罩;6—尾部烟罩;
7—烧结车;8—风箱;9—点火用抽风机;10~11—1#,2#新鲜风机;12~13—3#,4#返烟风机

采用返烟与不返烟，对烧结料层透气性的影响较大，如图 6 - 10 所示。

在不返烟的鼓风烧结过程中，随着烧结过程的进行，烧结物料大部分结块，孔隙度增大，料层的透气性不断提高。在这种情况下，烧结过程很快便完成。返烟烧结时，返回烟气中的细粒烟尘在通过烧结料层时受到过滤作用，致使部分孔隙被堵塞，孔率降低，所以透气性几乎保持不变的水平。过程的烧穿点是随着料层的透气性的变化而波动的，因此，返烟烧结有比较稳定的烧穿点。

采用返烟烧结，由于返回烟气温度高，体积变大，会增加风箱的风压，如图 6 - 11 所示。

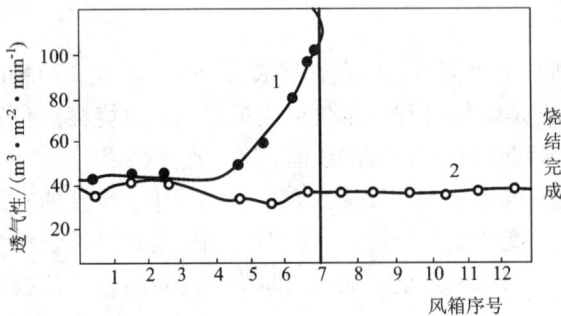

图 6 - 10　烧结机料层的透气性
1—不返烟烧结；2—返烟烧结

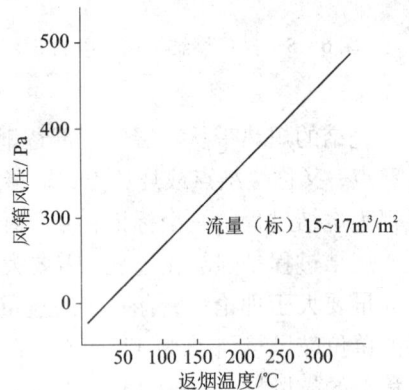

图 6 - 11　进入风箱的返烟温度
对风箱压力的影响

在同样的鼓风压力下，通过料层气体的标准容积减少，也就是降低了最大允许的鼓风强度，使烧结机的生产能力受到影响，除了热风引起的送入气体标准容积相对减少使烧结的气相与固相的反应受到影响外，由于返烟中部分氧已经生成 SO_2，参加反应的氧少，因而焙烧效果将受到影响。

返烟烧结对脱硫率也有一定的影响，脱硫能力较不返烟时要低，这主要是由于烟气中氧含量低，另外，返烟使生成的硫酸盐增多，烧结块中硫酸盐形式的硫增加。

国外有部分厂家采用富氧烧结，即在烧结机的头几个风箱鼓入 24% ~ 28% O_2 的富氧空气，其优点是提高烧结床层温度，改善烧结块的显微结构，以提高烧结块软化点和烧结烟气的 SO_2 浓度。

6.2.3.7　带式烧结机及附属设备

带式烧结机有两种类型，一种是鲁奇式，其特点是尾部摆架能吸收台车的热膨胀，避免台车的冲击和减少漏风，台车的密封采用弹性滑道密封或干性滑道密封；另一种是考波斯型，其特点是尾部采用一种固定弯道，用以吸收台车的热膨胀，返回车道具有一定的斜度，台车密封大部分采用 T 型落棒式密封。我国某厂采用鲁奇型烧结机，该机是由许多紧密相联接的小车组成，机架的两端都装有相同直径的大星轮，首端星轮由电动机通过减速装置而带动，星轮的齿间距离与小车前后辊轮间的距离相吻合，故当大星轮转动时，其齿扣住沿下轨道而来的小车，将它提升到上轨道，同时将前面的所有小车推动，使之紧紧地联结在一起。从点火炉到机尾的小车炉篦下均设有风箱,小车顺次经过每个风箱,最后达到卸料端,借尾部星轮依次往下翻落,然后沿下轨道重返头部大星轮处,如此周而复始地循环运转。

鼓风烧结机的构造如图6-12所示,它使由传动装置,头部星轮装置,尾部摆架,台车,点火炉,加料斗,风箱,密封烟罩,尾部密封罩,骨架,轨道,头部弯道,灰箱,溜板,炉篦震打器,篦条压辊,润滑装置等组成。

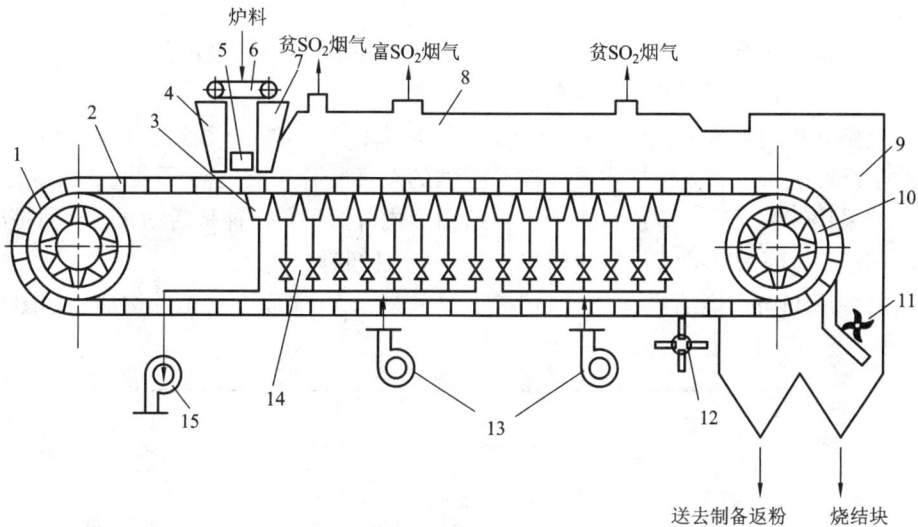

图6-12 带式烧结机示意图

1—头部星轮;2—烧结台车;3—风箱;4—点火层加料斗;5—点火炉;6—梭式布料机;7—主料层加料斗;8—烟罩;9—尾部烟罩;10—尾部星轮;11—单轴破碎机;12—篦条压辊;13—鼓风机;14—阀门;15—吸风机

我国某厂规格为$110m^2$烧结机的主要技术性能如表6-10。

表6-10 $110m^2$烧结机的主要技术性能

序号	项 目	单 位	数 值	序号	项 目	单 位	数 值
1	台车宽度	m	2.5	7	头尾轮中心距	mm	5524
2	有效烧结长度	m	44	8	头尾轮圆直径	mm	2775.5
3	有效烧结面积	m^2	110	9	主传动电机功率	kW	30
4	风箱数量	个	16	10	台车数量	个	119
5	点火料层厚度	mm	35~40	11	压辊直径	mm	300
6	料层总厚度	mm	330~360	12	烟罩直径	mm	2300

1)台车

台车是烧结机的重要组成部分。烧结机的有效烧结面积是台车的宽度与烧结机的有效长度的乘积,一般长宽比为12~16。几个同类型厂的台车尺寸如表6-11。

表6－11　铅锌鼓风炉厂烧结台车尺寸实例

项　　目	1	2	3	4
台车宽度/m	2.5	2.44	3.0	4
台车长度/m	1.0	0.8	1.07	1.5
拦板高度/m	350	300	300	1.0

　　台车的结构形式有整体、二体装配及三体装配几种形式,对于较宽台车多采用二体或者三体装配。这种结构有利于长时间运转及维护。

　　将炉篦条有规则地排列到烧结机的台车上,构成了烧结炉床,篦条的形状及使用寿命对烧结机的生产影响很大,选择材质要能经受激烈的温度变化,能抗高温氧化,具有足够机械强度。大多采用铸铁、球墨铸铁和铸钢。其结构形式有两种,一种是活动式,一种是固定式。固定式应用较广,因为它的结构比较简单,又易于维护和修理。

　　韶关冶炼厂110m^{2}烧结机有台车119个,尺寸是2.5m×1m,台车的构造图如图6－13。

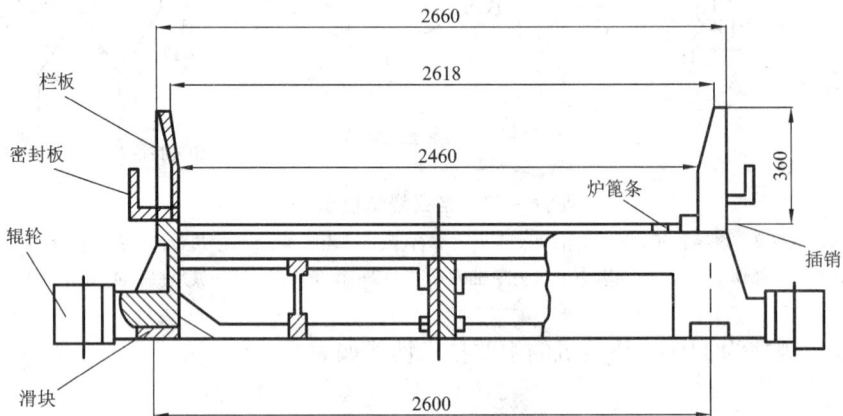

图6－13　烧结台车剖视图

　　2)风箱

　　带式烧结机很长,为了使空气均匀分布,沿烧结机长度下方设有若干彼此分开的风箱,风箱上部边缘固定在滑道上。点火炉下部的风箱是吸风箱,其余均为鼓风箱。每个风箱都设有风管与风机相连接。为了调节风量和风压,在每个风箱的风管上装有阀门,阀门的开启度由电机单元控制。

　　风箱由钢板制成。由于点火吸风箱漏料比较严重,为了便于排除风箱中的积料,采用螺旋排灰装置。在烧结过程中,常有物料通过炉篦落到鼓风箱中,为了排除风箱中的杂料,在每个风箱下部设排尘管道。

　　由于烧结烟气含尘,输送返烟的风机叶轮易被磨损损坏,因此,在风机与风箱之间设有积灰斗和旋风收尘器以清除粗粒烟尘。韶关冶炼厂烧结机共有16个风箱,其中0$^\#$风箱设在点火炉下部,为吸风箱,风箱面积为6.25m^2,其余15个风箱均为鼓风箱,1$^\#$～14$^\#$每个面积为7.5m^2，10#风箱为5m^2。吸风箱与鼓风箱之间设置弹簧密封板以防串风。

3)密封装置

密封的好坏，对烧结机的生产率具有很重要的意义。通常漏风主要发生在风箱与台车之间及导气管路系统。烧结台车沿上轨道运动到风箱时，台车底部两侧的钢制滑板就与风箱边沿的钢制滑板紧密接触而构成密封。密封方式主要有弹簧密封和刚性密封两种，如图6－14(a)、(b)所示。弹簧密封装置位于台车下部，主要由游板和弹簧组成。游板靠弹簧的压力与风箱上面的轨道滑板接触，达到密封作用。这种弹簧结构具有密封性能好，磨损小，传动功率小等优点，但存在滑道上的润滑油孔易堵、滑板槽内易积灰、弹簧老化失效等缺点，使密封效果有所下降，增加烧结机漏风。

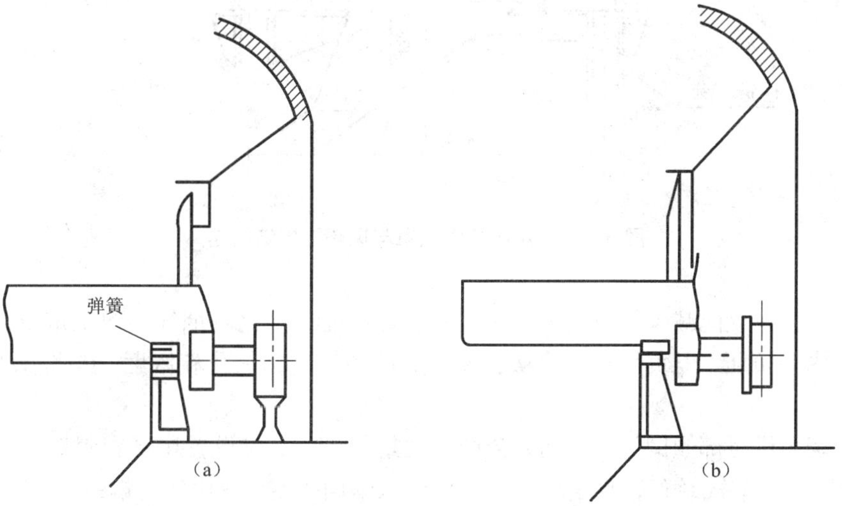

图6－14 烧结机的密封装置

(a)弹簧密封烧结机；(b)刚性密封烧结机

先进的烧结机都采用刚性滑道密封。台车的滑块与风箱轨道上的滑道接触，靠台车自身的重量实行密封。韶关冶炼厂烧结机采用刚性密封，密封效果好，漏风率低，但需要的传动扭矩大，设备投资费用较高。

沿烧结机有效长度设置有密封烟罩(图6－15)，把其上的台车全部罩住，以防止烧结烟气溢出。烟罩全部用钢制成，每节用法兰，螺栓连成整体。为了保证二氧化硫烟气进入高温电收尘器时温度不低于露点，保护钢制烟罩和管道不被烧坏，烟罩内衬有保温层，通到电收尘器的烟气管道内壁砌砖。由于烟罩内的烟气平均温度为550～700℃，有时高达900℃，因此必须设置热膨胀补偿装置，另外，与烟罩联结的烟管也要设热补偿节。烟罩与操作平台采用砂封，即烟罩两侧下端与骨架的固定槽沟连接，槽沟内填满河砂。烟罩头部利用料斗闸板密封。

为了防止烧结机头和尾端漏风，以及因风箱风压太大而互相串风，在点火吸风箱的外侧和最后一个鼓风箱的外侧，鼓风箱之间以及吸风箱与鼓风箱之间也设有密封装置，鼓风箱间的密封一般用固定钢板隔开，吸风箱与鼓风箱间的密封一般用钢板制的密封板，里面设有弹簧，使密封板与烧结小车底部横条接触处密封。有的工厂采用弹簧和料封联合方法使吸风箱与鼓风箱之间密封，效果很好。

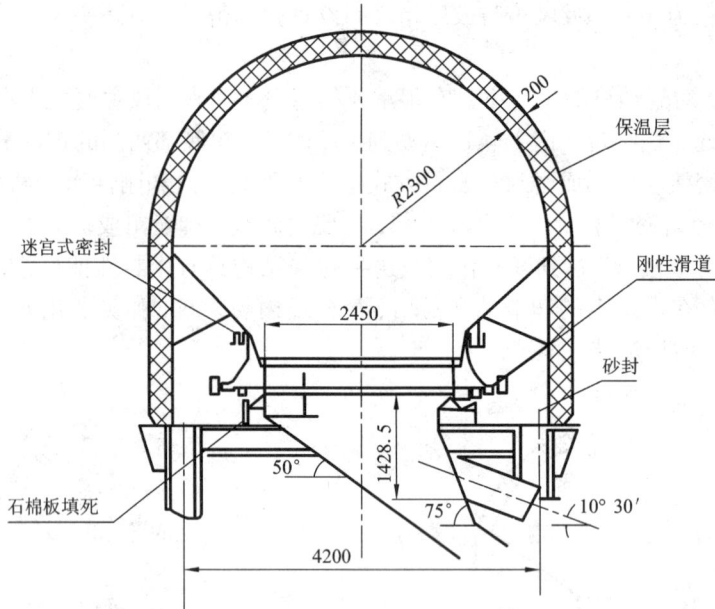

图 6 – 15　烧结机大烟罩与风箱连接结构图

上述机械密封仅能减少烟罩内外的串风量，要保证二氧化硫烟气不逸出烟罩，有效办法是控制烟罩内为负压，但负压过大会吸进空气，冲淡烟气二氧化硫浓度，因此，烟罩内压力为微负压。

小车在烧结机尾部倾倒烧结块时，会产生大量的烟尘，应设置尾部密封罩，采用强迫排风方法，烟罩内的烟气经布袋收尘后由排风机引入烟囱排空，或用作返烟鼓风。

6.2.3.8　烧结过程的正常操作与控制

1）一次点火操作

一次点火操作是烧结焙烧的关键操作之一。一次点火操作主要是要控制好点火温度和 $0^{\#}$ 风箱负压，点火温度太高，则炉料表面会结壳，温度低，则点火程度不高。铅锌烧结点火温度控制在 950 ~ 1050℃ 比较适合，$0^{\#}$ 风箱负压是点火层由上往下燃烧的动力，一般控制在 − 800 ~ − 1000Pa。当点火料层从点火炉出来以后，表面红层的厚度占整个点火层厚度的 2/3 时，可认为点火效果最佳。

2）台车速度

台车的运行速度主要取决于炉料成分、炉料粒度、鼓风量、料层厚度等因素。在烧结时，车速必须与料层厚度相适应，以保证小车达到最后的鼓风箱时，烧结过程已进行完毕。在生产过程中，一般很少将车速、料层厚度同时提高或降低。实际上有两种操作方式：厚料层慢车速与薄料层快车速操作法。前者的作用是使点火时间延长，同时在过程中由于料层较厚，热的利用率较好，从而可提高焙烧反应带的温度，使焙烧及烧结过程良好，有利于提高烟气中 SO_2 浓度。后者是为了减少料层的阻力，使空气容易鼓入，有利于防止炉料过早结块，从而提高过程的脱硫率和改善烧结块质量。

生产实践中，为了提高烧结机的利用率，车速应与垂直烧结速度相适应，避免过早烧结或欠烧，最简单的调节方法是根据烧穿点的控制来调节车速，在给定的料层厚度情况下，若要保持烧结机上的烧穿点不变，即在保证完全脱硫的前提下，垂直烧结速度越快，车速也要加快。一般小车运行速度控制在 1.2～1.5m/min 之间。

3）垂直烧结速度

所谓垂直烧结速度是烧结焙烧时间除料层厚度之商（$v_1 = \dfrac{h}{t}$）。而烧结焙烧时间又是小车运行速度除以点火到烧穿点的有效长度之商（$t = \dfrac{L}{v}$），故垂直烧结速度可以从下式求出：

$$v_1 = \frac{h \times v}{L \times 1000} \quad (\text{mm/min})$$

式中　v_1——垂直烧结速度，mm/min；

　　　v——小车运行速度，m/min；

　　　h——主料层厚度，mm；

　　　L——从点火到烧穿点的有效长度，m。

在烧结生产实践中，通常是根据炉料的透气性来选择适当的料层厚度，然后，根据垂直烧结速度的大小来确定小车的速度。

垂直烧结速度与炉料的物理性质、化学成分、点火温度、进风量以及气体成分等因素有关，其波动范围很大。反映料层垂直烧透了的位置，此点为烧穿点（也叫烧透点），它与床层最高烧结温度相对应（一般烧穿点温度在 600～800℃，为测得点料面上空温度，并非实际的料层烧穿点温度）；烧穿点位置的确定，就以烧结床层温度最高点为依据。

在生产实践中，垂直烧结速度一般为 10～30mm/min。

4）鼓风制度

烧结过程是强氧化过程，需要大量的空气或返回烟气参与反应。标准的铅锌烧结单位鼓风量（标）约为 425m³/t。在生产上是用单位面积风量的大小，即鼓风强度来比较风量的大小，鼓风强度（标）一般为 12～20m³/（m²·min）。

最适宜的鼓风强度取决于采用哪种烧结混合料，并且要能保证炉料充分脱硫，降低烧结块残硫，提高烟气 SO_2 浓度和满足制酸烟气量要求。当鼓风强度小时，透过料层的空气量减少，烧结速度减慢，同时由于料层的温度不能达到烧结温度，温度低，脱硫率也低。但是，鼓风强度的提高受到额定的风压所限制。因为在料层性质不变的情况下，风量大则风压增加，风压过大容易造成料层穿孔而跑空风，使烧结过程变坏。另外，风压过大，使小车与风箱滑动轨之间漏风增大，势必造成烟气量膨胀，降低烟气 SO_2 浓度而不利于制酸。

风箱的压力决定于料层对空气的阻力，即料层的透气性。生产实践证明，风压在开始焙烧时最大，其后不断降低，到最后风压最小，适当的风压保证了料层的最大透气性，使燃烧带迅速向上发展，氧化反应激烈地进行，对脱硫和结块都极其有利。当烧结将要终止时，料层内炉料已多形成为烧结块，阻力相应变小，反应进行缓慢，需要较低的风压，以维持反应脱硫所需的空气。一般风箱风压控制在 4000～5500Pa，就能保证鼓风量的恒定（注：料层厚度为 330～360mm 时）。

5）床层温度

床层温度是指烧结机料层中的实际温度（也称料层温度）。床层温度在烧结机的不同位置及料层的不同高度均不相同。在烧结过程中，锌和铁的硫化物容易氧化，但硫化铅的氧化则需要较高的氧势。由于在较低的温度下硫化铅很稳定,因而,烧结过程中要有较高的温度才能使硫较好地脱除。

床层温度是较难测量的,在生产实践中一般是通过床层阻力和烟气温度来判断的。床层温度越高,料层中熔融液相层一般较厚,床层阻力会相应增加。

提高床层温度的途径主要有以下几方面:

(1)强化制粒效果,改善料层透气性,以提高料层氧势,加快硫化物氧化反应速度。

(2)控制好返粉粒度和返粉残硫。返粉粒度细,制粒小球的强度提高,增大脱硫氧化反应表面积。

(3)控制好精矿配入量,以保证烧结过程中硫化精矿氧化反应的热条件。

(4)采用返烟烧结,提高鼓入空气的温度。

6.2.3.9　铅锌烧结焙烧的技术经济指标

世界各国 ISP 工厂铅锌烧结焙烧的技术经济指标列于表 6-12。

表 6-12　铅锌硫化精矿烧结焙烧的技术经济指标

项　目	单位	阿旺茅斯(英)	柯克·柯里克(澳)	杜伊斯堡(德)	米亚斯特科(波)	诺耶列斯·高道(法)	波多威斯米(意)	八户(日本)	威列斯(马其顿)	韶冶(中国)
烧结面积	m²	120	77.5	67	90	80	70	90	80	102.5
新料加入量	t/d	935	877	625	731	710	740	873	641	920
返料/新料		3.6	2.2	1.58	3.46	4.01	3.60	2.60	4.30	4.54
新料成分:S	%	25.38	/	16.09	21.19	/	19.93	17.65	19.06	29.59
Pb	%	13.71	/	17.06	17.94	/	18.92	17.55	21.88	14.81
Zn	%	36.65	/	33.23	38.13	/	36.23	34.43	38.09	36.63
Cd	%	0.16	/	0.50	0.20	/	/	0.21	/	/
烧结块产量	t/(m²·h)	0.2688	0.3987	0.3140	0.2808	0.3675	0.3569	0.3462	0.2856	0.2803
作业小时产块	t/h	32.25	30.90	21.04	25.27	29.40	24.98	31.16	22.58	28.73
烧结块成分:Pb	%	18.05	17.27	18.44	18.82	18.08	20.71	19.93	20.45	19.23
Zn	%	42.12	40.59	39.25	45.27	43.13	42.92	41.34	40.49	42.63
S	%	0.76	0.76	0.71	1.08	0.34	0.60	0.83	0.71	0.70
CaO/SiO₂		1.08	1.50	0.97	1.01	10.4	1.11	1.06	1.01	1.35
FeO	%	11.76	13.65	14.14	8.63	10.18	10.95	11.52	11.86	9.10
烧结块块度上限	mm	150	150	100	120	/	100	100	120	120
烧结块块度下限	mm	12	12.5	25	27		25	50	40	40
点火层厚度	mm	38	37.5	35	40	/	30	30	30	40
主料层厚度	mm	380	350	350	400		380	360	350	350
新鲜空气总量(标)	m³/h	105969	69262	49900	85166		67350	52303	50610	78331
SO₂烟气浓度	%	5.54	5.08	5.45	5.08	/	6.10	7.13	5.79	6.2
SO₂烟气温度	℃	349	271	304	303		322	414	174	255
烧结机作业率	%	84.24	89.25	91.95	85.64	/	86.29	93.44	72.11	93.38
烧结机脱硫能力	t/(m²·d)	1.92	/	/	1.65	/	2.05	1.64	1.62	1.79

6.3　鼓风炉熔炼(ISP 法)

6.3.1　鼓风炉炼锌生产工艺流程的叙述

　　鼓风炉炼锌是由帝国熔炼公司于 1939 年开始研究发展起来的现代先进的火法炼锌工艺，故又称帝国熔炼法(Imperial Smelting Process)，简称 ISP 法。第一座炼锌鼓风炉于 1950 年 6 月投入生产。该方法合并了铅和锌两种火法冶炼流程，即在一座熔炼炉内同时还原熔炼出铅和锌两种金属。

　　该法的生产工艺流程见图 6 - 16，按生产过程的作用分述如下。

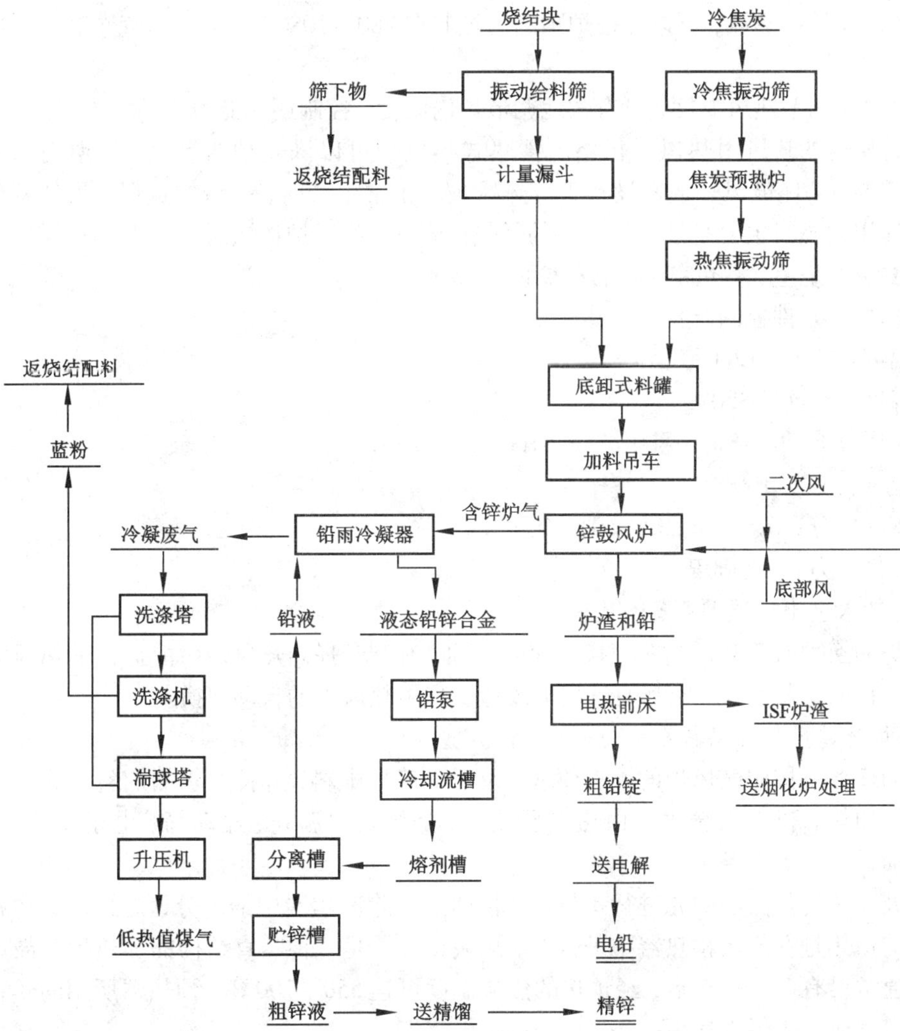

图 6 - 16　炼锌鼓风炉生产工艺流程

6.3.1.1 炼锌鼓风炉的供风系统

供风系统是负责向鼓风炉供给一定压力与数量并满足温度要求的热风。该系统的主要设备有鼓风机和热风机。鼓风机送出的冷风经过热风加热到 900~1000℃ 后，再经热风管道送入鼓风炉。为了减少空气中水分进入鼓风炉，以降低焦炭消耗，在高温季节，空气要进行脱湿处理。

炼锌鼓风炉采用热风熔炼，通过技术改造和不断改进操作，热风温度不断提高。国外某些 ISP 厂家将热风温度提高到了 1100℃。热风熔炼主要具有以下优点：

(1)由于热风带入炉内大量的物理显热，提高了熔炼温度，有利于锌的还原挥发，提高了鼓风炉的生产能力。

(2)使焦炭的燃烧速度和完全燃烧程度提高，降低了焦炭的消耗。

(3)强化了熔炼过程，提高了炉子的生产率。

(4)炉顶二次风使用热风，可以保证炉顶温度控制在 980~1080℃，使锌蒸气顺利进入冷凝器。

(5)通过迅速地调节热风温度，可有效地调节炉内温度，控制还原能力。

鼓风炉炼锌所需的热风由热风炉供给。蓄热式热风炉可以满足预热量大、风温高的要求。根据生产需要，一座鼓风炉通常设有 3 台热风炉。正常生产时，一台炉送风，另外两台烧炉。烧炉所使用的燃料主要是鼓风炉产出的低热值煤气，鼓风炉休风时采用发生炉煤气烧炉。热风炉主要由燃烧室、蓄热室、隔墙和炉顶组成。

对热风炉的技术条件控制有：

(1)炉顶温度：1100~1200℃。

(2)烟道温度：不超过 380℃。

(3)换炉时风温波动 <15℃，风压波动 <100Pa。

(4)热风温度：800~1000℃。

(5)烟道废气成分：$O_2 < 1\%$，$CO < 0.5\%$。

(6)燃烧煤气压力：>2000Pa。

(7)阀门冷却水进出口温差：<10℃。

缩短热风炉的换炉时间和适当缩短换炉间隔时间，有利于提高热风炉所能提供的热风温度。为达到这一目的，大多数厂家通过技术改造实现了热风炉的自动切换。

6.3.1.2 炼锌鼓风炉的供料系统

供料系统的任务是按照鼓风炉的配料要求，及时准确地配料，并按要求的加料方式和加料速度向鼓风炉加料。供料系统主要由焦炭预热器、烧结块保温仓、振动筛、电子漏斗秤、料罐运输车和加料吊车等设备组成。

加入炼锌鼓风炉的焦炭必须先进行预热，其目的是脱除冷焦炭中的水分，提高入炉物料的温度。焦炭的预热是在焦炭预热器中进行的，焦炭预热器是一种竖直结构的加热炉。鼓风炉的供料系统通常设有两台预热器，经预热的焦炭温度可达 550~700℃。预热器所用的燃料主要为鼓风炉煤气或发生炉煤气。

焦炭预热器的结构分为燃烧室、预热室、废气洗涤装置、排烟风机和排料装置。

焦炭预热器的主要技术条件如下：

(1)燃烧室温度：1000~1150℃。

（2）燃烧室出口温度：800～900℃。

（3）燃烧室压力：200～250Pa。

（4）排料口压力：20～100Pa。

（5）燃烧室出口炉气残氧：<0.5%。

（6）热焦温度：500～700℃。

（7）料柱高度：8～10m。

（8）出口炉气温度：<120℃。

烧结机产出的烧结块储存在保温仓内，当鼓风炉需要加料时，供料系统按照指定的配料比、加料方式完成配料和加料过程。

鼓风炉采用何种加料方式，要根据烧结块和焦炭的质量、炉内炉结程度及气流分布情况和冶炼过程的需要综合考虑来决定。炼锌鼓风炉的加料方式主要有以下几种：

（1）分别加料法　将烧结块和焦炭单独装入加料罐，分别加入鼓风炉的加料方法。

（2）连续加料法　即在同一料罐内既装烧结块又装焦炭的加料方法。料罐的下部装烧结块，上部装焦炭时称为正向连续加料法；反之先装焦炭后装烧结块入罐的顺序称为反向连续加料法。

（3）分别或连续延时加料法　即将"分别加料法"中的烧结块或"连续加料法"的炉料加入并存留在鼓风炉加料装置（俗称料钟）内，一直等到下一批料到来后，才加入炉内。这种加料方法适宜在料钟漏气和鼓风炉处理冷烧结块时采用。

（4）混合加料法　向料罐中同时加入焦炭和烧结块，两者在料罐内不分层次。

生产过程中以两罐炉料为一批。每批炉料的重量称为料批重，料批重对生产过程的影响很大。若料批重过大，会使炉子料面及炉顶温度波动大，且炉料中各组分不能很好地接触；若料批重过小，虽然可以改善各组分的接触，但由于增加了料批数，过多地开启料钟，容易使大量的炉气从料钟溢出，引起炉顶温度波动大。

6.3.1.3　炉气洗涤系统

炉气经铅雨冷凝器吸收锌后进入炉气洗涤系统，经洗涤净化、加压成为鼓风炉煤气，可送往用户使用。鼓风炉煤气的发热值较低，为2500～3000kJ/m³，故称低热值煤气。其成分（%）为：CO 18～22，CO_2 10～12，O_2 <0.4，H_2 <1，N_2 63～65。充分利用低热值煤气，是降低鼓风炉能耗的重要途径。

炉气洗涤系统的主要设备有洗涤塔、洗涤机、湍球塔和煤气升压机等。炉气先进入中空式洗涤塔，除去部分烟尘后，进入煤气洗涤机、湍球塔进一步洗涤净化，再通过煤气升压机将压力升高，以满足用户的要求。

洗涤下来的烟尘主要为铅锌氧化物，通常称为蓝粉，用蓝粉泵输送到浓密池，经浓缩后的浓泥返回烧结配料。

6.3.1.4　鼓风炉炼锌

鼓风炉炼锌法具有以下特点：

（1）对原料的适应性强，可以处理各种铅锌的原生或次生原料，尤其适合处理难选的铅锌混合矿，简化了选冶工艺流程，提高了金属回收率。对低品位的铅锌混合矿，也能得到满意的冶炼效果。

（2）该法以一个生产系统代替了一般的炼铅、炼锌两个独立系统，因此建厂占地面积小，设备台数减少，投资较省。

（3）由于铅是在几乎无额外消耗焦炭的情况下还原得到的，所以生产每吨金属所消耗的燃料和生产成本比其他冶炼方法低。

（4）鼓风炉炼锌采用直接加热，提高了热效率；冶炼设备能力不受限制，可以在生产能力大的设备内进行大规模生产，有利于实现机械化和自动化，提高劳动生产率。

（5）余热利用好，鼓风炉煤气经过洗涤之后，可用于预热空气与焦炭，干燥精矿和发电。

（6）可以综合回收多种有价金属，如金、银、铜、锗、镉、汞等。

在生产实践中，鼓风炉炼锌也显现出一些不足之处，主要体现在以下几个方面：

（1）需要消耗大量质量高、价格较贵的冶金焦炭。

（2）生产技术条件要求较高，需要使用热风、热焦炭及热烧结块，而且对烧结块、焦炭的化学成分、物理规格、机械强度都有严格的要求。特别是烧结块的残硫量要求低于1%，使烧结过程控制复杂。

（3）鼓风炉及冷凝器内容易产生结瘤，需要定期进行清理，劳动强度较大。

（4）生产出的粗锌含铅较高，必须进行精炼才能得到合格的产品。

6.3.1.5 鼓风炉炼锌对炉料的要求

炼锌鼓风炉的炉料主要有烧结块和焦炭，另外有用浮渣和其他含锌氧化物料压制的团块、熔剂浮渣、块状炉结和返渣。炉料质量的好坏直接关系到炉子的生产率、冷凝效率和其他技术经济指标。为了保证生产的正常进行和提高生产能力，延长炉窑使用寿命，鼓风炉对入炉物料的化学成分、物理规格等有严格的要求。

1）烧结块

（1）烧结块要具有均匀的化学成分，铅含量不大于22%，残硫量小于1%；$Pb + SiO_2$ 的含量大于24%的烧结块对鼓风炉的生产非常不利。一般使用的烧结块成分（%）如下：

元素	Pb	Zn	S	Cd	Sb	SiO_2	Fe	Fe/SiO_2	As	CaO/SiO_2
成分	17 ~ 21	38 ~ 42	< 1	< 0.2	0.2 ~ 0.3	< 4.5	8 ~ 12	> 2.0	< 0.4	1.4 ~ 1.8

（2）烧结块应具有足够的机械强度和热强度。机械强度必须保证烧结块在运输及入炉过程中不破碎。为了保证固体炉料和炉气之间有充分的接触时间，使烧结块在高温状态下不致被料柱的重量所压碎，并避免在到达风口区前过早软化，确保炉内具有良好的透气性，烧结块应有较高的热强度和较高的软化点。某厂对烧结块的物理特性要求如下：

块度/mm	转鼓率/%	高温荷重软化点/℃		孔隙度/%
40 ~ 100	> 80	$T_3 > 980$	$T_{25} > 1250$	> 20

（3）烧结块的块度要合适，块度波动范围要小。块度过小的块料及粉料会使炉料的透气性变坏，助长炉结的形成，增大烟尘率和浮渣量，恶化冷凝分离系统的操作，降低锌的冷凝

分离效率。块度过大，则容易在炉内形成"串风"现象，减小反应接触面积，不利于铅锌的还原。

（4）应具有一定的孔隙度，以保证鼓风炉有良好的透气性。烧结块的孔隙度应大于20%。

（5）热烧结块应采取良好的保温措施，保证入炉烧结块有较高的温度，以减少焦炭消耗，提高炉顶温度，减少水分入炉和强化熔炼过程。

2）焦炭

焦炭在鼓风炉熔炼过程中的作用有三：即热量的来源、还原剂的来源及构成料柱。炼锌鼓风炉对焦炭的要求非常严格，具体要求如下：

（1）炼锌鼓风炉要求使用Ⅱ级以上冶金焦炭，固定碳含量越高越好，水分、灰分和挥发分的含量应尽量低。常用焦炭的成分如下：

成分	固定碳（$C_{固}$）	挥发分	灰分	硫	灰　分　中				
					Fe	SiO_2	CaO	Al_2O_3	MgO
含量/%	>83	<1.5	14	<1	8~12	25~35	2~8	24~35	0.5

$C_{固} = 100 - (灰分 + 挥发分 + 硫)$。

焦炭中的灰分直接影响固定碳的含量。一般灰分为13%左右。在焦炭灰分中，$SiO_2 + Al_2O_3 = 75\% \sim 85\%$，$SiO_2/Al_2O_3 = 1.0 \sim 1.5$，灰分高则渣量大，灰分造渣还消耗熔剂和热量。

焦炭中的残硫量要求小于1%，含硫过高则助长炉结。

挥发分的多少，标志着焦炭的成熟程度，一般含量为0.5%~2.0%。挥发分太低，说明焦炭过熟，其脆性较大，炉料间摩擦易产生粉末；挥发分太高，则说明焦炭未烧透，有黑头，机械强度较低，在冶炼过程中会产生大量的碎焦和焦粉，同时也恶化冷凝条件和料柱的透气性；另一方面，在鼓风炉熔炼条件下，焦粉是不熔化的，炉渣中夹有焦粉，将使炉渣的流动性大大变坏。

（2）焦炭要有足够的强度，以减少在输送过程中的碎裂，避免碎焦被炉气带入冷凝器和在炉顶燃烧，另外，碎焦对炉内的透气性也有不良的影响。一般要求转鼓率M_{40}大于80%，M_{10}小于10%。

（3）要求有合适的块度并且块度均匀，块度愈均匀，料柱透气愈好。焦炭块度要求在40~100mm之间。

（4）要求焦炭具有较低的反应性。反应性是指在一定的温度下，焦炭中的碳与CO_2反应生成CO的反应速度。若焦炭的反应性高，则焦炭在炉子上部与炉气中的CO_2剧烈反应（$C + CO_2 = 2CO$），而参加反应的这部分焦炭，既不能起还原剂作用，又不能为炉内提供有效的热量，增加了焦炭的消耗。同时，反应性高的焦炭强度会下降，影响炉内的透气性。因此炼锌鼓风炉对焦炭的反应性有严格的要求。通常，焦炭的孔隙度大其反应性也高。

6.3.2 鼓风炉炼锌炉内发生的物理化学变化

6.3.2.1 鼓风炉内各带发生的化学反应

炉料在鼓风炉内熔炼过程中从上向下移动，产生一系列复杂的物理化学变化，为了叙述方便，通常按炉高大致分为炉料预热带、再氧化带、还原带、炉渣熔化带等四个带，各带的温度变化情况见图6-17。

（1）炉料预热带

炉料预热带是炉料的最上层，在风口水平面往上5~6m处，温度约400℃的烧结块加入鼓风炉后，在此带大量吸收炉气中的热量，被迅速加热。而从料面逸出来的炉气温度则被降低至800~900℃。由于温度的降低，炉气中的锌蒸气有部分被重新氧化而放出热量（6.1式反应的逆反应）；烧结块中的PbO在炉料预热带开始被还原也放出热量（6.2式）。所以，加热炉料所需要的热量来自于炉气的显热、锌蒸气重新氧化和PbO还原放出的热量。

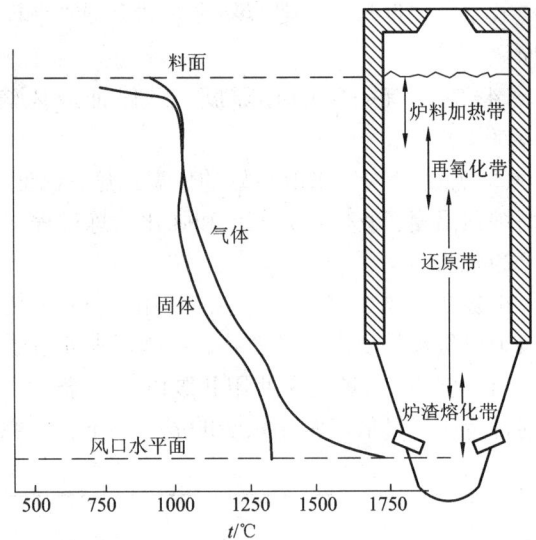

图6-17 鼓风炉炼锌炉内各带划分示意图

$$ZnO + CO = Zn_{(气)} + CO_2 - 188kJ \qquad (6.1)$$
$$PbO + CO = Pb + CO_2 + 67kJ \qquad (6.2)$$

为了保证低浓度的锌蒸气不被再氧化，必须使其进入冷凝器的炉气具有高于锌蒸气再氧化（6.1式的逆反应）平衡温度（高20℃）左右。在炉子料面上的空间鼓入热风（称为二次风），燃烧炉气中的一部分CO放出热量，以补偿加热炉料所消耗的热量，使被降低的炉气温度得以升高，在生产实践中，由于温度的变化或温度分布不均匀等原因，有少量的锌蒸气被氧化放出部分热量；产生的ZnO随固体炉料下行至高温区时，又需要消耗焦炭来挥发还原，所以这部分锌的还原与氧化只起着传递热的作用。

（2）再氧化带

再氧化带在风口水平面上4~5m处。此带中炉料与炉气的温度相近，温度几乎不变，维持在1000℃左右。炉料吸收炉气中的热量后，焦炭中的碳进行汽化反应（6.3式）。从还原带上来的锌蒸气在此带部分被再氧化而放出热量，起着热量传递的作用。

$$CO_2 + C = 2CO - 162kJ \qquad (6.3)$$

在再氧化带中，炉料中的PbO开始被大量还原。烧结块中的$PbSO_4$被CO还原成PbS（6.4式），PbS遇到锌蒸气后能按反应6.5式进行，生成ZnS和Pb。ZnS一部分随固体炉料下行至高温带，一部分则沉积在炉壁上，形成"炉结"。

$$PbSO_4 + 4CO = PbS + 4CO_2 \qquad (6.4)$$
$$PbS + Zn_{(气)} = Pb + ZnS \qquad (6.5)$$

（3）还原带

还原带在风口水平面往上1~4m处，温度为1000~1300℃。炉料中的ZnO大量被CO还原，炉气中的锌浓度达到最大值。由于有充足的焦炭存在，少量的CO_2被固体碳还原为CO，炉气中的CO和CO_2按反应（6·3式）维持平衡。ZnO和CO_2的还原反应均为吸热反应，所需的热量主要靠炉气的显热供给，炉气通过此带后温度约降低300℃。

通过此带后的炉气中 Pb，PbS 和 As 的含量达到最大值。当到达上部低温区时，一部分冷凝在固体炉料上，随炉料下行至高温区时又挥发上升，所以这些易挥发物质有一部分在还原带循环。大量的铅在此带溶解其他被还原了的金属，如 Cu，As，Sb，Bi，Au 和 Ag 等，将其带入炉缸形成粗铅。

（4）炉渣熔化带

位于风口水平面至水平面以上约 1m 处，温度在 1250℃ 以上。此带主要进行焦炭的燃烧反应、熔于熔渣中的 ZnO 的还原和脉石成分的造渣过程。

ZnO 的还原和炉渣的熔化均需要大量的热量，这些热量来自于焦炭燃烧和鼓入热风带来的显热。焦炭在风口区剧烈地燃烧，其燃烧焦点的温度在 1400℃ 以上，保证了炉渣的熔化与过热。熔渣中的 ZnO 在此带迅速还原。渣中 ZnO 的还原需要很强的还原气氛和足够的热量，如果完全用提高炉料中的炭锌比的办法来满足，则会增加焦炭的消耗，热效率也低，并且不利于防止铁还原。鼓入热风是使熔炼过程获得高温和合适的还原气氛的最佳办法。

鼓风炉炼锌过程发生的物理化学变化是复杂的。由于铅锌两种金属及其他组分的化合物，在同一熔炼条件下的反应各不相同，所以各带在鼓风炉内是逐渐过渡的，并没有明显的界线。

6.3.2.2 氧化锌还原反应的分析

铅锌烧结块中的锌绝大部分是以氧化锌（ZnO）、硅酸锌（ZnO·SiO$_2$）和铁酸锌（ZnO·Fe$_2$O$_3$）的形态存在，极少以硫酸锌（ZnSO$_4$）和硫化锌（ZnS）的形态存在。

ZnO 的还原一般按反应（6.6 式）进行。为使反应顺利进行，必须控制一定的技术条件。一般来说，CO/CO$_2$ 比值越大则还原气氛越强，对 ZnO 的还原越有利。但还原气氛过强，会使 FeO 还原成金属铁（6.7 式），造成炉缸积铁，给生产带来不良影响。要使炉内 ZnO 被还原而 FeO 不被还原，应控制 CO/CO$_2$ 比值为 1.6~2.2，熔炼温度为 1250~1350℃。

$$ZnO + CO = Zn + CO_2 \tag{6.6}$$
$$FeO + CO = Fe + CO_2 \tag{6.7}$$
$$Fe + ZnO = FeO + Zn \tag{6.8}$$

ZnO 还原需要在高温下进行，其一是低温时 ZnO 比 FeO 难还原，在 900℃ 以上的高温下，则 ZnO 比 FeO 容易还原。其二是在鼓风炉炼锌的条件下，ZnO 从固态炉料中还原约占 40%，而从液态炉渣中还原约占 60%，使鼓风炉获得较高的熔炼温度，有利于降低炉渣含锌。生产实践证明，炉渣中含锌量降至 4% 以下时，FeO 将可能被还原成金属铁，因此，一般炉渣中的含锌量控制在 4%~8%。炉内有少量的铁被还原，对 ZnO 的还原也是有利的，液态铁可按反应（6.8 式）还原 ZnO。

6.3.2.3 铁的氧化物还原反应的分析

铁是炼锌鼓风炉渣的重要组分，烧结块中的铁主要是以 Fe$_2$O$_3$，Fe$_3$O$_4$ 及 2FeO·SiO$_2$ 的形态存在。在高温还原气氛下，铁的氧化物按下列步骤还原：

$$Fe_2O_3 \longrightarrow Fe_3O_4 \longrightarrow FeO \longrightarrow Fe（金属）$$

铁的熔点较高（1535℃），不溶于铅中。鼓风炉炼锌如果出现大量的铁氧化物被还原成金属铁，容易造成炉缸积铁。若生成的金属铁量较少，则可溶于黄渣中，随炉渣排出而不会形成积铁现象，且可提高炉温，有利于 ZnO 的还原。在鼓风炉熔炼过程中，不希望把大量的铁的化合物还原成金属铁。在高温条件下，炉渣中少量的金属铁可直接还原炉渣中铅和锌的化合物。

$$PbO + Fe = FeO + Pb$$
$$PbS + Fe = FeS + Pb$$
$$ZnO + Fe = FeO + Zn_{(气)}$$
$$ZnS + Fe = FeS + Zn_{(气)}$$

在熔炼过程中，硅酸铁不起变化，直接进入炉渣，铁的氧化物绝大部分进入炉渣中，为组成炉渣的主要成分。

6.3.2.4　炉内焦炭的燃烧反应及还原气氛(焦率)的控制

1) 焦炭从炉顶加入鼓风炉后，逐步下行到风口区，一直保持呈固态，在风口区焦炭与从风口鼓入的热风中的氧进行碳的燃烧反应，产生大量的热量和还原性气体(CO)。焦炭燃烧所产生的热量是鼓风炉最主要的热量来源，CO 则是炉内主要的还原剂。碳的燃烧反应式如下：

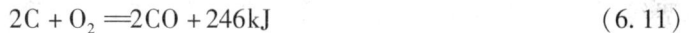

$$C + O_2 = CO_2 + 408kJ \tag{6.9}$$
$$CO_2 + C = 2CO - 162kJ \tag{6.10}$$
$$2C + O_2 = 2CO + 246kJ \tag{6.11}$$

焦炭集中在风口区与风口送入的热空气进行燃烧反应，在距风口较近的部位，由于氧量充足，焦炭首先按(6.9 式)反应生成 CO_2；随着炉气的上行，部分 CO_2 与炽热的焦炭接触，按反应(6.10 式)被还原成 CO；在距风口较远的部位，氧量越来越不足，焦炭的燃烧反应则主要按反应(6.11 式)进行。

从焦炭的燃烧反应可以看出，当焦炭全部燃烧生成 CO_2 时，释放的热量最多，热的利用率高。焦炭的热利用率的高低，取决于燃烧产物中的 CO_2/CO 比值，CO_2/CO 愈大，则热利用率愈高，但还原能力愈弱。

在炼锌鼓风炉中，焦炭的燃烧过程根据从风口鼓入的风量的大小而有所不同。

当风量较小时，空气不足以带着焦炭一起运动，这时风口前的焦炭比较紧密，焦炭是在紧密的焦炭层中进行燃烧。根据煤气成分的变化状况，燃烧区又分为两个区。从风口前到 CO_2 含量达到最大点区域叫氧化区，氧化区的主要反应是完全燃烧反应(6.9 式)，CO 几乎不存在；从 CO_2 最大点到 CO_2 浓度下降至约 1% 的地方叫还原区。该区由于缺乏氧和存在大量的炽热焦炭，CO_2 则被 C 还原成 CO(6.10 式)，因此炉气中 CO_2 很快降低，而 CO 浓度迅速升高。氧化区的温度比还原区高，其最高点对应于 CO_2 含量最高的部位，通常把温度最高点称之为燃烧焦点。

当鼓入的风量较大，足以吹动焦炭，并带着焦炭在风口前作回旋运动，则焦炭是在"回旋运动"中燃烧。风口前的焦炭受鼓风的作用，而呈机械回旋运动，形成了一个比较疏松的近似球形的区域。沿着这个球形的内部空间，炉气挟着焦炭回旋运动并进行燃烧反应，外层的焦炭又不断向球形内空间移动，最后进入回旋燃烧状态。焦炭回旋运动主要发生在风口中心线上，只有在风口下部料块不够紧密时，其下部才有大的空间进行循环运动。风口区前产生焦炭和炉气回旋运动的区域，通常称为回旋区，其大小主要取决于气流速度和鼓风动能以及焦炭的性质。从风口进入的空气大部分远离回旋区，一部分会带着焦炭返回回旋区。沿回旋区长度的前一半或 2/3 的部分是氧化性的，其余部分是还原性的。

在紧密燃烧的情况下，焦炭的反应性不同，则其燃烧速度会有一定差别。反应性低的焦炭燃烧带可能向上延伸要高些，引起高温区上移。在回旋燃烧的状态下，焦炭反应性的好坏，对燃烧的影响不大，燃烧基本上在回旋区完成。

燃烧产物中，除有 CO 和 CO_2 外，还含有空气中不参与反应的 N_2；另外，空气中的水分在高温状态下按式(6.12)与焦炭进行反应，产生对鼓风炉生产不利的影响，增加了焦炭的消耗，降低锌蒸气冷凝效率。

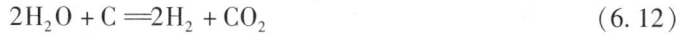

$$2H_2O + C = 2H_2 + CO_2 \tag{6.12}$$

2)炼锌鼓风炉还原气氛的控制

炼锌鼓风炉还原气氛介于炼铅鼓风炉和炼铁高炉之间，比铅鼓风炉强得多，比高炉稍弱。由于炉内气氛一般不易直接测得，在实际操作中，只能根据经过冷凝器后的炉气分析结果来判断。一般认为，炉气成分(%)：CO 18~22，CO_2 10~12，CO_2/CO = 0.4~0.7 的炉内还原气氛是适当的。鼓风炉炉渣的分析结果及炉渣放出状况的实际观察结果也是炉内还原气氛的重要判断依据，炉渣的流动性好，炉渣含锌在 4%~8%，说明炉内的还原能力适当。

炼锌鼓风炉的还原气氛主要与以下因素有关：

(1)焦 率

焦率是指加入炉内的炉料中，焦炭与烧结块的质量百分比。合适的焦率是鼓风炉有充分还原能力的前提。在鼓风量一定的情况下，焦率高时，风口区的焦炭层增加，CO_2 被还原成 CO 的成分增多，炉内的还原气氛较强，炉渣含锌相应降低，金属回收率高；但焦率过高还原过强，则会有大量的氧化亚铁也被还原，造成炉缸积铁，炉渣的流动性能变差，严重时影响炉况的顺行。一般焦率控制在 34%~39%。总的来说，如果炉渣含锌过高则提高焦率，反之，炉渣锌含量降到低于指标时，则降低焦率。调整鼓风炉的热风温度，也可调整炉内还原气氛，而且见效快。

(2)风焦比(风口鼓风量与焦炭加入量之比)

合适的风焦比应是入炉空气中的氧同焦炭中的碳在风口区按 75%~80% 燃烧成 CO，20%~25% 燃烧成 CO_2，以维持风口区炉气成分为 CO_2/CO = 0.3 左右。

当焦率不变时，如果鼓入炉内的风量不足，炉内的还原气氛加强，但热利用率低，影响渣含锌的降低和炉子生产能力的提高。如果风量过大，燃烧带产生的 CO_2 含量高，焦点区温度高，生产能力虽大，但由于物料熔化速度过快，还原不完全，渣含锌增高。正常的风焦比(标)约为 $4500 m^3/t$。

(3)炉内温度

烧结块中锌的还原是强吸热反应，必须保证有充分的热量来源和高的反应速度，还原反应才能顺利进行完全，炉渣熔化也需要很多的热，渣的过热和炉渣中锌的还原要求燃烧带有足够的高温，炉内的温度越高，还原能力则越强，越有利于还原反应的加速和完全进行。

向炉内鼓入热风，不额外消耗燃料而能增加炉内的热量，同时又使风口区焦炭燃烧速度加快，对提高焦点区温度是十分有利的，不仅保证了燃烧带足够的高温，又不降低了燃烧中 CO 的含量，保证了 ZnO 的还原。

(4)还原时间

氧化锌还原一部分在固态下进行，一部分在熔渣中进行。在固态下还原时间较长，而液态炉渣由于通过高温区的时间短，还原得不到保证。为了延长炉料与还原剂的接触时间，通常采用熔点较高的炉渣和保证料柱一定的高度，此外，适当采用"压渣"的方法来延长炉渣在炉缸的停留时间，可使炉渣中的氧化锌尽可能地还原出来。

（5）料柱高度

鼓风炉的还原能力是与料柱高度有关的，一般随料柱增高还原能力增大。

6.3.2.5 氧化铅的还原与粗铅的形成

烧结块中的铅大部分呈氧化铅、硅酸铅和铁酸铅的形态，少量以硫酸铅、硫化铅和金属铅的形态存在。

呈游离状态的氧化铅很容易还原，在鼓风炉熔炼过程中，在炉子的上部就被还原。PbO的还原反应(6.2式)是放热反应，因此在鼓风炉炼锌过程中，不需要增加焦炭的消耗便可得到金属铅。

铁酸铅、硅酸铅中的氧化铅呈结合状态，较游离的氧化铅难还原。在炉料中有强碱性氧化物如 CaO，FeO 的存在时，有利于硅酸铅的还原。它们的还原反应如下：

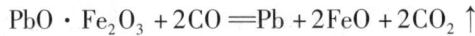

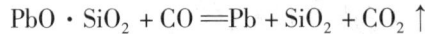

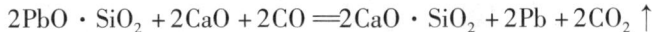

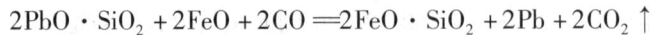

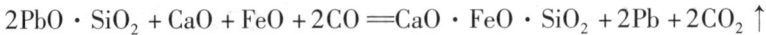

$$PbO \cdot Fe_2O_3 + 2CO = Pb + 2FeO + 2CO_2 \uparrow$$
$$PbO \cdot SiO_2 + CO = Pb + SiO_2 + CO_2 \uparrow$$
$$2PbO \cdot SiO_2 + 2CaO + 2CO = 2CaO \cdot SiO_2 + 2Pb + 2CO_2 \uparrow$$
$$2PbO \cdot SiO_2 + 2FeO + 2CO = 2FeO \cdot SiO_2 + 2Pb + 2CO_2 \uparrow$$
$$2PbO \cdot SiO_2 + CaO + FeO + 2CO = CaO \cdot FeO \cdot SiO_2 + 2Pb + 2CO_2 \uparrow$$

烧结块中其他 MO，如 Cu_2O，Bi_2O_3，SnO，As_2O_5，Sb_2O_5 等，在鼓风炉内大都被还原为金属。

还原后得到的液态金属铅，在通过灼热料层或渣层往炉缸流动的过程中能溶解已被还原的 Cu，Bi，As，Sb，Sn 等元素，并能捕集 Au，Ag，Se，Te 等稀贵金属，形成粗铅，然后在炉缸与渣分层，并经电热前床分离后产出产品粗铅。

6.3.2.6 脉石组分的行为与炉渣的形成

炼锌鼓风炉的炉料(烧结块、焦炭)在炉内由低温区向高温区下行时，受到炉气的加热和还原作用，铅、锌的氧化物绝大部分被还原，铅进入炉缸，锌挥发进入冷凝器。炉料中的 CaO，SiO_2，MgO，Al_2O_3 等脉石成分在熔炼过程中不被还原，铁的氧化物绝大部分被还原成 FeO，只有少部分可能被还原成金属铁。FeO，SiO_2，MgO，Al_2O_3 等在高温下互溶形成炉渣，这些组分之和约占炉渣总量的85%左右。

炉料中脉石成分的熔点都很高，如 SiO_2 的熔点为 1713℃，CaO 为 2570℃，FeO 为 1360℃。但由于它们在高温下相互反应形成了许多低熔点的化合物，如 $2FeO \cdot SiO_2$，熔点为 1205℃，$CaO \cdot Fe_2O_3$ 为 1220℃，$CaO \cdot SiO_2$ 为 1478℃。在熔炼条件下，最终形成了含有少量铅锌氧化物而主要组成为 $SiO_2 - FeO - CaO$ 的硅酸盐炉渣，这些复杂的多元硅酸盐化合物及共晶形成后，使炉渣的熔点进一步降低，如 $CaO \cdot FeO \cdot SiO_2$ 为 1230℃，$FeO \cdot CaO \cdot 2SiO_2$ 为 980℃，$3FeO \cdot CaO \cdot SiO_2$ 为 1098℃。

烧结炉料是由精矿、返粉和石灰石等物料组成的，在烧结过程中其中的脉石氧化物与铅锌氧化物等已初步形成化合物。熔炼时，该初渣中的 CaO/SiO_2 比较高，炉料在下降过程中，炉渣成分变化也比较小。由于铅锌烧结块的软化温度较高，形成熔渣则较晚，成渣带的位置也较低，这有利于改善炉料的透气性。当炉渣通过风口区燃烧带时，吸收了焦炭在风口前燃烧后的灰分，而灰分中主要是 SiO_2，Al_2O_3 等氧化物，因此，炉渣的钙硅比迅速降低。

鼓风炉炼锌对渣型的要求，以提高锌的挥发率，降低渣含锌量，保证熔炼过程顺利进行为主要原则。一般选择适当高熔点、流动性好、外加熔剂少的渣型。生产中根据原料成分、性质及熔炼特性，常采用碱性或弱碱性渣，CaO/SiO_2 比值一般为 $0.7 \sim 1.0$，渣熔点在 $1250\,℃$ 左右为宜。国外鼓风炉炼锌厂的炉渣成分(%)范围一般为：Zn $5 \sim 9$，Pb $0.7 \sim 1.5$，FeO $35 \sim 45$，CaO $18 \sim 25$，SiO_2 $18 \sim 25$；其中，CaO/SiO_2 $0.7 \sim 1.5$，FeO/SiO_2 $1.5 \sim 2.5$。

我国某厂根据原料含铁含钙低的特点，采用低铁低钙炉渣，炉渣成分(%)一般为：Zn $5 \sim 8$，Fe $25 \sim 30$，CaO $16 \sim 20$，SiO_2 $18 \sim 23$；其中，CaO/SiO_2 $0.7 \sim 1.0$，FeO/SiO_2 >1。炉渣温度为 $1250 \sim 1350\,℃$。这种渣型有较稳定的物理性能，炉渣密度合适，并具有合适的酸碱度，造渣费用低，燃料消耗少等优点。

6.3.3　锌蒸气的冷凝

6.3.3.1　锌的蒸气压与温度的关系

锌的熔点为 $419.7\,℃$，沸点为 $907\,℃$。液态锌具有强烈的挥发性，在各种温度下的蒸气压可用下列方程式表示

$$\lg p = \frac{-6294}{T} - 0.015\lg T + 8.242$$

液态锌的蒸气压随温度而变化的数据如下：

温度/℃	419.7	450	500	550	700	800	900	907
蒸气压/Pa	18.5	45.5	169	533	7982	31264	96018	101325

6.3.3.2　锌蒸气与气相中 CO/CO_2 的平衡关系

炼锌鼓风炉的炉气成分(%)一般为：Zn $5 \sim 7$，CO_2 $10 \sim 12$，CO $18 \sim 22$，从这种高 CO_2 和低锌蒸气的炉气中冷凝锌，必须在技术上采取"骤冷"的特殊措施，否则锌蒸气就会被 CO_2 所氧化，发生下列还原反应的逆反应。

$$ZnO + CO \Longrightarrow Zn_{(气)} + CO_2$$
$$K_p = p_{Zn} \cdot p_{CO_2}/p_{CO}$$
$$\lg K_p = -9916.2/T + 6.36$$

设炉气成分(%)为：5 Zn，10 CO_2，21 CO，代入上式计算得 $T = 1250\,K$，即 $977\,℃$。此温度为上述炉气中锌蒸气的再氧化开始温度，如果温度低于 $977\,℃$ 则锌蒸气将与 CO_2 发生上面还原反应式的逆反应，生成 ZnO 和 CO，且随着炉气温度的下降，锌的再氧化速度加快，因此，锌的冷凝效率随炉顶温度的下降而降低。为了保证锌蒸气不重新被氧化，要求进入冷凝器的炉气温度在 $1000\,℃$ 以上。然而离开鼓风炉料面的炉气温度只有 $800 \sim 900\,℃$，因此，在炉顶鼓入一定量的热风，使炉气中的 CO 部分燃烧，以提高炉气温度，同时保持入炉炉料具有较高的预热温度，并实行均匀加料，维持料面稳定。更重要的是强化冷凝过程，能够防止和削弱锌的再氧化。只要锌蒸气一旦冷凝成液态锌，再氧化速度就会大大降低。在工业生产上，采用铅雨冷凝器妥善地解决了这一问题。

6.3.3.3　冷凝器中的热平衡关系

鼓风炉炼锌的锌蒸气浓度低，CO_2/CO 比值高，为了减少冷凝过程中锌的再氧化，要求

锌蒸气冷凝成液体锌所经过的时间愈短愈好，而且冷凝后的液体锌最好是与某种金属互溶，以便降低锌的活度，减少液体锌氧化。由于 CO_2/CO 比值高，采用竖罐炼锌的飞溅冷凝器无法克服锌的氧化，采用铅雨冷凝器则可满足上述要求。铅雨冷凝器有如下优点：

（1）在操作温度（~550℃）下铅的蒸气压低，挥发很少。

（2）铅的熔点低（327℃），且随温度的升高对锌的溶解度增加，见表6-13。实际上，在冷凝器各段铅液都没有被锌饱和，冷凝器最冷段的温度比饱和温度约高出20~30℃，最热段温度比饱和温度约高出100℃，因此，铅雨对锌蒸气的吸收效果很好。

（3）铅的密度大（用小体积的铅就可得到大的热容量）和导热性能好，铅雨的比表面积大，喷洒开来相对炉气的运动速度快，这些因素使铅雨具有使炉气"骤冷"的能力。

表6-13 锌在铅液中的溶解度

温度/℃	Zn 含量/%	温度/℃	Zn 含量/%	温度/℃	Zn 含量/%
318	0.58	430	1.84	550	4.3
320	0.59	440	2.02	560	4.6
330	0.67	450	2.17	570	4.9
340	0.75	460	2.33	580	5.2
350	0.84	470	2.50	590	5.5
360	0.94	480	2.68	600	5.9
370	1.04	490	2.87	610	6.3
380	1.16	500	3.07	620	6.7
390	1.29	510	3.27	630	7.2
400	1.43	520	3.50	640	7.7
410	1.58	530	3.70	650	8.3
420	1.74	540	4.0		

6.3.3.4 铅液循环量的计算

冷凝器运行时，设在冷凝器铅池中的扬铅转子转动造成铅雨充满整个空间。铅雨的喷洒方向与炉气的运动方向相对，铅雨和炉气能充分接触。当炉气由炉顶经炉喉进入冷凝器时，铅雨吸收炉气中的热量，使炉气温度由1000℃左右骤冷至600℃以下，并吸收炉气中的锌。炉气在通过冷凝器的过程中不断被冷却，离开冷凝器时其温度为450~460℃，而铅液的温度和含锌量则得到提高。

从回铅槽返回冷凝器的铅液温度为440℃左右，在此温度下，铅液中锌的溶解度为2.02%（饱和）。通过与炉气进行热交换和对锌蒸气的吸收溶解，当铅液到达冷凝器进口时，温度则上升至520~560℃，铅液中含锌量增加到2.26%（未饱和），比进入冷凝器时铅中的含锌量提高了0.24%。高温铅液被连续从冷凝器内泵出，经冷凝分离系统处理后，回流到冷凝器，由此计算出循环铅量为所要生产锌量的 $100/0.24 = 417$ 倍，这说明了适当地降低炉气温度，铅液循环量必须是冷凝锌量的417倍。

6.3.3.5　铅锌分离

铅锌分离的原理是基于锌在液体铅中的溶解度随温度下降而减少(表6-13)。当含锌铅液温度下降以后，锌便从铅液中析出，上层为含有少量铅的锌液，下层为含少量锌的铅液，上层锌液的含铅量和下层铅液和含锌量，均随温度的下降而减少。

从冷凝器泵出的铅液温度为520~580℃，含锌量约为2.26%，当通过流槽时，铅液温度降低，铅锌开始分层。铅液温度被降至440℃左右，其含锌量为2.02%，析出的锌液含铅约1.2%，铅液和锌液最后在分离槽按密度进行分离。

为了保证铅和锌分离完全，减少锌液中机械夹带的铅量，在生产过程中通常采用以下措施：

(1)保持系统具有良好的冷却能力，严格控制系统各槽的温度。

(2)往熔剂槽适当而均匀地加入氯化铵熔剂，其作用主要有：①助熔作用，它与浮渣融合后，可生成一种熔点低、含砷较高而流动性好的熔剂浮渣；②以熔剂浮渣覆盖于液体金属表面，减少锌的氧化；③降低浮渣生成量，并减少补充铅量，提高分离效率。氯化铵加进熔剂槽后，在高温下分解为 NH_3 和 HCl，后者与锌和砷的化合物作用，生成氯化锌和氯化砷，它们一部分成气体挥发，一部分组成浮渣，从而使受氧化物薄膜包裹的金属珠，重新暴露出新鲜的金属表面，并重新聚集在一起，从而降低了补充铅量和浮渣量。如果熔剂槽内缺少氯化铵，则积聚的砷化锌往往与铅、锌乳化，形成一种牙膏状的软物质交互层，使铅锌分离不好，产出的锌含铅和砷高。

(3)适当加长分离槽，增大槽子截面积，并保持液锌层有一定的厚度，可使铅锌混合液在槽内缓慢流动，有利于铅和锌的分离。

6.3.4　炼锌鼓风炉及主要附属设备的结构

炼锌鼓风炉的主要生产设备包括鼓风炉、铅雨冷凝器、铅锌冷却分离系统以及分离渣、铅的电热前床等。

6.3.4.1　鼓风炉

炼锌鼓风炉由炉基、炉缸、炉身、炉顶、水冷风口等部分组成。炉体横截面为矩形，两端是半圆形。鼓风炉的基本构造如图6-18所示。

鼓风炉的炉腹原先普遍采用水套结构，随着生产的发展，鼓风量不断加大，炉子的热负荷增加，出现了水套易漏水入炉缸、水套间隙易跑渣等问题，给炉子生产能力提高带来了困难。经过一系列的试验，澳大利亚的柯克·克里克冶炼厂首先使用喷淋炉壳，取代了原来的水套炉壳。生产实践证明，喷淋炉壳(图6-19)主要有如下优点：①加大了炉缸及风口区的尺寸，因而产量得到提高；②减少了水漏入炉缸的可能性；③减少了炉子的冷却水消耗量；④由于是整体炉壳，避免了水套缝跑渣的危害。

炼锌鼓风炉的标准炉型为风口区砌体内宽2.1m，风口区断面面积为 $11.29m^2$，炉身砌体内截面积为 $17.2m^2$。

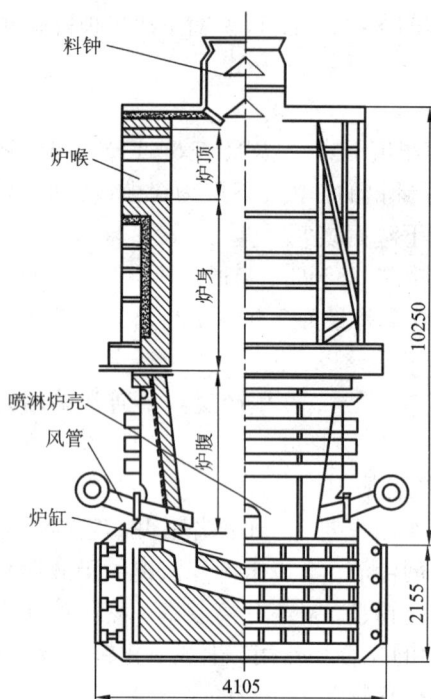

图 6 – 18　ISF 炼锌鼓风炉

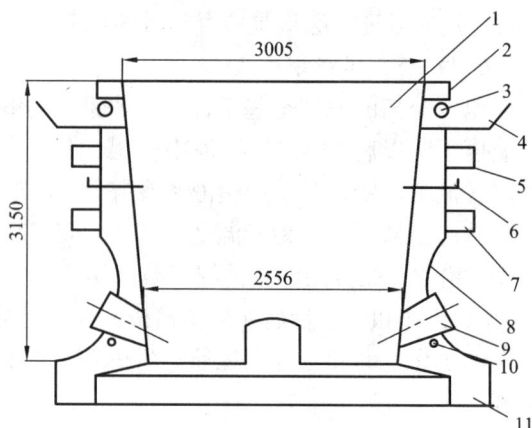

图 6 – 19　喷淋炉壳结构示意图

1—喷淋炉壳本体；2—上部水冷箱型框架；
3—喷水器；4—上部布水器；
5—中部箱型框架；6—下部布水器；
7—下部箱型框架；8—加强筋板；
9—风口座；10—U 型喷水器；11—集水槽

1）炉　基

炉基是鼓风炉的基础，承受炉子正常运行时的总重量。炉基应有很大的耐热强度，通常在建筑地点挖一个长方形的深坑，应达到岩层或紧土层。在岩层或紧土层上筑一混凝土厚层，其上为钢筋混凝土浇铸的平台，并在平台上铺设钢板和工字钢，以防止铅水渗入炉基。

2）炉　缸

炉缸砌筑在炉基上，外壳用钢板围成。为防止变形，用工字钢围焊以增加强度，四角用拉杆固定，使工字钢箍紧。炉缸的底部是耐热混凝土层，内装钢管作为透气孔。混凝土层之上用粘土砖砌筑，与熔体接触的部位均用镁砖砌筑，呈倒拱形，以增加强度，不致因受压而涨裂使铅渗入导致上浮。炼锌鼓风炉的炉缸很浅，熔炼的产物在其中停留的时间较短，这是因为炼锌鼓风炉的炉渣和铅不需要在炉缸内分离，而在电热前床中进行分离。浅炉缸对于从炉渣中脱锌更有利。

3）炉　腹

炉腹为喷淋炉壳结构，如图 6 – 19 所示。其结构包括喷淋炉壳本体，上部、中部及下部箱型框架等加固结构，喷水器，上部及下部布水器，风口下方喷水器和底部集水槽等部件。

喷淋炉壳上部加固结构与炉身下部托盘之间留有一定的间隙作为挤压层，用高铝保温砖填塞。

喷淋炉壳两端均设有炉渣放出口，其中之一为事故放渣用，放渣口为一块铜质双孔渣口水套。

4）炉　身

炉身为直筒形，外壳用钢板围成，并用工字钢加固，里面的砌体用粘土砖砌筑。耐火材料与钢壳之间衬有一层轻质粘土砖及石棉粉，用于隔热。炉身中部和上部的一侧开有清扫门，供清理炉结时使用。炉身上另一侧开孔与冷凝器相通，称之为炉喉。顶部四角有四个炉顶风口，即二次风口。整个炉身有单独的支承结构。

5）炉　顶

鼓风炉炉顶是悬挂式的，整个炉顶以异形吊挂砖为骨干，用耐热混凝土浇灌成为一个整体，上层为轻质耐热混凝土。炉顶上部装有双料钟加料装置、探料杆等。

6）料　钟

料钟由顶钟和底钟组成，料钟的结构如图6-20所示。底部漏斗和底钟均采用耐高温合金钢制成，适应高温炉气条件。加料时，顶钟和底钟不同时打开，以保证炉子的密闭，防止炉气外冒。料钟的开闭由气动设备带动，每座料钟均设有料钟风管和周边风管。

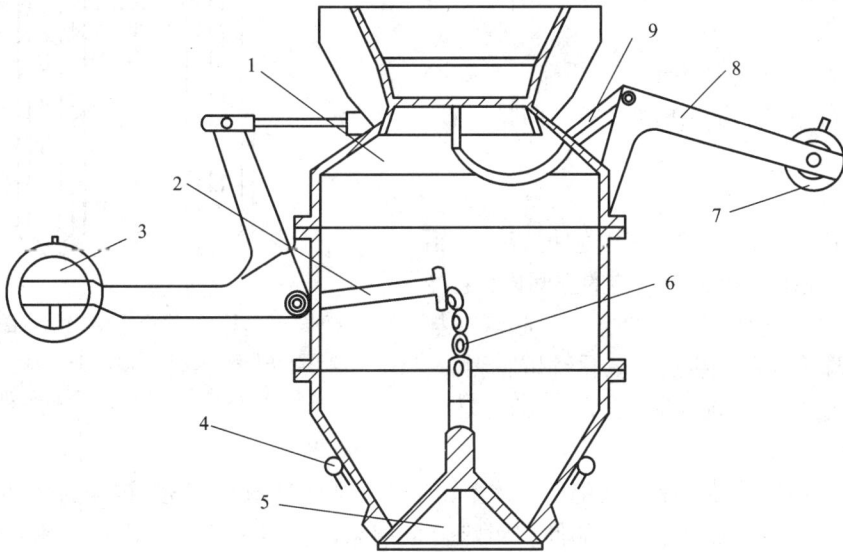

图6-20　料钟结构示意图

1—顶钟盖；2—杠杆臂；3—平衡锤；4—周边风管；5—底钟；
6—链条；7—平衡锤；8—顶钟杠杆；9—料钟风进口

7）水冷风口

鼓风炉风口区的温度最高，为了保护风口，须用水冷却。风口的结构如图6-21所示。冷却水流经套筒达到冷却目的。在套筒的隔板上焊有螺旋挡板，起导流作用，以增加冷却效果。风口顶端用耐热合金制成，其余用普通钢制成。风口使用前，要经过0.45MPa的水压试验。

6.3.4.2　冷凝分离系统

冷凝分离系统可分为冷凝系统和铅锌分离系统两部分。冷凝系统的主要设备包括冷凝器、转子、泵池、回铅槽及直升烟道。分离系统包括铅泵、冷却流槽、分离槽和贮锌槽。

1)冷凝器

冷凝器为铅雨冷凝器，是一个断面呈矩形的密闭容室，其结构见图 6-22。冷凝器的作用是将从炉喉进入冷凝器的锌蒸气骤冷下来，成为液体锌。

冷凝器的底部用工字梁承托，上铺钢板，外壳用钢板焊成。底部用耐热混凝土及高铝粘土砖砌成反拱形的熔铅池，四壁用高铝粘土砖或碳化硅砖砌筑。顶部有一组用耐热钢板制成的盖板，上面再覆盖一层硅藻土隔热层。盖板上留有转子装入孔。冷凝器两侧和末端设有清扫门，正常运行时，清扫门用粘土砖砌封。

冷凝室中有两段垂直安装的挡板，将冷凝室分成三段，作用是改善气流及循环铅液的流动和分布。

冷凝器共装有八台转子，全部都支承在冷凝器顶盖上部单独的重型桁架上，分两排布置，每排四台。

2)转　子

转子是冷凝器的关键设备。它把熔融的铅液扬起，造成铅雨，布满冷凝器的空间内，起冷凝和吸收锌蒸气的作用。另外，转子起着搅拌作用，将铅珠表面可能生成的氧化锌熔膜剥裂，并使铅液温度分布均匀。因此，转子的运转情况和锌的冷凝效率紧密相关。

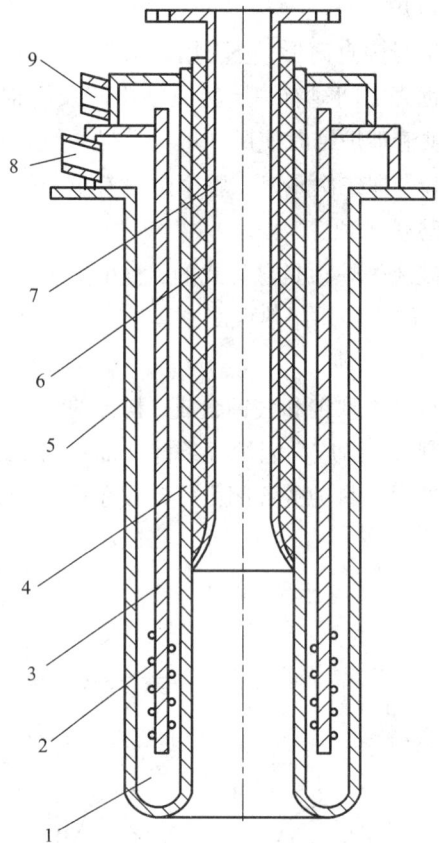

图 6-21　水冷风口结构示意图

1—风嘴；2—螺旋挡板；3—隔板；4—内筒；5—外筒；6—隔热层；7—风管；8—出水口；9—进水口

现在一般使用的转子是干法密封整体型转子，其结构见图 6-23。转子的各部件是用金属材料制成的，叶片和轴等主要部件用耐热合金钢制成。转子头由四块正反相对的叶片组成，分等臂转子头和不等臂转子头(一对正反相对的直径比另一对直径稍大)。转子轴心通水冷却。

3)泵　池

泵池是一个内壁用粘土砖砌筑，以钢板围成外壳的长方形槽子。设在冷凝器的进口端一侧，冷凝器内的含锌铅液由此泵送到冷却流槽。泵池还对冷凝器的浮渣起聚集作用。泵池上装有两台铅泵和浮渣提取器，泵池与冷凝器相通处设有一块碳化硅质的底流挡板，冷凝器中的铅液要从底流挡板下流入泵池。设计时，底流挡板的浸入深度要适当，既要保证气密安全可靠，又要便于浮渣及铅液的通过。随铅液进入泵池的浮渣，最后被浮渣提取器刮出。

4)回铅流槽

回铅流槽用高铝砖砌筑，外壳用钢板焊成，顶部为铸铁盖板并设一防爆门。当冷凝器内的压力过高时，防爆门就自动冲开，以减缓冷凝器内的压力。回铅流槽一端与冷凝器的末端相通，而另一端与分离槽相通，烟气不能进入分离系统，低温含饱和锌的铅液由回铅流槽返回冷凝器。在回铅槽的侧面设有清扫门。

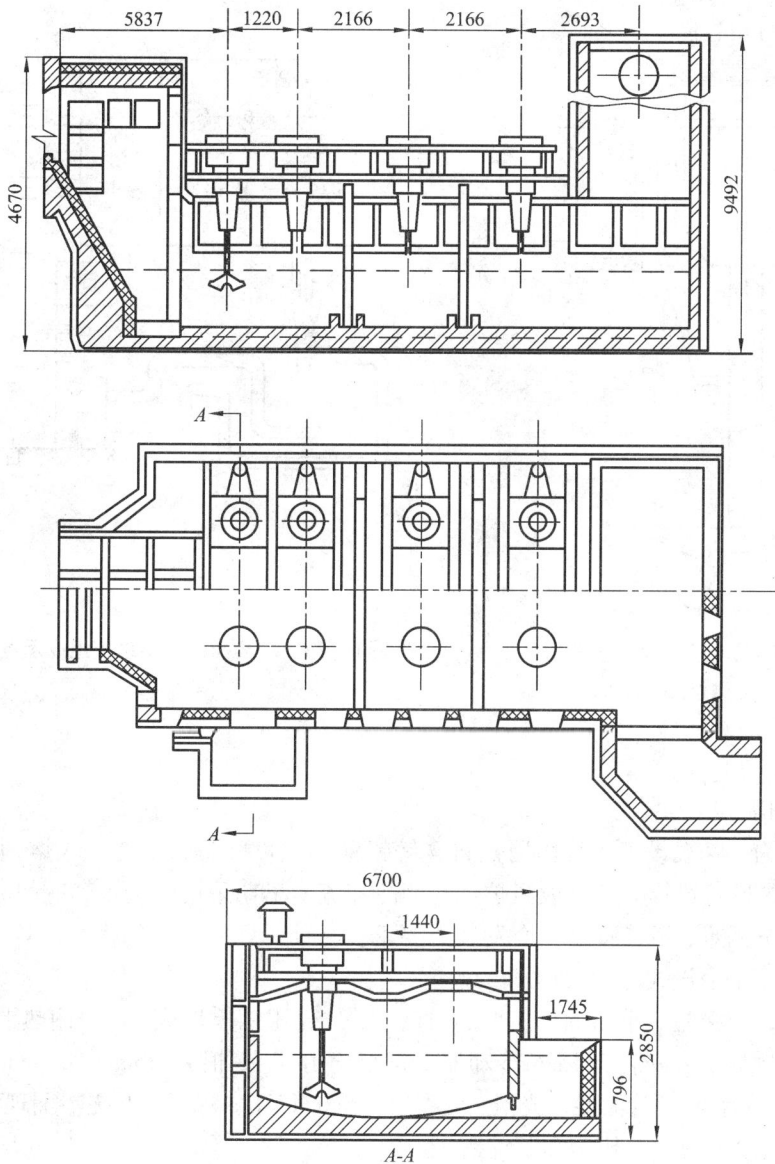

图 6 - 22 铅雨冷凝器

5）铅 泵

铅泵是铅液循环的动力，作用是把含锌铅液从泵池送往冷却流槽。铅泵安装于泵池中，共两台，正常生产时同时使用。铅泵的扬铅能力要根据循环量的需求而定。铅泵的动转原理与普通离心泵相似，由变速电动机驱动。铅泵叶轮的结构形式与铅泵的流量、扬程和效率有密切关系。叶轮由 4～6 个叶片组成，一般根据铅液量的改变来确定叶片数目。铅泵运转在 480～530℃ 的含锌铅液中，由于锌对其材质有一定的腐蚀和磨损作用，故铅泵动转一段时间后要进行更换。

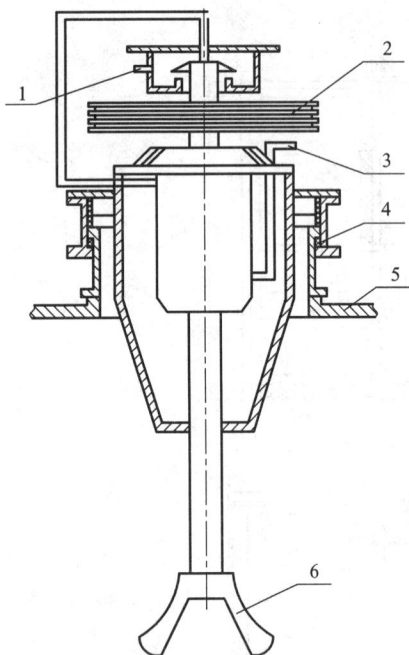

图 6 – 23　冷凝器转子结构示意图

1—出水口；2—大皮带轮；3—进水口；
4—石棉密封层；5—冷凝器顶盖；6—转子头

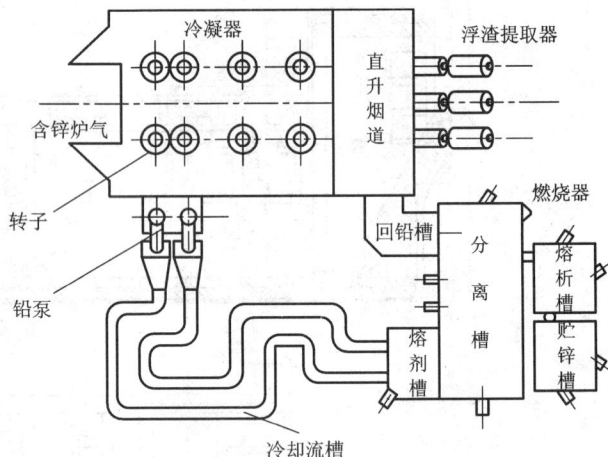

图 6 – 24　冷凝器及分离系统组成示意图

6）冷却流槽

冷却流槽为一降温设备，其作用是将含锌铅液的温度降低，使之进入熔剂槽除去浮渣后，在分离槽中进行铅锌分离。鼓风炉炼锌的冷却流槽早期采用的是水套冷却流槽，设备的维护和检修十分困难，不能满足生产发展的要求。目前，只有日本的播磨冶炼厂仍在使用，其余各厂均采用了浸没式冷却流槽。

浸没式冷却流槽是一个断面为矩形的长槽子，外壳用钢板焊成，内衬耐热混凝土或用耐火砖砌筑。流槽的上方安装有 15 组冷却器。每组均由 5 ~ 6 根 $\phi 60 mm \times 4.5 mm$ 的无缝钢管弯成 W 型，冷却后 W 型管面要求光滑，无裂纹，经 0.45MPa 水压试验无渗漏现象。

7）熔剂槽、分离槽、熔析槽和贮锌槽

这四个槽子是连在一起的矩形槽子，槽墙以高铝砖砌筑，外壳用钢板围成，砖与钢板之间留有间隙，用石棉隔热保温。槽底用矾土耐热混凝土捣固成倒拱型。各槽均设有煤气加热烧嘴，供加热和保温用，并都设有操作门、窥视孔、测温孔及排烟孔。各槽的顶部为活动的盖板。冷凝器及分离系统组成示意图如图 6 – 24 所示。

（1）熔剂槽　熔剂槽主要是加氯化铵用，经冷却流槽冷却后的含锌铅液直接进入此槽。熔剂槽与分离槽相通。其内设有一底流板，因而使添加的氯化铵所形成的液态熔剂渣始终停留在熔剂槽液态金属的表面，形成一覆盖层。

（2）分离槽　分离槽是分离系统最长的矩形槽，它的作用是使铅锌有充分的时间进行分离。分离槽后端一侧有底流口与回铅槽相通，另一侧有溢流口与熔析槽相通。分离后的富铅相从底流口流往回铅槽,富锌相从溢流口流入熔析槽。

(3)熔析槽 熔析槽控制略高于锌液熔点的温度,起进一步分离粗锌中的铅、铁等杂质的作用,以提高粗锌的质量。熔析槽有溢流口与贮锌槽相通。根据生产实践经验,为了方便操作,我国某厂已取消了熔析槽,而将熔析槽并入贮锌槽。

(4)贮锌槽 主要是加热和贮存熔析槽溢流过来的粗锌,使其达到一定的温度和数量,以便于放出和铸锭。

6.3.4.3 电热前床

炼锌鼓风炉的炉缸很浅,其熔融产物不在炉缸内分离,而是放入电热前床后分离。

电热前床的作用是:①使渣、铅分离,降低炉渣含铅;②将炉渣保温或升温,使送往烟化炉的炉渣有足够的过热温度和良好的流动性;③储存炉渣,协调烟化炉周期性作业与鼓风炉放渣之间的矛盾。

国外多数炼锌鼓风炉采用移动式前床(即活动前床)。这种前床是由钢板组成的长方形容器,内砌耐火材料,置于轨道车上,用液体或气体燃料加热。一般设有 2~3 个轮换使用。活动前床的特点是维修方便,建造费用低,并节省电能;但有容积小,温度不易调节控制,渣、铅分离较电热前床差等缺点。对炉渣不需要再处理的厂家来说,采用这种前床较合适。

电热前床主要由前床本体、电极升降机构和电能变压器三大部分组成。前床本体为椭圆形。前端设置渣口。国内某厂的前床还设置了黄渣放出口,前端侧旁设有虹吸口,作放铅用。进渣口设在前床顶部的后端,并通过放渣流槽与鼓风炉相连。为了开停方便,进渣口处的前床顶上盖一块半圆形水套,前床顶开有三个电极孔,电极由此插入熔体进行通电加热。

6.3.5 鼓风炉炼锌的正常操作及故障处理

鼓风炉炼锌的正常操作主要包括开炉、停炉、休风与复风,正常生产时的技术条件控制以及炉况的分析判断。随着各种新技术、新设备、新材料在生产实践中的应用,鼓风炉的操作方法也有所变化,需要在生产实践中灵活掌握和应用。

6.3.5.1 炼锌鼓风炉的开炉操作

鼓风炉经过较长时间的检修或大修后,恢复生产时需要进行开炉操作。开炉过程顺利与否,对鼓风炉的正常生产有重要的影响。开炉操作应避免对炉窑及其他设备造成损坏,确保迅速转入正常生产。开炉操作包括开炉前的准备工作、烘炉操作和投料开炉操作。由于检修的时间和内容不尽相同,开炉操作的方法也不尽相同,以下是通常大修后的开炉操作。

1)开炉前的准备工作

为确保开炉过程的顺利进行,要根据实际情况制订好计划,并做好有关的准备工作。主要包括以下内容:

(1)检查和调试所有的设备。

(2)供料系统、供风系统应做好充分准备。

(3)做好水、电、风、气的供应准备。

(4)各种测量仪器、仪表安装调试完毕并符合要求。

(5)准备好各类工具及烘炉器材。

(6)准备好烘炉及开炉所需的各种材料,如木材、木炭、干水淬渣、黄泥、石棉绳和板、水玻璃、冷凝器底铅等。

（7）制订好烘炉及开炉方案。

（8）根据开炉方案准备好开炉炉料，开炉方式不同，炉料的组成和数量都不同。一般开炉料的组成见表6-14。

表6-14　鼓风炉开炉炉料组成

序号	批数	名称	料批组成		
			焦炭（kg）	烧结块（kg）	炉渣块（kg）
1	7	底焦	2×1200		
2	2~4	渣料	2×260		2×3000
3		正常料		按配料计算	

2）烘炉操作

新砌筑或检修后的炉窑在投入使用前都要进行烘炉操作，使耐火材料中的水分蒸发，并使整个炉体逐渐膨胀，避免开炉后因炉体急剧膨胀和水分激烈蒸发而损坏炉子。不同的炉窑设备烘炉时所使用的热源不同，同一炉子在不同的烘烤阶段其烘烤热源也可能不同，要根据炉子的结构、烘烤温度、升温速度和保温时间等因素综合考虑。进行烘炉操作前，要根据炉子所使用的耐火材料、检修情况、停置时间等因素制订好烘炉升温曲线。

（1）鼓风炉的烘烤

鼓风炉使用热风进行烘烤，新砌的鼓风炉通常按图6-25所示的升温曲线烘烤。

①在做好对鼓风炉系统的封闭工作后，往风口水套和喷淋炉壳送冷却水（若为新炉炉壳可延迟到高温阶段再送冷却水）。

②打开洗涤塔放空阀及直升烟道顶部清理孔。

③向鼓风炉内送入约200℃的热风，风量由小至大逐步增加。

④当直升烟道温度达到100℃时，往洗涤塔和洗涤机送水，废气由40m烟囱放空。

⑤高温阶段要检查铅熔化情况和转子转动情况。

⑥烘炉期间要注意检查炉体膨胀情况，发现漏气、漏铅及时处理。

（2）冷凝分离系统的烘烤

铅雨冷凝器的烘烤与鼓风炉的烘烤是同步进行的。若铅雨冷凝器是新筑耐火混凝土，需烘炉一周后再装好底铅继续烘烤化铅。若是旧炉衬，则先装底铅后烘炉。在烘炉时，洗涤塔应进行喷水，水冷设备应通水。

冷却流槽的烘烤用燃烧木柴进行，并用石棉板盖好流槽，直至鼓风炉开炉投料为止。泵池、熔剂槽、分离槽和贮锌槽用木柴和煤气进行烘烤。

（3）电热前床的烘烤

电热前床的烘烤升温按图6-26所示曲线进行。

①烘炉前调试好电极升降机构，各水套试水，堵好底铅口。

②备好干焦炭、干水淬渣、电阻丝、圆钢、木柴、底铅等烘炉起弧所需的材料。

③按升温曲线烘炉，400℃以下用电阻丝烘炉；400~700℃用木柴烘炉；700℃保温至鼓风炉投料前一天通电弧升温至1200℃左右。

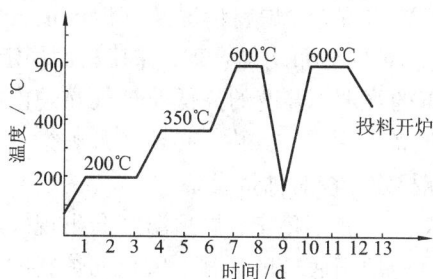

图 6－25　鼓风炉烘炉升温曲线

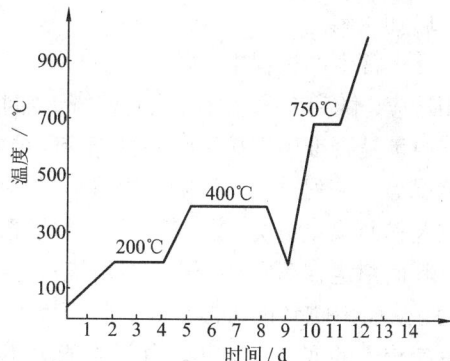

图 6－26　电热前床烘炉升温曲线

④起弧料装入方法：停电降温 16h 后，拆出电阻丝，堵塞虹吸道并插入钢钎，在电极下方沿前床纵向装 250mm 厚水淬渣，上面放 9 根圆钢，其上再装 200mm 厚水淬渣，再放上两层纵横排列的圆钢，下放电极压紧圆钢，电极周围堆放焦炭、木柴。

⑤点燃木柴升温至 700℃起弧后，向前床内补加淬渣和底铅。

⑥烘炉期间各水套供水冷却。

⑦烘炉期间注意调整拉杆松紧程度。

3）开炉投料

炼锌鼓风炉在投料送风前，应对各个系统作全面细致的检查，尤其是要注意检查经过烘炉后的炉窑设备有无损坏。

鼓风炉开炉投料的顺序是，先加入一定量底焦，再加入渣料，然后开始加入正常料。各种炉料的组成见表 6－14。一座 17.2m² 的鼓风炉开炉时需投入约 15t 的底焦，这是为了保证风口区有一定厚度的焦炭层。加入炉渣料的优点是使炉渣很快熔化进入炉缸，使炉缸充分过热，保证开炉初期熔炼过程的稳定性，炉况易正常；同时熔渣可以和焦炭的灰分在一定范围内熔融，消除了初期炉渣难放的现象；也能在较短时间内为电热前床提供起弧所必需的炉渣，顺利提高炉膛温度，尽快转入正常。

投料开炉的步骤：以尽快的速度将底焦加入炉内，当风口普遍见到红焦炭时，即可开始送入约 4000m³/h 的热风，同时注意观察焦炭是否开始燃烧。如果焦炭不红难以着火燃烧时，可采用必要的辅助手段。随着料量的增加逐步加大鼓风量，投料初期的加风速度要慢一些，避免炉内气体达到可爆炸的范围。当炉顶温度达 800℃时，送风量增加，并根据直升烟道压力情况启动煤气洗涤机和升压机。当铅泵池温度达到 480℃时，装好并启动铅泵，开始铅液循环，使冷凝分离系统转入正常。正常料按每小时 5～6 批的速度加入，注意观察料柱高度，当料柱达到正常高度时，应加大鼓风量，及时调整有关工艺参数使过程转入正常生产。

开炉过程中要注意检查各部位的密封情况，若有煤气漏出，应立即采取措施堵塞。投料送风约 3～4h 后，检查风口上渣情况，及时将炉渣放出，同时根据炉渣放出的情况控制好炉内的还原能力。在操作过程中冷凝器直升烟道压力要维持在 600Pa 以上，严禁负压操作。

6.3.5.2　正常生产操作

炼锌鼓风炉的正常运行与供料系统、供风系统、冷凝分离系统、电热前床、煤气洗涤系统密切相关。

1)加 料

在正常生产过程中,鼓风炉加料要与熔炼情况、炉体特点、炉料情况及其他连接设备运行相适应,做到准确、及时地向鼓风炉加料,使炉料在炉内分布均匀合理,保持料面稳定。

料量是否准确直接影响料面稳定、炉内还原气氛的强弱、温度的高低及炉气在炉内的穿行情况等一系列过程。影响料量准确的因素是称量设备。生产实践中,必须经常观察料罐的料位及料面偏差情况,发现问题及时处理,同时定期标定、校对称量设备。

料面稳定在正常范围内,对熔炼过程有重要意义。料面不稳定,炉顶温度会出现大幅度波动,从而影响锌的冷凝效率;料面大幅度波动,将使炉子底部的风压、风量和炉料的透气性发生较大的变化,导致炉内还原能力不稳定;料面过高时,可能出现炉料堵塞部分炉喉,使炉气温度降低,炉气通过不畅;如果料面接近或高于二次风口,将导致炉料中的焦炭在上部燃烧,产生局部过热损坏炉内耐火材料,并使部分炉料熔化,在炉壁上形成炉结,也会导致风口区缺焦;料面过低时,料面温度上升,将会出现铅及其化合物的挥发量增大,炉气中CO_2增加,带入冷凝器的粉状杂质增加,浮渣产出量增多,另外,由于炉料在炉内的停留时间短,炉渣含锌、铅升高,降低了金属的直接回收率。鼓风炉正常料面高度应从风口中心算起,往上6000mm,上下波动250mm。如果炉子出现偏行下料,两端料面偏差大于250mm时,应向低端加入单罐,使两端料面尽量保持一致,料面的高度通过设在炉顶的探料杆来测定。

加料制度、加料方式、加料设备的运行情况及炉料粒度都会影响炉料的分布。炉料分布不均匀,将使炉料的熔化速度不均匀。破坏料层在不同高度的物理化学变化正常进行,严重时会导致"悬料"或造成炉气"短路",促使炉结加快形成。因此,对入炉物料的质量应进行严格把关,认真维护加料设备,选择合理的加料方式,以保证炉料在炉内均匀分布。

2)鼓风量与鼓风温度的调节

炼锌鼓风炉的正常鼓风量与炉子的风口区面积、风口配置等情况有关。标准型炼锌鼓风炉,底部风口量一般控制在35000m³/h左右,顶部风量(二次风)为底部风口风量的8%~12%,料钟间空气量为每钟200~300m³/h,周边空气量为250~350m³/h,炉顶压力1300~3000Pa,总管热风压力正常时小于50000Pa。

采用大风量操作时,炉内焦炭的燃烧速度快,熔炼速度大,炉子的生产率高。同时,炉子的热量损失按比例相应减小,焦炭的还原区域扩大,或获得较高的熔炼温度,降低炉渣温度,降低炉渣的含锌量。但风量过大,则会使炉内高温区上移,造成炉料过早地熔化,不利于熔炼过程的正常进行,炉渣含锌升高,增加动力消耗;同时,由于炉内气流速度过大,随气流带出的粉料也增多,特别是在料面过低、炉料质量差、炉内结瘤严重的情况下,使冷凝器内的浮渣量增加。此外,大风量操作还受到物料质量、炉内结瘤所引起的高压力所限制。

鼓入鼓风炉的热风温度一般控制在900~1000℃,有的工厂风温达1000℃以上。调节风温可以迅速改变炉内的熔炼情况、控制还原气氛和炉温。当炉内还原气氛弱,渣含锌高,温度偏低时,应提高热风温度;若炉内还原气氛强,温度过高,出现铁还原时,应降低风温。但调节风温只是在短时间内采取的应急措施,如果炉况需要较长时间和较大幅度的调节,则应调整焦率。正常生产时,热风温度需稳定在适宜的操作范围内。

在正常生产中,除了从风口鼓入空气外还有从以下几方面进入的空气:

(1)二次风　通过炉身上部四个风口送入的风称为二次风,二次风温度与主风口风温相同,鼓入量为底部风量的8%~12%。鼓入二次风的目的在于燃烧炉气中的CO,以补偿炉气在上部的热量损失,保证炉气进入冷凝器前的温度在950~1050℃,防止锌被再氧化。

(2)料钟风　为了密封料钟,防止炉气从加料口溢出,而向料钟间鼓入空气。料钟风压力高于炉顶压力50~100Pa,每个料钟的空气量为200~300m³/h。若料钟风空气量超过规定量才起作用的话,则说明料钟间隙过大或炉顶压力过大,应进行调整。

(3)周边风　从料钟下部漏斗壁处的环形风管鼓入冷空气形成一层气膜,可保护漏斗不产生或少产生结瘤,保证底钟的开启灵活,动作准确,密封严密。每个料钟的周边风量为250~350m³/h。

3)炉前操作

在炉况正常时,风口是明亮通畅的,通过风口可直接观察到鼓风炉风口区的情况,炉内还原气氛的强弱、炉壁结瘤程度和炉渣的积存量等。为保证热风顺利入炉和各风口风量的均匀,在每次放渣后,要用钢钎捅掉积留在风口的结渣。炉内炉结严重而引起风口挂渣时,应及时进行休风清理。减风、休风时要注意避免风口灌渣。经常检查风口进出口水温、出水量及喷淋炉壳的冷却水情况,风口水套的进出口水温差应小于4℃;若发现风口水套烧坏应立即切断水源,放渣休风后进行更换,或用黄泥堵死风口及其进出口水管复风,待清扫日进行更换;喷淋炉壳布水不均匀时,应清理布水器;炉壳若有烧红现象应立即用临时水管加强冷却。正常情况下供水总管的压力应保持在0.15~0.25MPa,若水压低于此规定值或水压波动大,要及时清理水过滤器。

鼓风炉的炉渣和铅的混合熔体间断地从渣口放出。当熔渣接近风口线时,热风压力明显升高,风量降低,可以从风口窥视孔看到渣的跳动,此时应打开渣口放出炉渣。发现炉渣温度过低或过高、流动性差或有金属铁花时,应根据当时情况及时采取措施进行调整。渣口出现喷风时,则表明炉内渣已放净,应用绕有石棉的钢钎堵塞渣口。如果渣口水套烧穿,应立即切断冷却水,待炉内渣放净后休风进行更换。

延长炉渣在炉缸内的停留时间,习惯称"压渣",适当的压渣有利于炉渣中氧化锌的还原,降低渣含锌。但"压渣"过度时,风量明显下降,生产率低,严重时有可能使炉渣灌入风口,影响鼓风炉的正常生产。

4)冷凝分离系统

(1)冷凝器

在正常操作过程中,进入冷凝器的含锌炉气温度为980~1080℃,经冷凝并吸收锌后,进入直升烟道,温度为440~465℃,直升烟道温度是反映炉气锌被冷凝吸收程度的主要标志。铅泵和冷凝器转子工作不正常、回铅流槽返回的铅液温度高、回铅量不足等不良操作,是造成直升烟道温度过高的主要原因。

在冷凝器运行时,要保持正压操作以防止空气进入,造成锌的氧化或煤气爆炸。冷凝器进口压力通常为1000~2500Pa,直升烟道压力控制在600~1200Pa。转子叶轮埋入铅液的深度为180~220mm,冷凝器的工作铅面可从铅泵池测量,停泵时铅泵池铅液深度为880±20mm,开泵时为660±20mm。当铅液面降低时,从冷却流槽加入烘干的精铅锭作补充。

冷凝器在运转过程中会不断产生浮渣,大部分浮渣由铅泵池扒出,部分则留在冷凝器内。冷凝器的进口处会逐渐形成结瘤,导致气流分布不均匀,影响锌蒸气的吸收。清扫日要清除各部的炉结,并扒出滞留在冷凝器内的浮渣。

（2）泵池、铅泵及冷却流槽

铅液的循环量要使冷凝器铅液的温升保持在 80～100℃范围，即从回铅槽的铅液经过冷凝器时，温度由 430～445℃上升到 510～530℃，铅液的循环量是由铅泵的扬铅能力和冷却流槽的冷却能力控制，循环量不足时，铅泵池温度将会升高，应及时调整铅泵的扬铅能力或进行更换。回铅槽温度升高时，说明冷却流槽的冷却能力不足，应对冷却管组进行清理或增加冷却管组的数量。

正常生产的主要操作是：

①复风过程中，铅泵池温度达到规定值时，先开动一台铅泵，待铅液循环正常后，视风量、温度情况开动另一台铅泵。冷却流槽则根据温度情况适当下降部分冷却管组。

②开铅泵时，冷却流槽、熔剂槽要有专人监视，发现铅流不畅通时，立即停泵处理后重开。

③送风正常后，冷却流槽根据温度情况增减冷却管组数量或升降调整，使各部温度控制在规定的范围内。正常情况下，流槽的铅液保持不变。

④及时扒出铅泵池、分配箱的浮渣，经常清理流槽的结渣。

⑤生产过程中，按清理操作规定定期清理使用中的冷却管组。

⑥铅泵池液面低于规定值时，从冷却流槽加入补充铅。

⑦铅泵池过道不畅通时应及时捅过道。

流槽的冷却管组在使用过程中，管壁上会逐渐冷结一层铅锌金属，导致换热变差，回铅槽温度升高，影响铅锌分离效率，因此要按规定清理管组。清理管组的操作方法是：

①将需要清理的冷却管组从流槽中提升，离开铅液面。

②开该管组的冷却水，并用压缩空气将管组内剩余的水吹出。

③将管组投入流槽的铅液中，停留 5min 左右，使管壁冷结的铅锌金属熔化。

（3）熔剂槽

在锌的冷凝及冷却过程中，不可避免地会有一些锌氧化。氧化锌的熔点较高，并附着在金属铅锌的表面，影响铅锌的分离，导致锌液含铅高且补充铅消耗过大。

熔剂槽的作用在于接受冷却后的铅锌液，通过加入氯化铵（NH_4Cl）后在槽内造熔剂浮渣，以减少锌的氧化和浮渣量。氯化铵的加入量取决于鼓风炉熔炼过程中砷的挥发量、循环铅夹带的浮渣量等。如果熔剂加得太少，则生成一种干浮渣，既不能达到造渣效果，又不能在熔体表面上形成液态覆盖层；若熔剂太多，则造成浪费，且生成过量的极稀渣，给以后的处理带来麻烦。操作方法是：

①复风前检查处理好熔剂槽及分离槽过道。

②开泵前将熔剂槽、分离槽扒渣门用黄泥堵好。

③铅液循环后定期加入氯化铵，造熔剂浮渣。

④定期扒出熔剂浮渣，冷却破碎后倒入渣仓。

⑤同时清理熔剂槽与分离槽的渣。

⑥休风期间，熔剂槽、分离槽用煤气保温。

⑦分离槽扒渣量，不要激烈搅动。

（4）分离槽和回铅槽

经过冷却后的铅锌混合液在分离槽按密度不同而分离。锌液的密度较小浮于铅液之上，并通过设在分离槽尾部的溢流口流入贮锌槽。为保证锌液的质量,减少锌液中铅、铁、砷等杂质的含量,锌液层的温度要尽可能保持略高于锌的熔点,生产中一般温度控制在 440 ~ 450℃;同时应避免搅动锌液层,经常检查溢流口的深度。

分离出锌液后的铅液则通过分离槽的底流孔进入回铅槽,并通过回铅槽的过道口返回冷凝器。在正常操作中,要在分离槽尾部用燃烧煤气的方法保温,避免底流口被冻结。经常检查回铅槽过道的高度。

在分离槽的侧墙及回铅槽的过道口,会逐渐形成氧化物结瘤,从而减小分离槽的截面积或升高过道口的高度,导致铅流受阻,使锌液的含铅量升高。要定期利用清扫日进行清理。

5)电热前床

电热前床的作用主要是接受、贮存鼓风炉放出的渣和铅,实现渣、铅分离,对炉渣和铅起保温作用。经分离后的铅液位于前床的底层,通过虹吸口放出;炉渣由于密度比铅小而位于上层,由放渣口放出;在炉渣和铅之间还有一层黄渣,前床放渣时,从渣口带出。

电热前床炉膛温度的高低通过调整电极插入炉渣熔体的深度来控制。电极插入深度越深,电流就越大,炉膛温度就越高。为了使炉内各部的温度均匀一致,要调整好各电极的插入深度,使各相电流均匀。正常操作时,控制电压为 50 ~ 70V,电流不大于 6000A,电极的插入深度为渣层厚度的 0.4 ~ 0.5 倍,炉膛液面总高度不大于 1200mm,底铅高度 300 ~ 400mm,黄渣层厚度小于 150mm,炉膛温度为 1200 ~ 1300℃,最高不超过 1350℃。

电热前床的放渣与放铅应按先放铅后放渣的顺序进行,排放的次数要根据具体情况而定,排放前要仔细测量好渣、铅液面的高度。

6.3.5.3 炼锌鼓风炉的炉况判断

正确地判断鼓风炉的炉况,及时调整有关的操作条件,是保持炉况顺行、搞好鼓风炉生产的重要工作。各种炉况在炉内不同部位、不同的产物和不同的参数上所反映出的现象是不同的,它们之间的联系程度也不同。通过对有关现象、参数及其变化的综合分析,才能正确地判断炉况。

判断炉况的主要依据有:直接观察到生产中的现象、仪表测定的参数、鼓风炉物料及产物的化验分析数据等。

1)直接观察生产中的现象

主要观察的内容包括风口状况、炉渣放出情况及浮渣物料产出情况、下料速度、鼓风炉各部位及附属设备反映出的现象等。

(1)看风口 风口是惟一可以看到炉内熔炼情况的地方,任何时候都可以对炉内进行观察。

①看炉温的高低。炉内温度是否正常,从风口可以看出,而且炉温的变化在风口反映最早。炉温正常时,风口明亮适当,焦炭活跃;炉温过高时,还原能力过强,风口则十分明亮刺眼;风口明亮程度减弱,甚至变红或挂渣,是炉温偏低,还原能力弱的表现。

②看进风的均匀性。如果炉子出现短路跑空时,附近的风口进风量大,会特别活跃,而其他部位的风口则相对不活跃。如果相邻的几个风口都不活跃,而它们对面的风口却很活跃,则说明炉子出现了炉料偏行,在活跃的风口处炉料下行较快。炉料质量、加料方式及布料情况、炉内炉结生成的程度、炉体结构等都对风口的进风情况有影响。

③看风口的完好程度。当某个风口烧坏漏水时,出现挂渣、风口发暗及冷却水温度较高

等现象。

看风口时，要全面观察和重点观察相结合，有些风口对炉况的反映特别灵敏，需要重点观察。

（2）看渣　炉渣被间断地从渣口放出，炉渣的情况可以反映出一段时间内鼓风炉的熔炼情况。

①看渣温高低。炉渣过热良好，渣温较高时，呈现明亮状态，流动性能好，表明炉内温度高。反之则炉渣流动性差。

②看渣的酸碱度（钙硅比）。取液态炉渣自然凝固后进行观察。渣样边缘光滑、中心呈石头状，表明炉渣为中性，炉渣钙硅比合适；如果断面粗糙呈石头状，则炉渣为碱性，钙硅比较高；断面光滑呈玻璃状，则炉渣为酸性，钙硅比较低。

③看炉内还原气氛的强弱。放渣时有铁花出现、渣流动性差甚至流槽中有积铁等现象，表明炉内还原能力过强；渣面白色烟雾多、火焰大、炉渣发红时，则说明炉子的还原能力弱。

（3）看下料速度　主要看单位时间内的加料量、加料间距及炉内各部下料的均衡程度。下料批数减少，加料间距不均匀，说明炉料下行不畅；如果料面长时间不下降或下降极慢，则为炉内悬料；料面突然塌落则是座料；料面各处下降速度不一致，说明炉内出现偏行下料。

此外，通过对鼓风炉其他部位或附属设备所反映出来的现象进行观察也是判断炉况的依据。如风口周围的冷却水冒蒸汽，则可能是炉温过高；铅泵池浮渣量大，有可能是炉内的炉结严重、炉料质量差、炉子料面过低或风量与料面高度不适应等因素所造成的。

2）仪表测定

鼓风炉配置的仪表有两大类：一类用于测量压力、温度、流量等参数；一类用于自动控制和调节。反映炉况的仪表所测定的参数主要有以下几项：

（1）风压和压差　风压、压差与料柱高度、炉料的块度和强度、鼓风量、炉内渣面等因素有密切的关系。

正常情况下，鼓风炉的热风压力是随料柱高度而变化的。主风口风量为 35000 ~ 36000m³/h，料柱高度正常时，热风压力通常为 40000 ~ 45000Pa。料柱过低时，热风压力会下降。炉料的块度和强度较差时，料柱的透气性变坏热风压力升高，风量减小；炉子发生悬料时则热风压力显著增高；炉内出现座料或短路跑空时，风压呈现不稳定，波动幅度大。

（2）风口挂渣或炉缸渣液面上升接近风口时，热风压力会迅速增高。

随着炉期的延续或炉料质量变差，会使炉内和冷凝器逐渐或短期内迅速形成炉结，炉身断面减小、热风压力增加和冷凝系统的压差上升。冷凝器和进、出口风压力一般波动不大。

3）化验分析

烧结块和焦炭是鼓风炉的主要炉料，它们的成分变化对熔炼过程各部分有重要影响；而炉渣、炉气等熔炼产物的成分变化则直接反映出熔炼状况。

（1）烧结块和焦炭成分　在生产过程中，需要对它们及时进行分析，以便能在入炉前采取适当的操作方法或其他处理措施来保证炉子的正常生产。

（2）炉渣成分　炉渣成分主要是看钙硅比（CaO/SiO_2）和渣中的含锌量，以作为判断和调整炉况的重要依据。

（3）炉气成分　从炉气成分可以看出焦炭热利用率和还原气氛的强弱，也可以检查出炉体的水冷设备是否完好。炉气成分主要是 CO，CO_2 和少量的 O_2，H_2 等。炉气中的 CO_2 含量

高或 CO_2/CO 比值大，说明炉内焦炭的热利用率高，但还原气氛弱；反之则还原能力强。若炉气中 CO 含量高，而又未出现还原能力强的现象时，说明焦炭的反应性过强、焦炭利用率低；炉气中 H_2 含量增加，则可能是由炉料、空气中带入炉内的水分过多或鼓风炉的水冷设备漏水。

4）炉况的综合判断

正常炉况的主要特征是：热风压力维持在规定的范围内，主风口风量稳定，炉料下行均匀，无停滞或悬料、塌料现象；风口明亮无挂渣现象；炉渣充分过热，流动性好，炉渣含锌量 5% ~8% ，含铅量小于 1% ，炉膛温度正常；炉气中 CO_2/CO 比值适宜；冷却分离系统运转良好，浮渣产出量少。

在分析炉况时，只依靠一方面的观察或测量数据作为掌握炉况的依据是不全面的，应该根据各方面反映出来的现象和数据进行综合分析，并以量的变化情况来判断炉况的变化趋势，以求在炉况恶化之前采取有效的措施。

6.3.5.4 鼓风炉的休风、复风操作和停炉操作

1）计划休风操作

经过一段时间的生产后，鼓风炉炉身、炉喉及冷凝器进口等部位会生成炉结，如果不进行清理，将会恶化炉况，使生产难以延续。另外，生产系统中的其他设备也需要进行有计划的维护、检修，以保证其在生产过程中能够稳定运行。根据生产实际情况，炼锌鼓风炉大约十天左右需要进行一次休风清理，处理上述问题。

计划休风操作要根据故障处理和故障处理部位及休风时间的长短来确定。鼓风炉休风前应将料面降低，处理的故障不同，要求降低料面的程度也可不同，清理炉内炉结时，应将料面降低至风口区。休风操作步骤如下：

（1）根据休风时间的长短、故障处理等情况，确定停止加料的时间和料柱下降位置，停风前应向炉内加够底焦，也可加入适当的渣料洗炉。

（2）计划好焦炭的用量，鼓风炉停止加料前约两个小时停烧焦炭预热器，休风时焦炭预热器应排空。

（3）鼓风炉停止加料开始降料面时，关闭炉顶二次风，防止炉顶温度过高；全面清理铅泵池、分配箱及冷却流槽的冷却管组。

（4）风量减至 25000m³/h ，通知鼓风炉煤气用户停止使用，全开升压机放空阀并停止升压机运转。

（5）料面降低至要求位置时，放尽炉内的铅和炉渣。

（6）风量减至 15000m³/h 时，停煤气洗涤机。若休风后立即清理水平烟道或更换冷凝器转子可不停洗涤机。

（7）风量减至 10000m³/h 时，打开炉前放空阀，关闭炉顶的料钟风、周边风，关闭热风炉的热风阀，休风操作结束。

（8）周期清理休风前，应向炉内加入足量的底焦以满足复风过程的需要。

（9）冷却流槽在休风前要根据风量和各部温度情况，逐渐提起冷却管组进行清理。休风前约 10min ，分段停冷凝器转子。

（10）热风炉休风操作后，打开鼓风炉风口盖，检查后用黄泥堵好风口。

2）非计划休风

生产过程中，因停电、主鼓风机故障等事故，会引起突然停风，导致鼓风炉的非计划休

风。突然停风时，应立即打开风机放空阀并关闭总风阀，打开数个风口小盖以避免因座料产生煤气倒流及爆炸，同时打开渣口将炉内渣、铅放净。突然停风时，往往会造成风口灌渣，应及时处理，保证风口通畅以利复风。如果遇到风机故障引起突然停风时，应注意如下操作：

(1) 鼓风炉立即放渣，若风口灌渣，在渣未冻结前插入钢钎。

(2) 热风炉按休风操作进行作业。

(3) 停升压机。

(4) 停洗涤机，调节洗涤机出口阀控制直升烟道为微正压。

(5) 停转子、铅泵。

(6) 停止加料。

(7) 通知各鼓风炉煤气用户停用煤气并打开散阀。

(8) 全面检查供料系统、供风系统、鼓风炉及冷凝分离系统、煤气系统，发现故障及时处理。

(9) 故障消除后立即复风。

如果遇到全厂性停电而引起休风，除以上操作外，还应立即打开事故水池阀门，使用事故水源，并注意节约用水；同时将供风、煤气管道上的气动、电动阀门用手动打至休风位置。焦炭预热器做好密封工作；热风炉进行闷炉操作。

3）停炉操作

炼锌鼓风炉较长时间或一个炉期的生产后，鼓风炉及其附属设备需要进行较彻底的检修，或在大修、改造时，都要先进行停炉操作。停炉操作大致可分为停炉前准备工作、降料面停炉和停炉后的工作三部分。

(1) 停炉前准备工作

①准备好下次开炉用的返渣(倒干渣)。

②电热前床提高铅液面尽可能排尽黄渣。

③准备好放底铅用的溜子、铅模及清扫用的工具等。

④有烟化炉生产时，计划好磨煤量，烟化炉用完粉煤前预先停炉。

⑤计划好烧结块进仓量，停止加料时，烧结块仓排空。

⑥计划好进冷焦的数量，停炉时，将冷焦仓、焦炭预热炉排空。

⑦停炉前清理干净熔剂槽、分离槽、贮锌槽的结渣。

(2) 降料面停炉

①降料面前根据当时的炉况适当提高焦率或加入底焦。

②降料面的时间，根据炉内结瘤情况约需 2.5～3.5h。

③降料面过程中，风量随料面降低相应减少，同时根据风压、浮渣产出量等情况调整。

④据情况每隔 30～40min 加一批净焦用于洗炉，降料面过程共加 4～5 批。

⑤停止加料后关闭炉顶二次风、冷风，防止炉顶温度过高。

⑥休风前十分钟，分段停转子，提高冷凝器出口温度，休风时直升烟道温度约为650℃；休风前根据泵池温度提前停铅泵，休风时泵池温度达 540～580℃。

⑦根据热风压力，风口观察确认料面降到风口区时，进行休风。

⑧停炉前熔剂浮渣全部返炉。

⑨降料面过程中，清理干净冷却流槽。

4）复风操作

周期清理或故障处理完毕后，鼓风炉即可复风生产。复风操作的步骤如下：

（1）复风前约2h，焦炭预热器上冷焦烧炉，检查热风炉是否准备好送热风。

（2）检查鼓风炉、煤气系统、加料系统的清扫、检修工作是否完成，发现问题及时处理。

（3）根据烧结块成分作配料计算，填写配料单，视休风时间、打炉结多少等情况确定是否补加底焦及加底焦数量。

（4）通知洗涤机、升压机和洗涤塔送水，打开洗涤机出口阀及总管放散阀。

（5）捅掉堵风口的黄泥，打开炉前放风阀，通知热风炉送热风，风量为10000m³/h，慢慢关闭炉前放风阀送风，此时应注意观察风量、风压的变化情况。

（6）送风后检查冷凝器清扫门是否漏气、漏铅，发现问题及时处理。

（7）风量增加到15000m³/h，启动洗涤机，调整洗涤机出口蝶阀，使直升烟道压力达到规定的要求。

（8）风量增加到25000m³/h，开煤气升压机，煤气合格后，通知用户使用鼓风炉煤气。

（9）清扫打炉结后复风，不要急于加料，保持风量15000m³/h一段时间，观察炉内压力无明显增加、透气性好才能加料。

（10）清扫复风后一般情况加底焦2~3批；打炉结复风后，一般情况加底焦3~4批。

（11）随着料面的增加，逐步增加风量及加料速度。

（12）发现压力增加超过正常值或悬料时，应停止加料。

（13）复风初期热风温度最好较正常时高。

（14）打炉结后复风，由于料面温度低，煤气不易点燃，复风前一定要关好二次风及炉顶冷风，控制好压力，以免造成炉内煤气爆炸。炉顶出口温度超过600℃时，就要及时送周边风和二次风。

（15）当直升烟道温度达到560℃左右时，逐段启动转子；泵池温度达到520~540℃时，启动铅泵；料面达到正常水平时，转入送风期操作。

6.3.5.5 鼓风炉作业故障的处理

鼓风炉炼锌过程的故障按其性质可分为工艺故障和设备故障。工艺故障主要有炉身结瘤、风口故障、水冷设备漏水、漏渣和漏风、炉渣过还原、冷凝分离系统的故障和电热前床黄渣结壳等。设备故障主要有加料设备、铅泵、转子及供风、供水、供电故障等。

当鼓风炉生产出现各种故障时，必须对炉况和故障的起因作出准确判断，及时、有效地处理。拖延对故障的处理或因判断失误而采取错误的处理方法，都将导致故障进一步恶化。

1）工艺故障

（1）炉结的处理

鼓风炉在生产过程中，几乎不可避免地会产生炉结。炉结生成的原因比较复杂，与炉料质量、工艺操作及炉体结构有关。

①炉料质量。虽然炼锌鼓风炉对各种入炉物料的质量有较高的要求，但由于物料的来源复杂、烧结配料不准、化验不及时和误差等原因，导致炉料质量波动范围超出熔炼过程的适应能力，从而增加了炉结的生成。

烧结块中铅及SiO_2的含量过高时，烧结块的高温软化点会明显下降。软化温度低的烧结块极容易在炉子的上部软化，并熔结在炉壁上形成炉结。如果烧结块含硫过高，在熔炼过程中产生的 ZnS 增加,加剧了风口上方 1～3m 处硫化物炉结的形成。当烧结块和焦炭的块度小、强度低时,造成炉料的透气性能变坏,也会加速炉结的形成。

②操作控制不当。如加料方式不能随炉料情况及炉况变化而作出相应调整,鼓风炉的料面波动大,炉气分布不均,二次风不足或分布不均,炉顶温度低会导致锌蒸气再氧化,氧化锌在炉子上部炉壁、炉喉处冷凝析出形成氧化锌结瘤。料面过高时,炉料容易在二次风处发生熔结。鼓风炉炉况不正常或外部因素引起的高料线休风以及休风频繁、休风时间长等,都迅速助长炉结的形成。

③鼓风炉风口水套、喷淋炉壳及集水盘、渣口水套以及供风系统的水冷设备漏水,还有鼓风中带入的水分过多,也是炉结形成的原因之一。

④炉料质量差,鼓风炉炉况不稳定,浮渣产出多,炉气中含水分多,炉气进入冷凝器温度低以及冷凝器转子扬铅不足,铅雨分布不均等,容易在冷凝器进口处产生氧化物料的堆积和"挂帘"。

⑤鼓风炉炉型结构的合理性,对炉结形成的部位和形成的速度有着极大的影响。如风口的配置情况、炉腹角及二次风口的配置等。

炉结在鼓风炉炉身、炉腹、炉顶及炉喉均可形成,不同的部位炉结形成的原因不同,炉结的成分也不相同,见表 6－15。通常在炉身上部所形成的炉结比较松散,其主要成分是铅、锌的氧化物和粘结的炉料,这种炉结形成的速度较快。在炉身下部及风口上方所生成的炉结较致密,生成的速度较缓慢,其主要成分是金属氧化物和硫化物。炉顶所生成的炉结主要为较致密的氧化锌粘结,而炉喉处的炉结则主要为细小颗粒的炉料和金属氧化物的堆积所致。

表 6－15　炉内不同位置上的炉结成分(％)实例

炉结位置	Pb	Zn	S	SiO_2	Fe	CaO
炉腹上部	20.50	30.10	7.03	10.50	11.03	8.40
炉腹下部	23.10	28.50	12.40	7.60	9.10	10.20
炉身下部	15.50	56.20	3.01	2.15	3.51	2.50
料面水平	15.31	62.30	0.64	3.30	2.11	1.61
料面以上	7.8	62.8	0.35	3.52	1.20	1.20

炉结的形成会使鼓风炉的有效容积减少,炉况不断恶化,严重影响正常生产,最终导致炉期中断。炉结形成到一定程度后,主要呈现出如下征兆:炉料下行受阻,容易出现炉料偏行和悬料现象,炉气分布不均匀,炉内气流速度增大,铅和硫的挥发率增加,随炉气带入冷凝器的粉料增加,引起浮渣产出增多;大块的炉结在炉内产生很大的应力,引起炉身上移,使炉壳破裂;炉喉结瘤严重时则会出现炉顶压力升高、炉气外冒现象。为了保证鼓风炉炉况的稳定,维持正常生产及各项技术经济指标的正常,鼓风炉炉结生成较多时,应及时采取措施处理。

各工厂处理炉结的方法各有不同,常用方法有炸药爆破、焦洗、返渣洗炉等。

①炸药爆破　这种方法是在鼓风炉休风时,在炉结处用氧气管烧出炮眼后,装上适量的炸药将炉结炸掉,然后再送风将炉结熔化。采用炸药爆破法处理炉结时,通常要把料面降到风口处,并在休风前加入数批底焦,以清除炉结并为复风过程准备。鼓风炉休风后,打开炉

身清扫门进行清除作业,如果只清除炉喉及冷凝器内的炉结,则只打开炉喉处和冷凝器的清扫门。冷凝器内的炉结、浮渣用人工或扒渣机械扒出。若炸下的炉结较多,则在清理炉结过程要加入一定数量的底焦,以改善复风过程中炉料的透气性并满足熔化炉结的热能需要。

炸药爆破法对处理鼓风炉上部、中部及冷凝器内的炉结比较有效。由于下部炉结特别坚硬,且预先加入的底焦和炸下的炉结将下部炉结埋住,所以不能彻底清除下部炉结。在进行大修或中修时,可将炸下的炉结扒出炉外,待下次开炉后返回鼓风炉处理。

采用此方法处理炉结,由于爆炸时会对炉窑产生一定的损伤,不利于延长炉窑的使用寿命,且存在着工人劳动强度大、作业场所粉尘多的缺点,国外一些 ISP 厂家已不采用,如英国阿旺茅斯冶炼厂,从 1988 年以来就已停用。

②焦洗 就是通过分阶段向炉内加入适量的焦炭,使炉内暂时形成富焦的条件,自上而下地将炉结熔化造渣而清除炉结的方法。焦洗是在不停炉的情况下进行的,降料过程的开始也就是焦洗过程的开始。随着料面的下降,间接地加入小批量的焦炭,通过焦炭的燃烧,将炉顶温度提高至 1300～1400℃,从而将炉结熔化。在焦洗过程中要根据料面的下降,控制好鼓风量,防止浮渣产出过多,恶化冷凝分离系统。同时注意观察热风压力的变化情况,在热风压力出现急剧下降的部位,说明炉结比较严重,应在此部位补加底焦,使炉结尽量熔化。一个完整的焦洗过程应将料面降至风口区,以期通过焦炭的燃烧,使炉身下部难熔化和人工难以清除的炉结熔化脱落。随着焦洗过程的进行,炉气中的 CO 逐渐减少,CO_2 逐渐增多,只有在加入焦炭时,CO 含量会骤然增多,CO_2 减少,随后又按各自的变化趋向逐渐拉开,炉气中 CO 的含量与 CO_2 含量的差值愈大,则熔化的炉结愈多,洗炉的效果就愈好。在焦洗过程的后期需加入一定数量的返渣,以保证炉渣能顺利放出。整个焦洗过程需要 5～8h,然后可重新投料恢复生产或休风清打其他部位的炉结,同时进行有关的设备检修。焦洗过程中应注意以下几个问题:严格控制炉顶温度,防止烧坏设备;焦炭的批量大小要合适,以保证炉温波动小,炭的利用率高;冷凝分离系统的操作要严格控制,使铅锌的氧化消耗减少到最小程度;焦洗时间不宜过长。

采用焦洗可以有效地处理鼓风炉的下部炉结,减少爆破对炉体的损坏,但是,焦洗对炉体的高温性能提出了更高的要求,尤其是炉顶的高温强度。

③炉渣洗炉 这种方法是用易熔炉渣作为洗炉料,配入一定的焦炭,间隔地加进炉内,或将洗炉渣与烧结块配成混合料,以降低炉渣钙硅比,逐渐把炉结化掉,为提高洗炉效果,可在洗炉料中配入少量的萤石。炉渣洗炉是在不停炉的情况下进行的,一般应持续 2～3d,才能将大部分炉结洗掉。

2)风口故障及处理

正常生产时,鼓风炉的风口应是明亮通畅的。风口故障一般有风口发暗、风口上渣、堵死或风口烧坏等。

(1)风口发暗 风口呈暗红色,鼓风炉热风压力上升,其原因通常是炉内焦炭不足、炉温下降、炉渣过热不够等引起的。处理的办法是提高焦率和风温或补加底焦,个别风口长时间呈暗红色,甚至全无亮光,则可能是风口或炉壳局部漏水,或炉内局部炉结严重而引起局部缺焦或风口风量分布不均引起局部炉缸不活跃等原因所致,应勤通风口使其保持畅通,并根据炉子其他方面的现象找出具体原因,及时处理。

(2)风口上渣 其主要原因是延误放渣时间而导致熔渣灌入风口;突然停风或休风时,

炉内失压,炉渣回灌风口,炉况不好,炉渣流动性不好,造成不能顺利放渣。处理的方法是:及时清除风口内的渣保持风口畅通;在突然停风时,应迅速打开渣口,尽量将炉缸内的熔渣引流出来;休风前必须排尽炉内熔渣,休风后应将灌入风口的渣清除干净;如若风口全部被渣堵死,则需休风予以打通,才能恢复送风。

(3)风口烧坏 当渣口处理不当,风口上渣或长期挂渣,焦炭质量不好,水质差而堵塞水流通道,风口则被烧坏。

3)悬料的发生及处理

当鼓风炉发生悬料时,主要的特征有:料面下降极慢或不下降;热风压力急剧上升;风量自动减小;炉缸熔渣面上升慢,放完渣后渣口喷风大;风口前焦炭燃烧不良;风口挂渣等。当悬料发生在靠近炉喉处时,加进的炉料会进入冷凝器,有时可从铅泵池发现焦炭。

引起鼓风炉悬料的主要原因有:炉内结瘤较多,炉子有效容积减小以致炉料下行困难;炉料质量差使炉料透气性变坏;入炉焦炭不足,炉温低,熔化的炉料因过热不足而熔结成大块阻碍炉料下降;休风时间长,炉内熔融的物料冷却后粘成一体;复风初期加料过早或过多,使炉料透气性变坏导致悬料的发生。

发生悬料故障时,应适当减小鼓风量,控制或停止加料,以改善炉子的透气性,这种处理办法对早期的悬料是有效的。悬料故障较严重时,可采取"座料"的措施,即放空气入炉使炉料依靠自身的重量向下塌落的方法。"座料"前应放净炉内的熔渣,放风的速度要快,并预先打开 1~2 个风口,防止煤气倒流入风管,注意及时调整好冷凝器和煤气洗涤系统的压力。"座料"时也可结合加料入炉进行,以增强"座料"的效果。

悬料故障发生后,必须及时分析导致悬料的原因,及时采取相应的措施,从根本上消除原因,避免故障的重复发生。

4)粘渣的处理

粘渣即是鼓风炉的炉渣放出时流动性很差或难以放出。粘渣形成的原因复杂,应根据不同的原因采取不同的处理措施。

(1)渣型发生变化 炉渣中的 CaO,SiO_2,Fe 等组分的含量过高或过低,或波动太大,而熔炼条件又不能与之相适应,引起炉渣粘度增大。应根据渣型对风温、焦率进行调整,使之适应渣型的变化,并根据实际情况对烧结的配料作适当的调整。

(2)高锌渣 炉内还原气氛弱,熔炼温度变低,渣含锌过高,炉渣过热不够,会使炉渣粘度增大,放渣操作困难。这时应提高热风温度或提高焦率来进行调整。

(3)过还原渣 鼓风炉内的还原气氛过强,使炉料中的氧化铁还原成金属铁。金属铁的熔点高,在鼓风炉熔炼条件下,使炉渣的流动性变坏,给放渣操作带来极大的困难,如炉渣难排放、结死放渣流槽等。出现过还原渣时,应迅速将热风温度降低 50~100℃,必要时可适当减小鼓风量,使炉渣及时放出,同时降低炉料的焦率,削弱还原能力。

(4)特殊情况下产生的粘渣 生产中因水冷设备漏水进入鼓风炉,导致熔渣温度下降,也会使炉渣的流动性变坏。这时应迅速查明漏水的设备或部位,采取相应的处理措施。

5)漏渣与漏风的处理

(1)漏渣 在炉内压力大、炉渣液面较高、渣型不适、渣温过高及渣口水套安装不到位等情况下,渣口水套的填充物或结渣会被冲开,造成漏渣。少量漏渣时可立即用黄泥、石棉绳堵塞漏点,漏渣较大时要采取减风或休风的办法处理。新炉子或喷淋炉壳移位、上抬时,容易产生集水盘下漏渣。

(2)漏风 在清除炉结后或复风生产时，漏风常发生在炉顶及料钟座周围、冷凝器顶部和清扫门、鼓风炉清扫门等部位。常用的处理方法是用黄泥和石棉绳堵塞漏风处，并涂抹水玻璃。如果漏风严重导致煤气燃烧时，操作人员难于接近，或炉内压力过高而冲开清扫门时，应在减风或休风后进行处理。

6)冷却流槽产生牙膏状氧化物的处理

生产过程中有时会在冷却流槽铅液面上，出现半熔状态的牙膏状的物质。这种牙膏状的物质易粘结在冷管组上，阻碍铅液流动，并且难于清理。

产生牙膏状氧化物的原因，一是在炉况不正常或降料面过程中炉顶气氛控制不当，炉气中 CO_2 含量高，锌蒸气再氧化量大；二是炉气中含砷量高，砷进入铅液后将加速锌的氧化；三是铅泵池温度过高，进入冷却流槽后又采取急冷措施，大量的锌析出也会造牙膏状物质。此外，水冷设备漏水、炉气中含水蒸气多也是导致牙膏状氧化物产生的原因。

预防牙膏状氧化物产生的措施主要有：

(1)在炉况不正常或降料面过程中，尽量控制好炉顶的气氛，如降料面操作时，风量与料面高度要相适宜，低料面操作时间不宜太长。

(2)控制好入炉物料的含砷量，尽量不使用高砷物料。

(3)控制好分离系统的温度，铅泵池铅液温度不能长期过高，如温度过高，由于冷却流槽是采取急冷办法将会出现牙膏状氧化物，使冷却流槽难操作。

(4)经常检查水冷设备有无漏水现象，特别是周清扫时，要认真检查风口水套。

(5)当流槽出现大量牙膏状氧化物时，应及时组织力量把冷却管组提起，将其扒到熔剂槽中去。

7)电热前床的故障处理

严重危害电热前床正常运行的是黄渣在炉床内形成结壳。黄渣主要为砷、锑的金属化合物共熔体，其熔点接近或略高于炉渣。当黄渣在电热前床积累较多时，前床温度如果稍有降低，黄渣就有可能结成半熔融状态或坚硬的隔层，严重影响前床内的渣铅分离或减小炉膛的容积。若黄渣进入放铅虹吸道，则会结死虹吸道，造成放铅操作困难。

生产中通常采用加大前床工作电流、升高炉膛温度来熔化黄渣结壳。必要时可在前床内加入适量的黄铁矿以降低黄渣的熔点。黄铁矿在高温下分解为 FeS 和硫蒸气，又与黄渣中的金属铁发生反应生成 FeS，FeS 进入黄渣中，使金属铁的含量降低，改变了黄渣的成分，降低了熔点，从而使凝结的黄渣层得以熔化。为了使黄铁矿与黄渣更多接触，在加入黄铁矿前应减少渣层厚度，同时增大工作电流，进行搅拌和提高炉温。黄铁矿的加入量应根据黄渣中金属铁含量的多少而定。

6.3.6 鼓风炉炼锌的主要技术条件及其控制

炼锌鼓风炉的生产和技术水平可用其技术经济指标来衡量，高水平的炼锌鼓风炉应是产量高、质量好、炉期长、成本低。

6.3.6.1 燃碳量

燃碳量是反映鼓风炉生产能力的一个重要指标，也是炉子设计的基本依据。炉子的燃碳量与操作风量、热风温度以及鼓风的富氧程度有关。燃碳量用 $t \cdot d^{-1}$ 表示，即鼓风炉单位时间内燃烧的碳量。随着操作技术及设备的不断改进，炼锌鼓风炉的燃碳量也在不断提高，标准鼓风炉的燃碳量已提高到 200t/d 以上。

燃碳量可用以下经验公式求得：

$$燃碳量 = 耗碳率 \times (0.936 \times 挥发锌量 + 0.217 \times 渣量)$$

上式是根据加入炉中的碳主要是用来还原挥发锌和熔化炉渣这一事实总结出来的，它表达了炉子中简单的热平衡。公式表明熔化 1t 脉石所需要的碳，大致等于挥发 0.23t 锌所需要的碳。如果减少炉料中脉石组分，提高金属品位，就增加了挥发锌量。式中的耗碳率，对不同的炉子、不同的操作风温及不同的焦炭反应性等，其值是不同的，一般为 0.65 ~ 0.80。在燃碳量控制变化不大的情况下，降低耗碳率意味着提高锌的产量。

6.3.6.2　碳锌比与焦率

碳锌比是炉料中焦炭的固定碳量与含锌量的比值，即 C/Zn。它表示炉料中单位锌量所需要的固定碳量，反映了焦率的消耗情况。在生产过程中，碳锌比通常在 0.65 ~ 0.9 之间波动。

焦率是炉料中焦炭与烧结块的质量比，它是反映焦炭消耗情况的一个指标。在生产过程中影响焦率的因素是：

(1)炉渣含锌量。要降低炉渣的含锌量，增加挥发锌的量，则焦率要相应增加。

(2)烧结块的含锌量增加，焦率也要增加。

6.3.6.3　烧结块中的铅锌比

炼锌鼓风炉的特点是能适应熔炼铅锌比值变化范围较大的物料。在生产过程中要根据技术、经济两方面的情况来确定炉料的铅锌比值(或铅的含量限度)。

氧化铅添加到含锌炉料中，在还原时不仅不需要额外加入碳，而且会放出少量的热量。适当增加烧结块的含铅量，不会影响锌的产出率和回收率。铅在烧结过程中起粘结剂的作用，原料中含铅量低，就必须增加二氧化硅(惰性硬化剂)茨数量，使烧结块的强度提高。

6.3.6.4　锌的冷凝效率与分离效率

(1)锌的冷凝效率

锌的冷凝效率是指冷凝器内冷凝下来的锌与鼓风炉挥发出来的锌的比值(百分数)。它反映了冷凝器工作效率的高低。冷凝效率与炉气质量、转子运转状态、冷凝器结瘤及冷凝器进出口温度均有密切的关系。

冷凝效率可用下式计算：

$$冷凝效率(\%) = 冷凝的锌量(t) / 挥发的锌量(t) \times 100\%$$

为了简化计算，挥发的锌量和冷凝的锌量可用下式求得：

$$挥发的锌量 = 入炉物料的锌量 - 炉渣中的锌量$$
$$冷凝的锌量 = 挥发的锌量 - 蓝粉中的锌量$$

(2)锌的分离效率

锌的分离效率是指进入粗锌的锌与冷凝的锌的比值(百分数)。分离效率的高低主要与分离系统的工作状况(如温度控制、熔剂添加量)、砷的挥发量和浮渣量有关。分离效率可用下式计算：

$$分离效率(\%) = 粗锌中的锌量(t) / 冷凝的锌量(t) \times 100\%$$

在生产实践中，一般将冷凝效率与分离效率合为一个指标称为总冷凝分离效率，是一个常用的指标，用它来衡量冷凝分离系统的工作状况。

6.3.6.5 金属回收率

金属回收率是指鼓风炉熔炼回收的铅(或锌)金属量占炉料中铅(或锌)总量的百分数。根据熔炼产品的回收情况，又可分为金属直接回收率(简称金属直收率)和金属总回收率(简称金属回收率)。

(1)金属直接回收率

铅(或锌)金属的直收率是指在鼓风炉熔炼过程中进入主产品粗铅(或主产品粗锌)中的铅(或锌)占炉料中铅(或锌)的百分数。金属的直接回收率由下式计算得出：

$$铅直收率(\%) = 粗铅中的铅量/入炉物料中的铅量 \times 100\%$$
$$锌直收率(\%) = 粗锌中的锌量/入炉物料中的锌量 \times 100\%$$

炼锌鼓风炉的铅直收率为 86% ~ 89%，锌直收率为 85% ~ 87%。

(2)金属总回收率

铅(或锌)金属总回收率包括铅(或锌)的直收率以及进入浮渣和蓝粉等中间产品中铅(或锌)的回收率。生产过程中，炉渣的含铅(含锌)量以及其产出率是影响铅(或锌)回收率的主要因素。

6.3.6.6 炼锌鼓风炉炉期

炼锌鼓风炉从开炉点火到停炉大检修的时间称为炉子的炉期。由于冶炼工艺方面有了许多改进，如炉结焦洗技术、烧结块质量、渣型选择和加料方法等，使炉子的炉期有很大的延长。有些厂的炉期已经超过 1000d。

6.3.7 炼锌鼓风炉的产物

炼锌鼓风炉的熔炼产物主要有：粗锌、粗铅、炉渣、浮渣、蓝粉和低热值煤气等。

6.3.7.1 粗 锌

鼓风炉熔炼的主要产品为粗锌。在生产过程中，鼓风炉产出的粗锌通常以液体锌的形态送精馏系统进行精炼，并回收其中的铅、镉、锗等有价金属。由于使用了铅雨冷凝器，炼锌鼓风炉的粗锌较其他火法炼锌产出的粗锌含铅要高，粗锌的成分如表 6 - 16 所示。

表 6 - 16 某厂粗锌成分

成分	Pb	Zn	Fe	Cd	Cu	As	Sb	Sn
含量/%	< 1.7	> 98	0.03 ~ 0.04	0.2 ~ 0.3	0.05 ~ 0.1	0.01 ~ 0.1	0.03 ~ 0.2	0.005 ~ 0.007

6.3.7.2 粗 铅

粗铅的品位随原料中铜、锑等杂质的含量不同变化较大。化学成分一般要求含铅量大于 98.0%，含 Sb 0.6% ~ 1.0%。粗铅成分如表 6 - 17 所示。

表 6 - 17 某厂粗铅成分

成分	Pb	Zn	Cu	As	Sb	Sn	Bi	Ag
含量/%	> 98	0.05 ~ 0.07	0.3 ~ 0.9	0.05 ~ 0.10	0.6 ~ 1.0	0.004 ~ 0.005	0.02 ~ 0.03	0.2 ~ 0.3

烧结块中的铜、锑、金、银及铋等杂质除少量随炉渣带走外,其余大多进入粗铅中。表 6-18 所示是杂质金属在各熔炼产物中的分布。熔炼得到的粗铅送电解系统进行精炼,并从浮渣中回收铜,从阳极泥中回收金、银。

表 6-18 杂质金属在熔炼产物中的分配(%)

成分	Sb	Cu	Bi	Au	Ag	Sn
粗铅	95.3	71.6	93.5	93.5	96.2	70.9
粗锌						14.6
炉渣	2.1	21.9	0.5	2.1	2.0	8.1
其他	2.6	6.5	6.0	4.4	1.8	6.4

6.3.7.3 炉 渣

炉渣的主要成分为氧化钙、氧化亚铁和二氧化硅,还有少量的三氧化二铝,它们来自精矿中的脉石、焦炭中的灰分和熔剂。炼锌鼓风炉的还原能力要比铅鼓风炉强,因此炉渣含锌较低,一般炉渣含锌 65%~8%,含铅小于 1.0%,此外,有的炉渣还含有锗等。

鼓风炉渣的处理可以直接水淬,水淬后运往炉渣堆场,待以后进一步处理。有的工厂直接将鼓风炉渣送往烟化炉处理,回收渣中的锌、铅、锗等有价金属。我国韶关冶炼厂采用烟化炉处理炉渣。有关用烟化炉处理铅锌冶炼炉渣的内容参见本丛书的《铅冶金》分册。

6.3.7.4 黄 渣

黄渣由金属砷化物和锑化物组成。鼓风炉处理的物料的成分不同,黄渣成分的变化范围很大。一般黄渣的主要元素是铁、砷、锑、铅、锌等,并含有少量的金银。黄渣的熔点随含铁量增加而升高。因炼锌鼓风炉常产出高铁黄渣,故黄渣的熔点也较高,使前床操作恶化。产出的黄渣部分随炉渣排出,部分积在电热前床。当黄渣层在前床中出现中间隔层时,就会因渣铅分离不好造成渣含铅增高。甚至会出现虹吸口堵塞的情况。因此要有计划地排放黄渣。

某厂的黄渣成分(%)如下:Pb 0.15~6.5,Zn 0.65~6.5,As 6.9~26,Sb 2.5~4.3,Fe 43~74,Cu 0.3~1.3。

6.3.7.5 浮 渣

鼓风炉的浮渣有冷凝器浮渣和含砷浮渣两种。

(1)冷凝器浮渣 冷凝器和铅泵池产出的氧化物料及结瘤物统称为冷凝器浮渣。主要由铅、锌氧化物组成,通常铅、锌之和占 70% 以上,其成分见表 6-19。取出的浮渣经冷却、筛分后返回烧结配料,大块的浮渣(清扫冷凝器得到的结瘤)可直接加入鼓风炉。

控制冷凝器浮渣的产出量,是生产中的重要问题之一。正常情况下浮渣产出率为 10%~15%。

表 6 − 19　浮渣、蓝粉的典型成分(%)

	Pb	Zn	S	As	FeO	SiO$_2$	Cl
冷凝器浮渣	34 ~ 50	33 ~ 43	0.5 ~ 2.0	0.1 ~ 1.5	0.1 ~ 1.5	0.5 ~ 2.0	
铅泵池浮渣	28 ~ 50	28 ~ 44	1.0 ~ 3.0	0.1 ~ 0.5	0.5 ~ 1.5	1.5 ~ 3.0	
含砷浮渣	10 ~ 30	40 ~ 50		1 ~ 3			5 ~ 11
蓝　粉	25 ~ 40	30 ~ 45	0.3 ~ 1.0	0.5 ~ 1.5	0.5 ~ 1.0	1.5 ~ 2.5	

(2)含砷浮渣　熔剂槽取得的浮渣含砷较高,故称含砷浮渣,也称熔剂浮渣,它是由砷化锌、铅锌氧化物和残余的熔剂所组成,其典型成分见表 6 − 19。含砷浮渣经冷却成块并破碎后,直接加入鼓风炉处理。

6.3.7.6　蓝　粉

从炉气洗涤系统所得到的固体物料称为蓝粉。其典型成分见表 6 − 19。由洗涤塔、洗涤机所得到的蓝粉用蓝粉泵从挖泥船泵至浓密池,经浓缩分离后,由浓池底流泵送往烧结配料系统。

6.3.7.7　低热值煤气

炼锌鼓风炉所产出的煤气,其发热较低,约为 2600 ~ 3000kJ/m^3,其成分(%)为 CO 18 ~ 22,CO$_2$ 10 ~ 12,O$_2$ < 0.4,N$_2$ 63 ~ 65,故称之为低热值煤气。低热值煤气的气量略大于鼓风炉的鼓风量。充分利用低热值煤气是降低鼓风炉能耗的主要途径。低热值煤气经除尘和脱水后,大都可以用于生产。除供热风炉和焦炭预热器使用之外,多余部分的低热值煤气还可用于发电。低热值煤气的缺点是,发热值低,点火温度高,火焰温度低,燃烧的稳定性差,容易熄火;煤气压力波动较大,扰乱了燃烧的稳定性;点火困难,容易引起爆炸,必须注意使用。

撰稿人:叶军乔　刘吉殷

审稿人:彭容秋　张训鹏

7　竖罐炼锌

7.1　竖罐炼锌的基本原理

7.1.1　概　述

竖罐炼锌是由平罐炼锌发展而来，与平罐炼锌比较具有一些优点，如生产连续，能够实现机械化作业，可用大容积的竖罐，增大了生产能力，改善了劳动条件。但受竖罐单罐能力的限制以及竖罐间接加热的弊端，到 20 世纪 80 年代，由于能源价格高涨，环境保护日趋严格，环保投资大，国外已经没有炼锌厂再采用该方法生产了。

在我国，目前尚具有火法冶金工业所需的碳质燃料和还原剂的资源优势，加上数十年来的竖罐工艺的技术改造，例如竖罐大型化，利用廉价煤为燃料，多层次多点回收废热或发电，以弥补竖罐加热的低热效率，降低能耗，坚持开拓旋涡技术，利用罐渣残碳的发热值发电，并扩大有价金属的回收，从而使竖罐炼锌工厂获得了较好的经济效益。竖罐炼锌有如下一些特点。

（1）对原料有较强的适应性，可处理含铁 12% 以下、含二氧化硅 8% 以下的锌精矿。

（2）可以利用廉价煤，并可实现余热回收和余热发电来弥补间接加热的低热效率，能源成本低。

（3）锌和硫的回收率可分别达到 95% 和 93% 以上，且能回收铅、铟、镉、铊、汞、银等有价金属。

（4）只能直接生产国标为 3 ~ 4 级的低级锌，必须经过精馏精炼才可得到纯度在 99.99% 以上的高纯度锌。

（5）需要高导热性的耐火材料——碳化硅，故大、中型工厂还应配备生产碳化硅制品的辅助设施。

7.1.2　氧化锌还原反应和还原条件

竖罐炼锌以还原煤作还原剂，固体 C 还原 ZnO 锌(焙烧矿)的固 - 固反应，与用 CO 还原的气 - 固反应相比，前者反应速度缓慢，因为固 - 固的接触机会很有限，固体 C 的还原作用微弱，实际上是靠 CO 来起还原作用。在高温(1000 ~ 1100℃)下，CO 比 CO_2 更稳定，在 CO 和 CO_2 的混合气体中占有优势，随着温度的升高，这种优势更加增长，只要有固体 C 存在就可以源源不断地为金属氧化物还原提供大量的 CO 气体还原剂。

蒸馏炉内氧化锌的还原可用下列反应式表示：

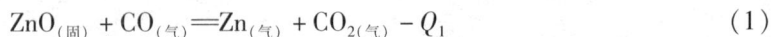

$$ZnO_{(固)} + CO_{(气)} = Zn_{(气)} + CO_{2(气)} - Q_1 \tag{1}$$

$$CO_{2(气)} + C_{(固)} \rightleftharpoons 2CO_{(气)} - Q_2 \tag{2}$$

氧化锌还原是强烈的吸热过程，需要高温和强还原气氛。在竖罐内氧化锌开始还原的理论温度是904℃，到1150℃时还原速度是950℃时的四倍。在蒸馏还原区(1)式不可逆，反应(2)因有金属铁存在，可逆，但可逆反应的速度实际上很小。低温下，反应(2)比反应(1)的速度小得多，温度只有超过950℃，反应(1)和反应(2)才能基本平衡，即反应都可向右进行。氧化锌还原速度受反应(2)控制。因此要使氧化锌还原迅速而完全，重要的是必须加速二氧化碳转化为一氧化碳，亦即促使反应(2)加速进行。加速反应(2)的重要条件是：保持1000℃以上高温，有过量的碳，并具有较大的活性表面，以促进二氧化碳充分地被还原，有利于造成强烈的还原气氛。

ZnO用碳还原由下列过程组成：

(1)吸附在ZnO表面的CO还原ZnO；

(2)在碳表面产生的CO_2被碳还原的反应；

(3)ZnO和碳两固相表面之间的气体扩散。

上述这些过程互相联系并同时发生，其中最慢的过程便是整个反应的控制过程。反应速度测量表明，在固体碳与ZnO颗粒表面上发生的化学反应速度较快，而C–ZnO两固相表面间的气体扩散过程是最慢的过程，成为整个过程的控制过程，所以增大固体的表面积和缩短两表面之间的距离，可以提高整个反应过程的速度。所以，必须将原料与还原剂磨细，并很好地碾压混合，增大在蒸馏罐中气体运动速度，有利于气体扩散，从而加速过程的进行，所以保证炉料有良好的透气性特别重要。

竖罐炼锌从焙烧矿开始，采取粉矿制团，在中性气氛中高温焦结，得到坚实多孔的焦结团矿，连续高温蒸馏，蒸馏效率可达99%。

7.1.3　锌焙烧矿中其他组分在蒸馏过程中的行为

焙烧矿中的锌呈游离氧化锌(ZnO)和结合态的铁酸锌($ZnO \cdot Fe_2O_3$)、硅酸锌($ZnO \cdot SiO_2$)、铝酸锌($ZnO \cdot Al_2O_3$)存在，还有很少量的硫化锌(ZnS)和硫酸锌($ZnSO_4$)，其中游离氧化锌是大量的。

铁酸锌按下列反应分解和还原：

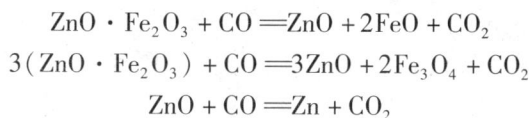

$$ZnO \cdot Fe_2O_3 + CO = ZnO + 2FeO + CO_2$$
$$3(ZnO \cdot Fe_2O_3) + CO = 3ZnO + 2Fe_3O_4 + CO_2$$
$$ZnO + CO = Zn + CO_2$$

铁酸锌与游离的氧化锌一样，可以很好地被还原。所以，对于火法炼锌而言焙烧过程中是否形成铁酸锌，无关要紧。

铝酸锌在蒸馏条件下不被还原，进入蒸馏残渣中造成锌的损失，但在焙烧矿中铝酸锌含量甚微。

硅酸锌在蒸馏过程中的还原速度比氧化锌及铁酸锌慢些，但对蒸馏过程影响不显著。

硫化锌在蒸馏过程中不能被还原，而损失于残渣中。因此在焙烧过程中要最大限度地除去硫。

硫酸锌在焙烧矿中含量甚微，被热还原后其结果也与硫化锌一样，最终也以硫化锌损失于残渣中。

铁的化合物在焙烧矿中呈三氧化二铁(Fe_2O_3)和四氧化三铁(Fe_3O_4)状态，在蒸馏过程中，它们被还原成氧化亚铁(FeO)和金属铁，对罐壁有侵蚀作用。金属铁在竖罐传热和炉料通过时起阻碍作用。因此，焙烧矿含铁过高(12%以上)时，常在团矿中增大配煤比例，从而增强焦结矿吸附能力，以防积铁的危害。

铅的化合物在焙烧矿中呈氧化物和硫酸盐状态。铅的氧化物容易被一氧化碳还原成金属铅，一部分金属铅挥发，并与锌蒸气一起进入冷凝器中被冷凝，使得锌不纯，降低粗锌质量，增加精馏精炼的负担。因此竖罐炼锌应严格控制锌精矿的质量，掌握好焙烧制度。硫化铅不能被碳还原，而硫酸铅被碳还原也是形成硫化铅。硫化铅与其他硫化物形成铅锍，对罐壁有侵蚀作用。

镉的化合物一般以氧化镉存在。在蒸馏中，较氧化锌易还原形成镉蒸气，随炉气一道进入冷凝器，其中一部分进入冷凝锌，使锌锭不纯；一部分进入蓝粉中，因此应加强焙烧过程挥发除镉。

砷和锑一般以五氧化二砷、五氧化二锑及其盐类的形态存在于焙烧矿中。在竖罐蒸馏过程中，焙烧矿中的砷与锑80%～90%进入残渣中；被还原挥发的砷、二氧化二砷和三氧化二锑随锌蒸气进入冷凝器，大部分进入蓝粉。

铜的化合物主要以氧化铜形态存在于焙烧矿中，也可能有硫化物，其量甚微。蒸馏时氧化铜被一氧化碳还原成氧化亚铜和金属铜，它们可能与其他硫化物反应生成硫化亚铜，并与其他硫化物结合成锍，留在残渣中。

金和银在焙烧矿中呈元素 Ag、Ag_2O、Ag_2S 和 Ag_2SO_4 等状态。但 Ag_2O 易分解为金属银，并溶于铅中。Ag_2S 易被其他金属夺去硫而还原成金属银。银不论是金属态还是化合物都留在残渣中。金一般呈单体状态，蒸馏时易溶于铅而留在残渣中。

脉石在焙烧矿中主要有二氧化硅、三氧化二铝以及钙和钡的氧化物。在蒸馏高温条件下，二氧化硅可与氧化钙、氧化亚铁和氧化铅等形成硅酸盐；它还促使硫酸盐、铁酸盐及铝酸盐分解。当铁钙硅酸盐混合形成熔渣时，腐蚀罐壁。三氧化二铝较二氧化硅活性小，属两性氧化物，它与氧化锌能生成难溶的铝酸锌。钙主要以氧化钙形态存在残渣中。

7.2　竖罐炼锌的工艺流程

竖罐炼锌工艺一般分为锌精矿焙烧、制团、焦结、竖罐蒸馏与冷凝等工序，原则工艺流程如图7-1。

7.2.1　团矿的制备

7.2.1.1　对团矿质量的基本要求

(1)在常温和高温作业过程中具有一定的机械强度，在运输和冶金过程中基本上保持外形完整；

(2)透气性和导热性好，氧化锌还原效率高；

(3)含有适当的过量碳，在保证还原效率高和低熔点杂质不侵蚀、不粘附罐壁的前提下，还原煤用量尽可能低；

(4)具有合适的形状和尺寸，不应有尖角，尖边；

(5)含水分低。

7.2.1.2　生团矿的生产过程及对焙烧矿、洗煤、粘合剂的要求

竖罐炼锌制团方法采用的是低压多段成形工艺。要制取完全适合上述要求的团矿，主要取决于煤种的选择、焙烧矿与煤和返回物的合理配比；较好的粒度组成、粘合剂的选择和用量；原料的均匀混合、棒磨、碾磨程度、压密、成型方式以及合理的干燥条件等。这些原材料的成分、粒度、性质和加工条件的选择，都与团矿质量密切相关。

选择焦结性能好的还原煤与焙砂混合压团，是保证团矿强度的关键。因为在团矿的焦结过程中，还原煤中的碳在焦结团矿中起着支撑整个团矿的骨架作用，所以加入团矿中的还原煤在 400~450℃ 下应有很好的流动性，以便在焦结过程中形成液相，把团矿中的矿粒紧密包住，使生团矿在焦结过程高温下变为具有坚硬的焦炭结构的团矿。同时，还原煤应含有适当量的挥发物和较低的灰分，它们挥发后在团矿内部留下许多孔隙，使其具有很好的透气性。对还原煤的质量要求如下：

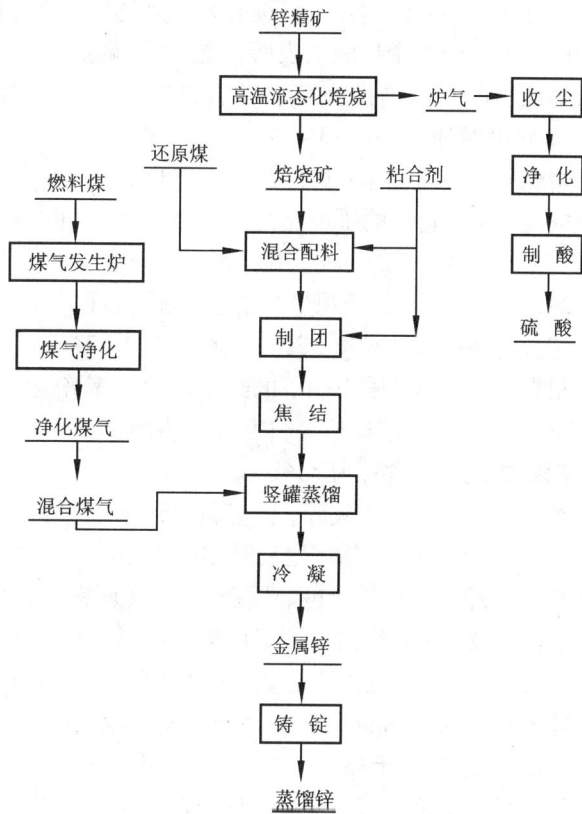

图 7-1　竖罐炼锌生产工艺流程

含碳量/%	挥发分/%	灰分/%	焦结性	硫/%	灰分熔点
>59	26~29	<13	> #6	<1.0	>1250℃

所以，竖罐蒸馏所用的还原煤必须同时具有焦结性强、固定碳高、灰分低、熔点高、含硫少、含挥发物适量、胶质层 $X = 20~25$，$Y = 23~27$，原煤开采后存放期不超过三个月，无其他杂质等特性。对还原煤的选择十分重要，还原煤质量差会造成焦结矿抗压强度低、气孔率低，会使蒸馏时从竖罐下延部送风困难，致使残渣含锌高。目前我国竖罐炼锌多采用几种洗煤混配，取其各自的优点，来达到上述的要求。洗煤经干燥后，含水量 <2.5%，才能进行配料。

粘合剂的合理选择和加入量，是保证团矿质量的又一个重要条件。现多采用纸浆废液，这是一种微酸性有机粘合剂。对其要求是：

密度/(g·cm⁻³)	固形物/%	灰分	pH	Cl⁻含量/%
≥1.28	≥47	≤18	4~7	≤8

粘合剂的主要作用在于借助它来填满还原煤和焙烧矿之间的空隙，在煤与矿粒之间靠粘合剂间形成一个紧密接触的表面，经混合、碾磨、压密、制团，使它们之间产生分子聚合力，从而保证团矿有较高的强度。粘合剂的加入量一般为6%（干量），其中棒磨时加3%～3.2%，碾磨时加2.8%～3%。

焙烧矿的质量要求：焙烧矿系流态化焙烧矿（又称氧化矿）和二次焙烧矿（又称二次矿）组成的混合矿，它们的质量比约为70%～80%∶30%～20%。对其要求是：①含锌量≥54%；②含硫量小于1%；③要求氧化矿的堆密度在1.65～1.79g/cm³之间，二次矿的堆密度在1.9～2.28g/cm³之间；④外观呈黑褐色，疏松多孔。

焙砂与还原煤的粒度，30%左右小于0.074mm，混合时加入纸浆废液作粘合剂。

根据生产实践，采用如下的配比（%）：锌焙烧混合矿46～55；还原煤28.5～32.5；返回物（锌粉、蓝粉、焦结返粉等）10～16；粘合剂5.8～6.5。碳的加入量为理论量的2.95～3.35倍。配好的生团矿含锌为34%～38%。

配好的料经棒磨机破碎，同时也得到了充分的混合。棒磨后的粒度要求+0.25mm应<20%，-0.074mm≥40%。之后经碾磨机碾压，一般经过四次碾压，使矿粒与煤粒紧密地结合成塑性良好的混合料。再经压密机压密（压密后制出的团矿抗压强度比未压密的要高3kg/cm²左右。最后用对辊式压团机压成一定形状与大小的湿团矿。湿团矿表面应光滑致密，无裂纹，无飞边大耳，应以不摔裂、不压碎为原则，抗压力大于≥2.8MPa，抛高达到2m一次不碎。团矿尺寸为100mm×70mm×60mm，含水为4.5%～5.5%，湿面（料粉）率应<0.5%。

7.2.1.3 团矿干燥

湿团矿在运输中容易破碎，焦结强度和完整率均低，因此必须进行干燥。干燥应满足如下要求：抗压力≥23MPa；抛高度1m 4次不碎；表面光滑，无裂纹；干燥层厚度8～12mm；含水量在1.8%～2.5%。若干燥后水分过低，抗压强度虽高，但团矿发脆，抛高度不好，尤其在加热的时候更如此。为此，干燥后的团矿仍保持一定的水分。反之，如果水分过高，焦结时，因受热不同，里外蒸汽压差大，易使水蒸气冲破致密的表面，造成团矿破裂。

干燥团矿热风温度为70～120℃，由低到高，采取低温大量风。根据团矿含水量的多少和季节的不同做适量的调整。送风时间一般为30～36h，总的干燥期为7d。

7.2.2 团矿焦结

7.2.2.1 焦结的目的和要求

干燥后的生团矿不仅机械强度低，而且含有7%～10%的挥发物及2%左右的水分，如果直接加入竖罐内受热，生团矿中的水分和挥发物将蒸发出来，会使罐口及上延部压力剧烈增大，冲淡和污染锌蒸气，使冷凝条件恶化，团矿自身也将碎裂，使蒸馏无法进行。因此，生团矿在蒸馏前一定要焦结。对焦结团矿的要求：脱除全部水分；挥发物降到1%左右；提高团矿的机械强度，抗压力大于45MPa，团矿温度达到780～820℃；抛高度3次/2m不碎；脱掉近30%的镉；还要对余热和伴生有价金属尽可能回收。

7.2.2.2 焦结原理

利用还原煤在390～450℃时液化性较高的特点，凭借煤中液相胶体物的粘度，均匀有效地包围着焙烧矿和其他粘结性组分，形成坚实多孔的骨架。同时，团矿内的水分及挥发物依次被蒸发。焦结一般是用中性气氛燃烧废气直接加热，在竖井式焦结炉内进行；或利用自身加热后产生的挥发物做燃料，控制其燃烧进行焦结，为自热式焦结炉。自热式焦结炉的优点是不需外部热源，过程自成体系，与蒸馏工艺无关。我国葫芦岛锌厂创立了立式自热焦结新炉型，其特点是节能显著，生产能力大，处理量可达 14t/h。

团矿焦结会产出挥发物、焦油、氧化锌颗粒。挥发物、焦油在专门设置的燃烧室全部燃烧，高温废气经余热锅炉用来发电。经锅炉出来的含尘废气通过收尘可得含镉的氧化锌尘。

焦结炉的排料和加料是同时进行的，排料量和排料周期与焦结炉的生产能力、团矿的焦结时间和蒸馏炉需要矿量有密切关系。在生产上，焦结时间为 70 ~ 90min，排料频率为 3 ~ 4 次/h，排料量通常为 1.0 ~ 3.0t/次。对于合格的焦结矿，肉眼看应清亮呈桔黄色，有透明感，俗称"不乌不烧"。

7.2.2.3 焦结温度控制

废热焦结炉温度控制范围为：

进口：950 ~ 1050℃；出口：250 ~ 450℃。

自热焦结炉温度控制范围为：

一层：150 ~ 250℃；二层：900 ~ 960℃；

三层：940 ~ 980℃；四层：940 ~ 980℃。

焦结使用的废气是蒸馏炉排出的燃烧废气，温度 750 ~ 900℃，需加热到 950℃ 以上，同时应将含氧量控制在 2.4% 以下。因为在高温状况下，废气中的氧能把团矿表面的碳烧掉，从而使表面脱落。同时，从团矿中挥发出来的碳氢化合物，在有氧存在时，能迅速地燃烧，使焦结室温度升高，造成团矿中氧化锌被还原而挥发，不仅造成锌的损失，也使焦结团矿的温度降低。为此，必须在加热废气道内通入一定量的煤气，使之燃烧，以便控制进入焦结室的废气含氧。

7.2.2.4 焦结炉的主要技术经济指标

焦结炉生产能力（生团）	8 ~ 12t/h（每台）；
焦结炉生产强度（生团）	0.7 ~ 0.9t/(m³·h)；
烧成率	78% ~ 82%；
返粉率（破碎率）	<4%；
开炉周期（换炉周期）	4 ~ 6 个月；
焦结矿气孔率	>37%。

7.2.3 蒸馏与冷凝

将焦结矿加入竖罐蒸馏炉的罐体内进行还原蒸馏。沿罐体高度可将竖罐分为上延部、罐体和下延部。自焦结炉排出的热焦结矿，温度为 700℃ 左右，立即从上延部加入竖罐，便在罐内缓慢下降。在不加热的上延部，炉料被罐体高温带产生的高温还原性气体加热到 1000℃，然后进入罐体高温带。罐体中心温度维持 1100℃，焦结矿中的氧化锌则被还原，在沿罐体的下降过程中逐步完成还原反应。蒸馏完的残渣降到下延部冷却后排出罐外。在罐体高温区产生的含锌气体，与焦结矿逆向运动，上升到上延部经排气口逸出，进入锌液飞溅冷凝器，冷凝得到液体锌。

7.3 竖罐蒸馏炉

竖罐蒸馏炉包括竖罐、燃烧室与换热室、加料与排料装置。按其各部位的作用不同,竖罐可分为上延部、罐本体和下延部三个部分。我国采用的蒸馏炉有 40 型、60 型与 100 型三种类型。其中:

Z40 - 8 型系使用粗热煤气,换热室在罐体和燃烧室的后部;

Z60 - 12 型系使用净化煤气或混合净化煤气,除加高罐体增大受热面、提高日产量外,空气换热室还增加了煤气换热,并改变了废气走向;

Z100 - 12 型系使用净化煤气,将换热室设在燃烧室两侧,同时预热空气和煤气。分前后两罐,两个冷凝器,生产能力大,热工系统更趋合理,热利用率高。

7.3.1 竖 罐

竖罐包括罐本体、上延部和下延部三部分。图 7 - 2 为 60 型蒸馏炉结构示意图。

(1)罐本体与罐基 罐本体是指炉料通过碳化硅罐壁外部燃烧室吸热完成蒸馏反应的部分。组成罐体的四壁由一对罐头和两面侧壁嵌合而成,这种结构主要为适应炉体温度变化时罐体可自由膨胀和伸缩,防止炉体断裂。罐体内部尺寸(mm)一般为 $B \times L = (290 \sim 310) \times (1900 \sim 2768)$,大型竖罐 $L = 2305 \times 2 \sim 2539 \times 2$,前后两个罐,侧壁厚为 $100 \sim 114mm$,罐体高度为 $8 \sim 12m$。罐体底部至砌筑框梁称为罐基,它承受罐体全部重量,故基础部分较大,壁厚达 230mm 一般是侧壁的 2 倍。罐基高度占罐总高的 8% 左右。罐本体全部由高导热性碳化硅砖砌筑。筑炉砌料是小于 80 目(<0.175mm)的碳化硅灰,加入适量的结合性粘土,用 16 波美度的水玻璃调和制成。罐基框梁材质为大型高铝块砖,并用高强度磷酸盐泥浆砌筑,使用寿命较长。

(2)上延部 罐体以上至加料口称为上延部。上延部是由小燃烧室和保温套组成,正接于罐本体上口,顶部与加料口相连,前侧接通冷凝器。其作用是形成一过滤层,有脱铅、脱铁和滤尘的效能,并使炉料与高温炉气进行热交换,提高炉料温度,降低炉气温度,以适应锌蒸气冷凝的要求。炉气出口经倾斜部与冷凝器相连。因冷凝器与炉体不在同一基础上,其受热与膨胀程度不同,冷凝器在高度方向上的延伸远小于罐体,所以倾斜部与上延部嵌接处与罐体结构类似,必须采取砂封套式的活动接头,使之留有伸缩的余地。在主燃烧室的顶部环绕罐体四周,设置一个与主燃烧室相连通的空隙,构成小燃烧室。罐壁为碳化硅砖砌筑。小燃烧室的宽度一般在 240mm 以上,为防止火焰通过,两端各有一砖墙隔开。小燃烧室侧墙内砌轻质粘土砖,外加硅藻土保温砖。其温度是借助主燃烧室的辐射热,以及自然对流的作用保持的。此外,有时由于燃烧室上部煤气过剩,向小燃烧室内送入一定量空气,也可使其温度进一步提高,一般可达 950℃ 以上。罐体与上延部温差减小后,可使炉瘤的生成速度减慢,从而延长了悬矿周期。

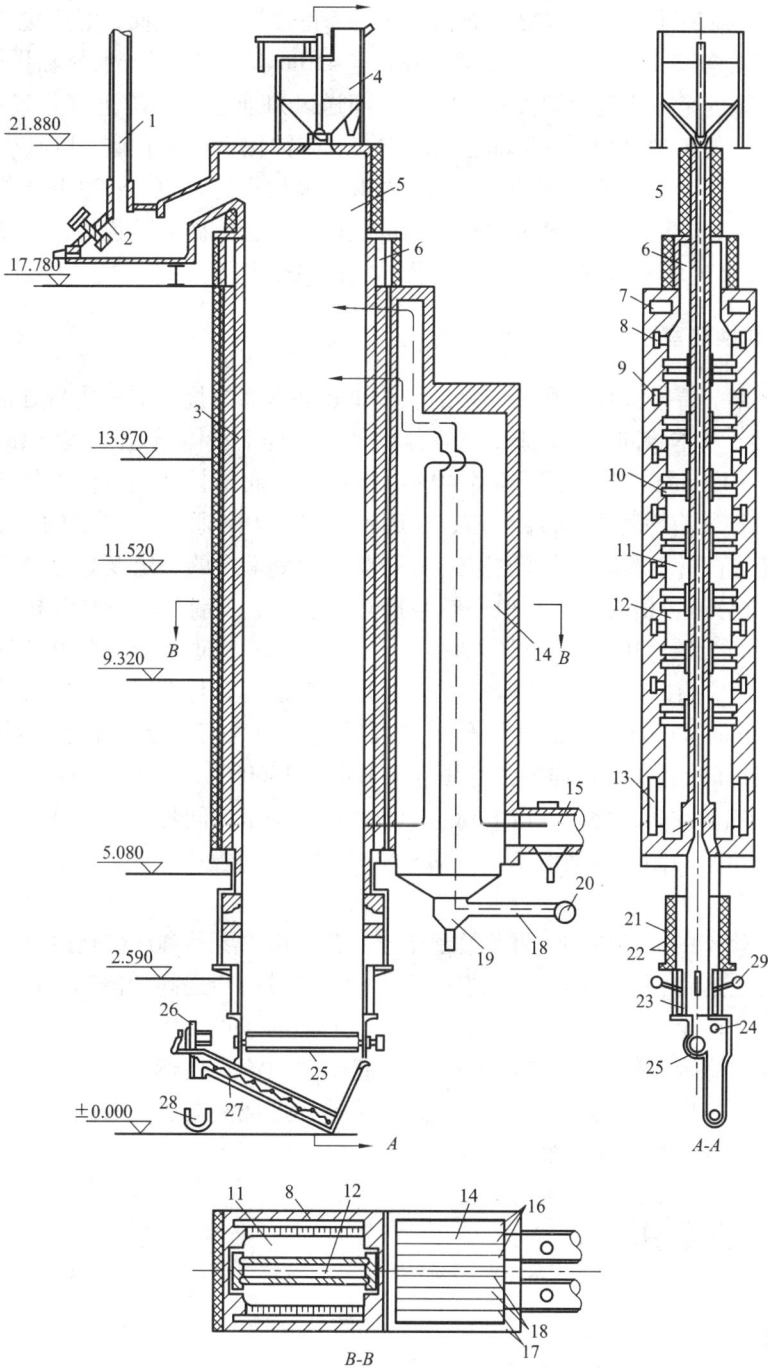

图7-2 60型蒸馏炉结构示意图

1—直管；2—冷凝器；3—蒸馏罐头；4—加料斗；5—上延部；6—小燃烧室；7—煤气总道；8—空气道；
9—空气总道；10—顶砖；11—燃烧室；12—蒸馏罐；13—燃烧室废气道；14—换热室；15—废气出口；
16—废气；17—空气；18—煤气；19—废气漏斗；20—净化(混合)煤气；21—下延部砖套；22—扫除孔；
23—水套；24—排料挡板；25—排矿辊；26—电动减速机；27—排料螺旋输送机；28—冲渣水沟；29—送风管

（3）下延部　罐基以下至排矿辊平面称下延部，正接于罐基下面，由连接部、砖套和水套组成。其内部结构尺寸与罐基下部完全一致，宽410mm。其底部与水封和排矿机械相连。下延部的作用，除迅速冷却蒸馏炉渣外，还有下部送风口通道。为防止锌蒸气在底部冷凝，以及强化罐内蒸馏的扩散过程，下延部送入的空气，应转化为一氧化碳，以减少对罐体下部碳化硅的侵蚀。在下延部顶端采用砖套保温，内由耐火粘土砖砌筑，外边由硅藻土保温。最低层为钢板保护套，砖套高度一般在 $1.8 \sim 2.4\,\text{m}$ 之间。水套与砖套相连接，一般厚度为 $40 \sim 60\,\text{mm}$。送风管斜穿过水套两侧，每侧 $4 \sim 6$ 根，与水平线成 $15° \sim 16°$ 角。

7.3.2　燃烧室和换热室

燃烧室是供给竖罐蒸馏反应所需热量的燃烧供热装置。燃烧室对称配置在罐体两侧，其长和高与罐体尺寸基本相同。除罐基、罐本体顶部及燃烧室转体靠近外，受热罐壁与燃烧室侧墙宽度为 $350 \sim 450\,\text{mm}$。为保证罐体约 $40 \sim 100\,\text{m}^2$ 的纵向狭长加热区温度均匀稳定，在燃烧室顶盖的下面各装有一条横向煤气道，其底部有 $7 \sim 9$ 个通向燃烧室的小孔（$120\,\text{mm} \times 65\,\text{mm}$），把煤气垂直引入燃烧室空间燃烧。在燃烧室两侧墙上的一定度高上设置一条空气总道和 $5 \sim 7$ 层空气分道。横向空气总道一端与换热室连接，一端与空气竖井相通。第一层空气道设于空气总道上层，其他各层则分别在其下面，并都有支道与空气竖井相通。在支道入口均装有调整挡板，用以调节进入的空气量。每层空气道均有与煤气管道煤气喷口相对应的 $7 \sim 9$ 个分孔（$120\,\text{mm} \times 60\,\text{mm}$），空气经孔洞进入燃烧室与煤气燃烧。上述结构可使燃烧室前、后、上、下各部分温度分布均匀，使其达到 $1240 \sim 1360℃$。此外，在燃烧室边墙上与罐壁间有碳化硅板制的顶砖，交错分设如梅花形，横跨燃烧室空间将罐壁顶住。其主要作用是防止罐壁受罐内团矿的侧压力而产生罐壁向外侧倾倒，并使燃烧气体流动形成涡流，有利于防止局部高温。

换热室是燃烧室的辅助机构，两者紧密相连。其作用主要是利用燃烧废气的余热来预热空气和煤气，使之达到一定温度后进入燃烧室燃烧，以进一步提高炉温和热效率。换热室种类很多，依据热气流走向、使用燃料特点和预热气体种类，可分为以下几种：①标准型顺流式换热室；②大型筒砖型顺流式换热室；③小型筒砖型顺流式换热室；④小型筒砖型逆流式换热室；⑤双筒型砖顺逆流换热室。换热室设在罐体和燃烧室端头或两侧。这些砖砌换热室的共同缺点是气密性不好，有待改进。

7.4　锌蒸气的冷凝

7.4.1　冷凝器

冷凝为火法炼锌的重要组成部分。竖罐产出的锌蒸气与一氧化碳混合气体，通过第一冷凝器（简称一冷凝器）时迅速释放热量，温度降低，绝大部分锌蒸气被冷凝为液体锌，含有烟尘和少量锌的冷凝炉气通过洗涤器（二冷凝器）净化产出蓝粉。净化后的炉气含一氧化碳浓度较高，可作为竖罐蒸馏炉的燃料。

一冷凝器为密闭容器，由倾斜和水平两部分组成。按冷凝方式可分为挡板冷凝器和飞溅式（转子）冷凝器。但由于挡板冷凝器冷凝效率低，现都改用飞溅式（转子）冷凝器。飞溅式冷凝器通过转子扬起的锌雨,进行快速冷却,对处理含锌浓度较低的炉气(10% ~50% Zn)有良好的效果,冷凝效率高。

习惯上把冷凝器分为两段。在第一段冷凝器(又叫一冷凝器)内,炉气迅速释放热能,降低温度,使锌蒸气迅速冷凝为液体锌。含尘和锌浓度很低的烟气,进入第二段冷凝器(实质为洗涤器,也叫二冷凝器)内进行洗涤收尘,同时提供输送烟气的抽力,对罐内压力进行控制。净化后的炉气含一氧化碳成分很高,可达65%以上,是具有高热值的二次能源。一般送入净化煤气管道内,作为蒸馏炉的燃料。

一冷凝器为飞溅冷凝器。倾斜部只相当于炉气的导通装置。冷凝是在转子叶轮飞溅扬起的锌雨表面上进行的,锌液强烈洗涤锌蒸气,使之被大量吸收于锌池中,冷凝效率很高。内溅式冷凝器按转子工作角度,又可分为倾斜式和直立式两种类型。直立式转子体积小,飞溅锌量大,对炉气气流方向无选择性,锌雨充满系数大,冷凝效率高。缺点是安装拆换不如倾斜式转子简便,对转子材质有特殊要求。倾斜式转子安装制作简便,动力消耗小,运转周期也较长,应用广泛。缺点是锌雨充满系数及冷凝效率均低于前者。冷凝器的外壳用钢板焊接而成,靠近钢板衬一层石棉板,内砌保温砖,内壁由一层密度大、抗磨性好的粘土耐火砖或高铝砖砌成。为防止漏锌,砌的砖缝(灰口)应小于2mm。底部为锌池,可贮

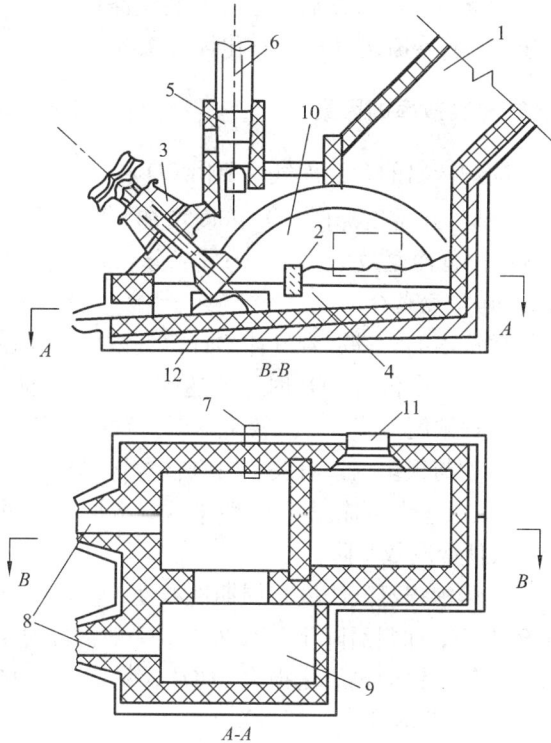

图 7-3 冷凝器结构图

1—倾斜部;2—桥式隔墙;3—转子;4—锌液;5—方箱;
6—直管;7—测温孔;8—出锌孔(放锌孔);9—出锌槽(锌液冷却槽);
10—冷凝室;11—扫除孔;12—锌液封隔墙孔道

存一定数量的锌液,锌池底部略有坡度,便于锌液流动,以补偿转子工作时造成的锌液空缺。在冷凝器内部有一石墨制桥式隔墙,将锌池分为前后两室。其作用是挡住浮于后室锌液面上的锌粉流入前室,减少转子的磨损,对于飞溅扬落到后室的锌液,则可以从隔墙桥下流回到前室。冷凝废气经冷凝室前部分箱和直管导入二次冷凝器。在靠废气排除端(冷凝器前端),有一45°倾斜角的器壁,中央装有电机带动的转子。整个转子是由传动轮、轴承支架、转子轴和叶轮转头组成,转子头与转子轴一般为优质石墨、碳化硅、氮化硅及耐蚀的特殊合金制成,转头一部分浸入锌池锌液中。当马达转动时转轴带动 ϕ250 ~350mm 的转头,以 360 ~400 r/min的速度旋转,将液体锌飞溅成锌雨,把冷凝室整个断面封住,炉气通过锌雨实现冷凝。在冷凝室的一侧设有出锌池,与冷凝室底部相通,用水冷蛇形无缝钢管控制锌液温度。出锌

池上设有刻度浮标,控制稳定锌液面,定期出锌,运往精馏精炼或铸锭。在冷凝室的另一侧设有扫除孔,以定期清除积存的锌粉。冷凝室容积一般为 $1.4 \sim 2.5 m^3$,冷凝室空间为 $0.6 \sim 0.9 m^3$。

二冷凝器是按湿式收尘和水力喷射原理设计的,其主要作用是除尘净化和气体输送。二冷凝器由洗涤塔(二水封)、水箱以及水力喷射机等部分组成,均为钢板结构。冷凝废气进入二冷凝器时温度为 $320 \sim 420℃$(俗称直管温度),含尘成分主要为氧化锌和蓝粉,其量(标)为 $50 \sim 60 g/m^3$,净化洗涤后要求降到 $1 \sim 3 g/m^3$,含尘量高,会造成管道堵塞,使炉气不能远距离输送。为此在二冷凝器后部还应安装洗涤机(与煤气洗涤相同),用以进一步洗涤废气和提高输送压头,将冷凝废气送入净化煤气系统。

7.4.2 影响冷凝效率的因素

竖罐蒸馏炉产出的含锌炉气主要由 CO 和 $Zn_{(气)}$ 组成,此外还含有一些氧化性气体,如游离氧及二氧化碳(随温度降低 CO_2 浓度增加)等。所以锌在冷凝的同时,还伴有重新被氧化的现象,从而降低冷凝效率,故对炉气成分和温度有较严格的要求。

7.4.2.1 炉气成分

火法炼锌产出的含锌混合气体中锌蒸气浓度波动在 $5\% \sim 50\%$ 之间。实际上 50% 的锌蒸气浓度只有在炉气中没有 CO_2 时才能达到的理论浓度,一般竖罐蒸馏炉实际炉气含锌浓度为 $30\% \sim 40\%$。锌浓度下降,冷凝效率降低。

锌蒸气浓度与很多因素有关,如原料含锌品位、还原剂的性质、蒸馏炉温度、罐下部送风量等,其中送风量影响较大。一般来说,增加送风量,炉气浓度冲稀,锌蒸气与一氧化碳浓度下降,致使冷凝效率降低。

在生产过程中锌蒸气浓度呈周期性波动,竖罐加料时浓度急剧下降,加料前罐口锌蒸气浓度为 35% 左右,加料后降至 20% 左右,一般需经过 10 分钟后方可恢复正常。

为减少炉气中锌的再氧化损失,CO_2 含量应小于 1%,O_2 含量小于 0.7%。

7.4.2.2 炉气温度

蒸馏炉气温度对冷凝效率影响较大。根据已经确定的炉气成分,可通过热力学计算出锌蒸气的开始再氧化温度和锌蒸气开始冷凝的温度(锌的露点)。为了减少锌的再氧化损失,要求炉气进入冷凝器前的温度保持在再氧化温度以上,以便进行"高温冷凝"。

高温冷凝时的冷凝效率高,可减少竖罐炉瘤的生成。要求炉气进冷凝器温度保持 $900℃$ 以上,并将锌液冷却至 $480℃$ 左右。但由于进入冷凝器前的通道散热,实际炉气温度为 $800 \sim 850℃$ 左右。

7.4.2.3 冷凝介质

竖罐使用的飞溅式冷凝器以锌液为冷凝器介质,利用转子把冷凝介质飞溅成"锌雨",直接和高温炉气接触,使锌蒸气冷凝积聚,介质散出的热通过蛇形冷却水管用水将热带出。

冷凝介质的温度是影响冷凝效率和蒸馏锌质量的重要因素。但介质在冷凝器内的温度分布是不均匀的,一般在炉气入口端较高,平均为 $550 \sim 580℃$,贮锌槽温度为 $450 \sim 520℃$。

7.4.3 冷凝操作的要点

为使冷凝正常进行,提高冷凝效率,确保安全生产,冷凝操作必须注意以下几点:①整个冷凝系统必须经常保持正压,各点压力均大于20Pa,防止外部空气进入。如果出现负压,当吸入空气量少时,锌蒸气被氧化,使冷凝效率降低;当吸入空气量多时,与炉气中大量的CO接触,将有发生爆炸的危险。为此,必须加强系统密封,经常保持炉气畅通,防止堵塞引起后部形成负压。对各系统部位要按规定扫除。②严格控制冷凝温度,在保证锌池不凝结的前提下,温度以较低为好,一般控制在430~530℃之间。为了出锌时便于运输和铸模,可适当提高温度(50~60℃)。③经常检查转子工作角度、转速、转头磨损情况,以及锌液面控制等是否处于最佳状态,保证一定扬锌量。扬锌量越大,冷凝效率越高。转子扬锌量与转头埋入锌液深度有关。最佳埋入深度确定在锌液浸入转子叶片中心线稍下的地方,最佳转速为360r/min。④保持二冷凝器水力喷射机经常处于良好状态,使气流畅通无阻。⑤冷凝系统作业,严禁两个及两个以上岗位同时进行操作,防止引起压力波动或废气回流发生爆炸和喷火伤人。同时防止冷凝废气放散引起煤气中毒。

7.5　竖罐炼锌的主要操作及其技术条件控制

7.5.1　加料与排料操作

加排料是竖罐的重要操作之一。作业的好坏直接影响炉日产量、蒸锌质量、锌冶炼回收率和罐体寿命。竖罐加料是间断进行的,加料频率一般为1次/h。正常状态下,每批炉料加入量应保持固定不变,料量调整与含锌品位和渣含锌量有关。排料是通过竖罐下延部的排矿辊进行的。排料速度可通过调整排矿辊转动频率或排矿装置转距(曲拐的偏心距)来控制,排料频率一般为30~50次/h。

7.5.1.1　加排料操作要点

(1)保持罐内相对稳定的料柱,维持排渣量与加入料量相对平衡。

(2)为了保证炉气上升和罐内温度分布均匀,有利于脱除有害杂质,确保蒸馏锌质量,要求罐内各点排料均匀。上延部和下延部应保持密封,防止气流分布不均而影响渣含锌量。

(3)保证排料速度均匀,让炉料经常处于运动状态,罐内料柱松散,使锌蒸气以最大速度扩散。

在生产实践中,常用专设的铁钎和标尺来测量料柱高度。加料前与加料后分别探测一次,在两次加料间隙内,还应定期探测,以了解料面下降是否均匀。

7.5.1.2　加排料操作对蒸锌质量的影响

上延部内炉料相对为低温料,对炉气中高沸点杂质,如铅、铁等,有明显的过滤效果。脱铅脱铁的效率与过滤层高度、过滤面积、温度以及炉气流速有关。

(1)料面深度与蒸锌含铅、铁关系　加料前与加料后,料面波动仅在400~600mm,蒸锌含铅、铁相差4倍。加料前后的料面深度应维持规定的指标,一般要求保持在1200~1400mm/600~800mm。

(2)过滤面积的作用　过滤面积大,过滤层厚,同时流速也小,有利于降低蒸锌含铅、铁。蒸馏炉到悬矿后期,蒸锌含铅、铁就是因炉内疙疤多、过滤面积减小所致。葫芦岛锌厂通过技术改造,蒸馏炉上延部加宽,由原来的460mm加宽到580mm,过滤面积增加26%,蒸锌含铅、铁降低33%。

7.5.2 下延部送风

竖罐下延部送风,是一项强化生产过程的措施。在燃烧室供热充足的条件下,采取下部送风的办法,可使残渣含锌显著降低,单炉日产量相应提高。送风的主要作用是强制炉气向上流动,有利于蒸馏过程中锌蒸气从团矿表面迅速扩散,降低渣含锌。

团矿在蒸馏还原时产生的锌蒸气,由于固 – 气间的吸附作用,不易立即从固相表面脱除,同时,在竖罐中、下部产生的锌蒸气上升阻力较大,这些因素不仅阻碍还原反应的进行,也造成了锌蒸气随排料过程向下部扩散的可能,锌随残渣带出而损失掉。送风既可以造成强制向上的均匀气流,又可以阻止锌蒸气向下部扩散。送风也带来不利的影响,冲淡炉气,冷凝效率降低,蒸锌含铅、铁增加。送风量一般控制在小于 $1.2 \text{m}^3/\text{min}$。

7.5.3 罐内压力控制

由于连续进行排料,罐内压力经常处于波动状态,排料时压力比正常时要增加 $1 \sim 2$ 倍,排料越不均匀,罐内压力波动越大,由于这种压力冲击的结果,会加速罐壁漏损。当罐内压力过大,燃烧室压力较小时,锌蒸气顺罐头砂封处漏损进入燃烧室,并迅速燃烧产生局部高温,加速了罐体损坏;反之,有燃烧废气进入罐内,冲淡了炉气浓度,使锌蒸气氧化,对竖罐生产率和冷凝效率都带来不利影响。罐口压力可控制在 $50 \sim 150\text{Pa}$,排出压力 $\leqslant 500\text{Pa}$。罐内压力变化和送风效果,可以从开、停送风的压力差(送风压差)来检查。压差过小,说明空气没有送入罐内,或中、下部罐漏严重,进入燃烧室短路;压差太大,说明送风量过多。压力差一般应保持在 $80 \sim 150\text{Pa}$。

7.5.4 锌蒸气的冷凝与出锌

冷凝为火法炼锌的重要组成部分。含锌蒸气的炉气,借助冷凝器进行冷凝从而获得液体锌。冷凝效率的高低,直接影响单炉日产量。对于竖罐炼锌,冷凝操作是控制蒸锌质量(主要为蒸锌含铁)的重要手段。

锌蒸气进入冷凝室后,被转子飞溅的锌雨收集下来。锌蒸气冷凝在锌雨表面上,变成液体锌并聚集在储锌池内。锌蒸气的冷凝过程当然也伴随着锌雨被加热的过程,因而储锌槽内的锌流与冷凝室的温度会不断升高。为了维持冷凝继续进行,要及时调整冷却水管在锌槽的部位和浸入深度,控制冷凝室温度在 $500 \pm 20\text{℃}$ 的范围。冷凝室锌液温度过高,不仅会使冷凝效率降低,而且蒸锌含铁高。冷却水管在锌液中受到腐蚀,管壁要逐渐变薄(因管壁冷凝聚的一层锌膜,温度高被熔化,加速了铁溶解于锌液的过程),应定期检查和更换,防止漏水到锌液中引起爆炸。在间断出锌的条件下随冷凝过程的进行,储锌槽内锌液不断增加,因而锌液面也不断增高,此时转子浸入锌液内负荷开始加大,冷凝效率降低。当锌液面升高到储锌槽规定的极限位置时应该出锌。为保证转子的最佳工作状态,出锌时间愈短愈好。

7.5.5 开炉升温与停炉

(1)开炉升温过程的控制原则　升温速度:在 500℃ 以下时小于 5℃/h;在 500 ~ 1200℃ 时小于 10℃/h;在 1200℃ 以上时小于 15℃/h。升温时间:中修后为 9 ~ 12d(炉型大,天数多);大修后为 10 ~ 14d。

（2）停炉 竖罐蒸馏炉炉体寿命：中修（更换罐本体部位）为 1.5～2 年；大修（砖体部位全更新，一般为两次中修后进行一次大修）为 4.5～6 年。停炉的一般操作程序：首先停止加料，继续按正常情况进行排料。可适当增加下部送风量，当料面下降至脱离上延部后停止送风，并可适当加快排料速度。当停止加料 2h 后，热工系统逐步调整降温，关小煤气支道和废气支道闸门，使燃烧室温度与罐内剩余炉料需要的热量相适应。当炉气量显著下降、罐口压力不能维持正常时，停止冷凝系统的一切操作。首先关闭二冷凝器各自水管，同时闸死冷凝废气挡板，开放散管。然后打开罐顶操作孔盖砖，取出转子。从一冷凝器放锌，放锌后封闭出锌槽和转子工作孔。

7.5.6 炉瘤的形成与处理方法

炉瘤的成因：炉瘤（悬矿）是目前生产条件下不能完全避免的现象。生成炉瘤的主要部位是在罐本体与上延部的接头处，从开炉起由小到大逐步形成。一般开炉后 90～120d 即发生卡矿现象。炉瘤主要成分是锌和氧化锌。炉瘤的形成是由于进入上延部炉气温度降低，锌蒸气发生再氧化所致。新生成的氧化锌粘附在罐壁上，加之上延部部分回流锌与矿尘形成混合物的渐次沉积，最终形成炉瘤。

处理方法：炉瘤形成以后，使得上延部逐渐变窄，以致罐的后部罐头处积满氧化锌和残留的团矿，造成下料困难。一般在 2～3 个月内产生于炉顶部加料口一侧，用铁钎打掉上部积存物，使加料得以顺利进行。当炉瘤严重影响炉料顺行时，则停炉处理，有两种处理方法：一是降低料柱，打掉炉瘤后砌筑上延部和冷凝器，继续加料生产。这种方法的特点是有利于罐体维护，锌损失小。但打炉瘤操作困难，处理时间长。特别是在罐体中、下部炉料有时粘结，当有积铁脱落造成拉棚时也必须排空才能处理。另一方法是排空炉料处理，特点是操作方便，处理时间大为缩短，不产生拉棚。但排空后对罐体寿命有影响，锌损失增大。总而言之，处理炉瘤的基本步骤是：停止加料，以高档速度间断排料（间隔频率是排 10min 停 10min）；停风、停止排料、取出转子；冷凝器放锌，关闭冷凝器废气挡板；关水，揭开一水封；在停风停止排料后，控制燃烧室降温速度为 10～15℃/h，放锌后控制在 1220±20℃；当炉料基本降至罐体上部时，罐内加入干燥的冷焦覆盖锌蒸气，降低上升气流温度；移开加料口，同时分别拆除上延部、冷凝器和倾斜部；以高档速度连续排空炉料，用工具打下悬矿；砌筑上延部和冷凝器，重新升温开炉，升温速度为 20℃/h；当燃烧室温度达 1350℃时，按正常开炉方法进行操作。

7.5.7 罐体损坏与热补

竖罐在高温下经受各种应力以及气相产物和各种金属氧化物的氧化及造渣侵蚀，是罐体产生裂漏的主要原因。碳化硅砖和筑炉质量也直接影响罐体破损。

（1）罐体侵蚀 炉料中某些金属氧化物，如 CuO 能对碳化硅起氧化作用：$2CuO + SiC = SiO_2 + 2Cu + C$，该反应在 800℃时即已开始，使罐壁受到侵蚀。此外，三氧化二铁对碳化硅有氧化造渣作用：$2Fe_2O_3 + SiC = 4FeO + SiO_2 + C$；当团矿中存在各种金属卤化物时，会与碳化硅发生下列反应：$SiC + 2MCl_2 + 3CO_2 = SiCl_4 + 2MO + 4CO$。$SiCl_4$ 沸点低，受热挥发后使 SiC 砖表面剥离，并暴露出新鲜表面，使反应得以持续进行。送风侵蚀，SiC 砖在氧化性气分中，受腐蚀严重。下料不均也会造成局部磨损严重。由此可见，应控制原料中铁和铜的含量；均匀下料；合理送风。下延部采用水套和砖套相间的结构，因为采用全水套结构时，由下延部送入空气中的氧不能与碳完全反应，上升到罐内则使碳化硅砖氧化。将下延部的上部改用砖套后则克服了上述缺陷。竖罐的侵蚀从其纵断面看是下部严重，从横断面看是在前、后罐头两端严重。

（2）罐壁裂漏与热补　罐壁的裂漏多出现在罐体进行激烈热交换的上、中部。裂纹形状不一，有的沿砖缝出现，也有整砖断裂；有横向纹，也有纵向纹。裂度可达 1~5mm。个别漏损呈孔状洞，直径最大可达 10~20mm。一般正常开炉 150~180d 后出现。竖罐罐壁裂纹的产生主要与高温下的热应力、自身负荷和物料的侧压力等有关，并以前者为甚。因为氧化锌的还原为吸热反应，罐壁内外形成较大温差，于是造成外壁膨胀大，内壁膨胀小，产生了热应力。长期作用的结果，在其薄弱处即形成裂纹。又因罐内为正压，燃烧室为零压或负压，锌蒸气向外扩散进入燃烧室内燃烧，则造成局部高温，使裂纹增大，有时形成空洞。锌蒸气氧化成氧化锌进入换热系统，使系统阻力增大，从而要频繁地扫除换热室。罐上部还原强度大（温差与热应力均大），所以是最容易产生裂纹的地方。

稳定操作，防止温度激烈波动，可减少或延缓裂纹的生成。当裂纹严重漏锌时可以进行热补炉。

热补的操作过程是：配制补炉灰浆，使用前加入水玻璃调成稀浆注入灰浆罐。准确检查裂漏部位。打开燃烧室前操作门，减少或停止供应煤气（如裂漏严重时可缩小罐口压力以致停止送风）。观察到有发亮的绿色火焰即为裂漏处，用铁钎清除裂漏处的积灰。灰浆罐通入压缩空气试验。将喷枪插入燃烧室内，对准漏损处喷射灰浆，直到补好为止。如孔洞很大喷补不好时，可暂停排料进行喷补，一般约停 30min 即可。补好后封闭操作门，恢复煤气供应。罐内压力控制视具体情况确定。待补炉灰浆烧结后（一般为 2h）再恢复正常压力控制。清除散乱在燃烧室底部的补炉灰。

热补炉是维护罐体的重要措施。补后竖罐生产周期延长。罐漏热补处可维持 15d 以上。从补炉到停炉可维持 6~10 个月。热补存在以下缺点：热补后粘附在罐壁上的灰料能使热传导降低；补炉时未粘附在罐壁上的灰浆散落在燃烧室底部，由于多次热补的结果，积存的灰料容易造成废气道堵塞。此外，补炉杂质受热膨胀，有时可使罐基处罐壁受到挤压产生应力变形；补炉频率增加及时间延长，对耐火材料的热打击次数增加，反而会影响炉体寿命。补炉使炉温波动大，操作条件不易控制。

7.5.8　罐壁积铁

在蒸馏过程中，除氧化锌被还原外，其他金属氧化物也不同程度被还原。当使用的原料含铁过高时常有积铁粘附在罐壁上，厚度可达 10~20mm，甚至更厚。积铁形成铸铁和熔渣，含铁量为 50%~70%，二氧化硅 5%~8%，锌 1%~3%，当罐内温度波动大（特别是处理炉瘤排空）时很容易脱落。如发生在正常生产过程中，则随炉料进入排矿装置，易造成不能正常排矿的故障。罐内积铁的形成是由于铁的氧化物被还原成海绵铁，然后与矿粉一起逐渐沉积在罐壁上。也有人认为，氧化亚铁和矿粉沉积在罐壁上后铁被还原出来，其他成分呈渣状流向下部。预防积铁的根本办法是降低炉料中的含铁量，其次是保持较高的配煤比（提高碳倍数），以增加焦结的碳对熔结物的吸附。此外，提高焦结矿强度和蒸馏后残渣的完整率、保持均匀排料，都可以减少积铁的形成。

7.5.9 冷凝系统的积灰和清扫

在冷凝过程中，由于温度的变化会使锌蒸气发生氧化，加之物理原因而形成锌粉和蓝粉。锌粉集聚在倾斜部、一冷凝器后部和方箱下端，而由极微锌滴组成的锌雾或氧化锌随气流一起带入二冷凝器和冷凝废气管道的称为蓝粉。蓝粉容易引起局部堵塞，要及时清除和处理。

在冷凝的同时，炉气通道倾斜部与冷凝室内产生的锌粉密度较小，漂浮于锌液上面。在正常情况下，锌池中部的桥式隔墙，可以阻止锌粉向冷凝器前部（转子工作区）移动，保证转子正常扬锌工作，并减小对转头磨损。锌粉增多后越过隔墙，污染扬锌区域，并阻碍气流畅通。锌粉增多所表现的特征是：转头磨损快；方箱易堵，压差增大；出锌时锌液面下降，单位高度的锌量减少。此外，较为重要的是锌粉在锌池后部，对冷凝下来的锌液中杂质铁有明显过滤作用。经分析锌粉含铁量经常波动在 $0.3\% \sim 3.5\%$，较锌液含铁量约高 $2 \sim 20$ 倍。锌粉含铁增多时，如果锌液温度升高，锌粉中的铁就有少量重新进入锌液，造成蒸锌含铁高，影响蒸馏锌的质量，所以必须对锌粉作及时处理。

7.5.10 冷凝系统的压力控制

冷凝系统的压力主要由二冷凝器控制。二冷凝是按水喷射泵原理输送并净化烟气、回收蓝粉和二次能源的。为克服系统压力，产生足够的输送压头，保证罐口压力在 $80 \sim 120Pa$（在扫除和处理故障时还提供负压），要求供水压力达 $0.5 \sim 1.2MPa$，以利于压力调整。

7.5.11 蒸馏炉的热工调整

由于竖罐内进行的主要反应是吸热反应，加之锌蒸气易被氧化的特点，决定了竖罐必须采取间接加热的方式供热。竖罐供热的特点是：罐体受热面积大，一般为 $40 \sim 100m^2$，要求受热均匀；燃烧室与竖罐都是一样很高的狭长体，受热罐壁较宽，要求温度达到 $1240 \sim 1360℃$，并保持连续、均衡、稳定，上、中与下、底部温差小于 $100℃$，左右两侧各点温差小于 $90℃$；因为燃烧室排出的燃烧废气是焦结炉的主要热源，因此，对其温度和成分（主要是含氧）有较为严格的要求，既要保证燃烧充分完全，又不能使过剩空气系数过大；蒸馏炉为较大的炉群，有若干个炉组成炉组，这种结构虽然对温度有利，但由于炉组有煤气和废气的共同通道，连通性较强，调整时易引起相邻炉温度与压力的波动。

热工调整应遵守下列原则：低压大量、多稳少动，即燃烧室内负压和供给的煤气压力在保证生产的前提下尽量要低，维持燃烧室内大气体量，实现热量饱和；温度要尽量稳定。当温度变化需要变动条件时，要及时，要少动、勤动，使温度分布上高下低。

7.5.12 主要技术经济指标

单炉产锌量：$8 \sim 23t/d$；锌回收率 95%；渣含锌量 $<1.5\%$；直收率 $>84\%$；冷凝效率 95%；生球团消耗 $3.35t/t\ Zn$；罐体寿命大于 18 个月；蒸馏炉炉体寿命大于 54 个月；蒸馏炉运转率 $92\% \sim 93\%$。

撰稿人：张 卓 袁庆云 杨士跃
审稿人：彭容秋

8 电热法炼锌和电炉生产合金锌粉

电热法炼锌的特点是利用电能直接加热炉料，还原挥发出来的锌呈气态随烟气导出经冷凝成金属锌。电热炉的入炉炉料与竖罐蒸馏和鼓风炉炼锌一样，炉料中的锌为氧化锌（或硫化锌的焙烧矿）形态，且添加了过量碳以限制炉料在反应过程中形成的二氧化碳量，进而限制锌的再氧化。此外，与竖罐和鼓风炉炼锌一样，炉料经过预热而把显热带给发生吸热（还原）反应的反应器（冶金炉），这有助于达到较高的反应温度。

电热法炼锌的能耗大，尤其是要消耗大量昂贵的电能，其产品由于纯度不高还需要进一步精炼。此外，它在金属回收率、生产规模大型化和自动化以及有价金属的综合回收等方面竞争不过湿法炼锌工艺，因此很多年以来它没有得到多大的发展。目前在国外仅有两家工厂还在维持生产；而在我国，虽然近年来因地制宜地新建了一些小型电热法炼锌厂，单炉金属锌锭的日产量一般在10t/d以下。所以，从目前锌冶金技术进步的趋势来看，电热法炼锌不可能有多大程度的推广。

根据加热的原理的不同，电热法炼锌主要分为两种类型，一种是电阻炉炼锌，为日本的三日市炼锌厂和美国的莫那卡炼锌厂采用，这两个厂的生产规模都较大，年产锌量超过10万t；另一种为电阻电弧炉（又称矿热电炉）炼锌，为我国一些小锌厂生产采用，单炉年产锌量仅为几百至几千t。

8.1 电阻炉炼锌

炼锌电阻炉又称为电热竖罐，但在结构上不同于竖罐之处在于它是通过从上、下炉壁插进炉内的石墨电极组通电，电流通过电极之间的炉料在内部产生热量。图8－1为电阻炉电热炼锌的示意图。

电阻炉炉体为圆形断面的竖式炉，在其中部附近，设有被称之为锌蒸气环的中空部分，上下各以若干根石墨电极为一组，利用炉内装入物料的电阻通电加热，为使功率达到恒定而进行自动控制。根据炉子大小，在其周边上下各插入6根或9根电极。装入的炉料是经过严格分级的烧结矿和与之同体积的焦炭，用旋转炉进行预热后加入炉内，炉料在炉内下降的同时锌被还原挥发。锌蒸气则从蒸气环处进入盛满液态锌的U型冷凝室，在通过液态锌熔体的过程中因急冷而凝聚。在冷凝器出口处，设有真空泵抽吸含锌炉气，故称真空冷凝法。电热蒸馏残渣以固体状态与残留的焦炭一起经由炉底部的旋转排渣机排出。冷凝得到的锌则从与冷凝器相连接的熔池中放出。冷凝器内锌的温度由于气体的显热和锌的冷凝相变热而上升，故在冷凝器外设有水冷装置，以排走锌蒸气冷凝时所放出的热。

电热炉的炉料主要由氧化锌烧结矿和焦炭组成，占总产量约1/4的锌是由其他一些含锌原料，如粉料、浮渣、筛下物等供给。焦比为烧结块重量的44%，这说明焦炭和烧结块的体积大约相等，实际配入的焦炭量为还原烧结矿中锌所需要的理论碳量的3倍。

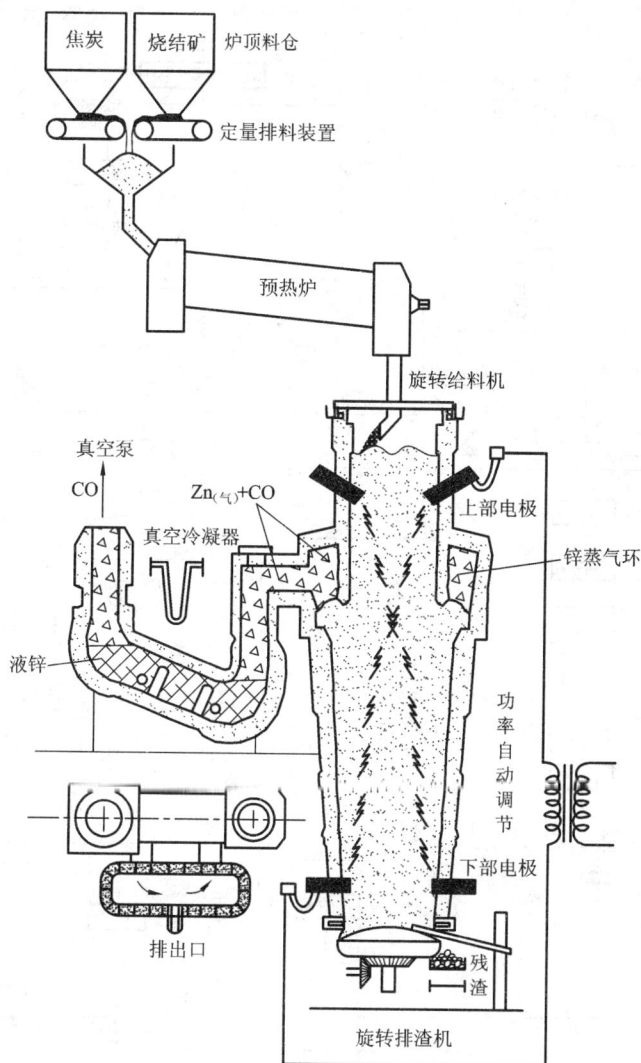

图 8-1 电阻炉炼锌示意图

把烧结矿和焦炭都制成约 25mm×6.25mm 的团块,并通过定量给料器把它们从各料仓中卸到一个回转燃气预热器中,在此炉料既混合又预热,它以从电热炉冷凝器排出的含 CO 的冷凝废气作燃料,将混合料加热至 750℃左右。以 0.4r/min 速度缓慢转动的旋转布料器连续将热炉料送到炉顶,密封炉顶可防止炉内含锌炉气逸出。装满的新炉料从入炉到从炉底排出约需 22h。

日产金属锌 100t(锌的直收率为 92% 时)的电热电阻炉,高 13.7m,ϕ2.28m,用优质耐火砖砌筑,在蒸气环以下的熔炼区,最外层用钢质水套保护。蒸气环和冷凝器都用碳化砖衬里。

在 8 个等间距成对石墨电极之间的炉料产生电阻热,实现炉内加热。上部电极设置在炉顶附近,下部电极靠近炉底。电极直径为 200mm,上下间距为 9m,上部电极向下倾斜 30°插

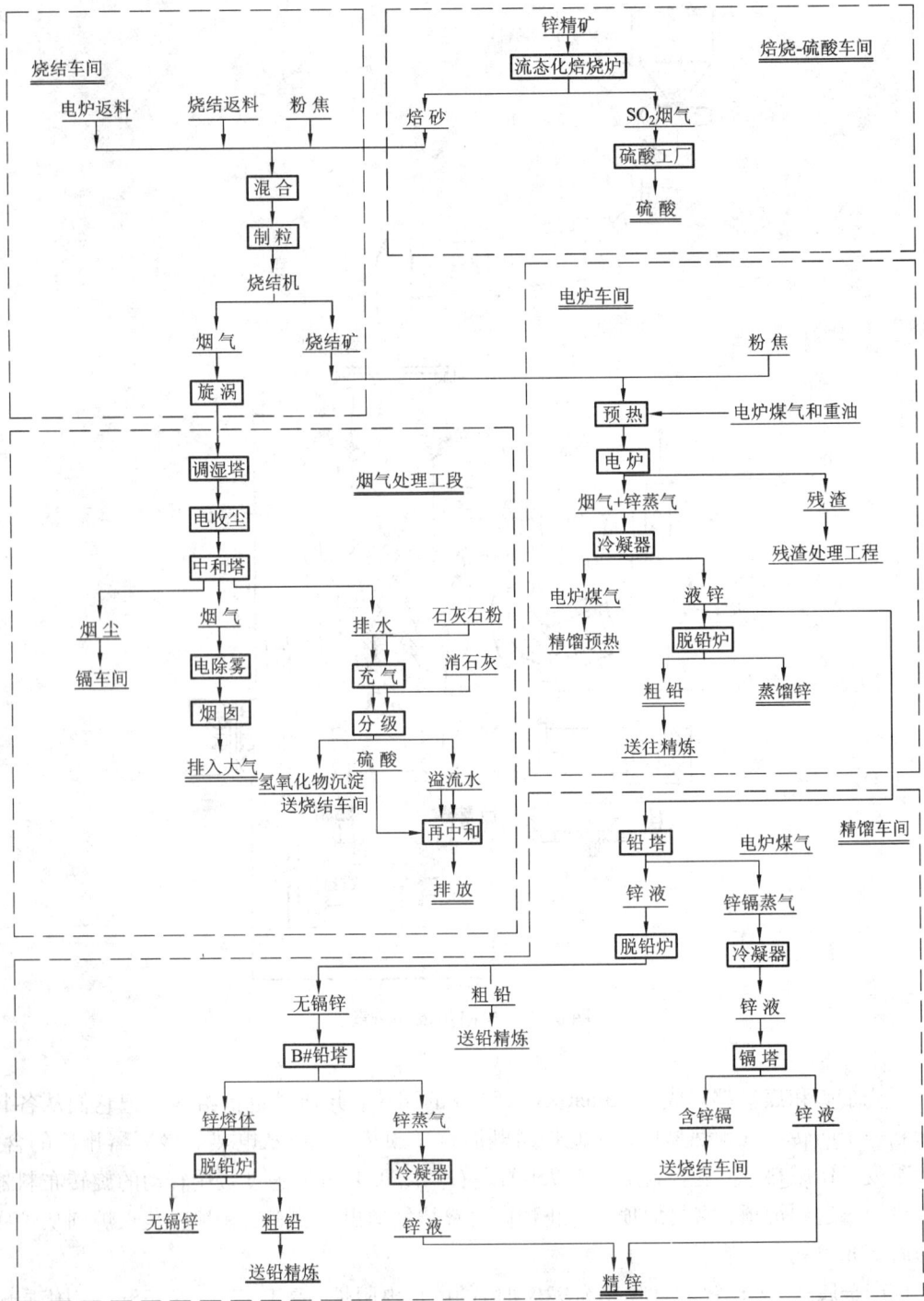

图8-2　日本三日市电热法炼锌厂生产流程

入炉中约475mm。下部电极垂直伸入炉中约150mm。上部电极每天约消耗37.5mm，每过几天就需要调整一次位置。下部电极的消耗少得多，因此不需要调整电极位置。每生产1t锌，电极的总消耗量为 1.14kg。

炉子的总功率为 10^4kVA，电阻热使蒸气环处炉中心温度高达 1200～1400℃，下部电极处温度达 1300℃。从蒸气环处逸出的炉气温度为 850℃，其主要成分(%)为：Zn 45，CO 及 N_2，H_2，CO 等约 45，直接进入冷凝器。

冷凝器是一个具有垂直进口和出口的 U 型室。U 型冷凝器底部是液锌熔池，真空度 30～40kPa，吸入含锌炉气，冷凝锌蒸气，使液锌熔池的体积增大。U 型冷凝器底部横断面面积为 2.04m^2，并且伸出炉外向上倾斜，与水平线大约成 22°角。附加冷却室的水冷循环把冷凝器中的温度控制在 480～500℃，冷凝器同附加冷却室共可容纳约 45t 金属锌。

冷凝器排出的废气进入高速水洗涤器，将其中夹带的固体颗粒和蓝粉除去。洗涤泥浆制团后返回电热炉。洗涤后的气体含 80% CO，可用作工厂燃料。

从炉底排出来的废渣由焦炭、烧结料渣和熔渣组成，从炉底排出。炉壁底部设水冷钢环，在钢环下面 300mm 处安装有衬耐火材料的排料盘，以 0.03r/min 的速度转动，连续不断地将废渣排出。

日本三日市电热锌厂的生产工艺流程见图 8-2，其主要设备特性如下：

①鲁奇型流态化焙烧炉 3 台，其规格分别为 ϕ2.8m×9.8m，ϕ3.0m×10.0m，ϕ5.0m×13.7m。

②吸风烧结机 2 台，风箱总面积为 48.5m^2。

③电阻电热蒸馏炉 9 台，其中 8 台小炉，1 台大炉。

小炉最大输入功率为 6000kW，上部电极处炉子直径为 ϕ2.0m，炉高 12m，电极数为 6 对，月产全产量为 1300t；

大炉最大输入功率为 10500kW，上部电极处炉子直径为 ϕ2.9m，炉高 14m，电极数为 9 对，月产锌量为 2000t。

电热蒸馏锌的主要经济技术指标如下：

①加入炉料：烧结块 16400t/月，焦炭 9190t/月
②蒸馏锌产量：7800t/月
③电能消耗：2900kWh/t·Zn
④碎焦消耗：383kg/t·Zn
⑤重油消耗：45L/t·Zn
⑥电热蒸馏锌回收率：97.7%

8.2　矿热电炉炼锌

矿热电炉是将电极插入固体炉料或液态熔融体(一般为熔渣)中，依靠电弧与电阻的双重作用，将电能转化为热能，以维持工艺过程所需的温度。矿热电炉又称为电弧电阻炉。

矿热电炉熔炼的特点是熔池温度高，不配或少配熔剂即可处理难熔炉料，因而渣量减少，金属回收率得以提高；由于不使用矿物燃料燃烧，因而烟气量少，烟气温度低，烟气带走的热损失和废气带给环境的危害都比较小。一般矿热电炉的热效率为 60%～80%。它的最大缺点是耗电量大，生产成本较高，尽管在硫化铜、硫化镍难熔精矿的造锍熔炼，铅、锌、锡精矿(或焙烧矿)的还原熔炼等重金属冶炼方面还有应用，但目前使用较多的是用作铜、镍造

铳熔炼的炉渣贫化和铅、锌还原熔炼产物的过热、澄清和保温方面应用的电热前床。

在上世纪末，在我国甘肃、辽宁、云南、贵州、四川、湖南等中西部地区出现了数十座矿热电炉炼锌厂，但生产规模都比较小，电炉功率大多为 1250kVA，1500kVA，1800kVA 和 2000kVA 不等，平均炉日产量大多在 10t/d 以下。目前，电炉产锌量在我国锌总量中所占的比重很小，估计在 2% ~3% 左右。

甘肃天水鑫能电冶炼厂是我国 20 世纪 90 年代最早开始用矿热电炉炼锌的工厂之一。矿热电炉(电弧电阻炉)炼锌的工艺流程见图 8 -3，电炉设备配置见图 8 -4。

电炉炼锌的原料包括锌焙砂、焦粒(粒度为 3 ~8mm)、石灰石和石英砂(作熔剂，其粒度为 3 ~8mm)。由于电炉对炉料的水分要求比较严格，如果上述原料为冷态，则应经干燥预热才能入炉。

准备好的炉料储存在锥部设有螺旋给料机的料仓内，由螺旋机将炉料送入炉内，还原出来的锌蒸气随炉气一起经炉气出口进入冷凝器。熔渣由放渣口定时放出。电炉的炉型有圆形和矩形两种。圆形炉的电极排列在同心圆周上呈等边三角形。矩形炉的电极呈直线排列。炉料都是从炉顶的周边或四边的装料口加入。

炉气由上部炉气出口排出。炉下部设有上渣口和下渣口，上渣口为工作渣口，每隔 24h 放一次渣；下渣口根据冶炼情况定期放底渣，底渣成分含重金属及硫化物(铳)较多。炉内容纳熔渣的部分即为熔池，其温度最高，对内衬耐火材料性能要求较高。

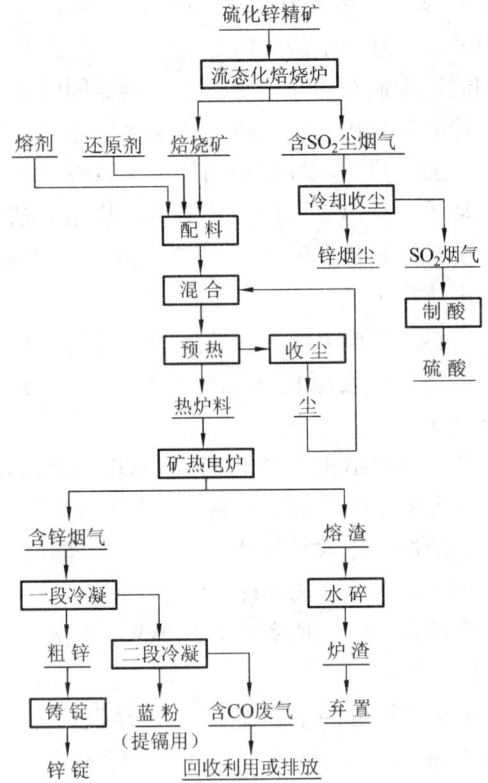

图 8 -3　矿热电炉(电弧电阻炉)炼锌工艺流程

炉顶设有电极孔、加料孔、测温孔、测压孔以及探渣孔等。炉顶上部一般设 3 个料仓，操作人员通过操作台上带旋转速度的开关来开启密封螺旋机将炉料加入炉内。加料采用间断方式，时间间隔为 10min。

电能由炉用变压器经短网和石墨电极输入炉内熔渣中，由于炉渣电阻和微电弧作用，电能转化成热能，使熔体温度高达 1250 ~1350℃，甚至更高。炉料中的氧化锌和其他重金属氧化物被碳质还原剂还原，还原出来的锌以蒸气状态随炉气经炉壁侧面的炉气出口和倾斜部小井进入冷凝器，被扬起的锌雨冷凝成锌液。少量的锌蒸气被氧化而形成锌灰，定期从冷凝器中扒出。

为了提高锌蒸气冷凝效率和金属回收率，天水鑫能电冶炼厂采用两级飞溅式冷凝器冷凝锌蒸气。经一冷未被冷凝下来的锌蒸气进入冷凝器，冷凝废气经水封和水力喷射器洗涤后放空。飞溅式冷凝器锌的冷凝效率为 94% ~96%，蓝粉产出率为 2.5% ~3.5%。

矿热电炉炼锌的主要技术经济指标如表 8 -1 所示。

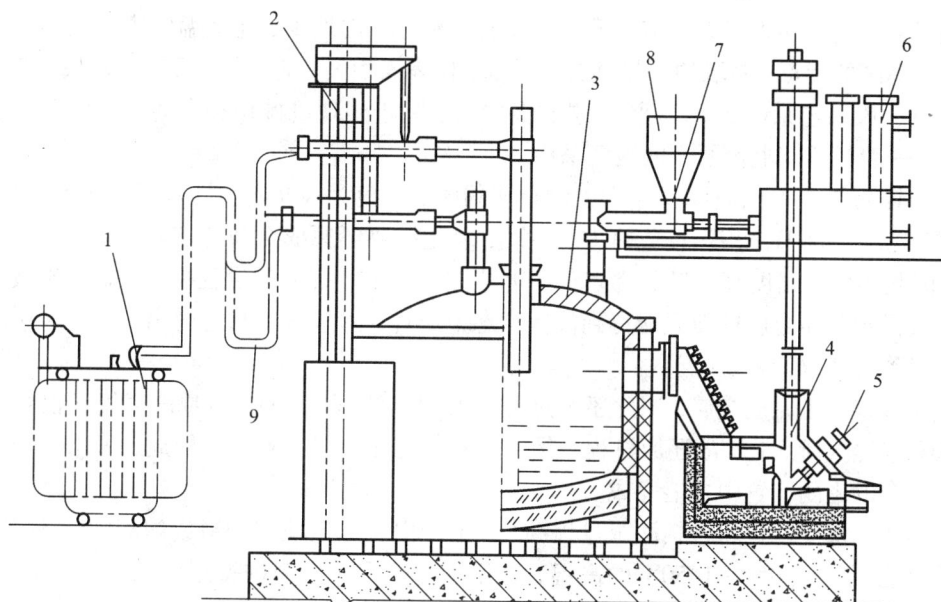

图 8 - 4 矿热电炉炼锌主要设备配置图

1—电炉变压器；2—电极提升装置；3—电炉本体；4—飞溅式冷凝器；
5—冷凝器转子；6—二冷洗涤器；7—密封螺旋给料机；8—混合料仓；9—短钢

表 8 - 1 矿热电炉炼锌的主要技术经济指标

电炉容量/kVA	1250	2000
生产能力(粗锌)/(t·d^{-1})	3.3 ~ 7	6.5 ~ 11
炉顶温度/℃	1150	1150 ~ 1250
炉内温度/℃	1300 ~ 1350	1300 ~ 1350
炉气出口温度/℃	1000 ~ 1100	950 ~ 1050
锌的直收率/%	80 ~ 86	80 ~ 90
锌的总回收率/%	95 ~ 97	93 ~ 97
吨锌电能消耗/(kWh·t^{-1})	3900 ~ 4200	3800 ~ 4400
吨锌石墨电极消耗/(kg·t^{-1})	5.0	<8

8.3 电炉生产合金锌粉

8.3.1 关于电炉生产锌粉的概述

电热还原法生产锌粉是以锌焙烧矿、锌浮渣、粗制氧化锌等为原料，采用三相电弧炉，以焦炭作还原剂，经冶炼配料计算、混合均匀、焙烧预热干燥后，采用电炉还原熔炼，使炉料中的锌还原挥发的同时，脉石造渣熔化。还原的锌蒸气随高温烟气进入冷凝器，锌蒸气急剧冷却变成细粒锌粉被收集，供湿法电锌净化工序和生产其他化工产品作原料用。

电炉合金锌粉生产工艺具有流程短、设备容积小、占地少、熔池温度容易调节、烟气量小、热效率高的特点；制取的锌粉具有粒度细、比表面积大、活性强、反应速度快、置换能力强等优点。该工艺原料来源广泛，工艺设备简单，易于实现机械化和自动化。但由于电炉耗电量高，一般只适宜电价便宜的地区采用。

电炉锌粉是一种比表面积非常大的金属粉末，颜色为浅灰色，堆密度约 3.5t/m³，熔点 419.5℃，沸点 906℃。根据反应热力学原理，氧化锌要还原成金属锌实际上要在 930℃ 以上进行，因此还原的温度高于锌的沸点。用电热法还原生产锌粉的过程中，锌焙烧矿被还原后不能一次得到液体金属锌而只能得到气体状态金属锌，锌呈蒸气状态逸出，只有采用冷凝技术方能得到金属锌粉末。

氧化锌很难还原成金属，因此还原过程需要很高浓度的 CO，同时锌蒸气又很容易被二氧化碳和水蒸气所氧化，故还原过程必须使锌蒸气完全与外界隔离，因此，采用电炉生产锌粉需在全套的密闭装置中才能完成。

电热还原法生产锌粉包括两个过程：①在电炉内将电极埋在炉料或炉渣中，电阻将电能转换成热能，产生 1350～1450℃ 的高温，氧化锌与碳质还原剂进行还原反应，产生锌蒸气。②锌蒸气与 CO 连续不断地从炉料层中逸出，与造渣物质分离，然后随炉气一起进入冷凝器，迅速冷却成为锌粉。电炉内发生的主要化学反应如下：

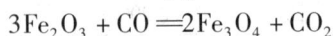

$$ZnO + C = Zn_{(气)} + CO$$
$$ZnO + CO = Zn_{(气)} + CO_2$$
$$CO_2 + C = 2CO$$
$$CdO + C = Cd_{(气)} + CO$$
$$3Fe_2O_3 + CO = 2Fe_3O_4 + CO_2$$
$$Fe_3O_4 + CO = 3FeO + CO_2$$
$$FeO + C = Fe + CO$$

电热法生产的锌蒸气采用蛇管夹套冷凝器。锌蒸气经炉喉进入蛇管夹套冷凝器，使温度急剧冷却到金属熔点以下，100～200℃ 形成锌粉而沉降下来，来不及沉降的少部分锌粉随炉气进入第一、第二惯性夹套冷却器中继续沉降，沉降后的尾气再次经布袋收尘器捕集残余锌粉，然后排空，也可作燃料使用。由冷凝器和冷却器收集下来的锌粉由螺旋输送机排出，经 80 目(0.175mm) 过筛分类包装。

8.3.2 电炉锌粉生产的工艺流程

电炉锌粉生产工艺包括炉料准备和配料、电炉熔炼、锌蒸冷凝。以祥云飞龙公司 2000t/a 电炉锌粉生产线为例，其工艺流程如图 8-5。

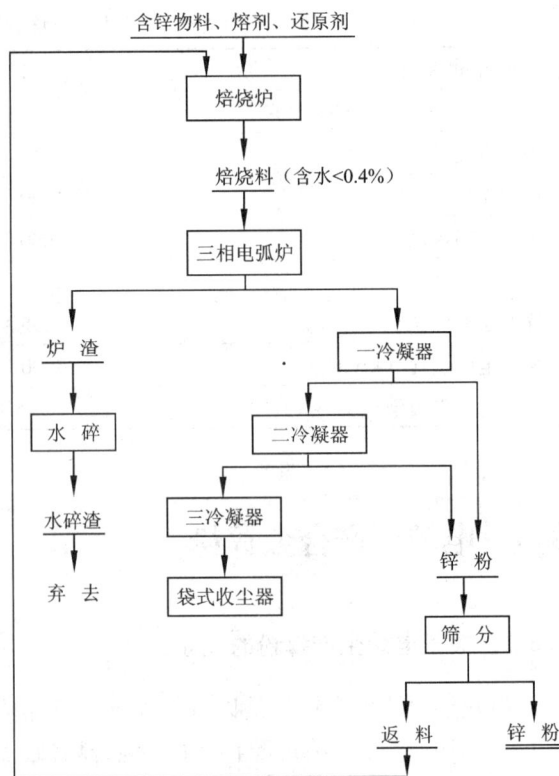

图 8-5 电炉锌粉生产工艺流程

8.3.3 对原料和主要辅助材料的质量要求

（1）锌焙砂：Zn > 65%，S < 1%，Pb < 1%，Cd < 1%，Fe < 8%，SiO_2 < 7%，AS + Sb < 0.5%；粒度 < 10mm。

（2）还原剂及冶金焦：含碳 > 75%，灰分 < 15%，挥发分 < 1.9%，S < 1%，粒度 < 10mm。

（3）熔剂：石英含 SiO_2 > 90%；石灰含 CaO > 80%。

（4）焙烧炉用燃煤：发热量 > 23000kJ/kg，灰分 < 20%，挥发分 > 15%，固定碳 > 55%，硫 < 3%，水分 < 10%。

（5）石墨电极或自焙电极标准及物理性能（表 8 - 2）。

表 8 - 2　锌粉生产用电炉的标准

要求参数	单 位	优	一级	二级
电极电阻系数	$\Omega \cdot mm^2/m$	< 9.5	< 11	< 13
机械强度	kg/cm^2	> 160	> 160	> 160
允许电流强度	A/cm^2	20	18	16
选用直径	mm	100 ~ 500		
密 度	t/m^3	1.55 ~ 1.6		

（6）实际生产入炉料的主要成分（表 8 - 3）。

表 8 - 3　电炉生产锌粉的入炉料的主要成分（%）

名 称	Zn	Cu	Cd	Fe	SiO_2	CaO	MgO	Al_2O_3	Pb	S
焙 砂	50 ~ 55	0.2 ~ 0.4	0.2 ~ 0.6	8 ~ 15	2 ~ 5	1 ~ 3	0.005 ~ 1	0.1 ~ 0.2	0.5 ~ 2	1 ~ 3
熔铸渣	76 ~ 83									
石 灰					0.4 ~ 0.7	80 ~ 88	0.8 ~ 1	0.2 ~ 0.6		
石 英					90 ~ 95	0.1 ~ 0.3	0.1 ~ 0.2	0.2 ~ 0.3		

（7）焦炭成分（表 8 - 4）。

表 8 - 4　锌粉电炉用焦炭的成分（%）

固定碳	挥发分	灰分	S	H_2O
77.37	3.43	18.20	1.0	18.5

8.3.4 电炉生产合金锌粉的主要技术经济指标

电炉合金锌粉的质量是以单质形态的锌(及有效锌)来作为标准的,其质量应达到下列标准(表8-5)。

表8-5 电炉合金锌粉的质量标准

名 称	一级	二级
有效锌含量/%	≥86	≥82
筛余物量/%	≤0.2	≤0.2
粒 度/mm	0.175mm(80目)	

主要技术经济指标如下:

锌直收率90%~92%;锌总回收率95%~97%;

电炉床能率1.6t/(m² · d);吨锌粉电耗3800~4000kWh/t;

吨锌粉电极消耗20kg/t;吨锌粉焦耗200~250kg/t;

渣含锌6%~8%;炉寿命12个月。

撰稿人:张训鹏 龙会国

审稿人:任鸿九

9　粗锌精馏精炼

9.1　粗锌精馏的目的

9.1.1　概　述

粗锌精馏法精炼是与竖罐蒸馏炼锌同一时期发展起来的。由美国新泽西公司首创,因此又称为新泽西精馏法。20 世纪 30 年代以来,世界各国凡有火法炼锌工厂的国家几乎先后都建立了这种装置。我国的精馏法技术是葫芦岛锌厂于 1957 年由波兰引进建设的,经过多年的研究开发,其技术逐渐完善。

精馏法具有如下的特点:

(1)可生产含锌 99.99% ~99.999% 的纯锌。

(2)可将原料中的铅(Pb)、镉(Cd)、铟(In)、锗(Ge)等金属富集于相应的副产物中,有利于综合回收。

(3)对原料适应性广,灵活性大。

(4)炉体结构复杂,需要优质碳化硅(SiC)制品,筑炉和生产操作要求较严。

20 世纪 80 年代以来,我国精馏法技术取得了很大进步,其趋向有以下几个方面:

(1)塔盘大型化。在通用型(990mm ×457mm)塔盘基础上,研制了 1260mm ×620mm 型和 1372mm ×762mm 型两种大塔盘,并增加了塔体高度,生产能力得到了大幅度提高。

(2)扩大了精馏法的应用范围。精馏炉除用于生产精锌外,还可用于生产普通锌粉、超细锌粉、高级氧化锌等。

(3)提高了生产过程中的机械化和自动化程度。精锌铸锭、锌锭码垛及捆扎等作业都实现了自动化,并初步实现了精馏炉燃烧室温度的自动控制。

(4)塔盘制造质量和塔体寿命均有提高。

表 9－1　火法炼锌产出粗锌的化学成分(%)

方法	Zn	Pb	Cd	Cu	Sn	Fe	In
鼓风炉炼锌	98 ~99	0.9 ~1.2	0.04	0.10	0.002 ~0.004	0.002 ~0.01	–
竖罐炼锌	98.5 ~99.9	0.10 ~0.80	0.04 ~0.15	0.0008	–	0.01 ~0.1	0.0036
平罐炼锌	98 ~99	0.976	0.192	0.0012	–	0.0092	–
电热法炼锌	98.9	1.1	0.07	–	–	0.013	–

9.1.2 粗锌精馏的目的

各种火法炼锌产出的粗锌成分见表9-1,这种锌的用途十分有限,各厂家根据用户的要求,约有10%~85%的粗锌送去精炼。

从表9-1中的数据可以看出,粗锌中常见的杂质主要是铅(Pb)、镉(Cd)、铁(Fe)。另外,还有少量的铜(Cu)、锡(Sn)、铟(In)等。这些元素都影响锌和锌制品的性质,从而限制了它的使用范围,因此,根据锌的各种用途对锌质量的要求,必须进行精炼以提高锌的纯度,并回收这些杂质元素。我国工业用锌的牌号与化学成分已在锌电解一章中述及。

对于标准牌号中的Zn 99.995(见表5-15)可用于生产氧化锌、热镀锌合金;Zn 99.99可用于生产喷涂锌丝。利用精馏过程,能直接生产优质氧化锌和超细锌粉。

精馏法生产中,作为中间产物的高镉锌可用作生产精镉的初级原料,还可利用副产品粗铅来富集,回收稀有金属铟。韶关冶炼厂利用蒸馏法处理含锗的硬锌回收金属锗。

总之,粗锌精馏精炼的目的在于获得高纯锌,满足用户需求;利用精馏法生产高级氧化锌、普通锌粉和超细锌粉等;在锌精馏的同时,可回收铅、镉、铟、锗等有价金属。

9.2 精馏精炼的基本原理

9.2.1 锌及其他金属的蒸气压与温度的关系

用精馏法分离锌、铅、镉、铁等金属的基本原理是基于在一定温度下不同金属的蒸气压存在差异。

物质由液态转变为气态的过程称为蒸发;由固态转变为气态的过程称为升华。在冶金学中,常把蒸发和升华统称为挥发,而把与挥发相反的过程称为凝结或凝聚。液态的物质在温度T(注:T为热力学温度,单位为K,与摄氏温度t之间的换算关系为$T=t+273$)时,转变为气态,并达到平衡,其气相物质的蒸气压称为该物质在温度T时的饱和蒸气压,简称蒸气压,它表示在一定温度下物质的挥发能力。物质的蒸气压可以通过实验测定,也可以由热力学数据进行计算。锌及其他金属的蒸气压与温度的关系见图9-1。

在图9-1中,镉的蒸气压远远大于锌和铅,而锌的蒸气压大于铅和铁。如果锌中含铅为12%,在锌的沸点温度1180K(即907℃)时,这种合金中锌的蒸气压p_{Zn}为101kPa,铅的蒸气压p_{Pb}为2.9×10^{-3}kPa,从这些数据来看,与液态合金相平衡的气相中p_{Zn}比p_{Pb}大得多。这样便可使锌、铅分离。用同样的方法也可以使锌与铁、铜、铟、锡等蒸气压小的金属分离。在锌精馏生产中,利用上述方法首先使锌镉合金与铅、铁、铜、铟等金属分离,得到含镉锌。

Zn-Cd-Pb三元系的气-液平衡组成列于表9-2。

铅、锌、镉的沸点分别为1525℃,907℃和767℃。在铅、锌、镉三元合金中,随着合金中铅的含量增加,粗锌的沸点升高;相反镉的含量增加时,粗锌的沸点降低。加入精馏塔中的粗锌,其中铅与镉的含量并不高,可以把粗锌的沸点看作纯锌的沸点。但是,当粗锌中的部分锌与镉蒸发后,流至铅塔下部的粗锌中铅的含量便会增加,因而沸点也就相应提高。不过,从铅塔下部流出的残余金属仍以锌为主,高沸点的铁、铅、铜的含量仍然在5%以下。所以只要保证铅塔内的温度在1000℃左右,就能保证镉完全蒸发,此时锌的蒸发量也很大。

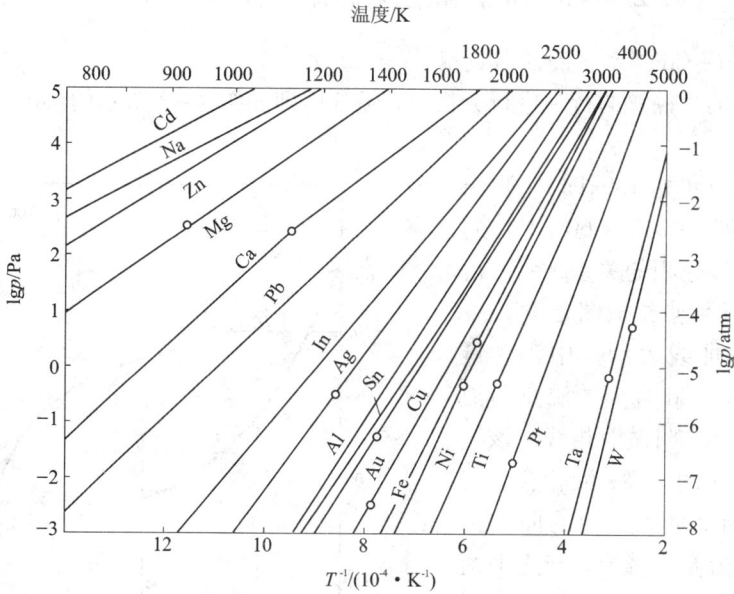

图 9 - 1　锌及其他金属的蒸气压

（图中○代表金属的熔点）

表 9 - 2　Zn - Cd - Pb 气液两相的平衡成分

编号	液相			沸点/℃	气相		
	x_{Zn}	x_{Cd}	x_{Pb}		x_{Zn}	x_{Cd}	x_{Pb}
1	0.231	0.693	0.077	755	0.096	0.903	0.86×10^{-5}
2	0.429	0.429	0.143	809	0.220	0.780	2.8×10^{-5}
3	0.600	0.200	0.200	846	0.422	0.579	8.3×10^{-5}
4	0.200	0.600	0.200	791	0.105	0.895	2.2×10^{-5}
5	0.333	0.333	0.333	826	0.204	0.760	6.5×10^{-5}
6	0.429	0.143	0.429	869	0.519	0.481	16.0×10^{-5}
7	0.077	0.693	0.231	784	0.042	0.958	2.0×10^{-5}
8	0.143	0.429	0.429	812	0.123	0.877	4.8×10^{-5}
9	0.200	0.200	0.600	860	0.317	0.683	14.8×10^{-5}

注：x 为摩尔分数，表示合金中各组分的浓度。

　　从表 9 - 2 中的气相平衡数据可以看出，在合金的沸点下，气相中铅的含量是不高的，可以认为铅在铅塔中完全不挥发而留在残余金属中。平衡气相中镉的含量很大，可认为粗锌中的镉在铅塔中完全挥发，与挥发的锌蒸气一道进入铅塔冷凝器中冷凝为液体（即含镉锌），再流至镉塔中实现锌与镉的分离。

9.2.2　利用 Zn – Cd，Zn – Pb 二元系相图分析粗锌精馏精炼过程

9.2.2.1　Zn – Cd 二元系沸点组成图

在对镉塔中的含镉锌的行为进行分析时，经常用到如图 9 – 2 所示的 Zn – Cd 二元系沸点组成图。

在恒定外压下（如 100kPa），测出各种成分液体（如 40% Zn + 60% Cd）的沸点与平衡气、液两相的关系，就可得到 Zn – Cd 二元系沸点组成图。

图中下边的曲线表示锌中镉含量变化时，这种 Zn – Cd 合金的沸点与液相组成之间的关系，叫做液相线。该线随着合金中镉含量的升高，液相合金的沸点沿该线逐渐降低。上边的曲线是气相线，表示该合金沸腾时，与之平衡的气相成分变化规律。气相线上方区域叫气相区；液相线下方区域是液相区；两者之间的闭合区域是气液共存区。

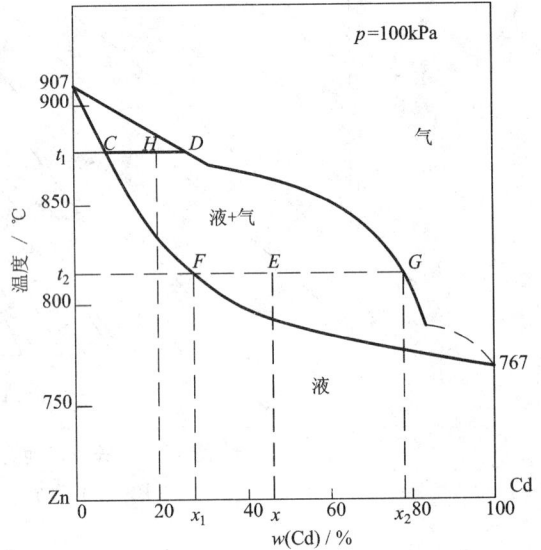

图 9 – 2　Zn – Cd 二元系沸点组成图

从图中可以看出，在 100kPa 压力下，纯锌的沸点为 907℃，纯镉的沸点为 767℃。即在一定外压下，蒸气压越高的液体，其沸点越低。在图中，同一温度下镉的气相含量高于液相含量。如图 9 – 2，将含镉 20% 的金属加热至温度 t_1，得到平衡的气、液两相，其中气相含镉量（D 点）为 28%，液相含镉量（C 点）为 8%，气相中镉含量高于液相中的镉含量。所以，通过蒸发和分馏可使锌、镉分离。

在图 9 – 2 中，其横轴若用质量百分比表示组成。假设在 E 点，Zn – Cd 合金的质量为 W，总组成为 x（即合金中镉的百分含量为 x）；在温度 t_2 时得到的液、气两相的质量分别为 W_1、W_2，两相中 Cd 的百分比分别为 x_1 和 x_2。合金的总质量应等于两相质量之和：

$$W = W_1 + W_2$$

合金中的 Cd 总质量也应等于两相中 Cd 的质量之和：

$$xW = x_1 W_1 + x_2 W_2$$

两式比较，得：

$$x(W_1 + W_2) = x_1 W_1 + x_2 W_2$$

整理后，得：

$$W_1(x - x_1) = W_2(x_2 - x)$$

式中 $x - x_1 = \overline{EF}$，$x_2 - x = \overline{EG}$

所以

$$W_1 \times \overline{EF} = W_2 \times \overline{EG}$$

$$W_1 / W_2 = \overline{EG} / \overline{EF}$$

即，液相量/气相量 $= \overline{EG} / \overline{EF}$

FG 线好像一支杠杆，支点在 E，上式与力学中的杠杆原理相似，故称为杠杆规则。

例：如图 9 – 2，有 100g 含 Cd 为 20% 的 Zn – Cd 合金加热到 H 点时，气液相的质量各为多少？

解：设气、液质量分别为 W_1 与 W_2，由图可知，加热到 H 点的温度时，气相含 Cd 为 28%，液相含 Cd 为 8%，根据杠杆规则，得：

$$W_1/W_2 = \overline{CH}/\overline{HD}$$

所以　$W_1/W_2 = (20\% - 8\%)/(28\% - 20\%)$，而 $W_1 + W_2 = 100\text{g}$，得气相质量 $W_1 = 60\text{g}$，液相质量 $W_2 = 40\text{g}$。

9.2.2.2　利用相图分析锌、镉分离过程

在铅塔中分离出来的锌、镉蒸气，经冷凝后，便成为液体合金，即含镉锌。为了使镉与锌分离，必须进行分馏过程。

锌和镉的分馏原理，可以用图 9-3 所示的 Zn-Cd 二元系的沸点组成图来说明。将成分为 A 的含镉锌加热至 a 点时，这种含镉的锌便会沸腾，锌与镉会同时挥发。但是低沸点的镉要比高沸点的锌蒸发得多些。镉在蒸气中的含量比在液态中的含量更多。该气相冷却时，其组成沿着 II 线(气相线)变化。从 I 线(液相线)上的 a 点作横坐标的平行线交 II 线于 b 点。b 点所代表的成分，即为 A 成分的合金加热至 a 点蒸发气液两相平衡时气相的平衡成分。当 b 点组成的气相冷凝至 c 点，从 c 点作横坐标的平行线，与 I、II 线分别交于 a' 与 b' 点，a' 与 b' 点即为 c 点温度下液相与气相平衡时的两相组成。可见，被冷凝下来的液相含有的锌较 b 点气相多，含镉却较少。未被冷凝的气相则相反，气相中富集了低沸点的镉。组成为 b' 的气相继续冷却便会得到 a″ 和 b″ 的液、气平衡时的两相组成。如此反复多次的蒸发与冷凝，液相中就富集了较高沸点的锌，气相中则富集了较低沸点的镉，从而使沸点有差别的两种金属达到完全分离的目的。实际生产中上述分馏过程是在镉塔中进行的，Zn-Cd 合金经分馏后在镉塔中上部冷凝器得到冷凝产物——高镉锌(其中含镉达 2%~20%)，在镉塔下部得到的精锌含锌可达 99.999%。

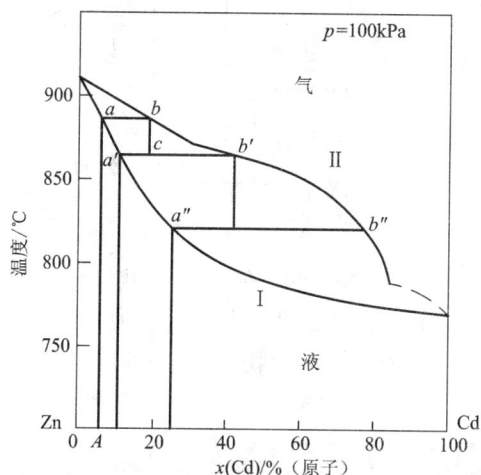

图 9-3　利用 Zn-Cd 二元系相图分析
锌镉精馏分离过程示意图

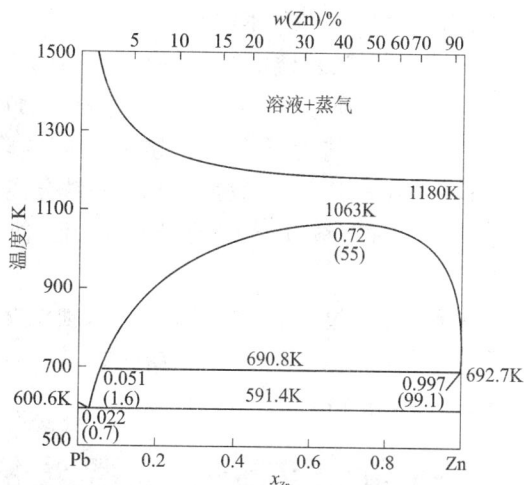

图 9-4　Zn-Pb 二元系相图

总之，整个粗锌精馏过程分为两个阶段。第一阶段是在铅塔中脱除高沸点杂质金属铅、铁和铜等；第二阶段是在镉塔中脱除低沸点杂质金属镉、砷等。无论在铅塔还是镉塔中，都

包括蒸发和冷凝回流两个物理过程。无论是在蒸发盘还是在回流盘中，都同时进行着蒸发和冷凝回流。只不过在蒸发盘中主要过程是蒸发，在回流盘中主要过程是冷凝回流。

必须指出，用精馏精炼方法脱除粗锌中铅、镉等杂质的程度，除受到热力学条件影响外，生产中的其他因素，例如塔内温度的波动、气流速度及其与回流液体的接触程度、加料量及加料均匀程度、回流塔外氧化锌"挂壁"的薄厚等都有很大的影响。尤其在镉塔中，由于锌与镉的沸点很接近，而使其难以完全分离，因此要求严格控制生产条件（特别是温度），并要有较多的锌挥发，才能保证精锌的质量。

9.2.3 粗锌熔析精炼原理

粗锌精炼的方法主要有精馏法、熔析法和真空蒸馏法。在粗锌精馏精炼生产中，熔析法仅作为精馏法的一种辅助方法。

从铅塔下延部排出的铅、铁含量很高的馏余锌进入熔析炉，使锌和铅、铁熔析分离。熔析精炼的原理是基于锌、铅、铁熔点和密度的不同，通过控制一定的温度，而使它们分层分离开来。三者的密度（t/m³）分别为：锌7.13，铅11.34，铁7.87。

温度在1063K（即790℃）以上，锌和铅能以任何比例相互溶解为均质合金。从图9-4的Zn-Pb系相图中可以看出，当温度低于1063K时，液态铅锌合金分为两层，上层是含少量铅的锌，下层是含少量锌的铅，而且随着温度的逐渐降低，上层的含锌量会越来越高，锌在上层不断富集；同理，下层的铅含量也逐步增加。只有控制适当的熔析温度便会使锌、铅分离，从而得到B号锌（又称无镉锌，位于上层）和粗铅（位于下层）。

至于铁，也随着熔析温度而变。如图9-5的Zn-Fe系相图所示，锌铁化合物主要以FeZn₇，Fe₅Zn₂₁等形态溶于馏余锌中。随着温度的降低，会不断有α-Fe、FeZn₇等物质析出，锌铁分离愈来愈好。冷却时有糊状结构的硬锌析出，使锌铁分离。

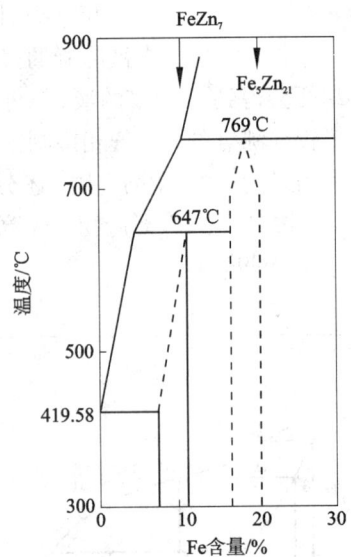

图9-5 Zn-Fe系相图

在精馏生产过程中，控制熔析炉大池温度，使馏余锌在其中分为三层：上层为含铅的锌，即无镉锌或B号锌；中层为锌铁糊状熔体（含FeZn₇，Fe₅Zn₂₁等化合物），称为硬锌；下层为含锌的铅，即粗铅。

9.3 精馏塔的构造

粗锌精馏精炼过程是在密闭的精馏塔内进行的。精馏塔包括铅塔和镉塔。铅塔的主要作用是脱除粗锌中高沸点杂质Pb，Fe，In，Cu，Sn等；镉塔的主要作用是脱除低沸点杂质Cd，As等。精馏塔由塔本体、燃烧室、换热室和下延部构成，而镉塔还应包括大冷凝器。借助溜槽和加料管，精馏塔与熔化炉、熔析炉、纯锌槽和冷凝器相连，形成一个密封的精馏系统。

精馏塔的构造及其组合如图9-6所示。

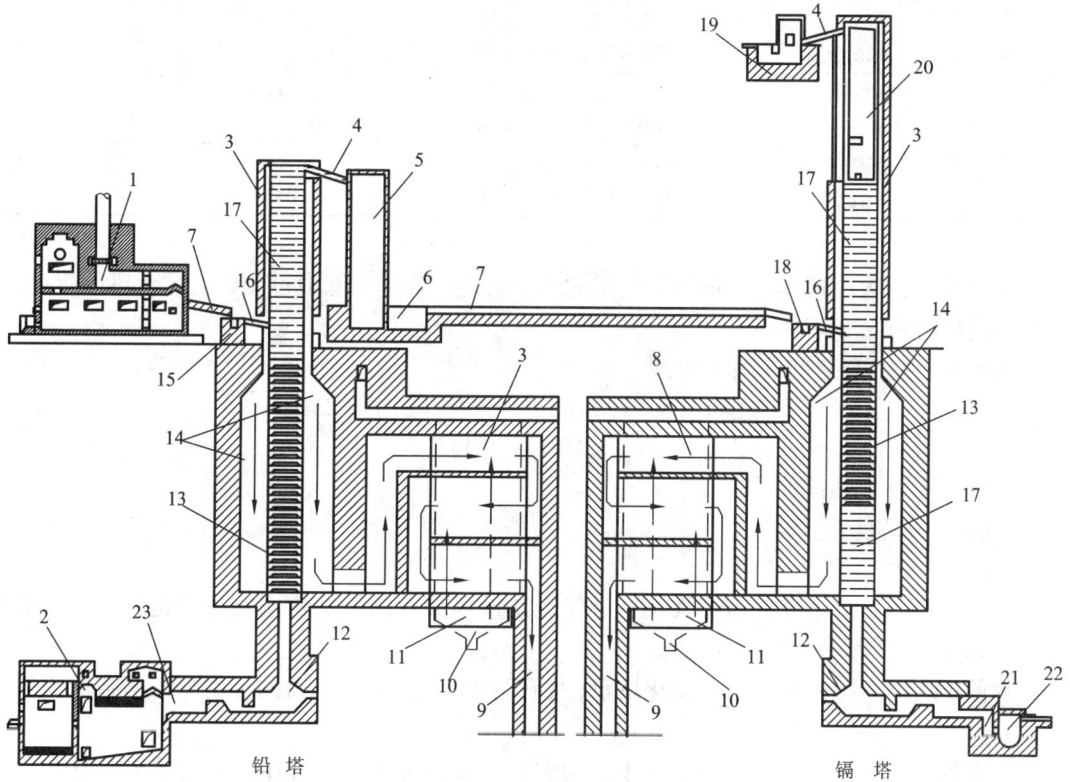

图9-6 锌精馏炉的组合示意图

1—熔化炉；2—精炼炉；3—回流塔保温套；4—连接槽(溜槽)；5—铅塔冷凝器；6—储锌池；7—流锌槽(流槽)；8—换热室；9—烟气出口；10—煤气进口；11—空气进口；12—下延部；13—蒸发盘；14—燃烧室；15—铅塔加料器；16—流管(加料管)；17—回流盘；18—镉塔加料器；19—镉塔小冷凝器；20—镉塔大冷凝器；21—精锌出口；22—纯锌槽；23—馏余锌出口

根据粗锌处理量规模、杂质含量多少等因素，精馏塔的生产组合有两塔型、三塔型、四塔型、七塔型等。目前，国内工厂大多采用三塔型和四塔型。三塔型由两座铅塔和一座镉塔组成一生产组。四塔型由三铅塔(其中一座专用于处理B号锌)和一镉塔组成或采用3∶2∶3型，现多采用前者。

9.3.1 塔本体

塔本体由塔盘重叠安装而成，它分为两部分：在燃烧室内的部分称为蒸发段，燃烧室以上的部分称为回流段。回流段不外加热，但四周有保温空间。

9.3.1.1 塔盘结构

每座精馏塔有50～60块塔盘。塔盘系优质碳化硅(SiC)制品，形状均为长方形，但其内部结构不同，技术要求也各异。盘的四角为圆角，以防因热应力变化而开裂。塔盘盘壁接口都设有向里倾斜的坡面，倾斜角为7°～9°，以保证叠砌稳固。

表 9-3　国内常用塔盘的结构尺寸

塔盘型号		外形尺寸，长×宽×高×厚/mm	盘上气孔面积/m²	采用厂家
大型塔盘	蒸发盘	1372×762×190×38	0.193	葫芦岛锌厂
	回流盘	1372×762×190×38	0.1135	
	蒸发盘	1260×620×190×38	0.1114	韶关冶炼厂
	回流盘	1260×620×190×38	0.0779	
通　用塔　盘	蒸发盘	990×457×165×38	0.077	
	回流盘	990×457×165×38	0.0458	

塔盘尺寸的大小选择，应根据生产量的大小确定，既不可能力过剩，也不能超负荷运行，否则影响塔盘质量和塔体寿命。

塔盘长、宽、高之间的关系为：

$$l_盘 = (1.5 \sim 2.2)b_盘，生产中 l_盘 常取 2b_盘$$
$$h_盘 = (0.3 \sim 0.4)b_盘$$

式中　$l_盘$——塔盘外长；

　　　$b_盘$——塔盘外宽；

　　　$h_盘$——塔盘高。

塔盘壁厚 $S_盘$ 主要根据盘型大小、粗锌含铁量多少及制作结构密实程度选择，一般壁厚为 30～50mm，实际常取 38mm。

目前，国内工厂大多使用大型化塔盘(共有两类)和通用型塔盘两种类型，其结构尺寸见表 9-3。

塔盘都设计成多种型号，以满足不同的需要。在各种型号塔盘中，多数是蒸发盘和回流盘。国内通用型塔盘共有 13 种型号，其名称及主要尺寸见表 9-4。

表 9-4　国内通用塔盘型号规格

型　号		称　号	外形尺寸/mm	盘气孔尺寸		单重/kg
新号	原号		长×宽×高×厚	$L×b$/mm	面积/m²	
TP-1	T101	底　盘	990×457×195×38	102×153	0.0156	97
TP-2	T108	蒸发盘	990×457×168×38	305尺241	0.0735	74
TP-3	T108a	蒸发盘	990×457×168×38	419×241	0.101	67
TP-4	T109	蒸发盘	990×457×168×38	533×241	0.128	68
TP-5	T110	导气盘	990×457×165×38	864×241	0.289	46
TP-6	T111	大檐盘	990×457×165×38	361×126	0.0458	97
TP-7	T103	加料盘	990×457×165×38	361×127	0.0458	93
TP-8	T102	回流盘	990×457×165×38	361×127	0.0458	77
TP-9	T112	出气盘	990×457×267×38	361×127	0.0458	103
TP-10	T104	液封盘	990×457×141×38	361×127	0.0458	70
TP-11	T105	反扣盘	990×457×140×38	361×127	0.0458	56
TP-12	T104a	液封盘	990×457×165×38	361×127	0.0458	70
TP-13	T107	液封盘	990×457×165×38	361×127	0.0458	76

（1）蒸发盘

蒸发盘安装在蒸发段。盘的构造呈"W"形，一端设有长方形气孔，中间高出的部分为塔盘底，塔盘底的周围有一环形沟槽。为延长盘内气、液两相的接触时间，在塔盘一端的沟槽和气孔之间开有溢流口。蒸发盘形状见图9-7，这种形状可以使金属锌液大部分积存在塔盘四周的沟槽内，以增大锌液与盘壁的接触面积，有利于接受盘壁传入的热量，因而热传导快，蒸发能力大。在塔盘内平底上只积存很薄一层液体金属，约为10~20mm，可以减少盘内金属存量，并扩大金属蒸发表面积，当液体金属积存到一定高度时，则由塔盘一端的溢流口溢出，经盘上气孔流到下一块塔盘，并逐步按顺序交错下流，直至底盘，流至下延部。

在蒸发段，每块蒸发盘都蒸发一定数量的气态金属，沿上一块塔盘的气孔上升，并按顺序交错上升，气态金属总量由底部至上部不断增加，最后到达精馏塔回流段。

在大型化蒸发盘设计中，一方面简化了塔盘结构，将通用型的不同结构（主要是气孔面积不同）的三种蒸发盘（即TP-2，TP-3和TP-4型）改为单一型，减轻了大塔盘制作加工的繁琐；另一方面，尽量增大沟槽的高度和宽度，增大了锌液储存高度和储存量，增大了锌液的实际受热面积，稳定了气液两相之间的压力。同时，取消了原通用型蒸发盘的溢流口，使锌液由单点溢流变为多点溢流，甚至全溢流，形成瀑布型锌幕，增加了气液两相接触面积。

（2）回流盘

回流盘呈"U"形，如图9-8所示，它是一个平底长方形碳化硅制品。盘的一端有长方形气孔，平底面设有导流格棱和溢流口，格棱高度一般为14~20mm，溢流口高10~14mm。这种形状使液体金属在盘面上呈"S"形流动，延长盘内气液两相的接触时间，保证锌液和锌蒸气有最大的接触面积。

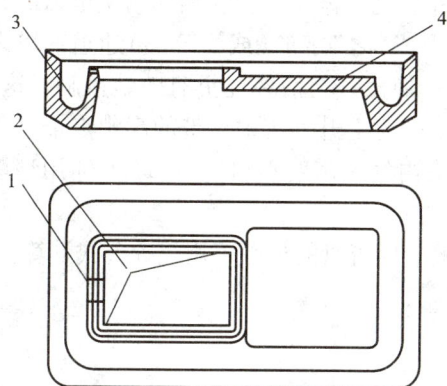

图9-7 蒸发盘结构示意图
1—溢流口；2—气孔；3—沟槽；4—盘底

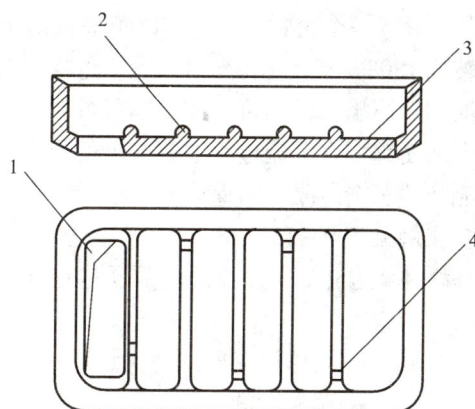

图9-8 回流盘结构示意图
1—气孔；2—导流格棱；3—盘底；4—溢流口

在大型回流盘中，新设计不同于通用型回流盘所采用的S形导流格棱。

①1372mm×762mm型（即H型）大回流盘的锌液流动线路：在最后一道格棱开有多个溢流口，锌液呈液幕往下一块盘流动。

②1260mm×620mm型（即SH型）大回流盘的锌液流动线路也改变了通用型回流盘单纯的S形线路，特别是还采用梯格。在回流盘内按锌液流动方向设置几道台阶式梯形格棱，由

高至低逐级降低，锌液则从这种梯形格棱上漫过，显然这比S形导流更好。

回流盘安装在精馏塔的回流段。当粗锌镉含量不高时，有的镉塔蒸发段的下部也安装回流盘，以减少锌液受热面积，降低锌液蒸发量。回流段不外加热，靠锌蒸气的冷凝热来保持温度，为此，在回流段的外面设有保温空间。

（3）异型塔盘

为了满足不同的需要，精馏塔塔盘还有以下几种异型塔盘。

①底盘　底盘安装在最底部，中央有一长方形排液流孔与下延部相通，将塔体内锌液导流至下延部。

②空心盘　空心盘又称导气盘，一般放置在最上一块蒸发盘之上，是蒸发盘与回流盘之间的过渡盘。其作用是缓冲气流，减少气体阻力；并使锌蒸气冷凝，尽量少进入回流段。

③大檐盘　此盘属回流盘的一种变形。其外壁中部有一圈突出的边沿，形似"屋檐"。当回流段塔盘漏锌时，可以通过大檐盘突出的边沿将锌液导流到压密砖上，利用压密砖上的沟槽将锌液引出，避免锌液沿塔盘外壁流入燃烧室。

④加料盘　加料盘属回流盘的一种变形。在该盘气孔的另一端盘壁上有一"U"形口，可以连接加料管。

⑤铅塔顶盘　又称出气盘，属回流盘型。盘的一端（与气孔端相对）为敞口，通过大溜槽与冷凝器相连。

⑥液封盘和反扣盘　这两种盘结合使用，其作用是为了防止镉塔大冷凝器（又称分馏室）落下的杂质金属氧化物流入塔内。

9.3.1.2　塔盘组合

塔盘组合是精馏塔的核心主体，即塔本体。安装、组合塔盘时，要使其紧密地一块叠着一块，形成一个密封的整体，以免塔盘内金属被塔外燃烧气体所氧化。相邻两块塔盘的开口都转成180°安装，气孔交错布置。这样使整个塔内形成"之"字形（或称S形）通道。塔内的锌液和蒸馏出来的锌蒸气都沿"之"字路下流或上升，使蒸气与液体能更有效地接触。这样，一方面使锌液在下流过程中有充分的机会受热蒸发；同时上升气流中夹带的高沸点金属蒸气有充分的机会冷凝。为保证产品质量，组合时要使塔内气流速度不超过10m/s。通用型塔盘组合实例见表9-5。

塔体组合中，蒸发盘的块数通过热计算进行选择，回流盘的块数可用经验公式计算：

$$n_{回} = E(n_{蒸} + n_{辅})$$

式中　$n_{回}$——塔体回流段的塔盘块数；

　　　　$n_{蒸}$——蒸发盘的块数；

　　　　$n_{辅}$——塔体组合时，需要的辅助塔盘的块数，如导气、底盘等，一般为2~4块；

　　　　E——回流段塔盘高度与蒸发段高度的比值。它是保证精锌质量的重要参数，一般为

　　　　　　0.6~0.8，视原料杂质含量高低而定，高则取大值。

铅塔、镉塔的塔体组合有以下共同点：它们均由蒸发段和回流段两部分组成；蒸发段设在燃烧室的中心，实施加热蒸发所需金属的功能；回流段不加热，但四周均设保温套，稳定塔内气液两相温度，达到锌与不同杂质分馏的目的。

表9-5 铅镉塔塔盘组合实例①

铅塔			镉塔		
塔盘型号	盘序	数量	塔盘型号	盘序	数量
TP-1	1号	1	TP-1	1号	1
TP-2	2号~8号	7	TP-8	2号~17号	16
TP-3	9号~17号	9	TP-2	18号~19号	2
TP-4	18号~29号	12	TP-3	20号~22号	3
TP-3	30号	1	TP-4	23号~27号	5
TP-3	31号	1	TP-3	28号~29号	2
TP-5	32号	1	TP-2	30号~31号	2
TP-6	33号	1	TP-5	32号	1
TP-7	34号	1	TP-6	33号	1
TP-8	35号~52号	18	TP-7	34号	1
TP-9	53号	1	TP-8	35号~48号	14
			TP-10	49号	1
			TP-11	50号	1
			TP-12	51号	1
			TP-11	52号	1
			TP-13	53号	1

注：①盘序自下而上排列。

②在TP-9塔盘上面，有的厂家采用顶盖板来密封铅塔塔顶。葫芦岛锌厂则直接用一块导气顶盖盘(型号为T113)取而代之，故其铅塔共有54块塔盘构成。

但镉塔塔盘组合与铅塔组合有诸多区别：

①由于锌、镉沸点相近，为脱除全部镉，必然会相应地蒸发少量锌，所以镉塔的蒸发量小于铅塔。镉塔蒸发段可不设或少设蒸发盘。但使用回流盘时，应保持与铅塔蒸发段同一高度。当粗锌含镉较高时，镉塔蒸发段与铅塔蒸发段塔盘组合相同。

②为了强化锌镉的分离，同时使分馏后的精锌回流入塔，镉塔冷凝器安放在回流段顶部。

③为防止冷凝器中生成的锌、镉氧化渣回流入塔，回流段顶端设有3道锌封，并外设扫除孔，以备定期清扫。

采用通用型塔盘的铅塔在进行塔体组合时，由于蒸发盘尺寸不同其形状呈枣核形，两头小，中间大。这是为了使加入塔内的液体锌充分预热，同时使上升气体中机械夹带的铅雾在离开蒸发段前，尽可能多地与液体锌接触，降低精锌含铅量。

大型塔盘组合是在通用型塔盘组合基础之上，作了以下主要改进：

①实施大型铅镉塔用一种蒸发盘替代原三种不同上气孔面积的蒸发盘来进行塔的组合。

②为增加塔盘数，或增大料流和热流的稳定性，在蒸发段的上部导气盘与加料盘之间，增设了两块回流盘，作为塔体供料与供热的缓冲区。

③为保证产品质量，提高了回流段与蒸发段高度的比值 E。

国内精馏塔大塔盘组合情况见表9-6。

表9-6　精馏塔大塔盘组合情况

项　　目	国内通用塔 990×457	H 型大塔 1372×762	SH 型大塔 1260×620
蒸发段塔盘块数	30	34	27
回流段塔盘块数	24	26	20
合　　计	54	60	47
E 值②	20/30 = 0.667	24/30 = 0.8	18/26 = 0.692

注：①这种大塔盘的蒸发盘和回流盘高度不一致，故块数比并不代表高度比，实际要高些。
　　②包括加料盘和大檐盘。

9.3.2　燃烧室和换热室

　　燃烧室和换热室的结构见图9-9。围绕着塔组合的蒸发段用耐火砖砌筑成一个长方形的空间即燃烧室。煤气由顶部进入，空气由左右边墙进入，与煤气成90°角相交，混合燃烧，向塔体供热。其底部左右边墙有多个烟气出口，且出口面积由前至后依次减小，如此设计可避免燃烧点因抽力作用后移，因而提高了塔盘温度分布均匀程度。

　　换热室的作用主要是预热煤气、空气，导出废气。换热室主要由双孔空心砖构成，煤气和空气经空心砖与砖外的废气进行热交换，然后分别汇入煤气、空气总道，进入燃烧室。在换热室内设置交错排列的隔板，使废气作"S"形流动，延长热交换时间，提高了煤气和空气的预热温度。

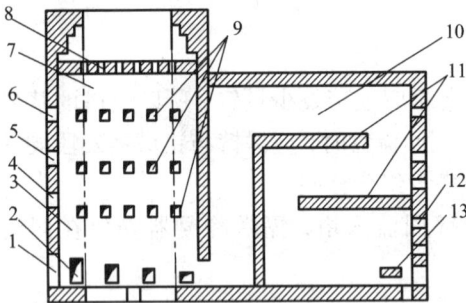

图9-9　燃烧室和换热室结构示意图

1—废气直道扫除口；2—废气口；3—燃烧室；
4—三层空气；5—二层空气；6——层空气；7—塔盘；
8—煤气进口；9—空气进口；10—换热室；
11—隔板；12—换热室扫除口；13—废气拉砖

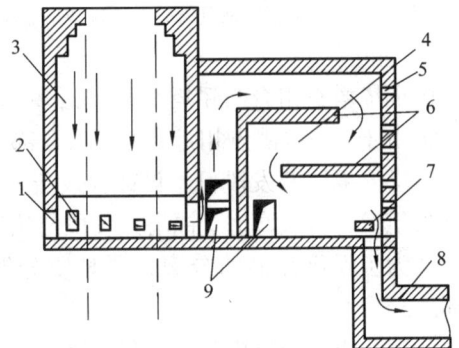

图9-10　废气走向示意图

1—直道扫除口；2—废气出口；3—燃烧室；4—换热室；
5—换热室扫除口；6—隔板；7—废气拉砖；8—废气道

　　废气、煤气和空气在燃烧室和换热室内的走向见图9-10、图9-11和图9-12。换热室后侧及左右两侧设有多层扫除口，便于清扫堵塞部位。

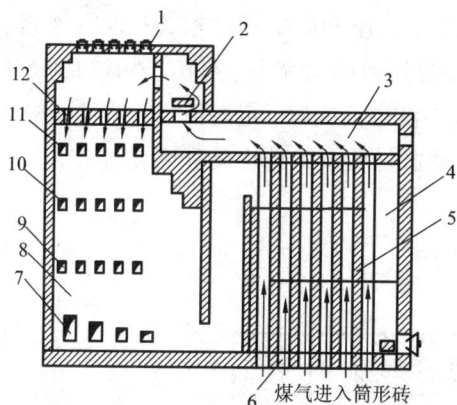

图 9-11 煤气走向示意图

1—观察孔；2—煤气挡板；3—煤气道；
4—换热室；5—筒形砖；6—煤气入筒形砖进口；
7—废气出口；8—燃烧室；9—三层空气进口；
10—二层空气进口；11——层空气进口；
12—煤气入燃烧室进口

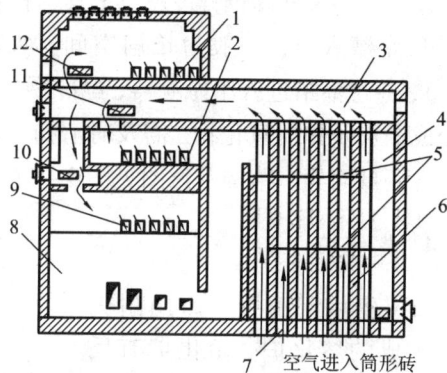

图 9-12 空气走向示意图

1——层空气进口；2—二层空气进口；
3—空气道；4—换热室；5—隔板；
6—筒形砖；7—空气入筒形砖进口；8—燃烧室；
9—三层空气进口；10——层空气拉砖；
11—二层空气拉砖；12—三层空气拉砖

9.3.3 冷凝器

9.3.3.1 铅塔冷凝器

铅塔冷凝器是用碳化硅质耐火材料砌筑的矩形空间，下设锌液封闭的底座储槽。为便于调节温度，它的外围设有活动保温窗；后侧底部设有两个扫除口，用于升温、扫除和特殊情况处理。铅塔冷凝器通过顶端的方形空洞与溜槽相通，将铅塔的含镉锌蒸气导入冷凝室内，散热冷凝，冷凝的锌液储存于底座内，经过液封由底座外池连续排出，进入镉塔加料器。其结构见图 9-6。

9.3.3.2 镉塔冷凝器

（1）镉塔大冷凝器

镉塔大冷凝器置于镉塔回流段上部，与镉塔紧密相通，其材质为碳化硅质耐火材料。尺寸基本上与回流盘内腔相同。顶部有溜槽与镉塔小冷凝器相连，外部设有活动保温窗，以适应塔内锌流较大的变化，便于温度调节。锌蒸气经过回流段的分馏后进入大冷凝器进行冷凝，进一步使镉蒸气分离，只让少量锌与镉蒸气进入小冷凝器产出高镉锌。其结构见图 9-6。

（2）镉塔小冷凝器

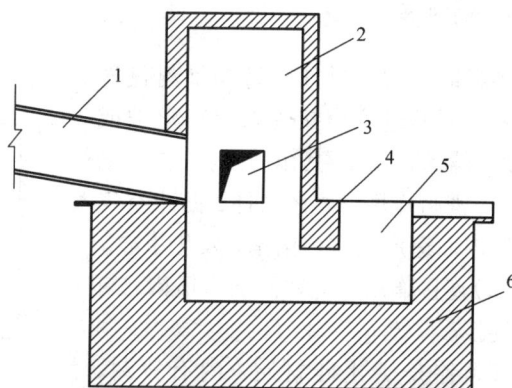

图 9-13 镉塔小冷凝器结构示意图

1—溜槽；2—冷凝室；3—扫除口；4—液封砖；
5—高镉锌储槽（排出槽）；6—底座

该冷凝器又称高镉锌冷凝器，其结构包括冷凝室、底座和高镉锌储槽，并设有液封、扫除口和溜槽入口，一般为长扁空间。大冷凝器未能分馏的含镉锌蒸气（含镉约为 5% ～20%），通过溜槽进入小冷凝器，经冷凝后大部分成为液态高镉锌，定时舀出、铸锭。极少部分变成镉灰及锌镉氧化物，需及时清扫。高镉锌冷凝器材质多为粘土砖和碳化硅砖，尺寸因粗锌含镉量而异。结构示意图见图 9 - 13。

9.3.4　熔化炉

每座铅塔都配置一座用耐火材料砌成的熔化炉。熔化炉有反射式直接加热炉和密闭式间接加热炉两种。反射式加热炉的结构如图 9 - 14 所示。熔化炉的作用为：

（1）熔化各种粗锌，将固、液体锌加热到一定的温度，满足加料的准备；

（2）混锌作用，即将各种锌混合在一起，使成分均匀；

（3）计量作用，通过标尺掌握炉内锌液量，利用锌液流量控制装置均匀地向塔内加入锌液。

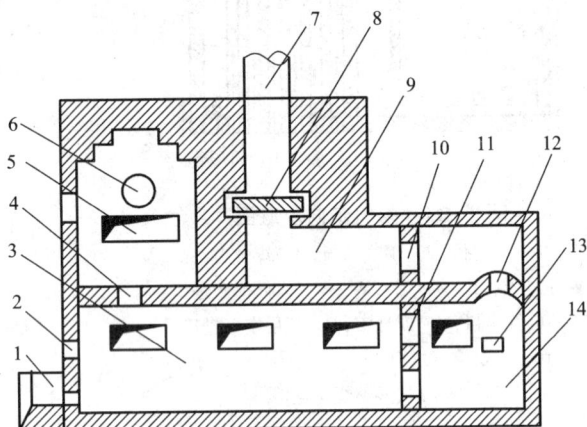

图 9 - 14　熔化炉结构示意图

1—加料口；2—炉门；3—大池；4—煤气进口；
5—空气进口；6—煤气入口；7—烟囱；8—废气拉砖；9—废气道；
10、11、12—废气出口；13—出料口；14—小池

熔化炉的出料口外接自动给料器。熔化炉内锌液流进自动给料器后，利用锌液流量控制装置，经过流槽使其均匀、准确、连续地流入加料器。锌液自动给料器主要有杠杆式针阀控制器、锌液冲击计量器及液坝控制器三种。图 9 - 15 是杠杆式针阀自动给料器结构示意图。

9.3.5　加料器

加料器一端通过加料管与加料盘连接，另一端通过流槽接受来自熔化炉或铅塔冷凝器的锌液。其作用是：

（1）密封作用　密闭塔体，防止空气进入塔内而造成氧化锌堵塞，发生事故。

（2）连接作用　把锌液加入塔内，与塔内连接。

加料器是碳化硅材质，内有锌封，分为铅塔加料器和镉塔加料器两种。因为镉塔的压力波动较大，所以镉塔加料器比铅塔加料器大。两种加料器的结构见图 9 - 16 和图 9 - 17。

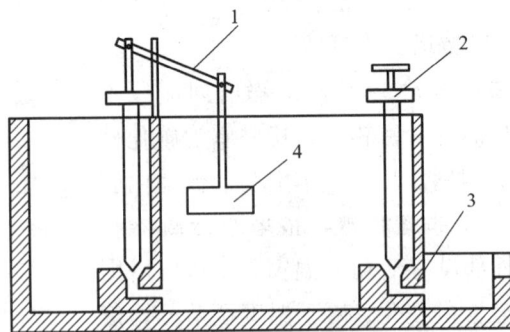

图 9 - 15　杠杆式针阀给料器结构示意图

1—压力杠杆；2—石墨针状阀；3—自动给料器出口；4—压力砣

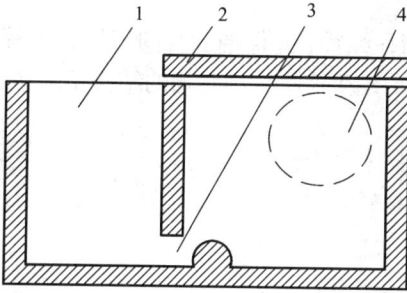

图 9 - 16　铅塔加料器结构示意图

1—小方井(敞开口)；2—盖板；3—锌封口；4—流管

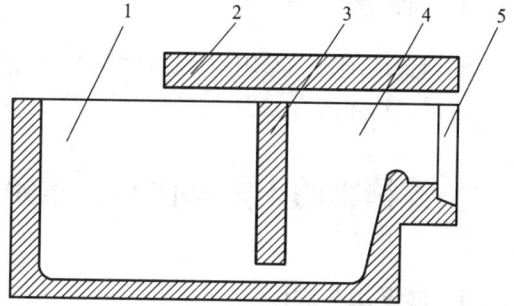

图 9 - 17　镉塔加料器结构示意图

1—小方井(敞开口)；2—盖板；3—锌封砖；
4—密封槽；5—流管接口

9.3.6　下延部

下延部(图 9 - 18)系指塔体和熔析炉或精锌储槽之间的密封连通部分，其作用是冷凝气体、密封塔体和导出馏余锌。烘炉时，它可作为热气进入塔内的通道。为防止锌液氧化，下延部设有锌封。其底部流槽为小沟槽形，尽量减少锌液呈瀑布式流动。它的后部有升温、扫除口。

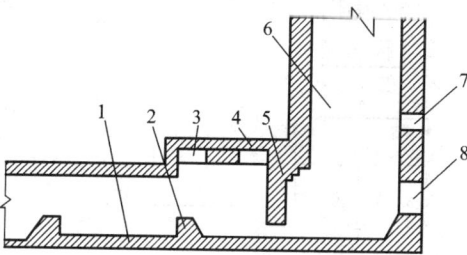

图 9 - 18　下延部结构示意图

1—下延部流槽；2—液封砖("马鞍")；
3—扫除口；4—盖板；
5—气封砖；6—直井(竖井)；
7—测温孔；8—升温、扫除口

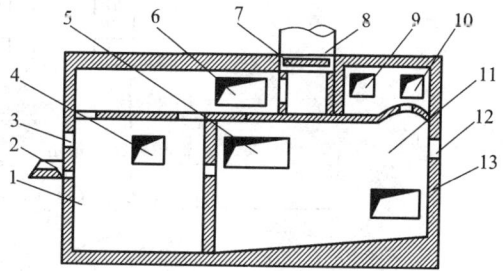

图 9 - 19　熔析炉结构示意图

1—B 号锌池(小池)；2—B 号锌出锌口；
3、10—煤气入口；4—小池门；
5—大池门(捞硬锌及出铅等)；6—废气道扫除口；
7—废气拉砖；8—烟囱；
9—空气进口；11—熔析池(大池)；
12—扫除口；13—方井过道(锌液入口)

9.3.7　熔析炉

熔析炉(图 9 - 19)，又称精炼炉。铅塔馏余锌经下延部、方井进入熔析炉。它的作用是熔析分离铅、铁和锌，储存 B 号锌、硬锌和粗铅。在大池内，馏余锌经熔析后分为三层：下层是粗铅，中间层是硬锌，上层是 B 号锌。B 号锌流入小池内，保温、储存，定时排出。粗铅和硬锌视量抽出和捞取。

9.3.8　纯锌槽

每座镉塔配置一座用耐火砖砌筑的纯锌槽，用以储存纯锌，并保温。有的工厂将纯锌槽与精锌自动浇铸系统合二为一，省去了一道工序，提高了劳动生产率。纯锌槽的结构见图9-6。

9.4　锌精馏的正常操作和技术条件控制

9.4.1　精馏工艺过程

9.4.1.1　粗锌精馏精炼工艺流程

图9-20为葫芦岛锌厂四塔型精馏法工艺流程。

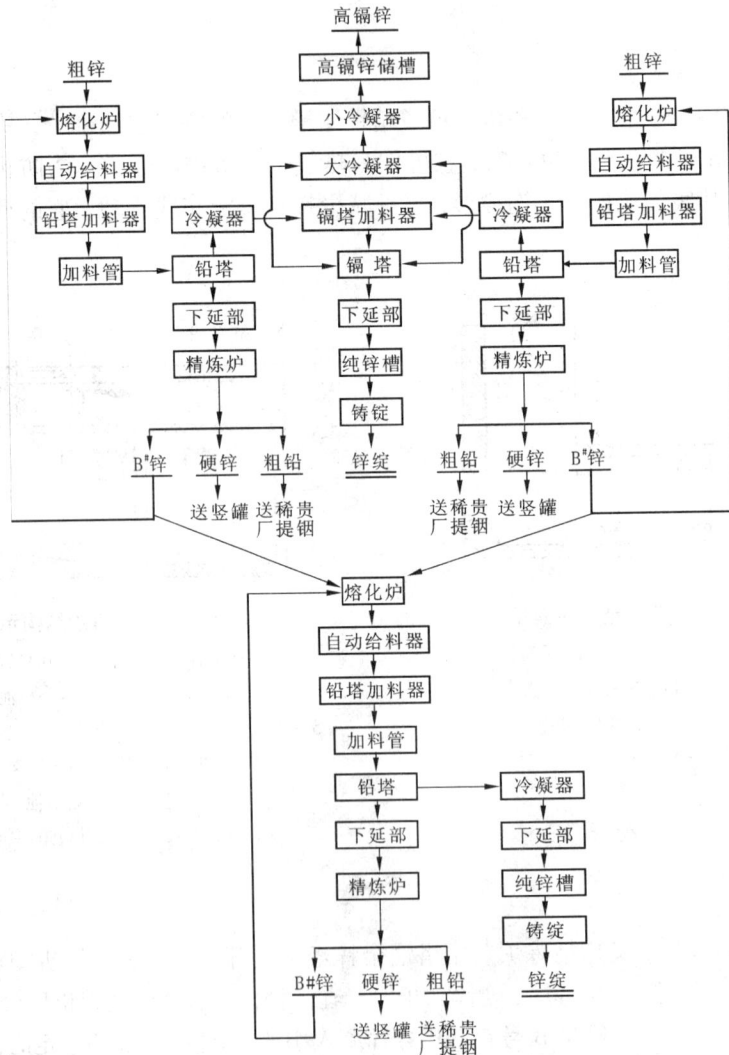

图9-20　葫芦岛锌厂四塔型精馏法工艺流程

　　粗锌从熔化炉经加料器流入铅塔,大部分锌及全部镉呈蒸气状态挥发,而铅及其他高沸点杂质则几乎全部以液体合金形态经下延部进入精馏炉后得到 B 号锌、硬锌和粗铅。

　　被蒸发的锌、镉蒸气与少量铅蒸气上升至铅塔回流段,经分馏作用,进一步除去残留铅等高沸点杂质,而锌、镉蒸气进入铅塔冷凝器得到含镉锌。铅塔产出的含镉锌经流槽、镉塔加料器和流管进入镉塔。控制适当的温度,使含镉锌不断进行蒸发、分凝回流过程,锌、镉得到分离。纯锌液由下延部进入纯锌槽,得到精锌。富镉锌蒸气经回流分馏后,进入大冷凝器,进一步冷凝分离,最后进入小冷凝器,得到高镉锌,可作为提镉原料。

　　铅塔产出的 B 号锌主要作为 B 号锌塔(也是铅塔,可直接产出精锌)的原料,也可返回其他铅塔处理。硬锌可送到蒸馏炉或铅锌鼓风炉系统处理;含锗或铟的硬锌可用于同时提取锗和铟;当铅塔实施了加铝除铁工艺时,就会得到锌基铝铁化合物,而没有硬锌。粗铅进一步进行精炼得到商品铅;当粗铅中富集有铟时,则可作为提铟的原料。

　　精馏的主要产品是精锌。此外,还有六种中间产品:B 号锌、硬锌、粗铅、高镉锌、锌渣和氧化锌。精馏产物的化学成分列于表 9 − 7 中。

表 9 − 7　精馏产物化学成分(％)实例

名称	Zn	Pb	Fe	Cd	Cu	Sn	As	Sb
精馏锌	99.99 ~ 99.997	0.002	0.0015	0.0018	0.0015	0.0008	−	−
B 号锌	98 ~ 98.9	0.8 ~ 1.8	< 0.03	< 0.0001	0.003 ~ 0.005	< 0.005	< 0.01	0.04 ~ 0.1
硬锌	90 ~ 95	2 ~ 3	2 ~ 4	< 0.01	0.004	0.0015	0.0015	0.15
高镉锌	80 ~ 85	< 0.002	< 0.001	15 ~ 20	< 0.0005	< 0.001		
粗铅	1 ~ 5	~ 98						
锌渣	70 ~ 80	0.45 ~ 0.92	0.05 ~ 0.08	0.01 ~ 0.03		0.01 ~ 0.06		
氧化锌	70 ~ 80	0.3 ~ 0.5	0.06	0.19				

9.4.1.2　加铝除铁

　　铁对塔盘有腐蚀作用,其机理是:液体锌中的铁由于能和碳化硅发生化学反应因而腐蚀塔盘,其反应为 $SiC + Fe = FeSi + C$,反应生成物为高硅铁,在精馏温度下为固态。由于碳化硅与高硅铁的热膨胀系数不同,当生产中出现塔温波动时容易导致塔盘破裂,严重时会使塔盘破碎。而且原料含铁越高,对塔盘的腐蚀越严重。原料含铁浓度与塔盘腐蚀速度的关系见表 9 − 8。

表 9 − 8　原料含铁浓度与塔盘腐蚀速度的关系

液态粗锌含铁浓度/%	0.001	0.030	0.035	0.065	0.085
10 天时塔盘最大腐蚀深度/mm	0	0.123	0.45	1.875	1.90

　　根据铝与铁的亲和力大于锌与铁的亲和力的原理而采用的加铝除铁工艺能有效地防止铁对塔盘的腐蚀。葫芦岛锌厂最早在精馏生产中采用加铝除铁工艺,该工艺有如下优点:

　　(1)降低铁对塔盘的腐蚀程度,延长塔体寿命。

　　(2)防止精馏塔爆炸,提高企业经济效益。

（3）降低精锌单耗粗锌，提高精锌产出率和劳动生产率。

9.4.1.3　燃　料

精馏炉的燃烧可用天然气、发生炉煤气、石油尾气等，有的小工厂直接用煤作燃料。目前，国内精馏炉多采用发生炉净化煤气，葫芦岛锌厂对煤气的质量要求如下：发热值大于5440kJ/m³；CO含量高于25％；含尘（包括焦油）低于0.2g/m³。发生炉净化煤气燃烧反应式为：

$$2CO + O_2 = 2CO_2 + Q_1$$
$$2H_2 + O_2 = 2H_2O + Q_2$$
$$CH_4 + 2O_2 = 2H_2O + CO_2 + Q_3$$

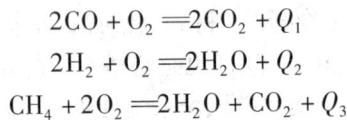

可燃气体燃烧过程可分为混合、着火和燃烧三个阶段。为保证其完全燃烧，精馏炉采取如下措施：

（1）增加煤气和空气导孔的个数，使煤气和空气分成许多细小的流股，增加接触面积，利于混合。

（2）煤气用动压，空气用静压（自然抽力），使它们有一定的速度差，增加摩擦利于混合。

（3）空气与煤气流向成90°夹角，使之发生冲击作用，有利于混合。

（4）空气、煤气经换热室预热，提高预热温度。

（5）废气出口采取前大后小的办法，防止燃烧点后移，使煤气燃烧完全。

9.4.2　锌精馏的正常操作及技术条件控制

精馏塔生产过程要求连续、均衡地进行，为此操作时应遵守下列原则：加锌连续、均匀、准确；控制各部温度稳定，使塔内金属蒸发速度和冷凝速度相互匹配；保证塔体各部畅通无阻；确保密封装置的完好，达到高产、低耗、保质、安全生产的目的。

9.4.2.1　加料及熔化操作

（1）铅塔加料操作

粗锌加料要求均匀、连续、稳定，不断料。加料操作是精馏正常生产的基础，它直接影响精锌质量和产量，也关系到塔体寿命。操作不当引起塔内压力骤升骤降，发生"涨潮"、"抽风"等异常现象，严重时会造成塔顶和冷凝器崩开及溜槽鼓开。粗锌可分为液锌和固体锌，加入熔化炉时，必须严格控制加料速度。影响铅塔加料速度的因素有：

①锌液面高低。锌液面高，落差大，流速快，加料多；锌液面低则加料少。因此应均匀组织供锌，液锌不足时应及时加固体锌。同时，要经常处理熔化炉、加料器的氧化锌"挂壁"，保证熔池有效面积。②锌液温度。温度高，粘度小，密度低，流速快；温度低则相反。根据所加原料的不同，熔化炉应控制不同的温度。正常时熔化炉温度为600～650℃；专加B号锌的熔化炉温度为630～680℃；大量加锌块时熔化炉温度控制在600～750℃。③供料系统畅通与否。供料系统堵塞，加料受阻，流速慢。因此，应勤捞铅塔加料器方井的液面浮渣，对于自动给料器过道、出口及铅塔加料器锌封，应避免长期不处理造成凝结或堵塞的现象。

在确保料量稳定方面，还需要勤检查、勤校对加料量与加料时间，并及时掌握铅塔加料器内锌液面的变化情况。在正常情况下，锌液面距加料器上面距离为50～80mm。

（2）镉塔加料操作

自铅塔冷凝器流出的含镉锌液经流槽、镉塔加料器和加料管进入镉塔，含镉锌流速的稳定与否对镉塔的寿命和精锌的质量也有很大影响。因此要经常检查含镉锌流量，勤疏通流槽和锌封，均匀向镉塔供料，按时用专用工具捞取镉塔加料器中的浮渣。

发现堵塞部位要及时扫除，为保证精锌质量镉塔工具需专用。为使含镉锌液流量、温度稳定，需及时用保温窗调节冷凝器温度，加强保温，防止含镉锌温度低造成加料器抽风。

（3）熔化

及时检查压密砖和燃烧室上盖完好程度，如果损坏要及时修补，防止锌液漏入燃烧室。发现压密砖夹带锌应及时钩出，为避免质量事故发生需在本塔组熔化炉熔化掉。

为加速高镉锌冷凝，需及时扫除镉塔小冷凝器，扒出镉灰、高镉锌渣。及时舀出高镉锌液，不得露出锌封，储槽内锌液高度保持在100mm以上，并捞净浮渣。控制镉塔小冷凝器温度，确保高镉锌液不凝。在正常情况下，高镉锌产量为每班(8h)5～20块。

（4）异常情况判断及处理见表9-9。

表9-9 加料及熔化操作异常情况处理

异常情况	原 因	措 施
炉膛温度高	①煤气量大 ②热电偶套管未插入锌液 ③热电偶未插入套管底部	①减小煤气量 ②重新装好套管及热电偶 ③将热电偶插入套管底部
炉膛温度低	①煤气量过大,不完全燃烧 ②煤气量过小 ③炉膛内锌渣多	①适当调整煤气使用量,使之完全燃烧 ②增大煤气用量 ③扒净锌渣
铅塔加料器涨潮	①加料器锌封堵塞 ②加料器内锌渣多造成堵塞 ③加料管堵塞 ④铅塔冷凝器底座锌渣多 ⑤铅塔冷凝器温度过高 ⑥铅塔燃烧室温度过高 ⑦燃烧室提温过快	①扫除加料器锌封 ②揭开盖板扫除 ③扫除加料管,严重时更换加料管 ④扫除冷凝器底座 ⑤打开保温窗或铲掉挂壁锌,联系调整工处理 ⑥联系调整工,防止提温过快
铅塔加料器抽风	①加料量突然增大 ②特殊操作时燃烧室温度下降过多	①调节加料量至正常 ②加强铅塔加料器的保温,适当提高锌液的温度
镉塔加料器涨潮	①燃烧室温度过高 ②冷凝器温度过高 ③回流塔及保温套堵塞 ④加料器及加料管堵塞 ⑤加料不均匀 ⑥铅塔冷凝器锌粉多 ⑦故障处理后提温过快	①燃烧室适当降温 ②打开保温窗 ③扫除 ④扫除 ⑤调整加料量 ⑥扫除 ⑦按规定提温

续上表

异常情况	原　　因	措　　施
镉塔加料器抽风	①锌液温度低 ②流量变化 ③燃烧室温度低 ④回流塔、加料器、加料管堵塞 ⑤保温套堵塞	①提高锌液温度 ②控制流量至正常 ③保温和提温 ④扫除 ⑤扫除

9.4.2.2　热工调整操作

国内锌精馏炉大多采用煤气燃烧间接加热，锌精馏过程的热能供应直接影响精锌产量和质量。由于塔内反应只是金属加热蒸发的物理过程，因此燃烧室温度的高低，供热的多少，决定于处理量和对精锌质量的要求。精馏塔供热要求高度稳定。燃烧室温度即使在原有温度基础上提高5℃，塔内锌的蒸发就有明显变化，从而影响精锌的产量和质量。但随着塔体开动时间的延长，塔壁外壁挂有一层氧化锌，热阻增大，严重影响向塔盘内锌流的热传导，因此从精馏塔的初期到停塔为止，燃烧室的温度操作指标相差100℃左右。

(1)热工调整操作温度和压力指标

精馏过程热工操作要求非常严格。通用型精馏炉燃烧室各点温度差小于10℃，大型精馏炉燃烧室各点温度差小于20℃。其他各部温度也都有一定要求。但精馏炉的各部温度因粗锌处理量、粗锌杂质含量、塔龄等条件而异。铅塔和镉塔燃烧室和换热室各部温度及压力指标实例见表9-10。

表9-10　燃烧室、换热室温度和压力指标实例

		项　　目	铅　　塔	镉　　塔
燃烧室		最高温度/℃	1300	1300
	温度/℃	正常操作温度 允许波动温度 出口废气温度	1050~1300 <10~20 <1250	1000~1300 <10~20 <1220
	压力/Pa	顶部煤气压力 顶部炉气压力	±0 -30~-50	±0 -30~-50
换热室	温度/℃	空气预热温度 煤气预热温度 换热室出口废气温度	600~750 700~750 600~800	600~750 700~750 500~700
	压力/Pa	空气总道压力 煤气总道压力 煤气进换热室压力	30~50 40~60 180~220	30~50 40~60 160~200

（2）热工调整正常操作

热工调整正常操作基本原则是三勤一稳，即勤联系、勤检查、勤调整和稳定煤气压力。

勤联系：联系熔化工，了解加料情况和铅镉塔冷凝器保温窗开关情况；联系精炼工，了解下延部流量情况。

勤检查：检查仪表指示温度变化情况，检查炉内燃烧情况等。

勤调整：温度有变化，应小动、勤动为宜。

稳定煤气压力：严格控制煤气总道压力。

热工调整的原则：

①当各炉燃烧室温度都有同样的变化时，应变动总条件（即煤气和抽力）。调整燃烧室的温度时，变动其中一个条件而在温度尚未准确反映具体情况以前，不同时变动第二个条件。

②炉内燃烧情况未能确定掌握以前，不能盲目地进行调整，必须首先了解和掌握炉内燃烧的基本情况，才能相应地采取措施。

正常情况下几个基本条件的原则规定：

①铅塔的空气挡板：一层 10～180mm；二层正常不用；三层打开 1/4～2/3。

②镉塔的空气挡板：一层 5～150mm；二层正常不用；三层打开 1/4～2/3。

③废气挡板左右差不应超过 20mm。

精馏塔燃烧室正常热工调整方法见表 9－11。

表 9－11　精馏塔燃烧室调整方法

燃烧室上部	燃烧室下部	燃烧室直升墙	废气支道	调整方法
高	正常	正常	正常	关一层
低	正常	正常	正常	开一层
低	高	高	高	关煤气
高	低	低	低	开煤气
正常	低	高	高	开三层
正常	高	低	低	关三层
高	高	高	高	关抽力、减煤气
低	低	低	低	开抽力给煤气

在遵循以上原则的基础上，在煤气供应稳定、废气排出正常情况下，适当开启各控制阀和挡板，调整燃烧室上、下温度使之分布均衡。若换热室和废气系统堵塞，不仅影响换热而且还会影响煤气正常燃烧。经常扫除换热室、废气道，保持废气畅通也是调整操作的重要组成部分。

热工方面异常情况处理办法见表 9－12。

表9－12　热工调整操作异常情况处理

异常情况	产　生　原　因	处　理　方　法
铅塔、镉塔冷凝器温度低	①燃烧室温度低 ②大冷凝器保温不好 ③回流塔保温不好	①提温 ②强化保温 ③强化保温
精锌含镉高	①原料含镉高 ②镉塔冷凝器温度低或燃烧室温度低 ③小冷凝器流槽堵或小冷凝器锌渣多 ④镉塔回流塔堵或回流塔保温套堵 ⑤加料器抽风氧化镉被锌流携带下来	①与上道工序联系，降低原料含镉 ②调整至正常指标 ③扫除 ④扫除 ⑤均匀加料，防止加料器抽风
精锌含铅高	①铅塔燃烧室温度高 ②铅塔回流塔保温套不畅通 ③铅塔塔顶盖板开启小 ④加料不均匀 ⑤燃烧室下部温度及直升墙温度超高 ⑥原料含铅高	①调整燃烧室温度 ②扫除 ③调整塔顶盖板 ④监督检查加料情况 ⑤调整直升墙和下部温度 ⑥与上道工序联系，降低原料含铅量
废气挡板全开而抽力不够	①废出、直道、直升墙或换热室堵塞 ②抽力拉板或废气支道堵塞 ③烟囱底部堆积氧化锌过多导致烟囱堵塞 ④总烟道或烟囱底部潮湿，温度太低，系统严重漏气	①扫除 ②扫除 ③闷炉操作，清除烟囱底部氧化锌 ④烘烤总烟道及烟囱底部，堵严漏气部位
空气挡板全开而空气不够	①抽力不足 ②天然气量过大 ③空气总道及各层支道一、二、三层空气进口堵塞	①增加抽力 ②减小天然气量 ③扫除堵塞部位

铅、镉塔冷凝器分别与铅、镉塔直接相连。冷凝器温度的高低直接受主塔的制约。同时，冷凝器温度的高低反过来又影响主塔温度。控制冷凝器温度，主要是使塔内金属蒸发速度和蒸气冷凝速度相适应，保证精锌产量和质量，防止塔顶和冷凝器被崩开。影响冷凝器温度的主要因素是：加料量、供热量及其变化；保温窗开关情况。因此根据外界条件变化，应及时调整冷凝器保温窗，使冷凝器温度基本保持稳定。铅塔冷凝器温度一般控制在700℃～850℃，镉塔大冷凝器温度一般保持850℃～900℃为宜。

9.4.2.3　熔析精炼操作

离开铅塔的馏余锌液温度约为890℃，进入熔析炉的熔析池后，温度降至480～540℃，经过静止熔析一段时间分成三层：上层为B号锌，中层是硬锌，下层是粗铅。B号锌经过溢流口流入温度为600～650℃的储锌池（小池）中。B号锌定时放出；硬锌定期捞出；粗铅定期用抽铅机抽出、铸锭。

熔析操作的关键是控制熔析温度和熔析时间。熔析池温度太低，硬锌含铅高，硬锌颜色发灰，严重时熔析池会凝死；温度太高，硬锌颜色发白，B号锌含铁、铅高，造渣多。熔析时间短，三者分离不好；时间过长，硬锌抓底。熔析较好的硬锌为蓝色针状结晶。熔析池和储锌池之间的过道也不允许淹没。否则，将使含铁、铅升高。两池之间隔墙不允许破坏，若连通，也将会造成 B 号锌与馏余锌混合，使 B 号锌含铁、铅高。对采用加铝工艺的熔析炉，熔析池的上层是锌基铝铁化合物（即含 $FeAl_3$ 的熔体），中间层是 B 号锌，下层为粗铅。

由于铅塔馏余锌含有较多高沸点杂质（如铅、铁等），在下延部随着温度的降低，液体流动性变坏。同时，随着空气的进入，液体锌极易氧化成氧化渣，堵塞塔盘或下延部。因此需及时疏通下延部，防止憋开下延部及造成下延部崩开、爆炸。在生产过程中，要随时掌握馏余锌的流量变化，以便判断塔内情况。

熔析精炼操作过程中的异常情况及其处理方法见表 9 - 13。

表 9 - 13　熔析精炼操作的异常情况处理

异常情况	造 成 原 因	处 理 方 法
大池硬锌抓底	出铅过多	①提温 ②提温后加铅 ③用钎子挑
精炼炉方井"涨潮"	①方井硬锌或锌基铝铁化合物多，过道堵 ②大池温度低，硬锌或锌基铝铁化合物多 ③铅液面高 ④大、小池液面高	①捞出方井硬锌或锌基铝铁化合物 ②疏通方井过道 ③提温，捞硬锌或锌基铝铁化合物 ④定期出铅，及时出 B 号锌
下延部往外冒火或喷气	①气封与液封"马鞍"之间存锌少，"马鞍"被损坏 ②"马鞍"处下延部底部裂纹形成"暗道"，液锌走便道 ③气封损坏裂缝 ④塔内压力大	①检修下延部 ②修补气封 ③调整燃烧室温度，增加回流量
下延部堵塞，无流量（加料和燃烧室温度正常）	①气封堵 ②液封"马鞍"挂渣 ③气封与液封之间的硬锌或锌基铝铁化合物过多，使气封堵 ④下延部、流槽进空气，氧化堵死	扫除

9.4.2.4 出锌铸锭

纯锌槽锌液温度的高低将影响铸锭质量，一般控制在 580～640℃。温度过高粘模；温度低，锌液表面氧化皮除去困难。因此要准确控制纯锌槽温度，并经常检查锌液面上升情况，对精锌产量情况及时作出判断。定时将精锌从出锌口放入精锌包中，用电葫芦吊至铸锭机上铸锭。采用将精锌直接引入保温炉再经自动浇铸装置进行铸锭的工艺，操作与上面类似。

为除去锌表面的氧化渣，在锌液浇铸的同时要进行搂皮操作。当锌液注入模后，用耙板将氧化渣搂至锌模一端的撮板附近，然后耙板和撮板配合将氧化渣从模中移出。搂皮时要求走板稳、起板稳、送渣准。可根据锌液温度的高低，采用不同的手法搂皮。温度高时，可浅插板、慢起板；温度低时适当深插板，快走板。还可采用二段搂皮，情况不同手法亦不同。要保持锌锭的完整，尽量不在锌模中间起板，力争使锌锭显圆角。

9.4.2.5　扫除操作

精馏生产必须做到连续、均衡、稳定、畅通。在生产中，系统中某环节出现不畅通时就要进行扫除操作。扫除时既要准确、迅速，尽量降低对塔体温度的影响；又要保证工具完好，确保产品质量。在实际生产中，为使锌、镉充分分离，要经常对镉塔、回流塔及冷凝器进行扫除，扒出氧化渣。镉塔回流塔上部结构见图9－21。镉塔、回流塔、冷凝器扫除部位及操作顺序为：

（1）扫除部位：#1、#2、#3 眼，冷凝器顶部及隔板。

（2）扫除顺序：#1 眼→#2 眼→冷凝器→#1 眼→#2 眼→#3 眼或#2 眼→冷凝器→#1 眼→#2 眼→#3 眼。

扫除镉塔冷凝器时要求工具完好，工具上砍掉疙疸，然后刷 SiC 灰浆。操作时动作要迅速，工具见红就换。扫除完毕再检查工具是否完整无缺。

扫除操作时严禁使用铜质或铅质工具，一般应避免使用铁质工具。如果非使用铁质工具不可，必须注意做到：工具必须完好无损；铁质工具达到红热温度时不得连续使用，及时更换；严禁将铁质工具掉入熔化炉、加料器、冷凝器、回流塔、下延部、放井、熔析炉、纯锌槽及液体锌包内，如果不慎掉入，必须尽快捞出。

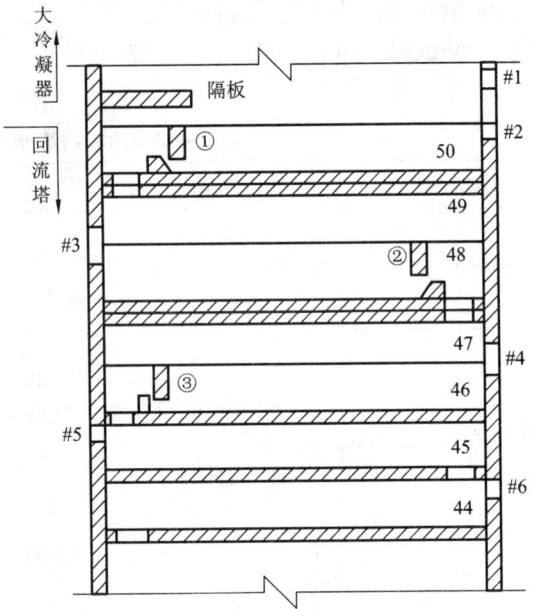

图 9 － 21　镉塔回流塔上部结构示意图
①、②、③为塔盘内隔板

9.4.3　精馏炉的开炉和停炉操作

砌筑好的精馏炉及重新生产的旧精馏炉都需要进行开炉操作。塔龄到期及其他原因致使精馏炉无法继续生产时要进行停炉操作。开、停炉操作中主要是精馏炉及其所属部位的升温、降温操作。开停炉时，升温、降温超过规定指标时应按如下原则进行操作：

（1）开炉过程中各部位升温、降温，如果超过规定指标可保持恒温，不允许用降温、升温的办法达到指标。

（2）在停炉降温过程中如果降温低于规定指标可保持恒温，不允许用提温的方法来达到指标。

9.4.3.1　开炉

开塔作业情况如何，直接影响塔龄长短，关系到能否顺利地按计划投入生产。

（1）烘烤升温

新砌或大修后的精馏塔都要经过烘烤升温，达到操作指标后才能进行加料生产。

①开炉前的准备工作

主要是检查供水、供电、供气设备是否良好，管路是否畅通，阀门、开关是否灵活好使。

各种机械运输设备进行试车。检查各种控制仪表的测量范围、灵敏度、准确性是否能满足生产要求。检查各岗位的安全措施是否齐全可靠。炉体验收，清扫、密闭精馏炉的各部位，需要保温、补刷 SiC 灰的部位及时保温、补刷。编制升温计划。锌精馏炉升温顺序如表9-14。

表9-14　精馏炉升温顺序及方式

炉子部位	升温进行的天数（d）和控温范围			烘炉升温方式
	1 2 3 4 5 6 7 8 9 10 11 12 13 14 15 16 17 18 19 20 21 22 23			
塔体内部①	5℃/h　　400℃			用简易燃烧室(烧木柴或煤),经下延部竖井引入塔内,由塔顶排出,使塔内水分排完(在塔顶由镜面检查烟气,以无水汽为准)
塔体外部燃烧室(换热室)	烘烤　　×　升温　1300℃　　×　降温900℃			引净化煤气由换热室顶部煤气总道口用木柴点火,烟气经煤气横道进入燃烧室,经换热室从烟囱排出
烟气支道、总道及烟囱	300℃			用木柴或煤加热
熔化炉、熔析炉	650℃			先在池底烧木柴,然后烧煤气
下延部	900℃			除专设的简易燃烧室外,还可引煤气烘烤
精锌储槽	650℃			先在池底烧木柴,然后烧煤气
冷凝器	650℃			引专设的煤气管嘴
加料器				引专设的煤气管嘴

注：塔体上部回流盘的升温方式有两种：一是在压密砖与塔体之间暂时留出一定间隙(40~50mm)，使燃烧室的烟气上窜一部分至回流盘与保温套的间隙中进行加热；另一种方法是用专设煤气管单独加热。

②烘塔盘、燃烧室和换热室

准备工作就绪后，就可以开始对系统各部位进行烘烤升温。其目的主要是除去耐火材料中的水分，稳定耐火材料性能，达到不裂不漏。操作顺序如下：

在精馏炉下延部后侧建小煤炉。将煤燃烧产生的废气由下延部升温、扫除口通入塔盘内。利用废气的热量干燥塔盘。然后，废气从塔顶排出。烘塔升温开始必须慎重。在100℃

以下时，升温速度为 2.5℃/h，以防止水分蒸发太快，使塔盘灰缝出现空隙；在 100℃ ~ 200℃时为5℃/h；大于200℃时为5~10℃/h。200℃以下采用煤和木柴，200℃以上时只用煤，严禁使用煤气。

在烘烤塔盘的同时，对新建的燃烧室和换热室也要进行烘炉。操作方法与烘塔盘类似，所以燃料为煤气。

（2）燃烧室升温

燃烧室升温过程中，在600℃以下时，升温速度为5℃/h；在600℃以上时为10℃/h。燃烧室温度在900℃以下用净化煤气（又称小煤气）升温；900℃以上时用预热净化煤气（又称大煤气）升温，即煤气和空气需经换热室后，再进入燃烧室，燃烧、升温。

小煤气点火升温。烘燃烧室的最终温度作为燃烧室升温的起始温度。点火操作如下：在煤气总道后引入煤气管嘴，塔燃烧室各层空气道全关。将升温煤气管道内空气赶净，使其含氧<2%。在煤气总道后侧升温口处焊一个平台，用油布点燃平台上的木柴，稳定着火3~5min后供给煤气。同时，轻微开启煤气和抽力拉砖，将废气引入燃烧室。煤气压力一般保持在700~800Pa。升温时，650℃以下要保持木柴明火，使木柴和煤气混合燃烧。要经常抹缝、堵漏，防止煤气过大，否则容易发生煤气放炮事故。燃烧室上、下部温度和换热室入口温度各呈一条直线（在温度仪表上可观察到），左右温差小于5℃，上下部温差小于60℃。

换预热净化煤气（换大煤气）升温。当燃烧室温度达到900~980℃之间、换热室进口温度大于500℃、换热室出口废气温度大于350℃时，就可以换送大煤气。操作如下：换大煤气之前先准备好工具和材料，执行机构齿轮脱出试车。操作时，稍开煤气拉砖，煤气拉砖开150mm左右。在煤气闸门方箱扫除口插入燃着的油布火把，然后调整抽力，使扫除口呈微负压。如果抽力过大，需先关抽力后点油布。从蝶形开关两侧的扫除口加入木柴，稳定燃烧约5~10min，将塔内空气赶净然后方可开煤气闸门送煤气。待煤气稳定燃烧着火后撤出火把和木柴，将扫除口封闭抹严。煤气闸门通常先开3~4圈即可。同时减少小煤气，在确定大煤气稳定燃烧后，迅速关闭小煤气，封闭煤气总道升温口。换大煤气时要求燃烧室温度波动范围小于30℃。在4h内将燃烧室上下左右温度调成一条线。换热室入口温度（即直升墙温度）也需调成一条线。在升温过程中，左右空气拉砖、煤气拉砖和废气拉砖开关操作要均匀。待燃烧室上下温度都达到1100℃~1200℃时进行恒温。要保持燃烧室上盖处呈正压，使塔盘砌筑的灰浆烧结。恒温24h后方可降温。降温时不能采取大煤气的方法。当温度降到约900℃时则恒温，准备加料。

（3）回流塔升温

精馏塔的压密砖多为冷装压密砖。对于冷装压密砖的精馏塔采取两段升温方式。在燃烧室送小煤气点火升温时，回流塔也点火升温。升温过程中要经常检查保温是否严密，及时抹缝堵漏，防止冒火烧坏保温套。各部位温差应小于50℃。

图9-22为精馏炉塔体及燃烧室烘烤升温曲线。

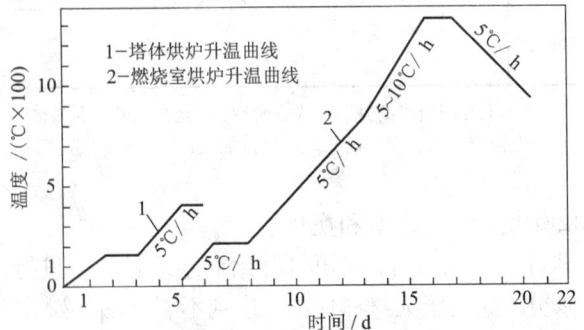

图9-22 精馏炉塔体及燃烧室烘烤升温曲线

除此之外，其他部分如冷凝器、下延部等，都在不同时期用木柴和煤气升温。新建的还要烘烤。

9.4.3.2　加料

在各部位烘烤升温完成后，将燃烧室降温至880℃左右，并恒温10h左右后，便可开始加料。加料前要作好一切准备工作。主要准备工作有：安装溜槽、加料管，用煤气烘烤加料器和自动给料器至烧红状态；熔化炉装满锌液（要防止锌液过满溢出而流入塔内）；用精锌填装铅塔冷凝器底座，使其熔化封住底座锌封；用高镉锌封住小冷凝器底座锌封；安装自动给料器的控制器；准备升温所用各种工具、材料等。除此之外，还需要全面检查技术条件，保证升温要求。尤其是主塔和回流塔温度必须保持在800~900℃。熔化炉内锌液温度控制在650~750℃，降低锌液与塔盘之间的温度差。加料操作如下：

（1）用烟气量大的燃烧物，如油毡纸或木柴等，从下延部点燃（此时可把下延部升温煤气关死），待塔顶冒浓烟约5min，将空气赶走后快速取出可燃物，尽快封闭下延部，避免再漏进空气，同时向塔体供料。

（2）当锌液进入加料口后，应捞出浮渣及杂物，将预热好的盖板打灰、盖好，然后抹好，用煤气点火加热至正常为止。加热约半小时后，料量从小至大，逐渐达到规定的料量。一般情况下铅塔第一个班加料速度为900~1625kg/h，以后每班总加料量增加400kg，直到正常生产料量为止。

（3）精馏塔加料后，主塔燃烧室温度仍保持在880℃左右，经过1h后，料流到达塔中部以下时，燃烧室开始以10℃/h的速度提温，当下延部见锌后则快速提温。在2~2.5h内燃烧室温度达到1050℃。

（4）下延部见锌后将锌引入熔析炉方井中，进入熔析炉；镉塔下延部见锌后将锌引入纯锌槽。下延部见锌时间可按下式计算：

下延部见锌时间（h）=（蒸发盘存锌量+回流盘存锌量+下延部存锌量）（单位为kg）÷单位时间加锌量（kg/h）+开始加料时间（h）

还可以通过下延部温度上升趋势判断是否见锌、何时见锌。

（5）随着燃烧室温度的不断升高，液锌会不断蒸发。当塔顶冒出大量锌蒸气时就可以封塔顶并保温，然后密封溜槽。将锌蒸气导入铅塔冷凝器，最后封闭铅塔冷凝器。对镉塔而言，当大冷凝器顶部冒出大量锌蒸气时，封大冷凝器顶部扫除口和溜槽并保温，将锌蒸气引入小冷凝器，最后加以密封。

9.4.3.3　停　塔

操作要点如下：

（1）熔化炉

在停炉前将炉膛渣扒净，使锌液面降到最低。掏净自动给料器内的锌液，停止向塔体供料。如果是大修，需将炉膛锌液放干净后再关煤气降温；如果中修炉膛内锌液可不放出，降温速度为5~10℃/h；当降到400℃以下时，关死煤气及抽力挡板，使其自然降温。最后封闭各个扫除口、炉门及加料口。

（2）燃烧室

停止向塔内加料约2h后，燃烧室开始降温，采用逐步减少燃烧室的煤气供给量来降低塔内温度。降温时，先减空气，后关煤气。燃烧室降温速度为5~10℃/h。当燃烧室上部温度降到800℃时，应将进口煤气闸门关死，进行自然降温。在停止对燃烧室的煤气供应后，将炉体各部位密封。当温度大于700℃不能按计划指标降温时，可打开燃烧室上盖煤气观察孔；当燃烧室上部温度大于400℃而不能按计划指标降温时，可打开燃烧室下部入孔和炉门；当燃烧室上部温度大于200℃而不能按计划指标降温时，可打开燃烧室废气支道扫除口。

(3) 精馏塔

在铅塔停止加料约8h后，将冷凝器底座和流槽内的含镉锌掏净，均匀加入镉塔。停止加料约20h后，将下延部内的锌及镉塔小冷凝器底座内的高镉锌掏净。

(4) 熔析炉

在停炉前掏净硬锌并出铅。如果大修，则要将炉内锌和铅全部放出。降温速度为5～10℃/h。

(5) 纯锌槽

对于中修塔，将纯锌槽内的锌液面放至最低即可。如果大修，则将精锌全部放出后再降温。

撰稿人：白金珠　朱海泽

审稿人：彭容秋　张训鹏